NOUVELLE FLORE

DES

CHAMPIGNONS

POUR LA DÉTERMINATION FACILE

DE TOUTES LES ESPÈCES DE FRANCE

ET DE LA PLUPART DES ESPÈCES EUROPÉENNES

PAR

L. COSTANTIN

PARIS

LIBRAIRIE GÉNÉRALE DE L'ENSEIGNEMENT

PAUL DUPONT

RUE DE GRENELLE

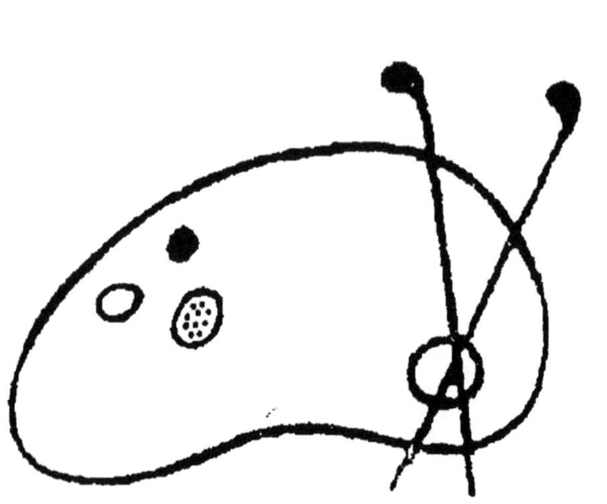

Fin d'une série de documents
en couleur

NOUVELLE FLORE

DES

CHAMPIGNONS

DES MÊMES AUTEURS

Chez **PAUL KLINCKSIECK**, Éditeur
52, RUE DES ÉCOLES. PARIS

COSTANTIN. — **Les Mucédinées simples**. Ouvrage pour la détermination des champignons filamenteux microscopiques avec figures
dans le texte.......................... .... 6 fr.

DUFOUR. — **Atlas des Champignons comestibles et vénéneux**. 80 plan-
ches coloriées représentant 200 champignons communs en France.
En 10 livraisons à 1 fr. 25 chacune; en souscrivant.......... 12 fr.
L'ouvrage achevé sera porté à........................... 15 fr.

6530-91. — CORBEIL. Imprimerie CRÉTÉ.

NOUVELLE FLORE

DES

CHAMPIGNONS

POUR LA DÉTERMINATION FACILE
DE TOUTES LES ESPÈCES DE FRANCE
ET DE LA PLUPART DES ESPÈCES EUROPÉENNES

AVEC 3842 FIGURES

PAR MM.

J. COSTANTIN
MAITRE DE CONFÉRENCES A L'ÉCOLE NORMALE SUPÉRIEURE

ET

L. DUFOUR
DIRECTEUR-ADJOINT DU LABORATOIRE DE BIOLOGIE VÉGÉTALE
(FACULTÉ DES SCIENCES DE PARIS)

PARIS
LIBRAIRIE CLASSIQUE ET ADMINISTRATIVE
PAUL DUPONT, Éditeur
4, RUE DU BOULOI

Prix de l'ouvrage broché.................. .... • 5 fr. 50

Avec reliure anglaise............................... 6 fr. »

TABLE GÉNÉRALE DES MATIÈRES

a

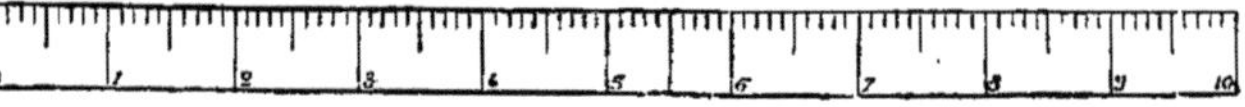

Décimètre

PRÉFACE

En parcourant les diverses Flores publiées depuis soixante ans, on pourrait croire que les Champignons ne font pas partie du Règne végétal. Ces ouvrages ne laissent généralement pas même soupçonner qu'il existe des Mousses, des Algues, des Champignons.

On s'explique aisément la nécessité d'une semblable omission : le domaine des plantes supérieures est resté bien circonscrit, tandis que le monde des végétaux inférieurs s'est étendu indéfiniment, grâce aux découvertes faites pendant tout ce siècle.

Le moment paraît venu de réhabiliter ces plantes dédaignées ; les progrès de nos connaissances permettent aujourd'hui de mettre à la portée de tous une science attrayante, qui n'a été jusqu'ici que l'apanage de quelques privilégiés.

Parmi les causes qui ont empêché la vulgarisation de l'étude des Champignons, il faut signaler en première ligne l'impossibilité de les réunir en collections. Les seuls documents faisant foi pour leur définition sont les dessins et les descriptions des auteurs classiques qui ont écrit le plus souvent en latin. Tous ceux qui jusqu'ici voulaient faire une détermination exacte devaient consulter Bulliard, Schæffer, Fries, Krombholtz, Batsch, Bolton, Greville, Cooke, Quélet, etc. Or une pareille bibliothèque ne peut être que le luxe d'un grand établissement comme le Muséum ou de quelques riches amateurs de ces plantes intéressantes.

Nous avons essayé de modifier cet état de choses en figurant aussi fidèlement que possible plusieurs milliers de

Champignons ; nos dessins pourront, non pas remplacer les Atlas classiques, mais donner une idée exacte et précise des espèces qu'ils représentent. Grâce à l'échelle de couleurs placée à la fin de l'ouvrage et aux symboles correspondants placés à côté des figures, le lecteur arrivera au bout de peu temps à lire facilement la teinte d'un Champignon. Le papier a d'ailleurs été choisi de façon que l'on puisse colorier soi-même les dessins si on le désire.

Le succès mérité de la *Nouvelle Flore* de MM. Bonnier et De Layens nous a engagés à employer une méthode analogue d'exposition. Comme dans cet ouvrage, nous avons banni les mots techniques autant que nous l'avons pu et nous ne nous sommes servis que de caractères facilement appréciables à l'œil nu. Jamais le microscope n'est indispensable pour une détermination, mais il fournit dans quelques cas de précieux éléments de vérification.

Nous espérons fournir ainsi à tous ceux qui sont éloignés des grands centres un petit livre de poche qui pourra être emporté en excursion et qui permettra de déterminer séance tenante beaucoup d'espèces.

C'est au débutant que notre modeste ouvrage est destiné ; s'il facilite l'abord parfois difficile de l'étude des Champignons, notre but sera atteint.

Nous sommes heureux en terminant de remercier M. Crété du soin extrême qu'il a mis à composer cet ouvrage.

PREMIÈRES NOTIONS

SUR

LES CHAMPIGNONS

I. Prenons comme type le *Champignon de couche*, cultivé aux environs de Paris. Lorsqu'on observe le fumier sur lequel on le cultive, on y voit des cordons blanchâtres ; c'est la partie stérile du Champignon ou *mycelium*, l'appareil végétatif à l'aide duquel il se nourrit. Les chapeaux que l'on mange forment l'appareil de fructification qui produit les semences, petits corpuscules qu'il faut regarder au microscope pour les voir individuellement. Ces semences appelées *spores* naissent sur les *lames* (*l*, fig. A) que l'on remarque à la partie inférieure du chapeau ; ces lames sont d'abord blanches puis rosées et enfin brun pourpré ; ces changements de teinte sont dus aux changements dans la coloration

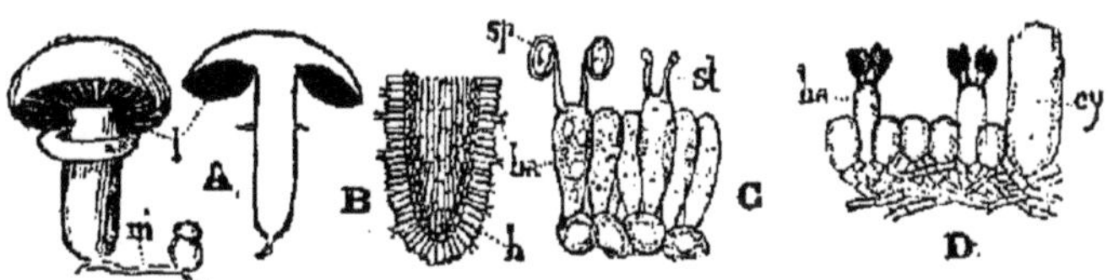

Fig. A. A gauche, aspect extérieur du Champignon de couche ; *l*, lames ; *m*, mycélium ; à droite, section en long de ce Champignon. — Fig. B. Section d'une lame vue au microscope, à un faible grossissement ; *h*, hyménium ; *ba*, baside. — Fig. C. Hyménium très grossi ; *ba*, baside ; *st*, stérigmate ; *sp*, spores. — Fig. D. Hyménium d'un Coprin ; *cy*, cystides.

des spores. Pour étudier la manière dont naissent les spores, faisons avec un rasoir effilé une coupe mince perpendiculairement au plan d'une de ces lames, puis regardons cette coupe au microscope. Voici ce que nous remarquons : au centre un feutrage de filaments blancs qui se terminent à l'extérieur par une assise de cellules disposées comme des palissades ; cette assise porte le nom d'*hyménium* (*h*, fig. B), et les cellules qui le constituent s'appellent *basides* (*ba*, fig. B) ; ce sont les basides qui produisent les spores (*sp*, fig. C) fixées à l'extrémité de petits pédicelles nommés *stérigmates* (*st*, fig. C). Dans l'exemple que nous avons choisi, il n'y a que deux spores fixées sur une baside ; le plus souvent il y en a *quatre* (*ba*, fig. D), comme dans les Coprins, champignons qui poussent sur le fumier ; nous remarquons, en outre, sur cette figure D, de grosses cellules saillantes (*cy*) qui se distinguent de tous les autres éléments de l'hymenium par leur forme; on les appelle *cystides*.

Lorsque les spores tombent sur le sol, elles germent en poussant un tube et produisent un nouveau mycelium sur lequel naissent de nouveaux champignons à chapeaux qui très souvent se développent à la même distance de la spore primitive; c'est pour cela que parfois on rencontre un grand nombre de champignons disposés à peu près en cercle, formant ce que l'on a appelé des *ronds de sorcières*.

L'appareil végétatif se présente parfois avec des caractères particuliers en vue de la conservation de l'espèce pendant la mauvaise saison. Ainsi les filaments mycéliens se pressent les uns contre les autres et forment de longs rubans noirâtres qu'on rencontre sous l'écorce des arbres et qu'on appelle *rhizomorphes* (*r*, fig. E); d'autres fois, ce sont des tubercules qui se produisent, de consistance très dure à l'extérieur et que l'on désigne sous le nom de *sclérotes* (*s*, fig. G).

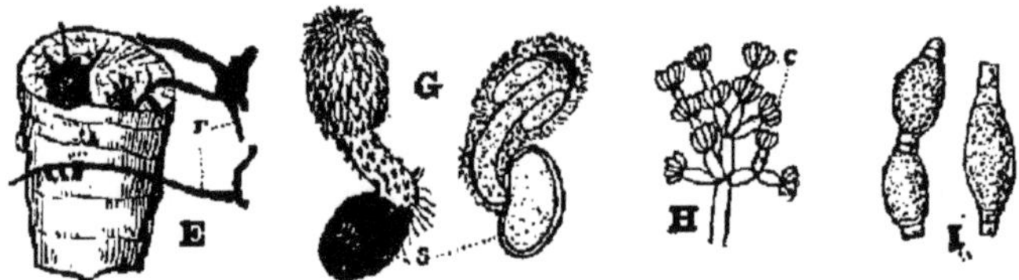

Fig. E. Rhizomorphe sortant de l'écorce. — Fig. G. À gauche, Coprin poussant sur un sclérote *s*; à droite, section du sclérote et du Coprin. — Fig. H. Appareil conidien d'une Trémellinée. — Fig. I. Chlamydospores.

L'appareil reproducteur offre aussi quelques variations; la spore produite par la baside n'est pas toujours le seul organe de propagation. Il existe d'autres semences accessoires qui portent le nom de *conidies* (*c*, fig. H); ces conidies naissent sur des appareils très variés, mais jamais sur des basides. Parfois (*Nyctalis*) on a trouvé, se formant çà et là, le long des filaments mycéliens (fig. I), des spores à enveloppe épaisse, résistante, que l'on a appelées *Chlamydospores*.

Ces derniers modes de dissémination sont très rares; la baside et les spores se retrouvent au contraire avec une remarquable constance dans un très grand groupe de Champignons que l'on désigne, pour cette raison, par le nom de **Basidiomycètes** (mycètes vient du grec et signifie Champignons). C'est dans cet ordre que sont rangés presque tous les grands Champignons de nos bois; ce groupe est étudié complètement dans cet ouvrage.

11. Dans un autre ordre de Champignons, les spores sont produites d'une tout autre manière. Examinons la *Morille* que l'on mange si communément (fig. L). Si nous faisons une coupe dans les alvéoles du

chapeau, nous trouverons encore un *hymenium*, mais parmi les cellules qui le composent, nous observerons, à la place des basides, des cellules en massue auxquelles on donne le nom d'*asques* (*a*) et qui contiennent *huit spores* à leur *intérieur* (*sp*, fig. L).

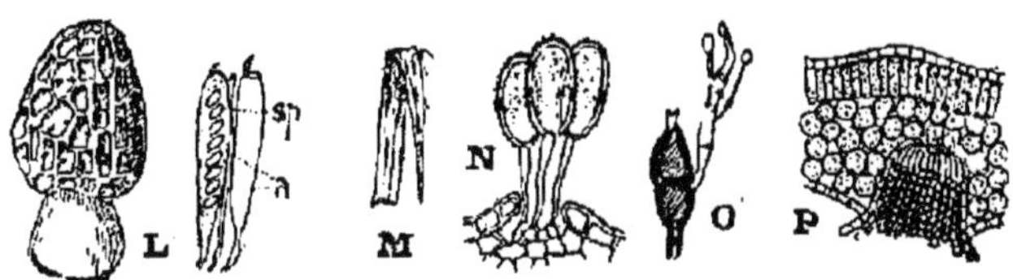

Fig. L. Morille; *a*, asques; *sp*, spores. — Fig. M. Feuille de Blé attaquée par la Rouille. — Fig. N. Urédospores; téleutospores. — Fig. O. Téleutospores germant. — Fig. P. Æcidiospores ; section de feuille d'Épine-vinette.

Ce mode de reproduction se retrouve d'une manière constante dans tout l'ordre des **Ascomycètes.**

Dans ce livre l'*appendice* contient *les espèces les plus vulgaires d'As-comycètes.*

Ce dernier ordre ainsi que les autres ordres de la grande classe des Champignons se composent d'un bien plus grand nombre d'espèces; nous ne les étudions pas dans ce livre parce que leur petite taille exige toujours l'emploi du microscope. Il nous paraît cependant utile de donner une idée de leur organisation.

Passons en revue ces divers ordres dont le tableau de la page ix donne l'ensemble.

Urédinées. — L'histoire de la *Rouille du blé* donnera une idée des *Urédinées.* Le Blé est souvent attaqué par un parasite qui forme des taches allongées de couleur jaune sur les feuilles (fig. M). L'examen microscopique y révèle des spores ovoïdes, pédicellées; on les nomme *urédospores* (fig. N). A la fin de l'automne, les mêmes taches deviennent noires par la présence de spores noires, bicellulaires, appelées *téleutospores* (fig. O). Ces dernières tombent sur le sol et germent au printemps en donnant des *conidies* (fig. O). Ces conidies transportées par le vent germeront sur les feuilles d'Épine-vinette et produiront dans ses tissus des sortes de boules s'ouvrant en urne à la fin; les nouvelles spores ainsi produites sont les *æcidiospores* (fig. P), elles germent sur le Blé et reproduisent la Rouille. Le développement du parasite exige donc deux hôtes; aussi supprime-t-on la maladie du Blé en détruisant l'Épine-vinette.

Ustilaginées. — Les *Ustilaginées* forment un groupe moins important. Elles attaquent souvent les étamines, les ovules ou les ovaires des plantes; elles ne présentent qu'une seule sorte de spores et des conidies. Tel est le *Charbon* des céréales.

Jusqu'ici nous n'avons trouvé, comme organes de reproduction, que des spores ou des conidies; dans le grand groupe des *Oomycètes*, apparaissent les *œufs*, et le mycelium qui était divisé par des cloisons n'en présente plus. On appelle *œuf* le résultat de la fusion de deux cellules semblables ou non (fig. S, T, V).

Mucorinées. — Parmi les *Oomycètes* nous rencontrons d'abord les *Mucorinées*. Si nous mettons sous cloche du fumier, nous le verrons se couvrir, au bout de quelques jours, d'une grande moisissure blanche. Les pédicelles qui la forment sont terminés par des boules appelées *sporanges* et contenant des spores; c'est l'appareil reproducteur le plus commun (fig. R). Les œufs sont beaucoup plus rares, ils résultent de la fusion de deux cellules semblables (*c* et *c'*, fig. S).

Entomophthorées. — Le second ordre d'Oomycètes, les *Entomophthorées* se développent dans le corps des insectes et produisent des spores à l'extérieur de l'animal; ces spores à maturité sont projetées en l'air.

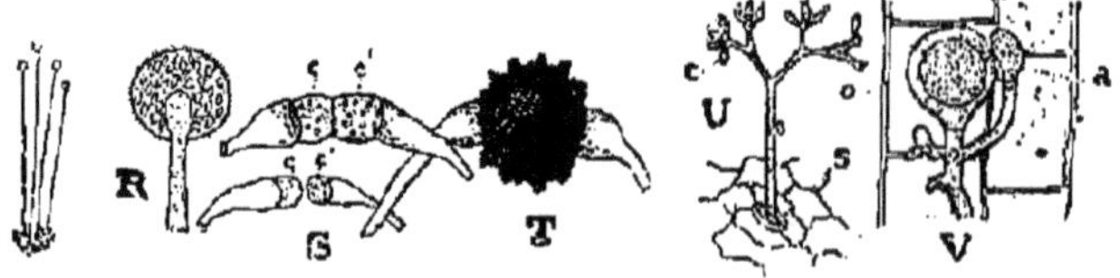

Fig. R à T. *Mucor*. R, à gauche, sporange grandeur naturelle; R, à droite, sporange grossi; S, formation de l'œuf, *c* et *c'*, cellules qui se fusionnent; T, cellules fusionnées, œuf formé. — Fig. U et V. *Peronospora*. U, appareil conidien; V, formation de l'œuf; *o* et *a*, deux éléments dissemblables qui se combinent.

Péronosporées. — La description du *Mildew* (prononcez Mildiou), maladie de la Vigne, nous fera comprendre la structure des Péronosporées. Par de petits orifices de la feuille appelés stomates, on voit sortir une petite tige blanche qui, au microscope, se montre avec des ramifications se terminant par des spores (fig. U). Les œufs existent dans la feuille; ils résultent de la fusion de deux cellules dissemblables, l'une sphérique (*o*, fig. V), l'autre en massue (*a*, fig. V); cette dernière déverse son contenu dans la première et la masse résultant de cette fusion est l'œuf.

Saprolégniées et Chytridinées. — Ces deux dernières familles sont composées d'êtres aquatiques présentant des *zoospores*, c'est-à-dire des spores mobiles dont le mouvement est dû à des cils vibratiles. Les œufs dans les *Saprolégniées* se forment comme chez les Péronosporées, tandis que dans les *Chytridinées* les cellules qui se fusionnent sont semblables.

Myxomycètes. — Enfin, il nous reste à dire un mot des Myxomycètes ou Champignons gélatineux. Ils se distinguent de tous les autres Champignons par l'absence de membrane à l'état végétatif; leur corps à ce moment est formé d'une masse mucilagineuse appelée *plasmode*. Ils ne perdent cette consistance qu'au moment de se reproduire; ils forment des *spores* dans une boule entourée d'une membrane et appelée *sporange*.

CLASSIFICATION GÉNÉRALE DES CHAMPIGNONS

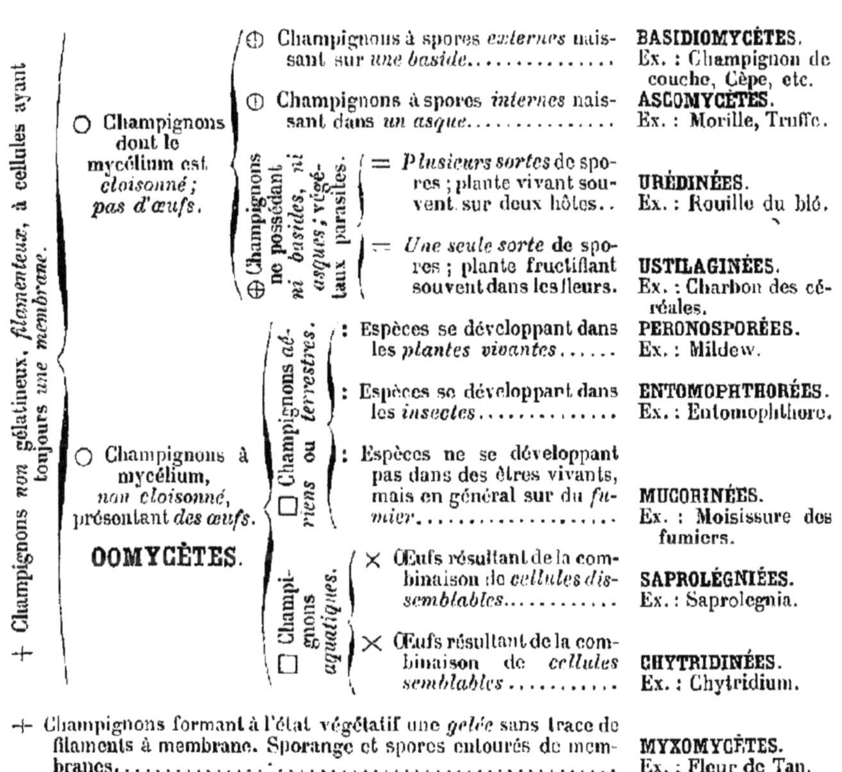

-+- Champignons formant à l'état végétatif une *gelée* sans trace de filaments à membrane. Sporange et spores entourés de membranes.............. **MYXOMYCÈTES.** Ex. : Fleur de Tan.

USAGE DES TABLEAUX ILLUSTRÉS

Si le lecteur n'a aucune connaissance botanique sur les Champignons, il lui sera utile de lire les quelques pages précédentes (pages v à ix) où sont exposées les notions élémentaires sur ces végétaux. Dans la suite, s'il est embarrassé pour la signification d'un mot, il n'aura qu'à se reporter (page 220) au petit Vocabulaire dans lequel est expliqué le sens des termes de Botanique employés dans l'ouvrage.

Pour arriver à connaître le nom d'un Champignon, on cherche d'abord à quelle *famille* il appartient, puis à quel *genre*, enfin à quelle *espèce*. Le commençant devra donc débuter par la *clé des familles*. Mais *au bout de très peu de temps* il reconnaîtra à première vue à quelle famille appartient le Champignon qu'il aura récolté, de sorte qu'il pourra aborder de suite la *clé des genres;* plus tard même, il n'aura plus guère à consulter que la *clé des espèces*.

Expliquons en détail sur un exemple la manière de procéder à une détermination. Supposons que nous avons cueilli un Champignon bien connu, celui que l'on sait cultiver et que l'on appelle *Champignon de couche.*

Détermination de la famille.

A la page xv nous trouvons les deux phrases suivantes :

    ★ Champignons *non gélatineux.*
    ★ Champignons *gélatineux* formant une gelée tremblotante.

Ces deux phrases sont l'une horizontale, l'autre verticale. Pour faciliter la lecture et empêcher toute confusion, nous plaçons un même signe, ici une étoile ★, devant ces deux questions. Il en sera toujours de même dans la suite : un même signe (par exemple + □ × = ○ ⌄, etc.) est reproduit devant les questions entre lesquelles il faut choisir.

Nous constatons que notre échantillon *n'est pas gélatineux*. Nous choisissons donc la *première* question, et nous continuons. Ici quatre questions :

    □ Champignon présentant des *lames*, etc.
    □ Champignon présentant des *tubes*, etc.
    □ Champignon ayant des *aiguillons*, etc.
    □ Champignon ne présentant *aucun des caractères précédents.*

Les mots soulignés sont toujours les plus importants.

Notre échantillon présente, sous son chapeau, des *lames* semblables à celles représentées sur la figure 1 placée à côté du texte. C'est donc la première question qui convient, et le Champignon appartient à la *famille des* AGARICINÉES. En dessous du mot Agaricinées, situé à droite, on lit p. xvi et p. 3. Le premier de ces nombres indique la page à laquelle commence la clé des genres, le second donne la page de la clé des espèces d'Agaricinées. Pour continuer l'analyse, il faut donc aller à la page indiquée par le premier nombre, ici p. xvi.

Détermination du genre.

A cette page xvi on lit : PREMIÈRE CLÉ. C'est qu'en effet, pour déterminer les genres d'Agaricinées, nous avons fait deux clés. La seconde commence à la page xxiii. On devra se servir de la première si l'on ne connaît pas la couleur des spores, et de la seconde si l'on a déterminé cette couleur.

Première clé. — Nous avons à choisir entre les deux questions suivantes :

○ Pied *central.*
○ Pied *latéral* ou *nul.*

Notre Champignon a le pied central ; c'est donc la première question qu'il faut adopter. Viennent ensuite les deux questions :

☐ Champignon présentant une *volve.*
☐ *Pas de volve.*

La figure 9 située près du texte de la première question indique ce que c'est que la volve, et comment elle peut se présenter. En outre, le lecteur peut se reporter dans notre petit vocabulaire au mot volve. Il trouvera l'explication de ce terme.

Le Champignon n'a pas de volve ; la seconde question est celle qui convient. On lit ensuite :

⊙ Espèce ayant un *anneau* ou une *cortine.*
⊙ *Ni anneau, ni cortine.*

Nos échantillons ont *un anneau.* On voit alors au bout de la ligne, 2ᵉ Groupe, p. xvii. Transportons-nous à cette page, nous voyons qu'il faut choisir entre trois questions :

⊙ Anneau *bien développé*, etc.
⊙ Anneau formé par un *ensemble*
   d'écailles.   } Ces deux questions sont à la
⊙ Une *cortine* ou un anneau fila-   } page suivante xviii.
   menteux.   }

Les figures placées près du texte de chacune de ces questions montrent l'aspect que présente l'anneau dans chacun de ces trois cas. Notre champignon possède un anneau *bien développé*, formant une *véritable membrane*. Choisissons donc la première question. Nous avons ensuite à opter entre quatre questions concernant la couleur des feuillets.

    ſ Feuillets *blancs* ou à peine jaunâtres.
    ſ Feuillets *rosés*.
    ſ Feuillets *jaune d'ocre* ou *couleur rouille*.
    ſ Feuillets *noirs* ou *brun pourpre*.

Si nous avons ramassé plusieurs échantillons d'âges différents, et *c'est ce qu'il faut toujours faire*, nous constatons que les plus jeunes ont les feuillets rosés, et les plus âgés, des feuillets pourpre foncé, presque noirs. Nous sommes donc amenés à prendre, suivant l'âge des échantillons, la 2ᵉ ou la 4ᵉ question.

Prenons d'abord la 2ᵉ. Nous trouvons les questions :

    + Feuillets *toujours rosés*.
    + Feuillets d'abord rosés, puis *devenant pourpre foncé*.

La seconde question est celle qui convient. Nous trouvons enfin :

    — Feuillets *libres*.
    — Feuillets *adhérant* au pied.

Ici il y a un renvoi à la figure 12 qui montre ce que sont des feuillets libres. Sur nos échantillons les feuillets sont libres. On conclut donc que le Champignon étudié appartient au genre **Psalliota**. Ce nom est ici placé dans le texte courant, précédé du numéro **10**, et suivi de l'indication, p. 117. Ce numéro **10** est le numéro d'ordre du genre *Psalliota* dans cette clé, comme on le voit à la page suivante. Le nombre 117 qui suit la lettre p. indique la page de la clé des espèces du genre *Psalliota*.

Nous avons plus haut choisi la 2ᵉ question : ſ Feuillets *rosés*. Prenons maintenant la 4ᵉ.

    ſ Feuillets *noirs* ou *brun pourpre*.

Nous sommes renvoyés à la page suivante et en prenant successivement :

    ⊖ Feuillets *ne se liquéfiant pas*.
puis   + Lames *libres*.

nous arrivons encore au genre *Psalliota*.

En face de ce nom *Psalliota* nous trouvons encore l'indication de la page où se trouve la clé des espèces, p. 117, et en dessous de ce même nom, l'indication Pl. 36, p. 118, nous apprend que les principales espèces de *Psalliota* sont représentées sur la planche 36, à la page 118.

Seconde clé. — Nous sommes arrivés au nom du genre en employant la première clé de la famille des Agaricinées. Essayons maintenant la seconde. Nous avons à choisir entre cinq questions :

⊙ Spores *blanches*.
⊙ Spores *rosées* ou *couleur saumon*.
⊙ Spores *jaune d'ocre* ou *couleur rouille*.
⊙ Spores *brun pourpre* ou *violet foncé*.
⊙ Spores *noires*.

Voyez le vocabulaire comment on détermine la *couleur des spores* (au mot *couleur*, p. 122). Ici cette couleur est *brun pourpre*. C'est donc à la quatrième section qu'appartient le Champignon qui nous occupe. Dès lors nous prenons successivement (p. xxvi) :

⊙ Un anneau *membraneux*.
: Feuillets *libres*.

et nous arrivons encore au genre *Psalliota*. En général cette seconde clé conduit *plus rapidement au résultat*. **25'** est le numéro d'ordre du genre *Psalliota* dans cette clé.

Détermination de l'espèce.

A la page 117 nous trouvons le mot Psalliota suivi de Fr. Ces deux lettres sont une abréviation du mot Fries, nom du Botaniste qui a créé le genre. Vient ensuite le mot Psalliote, nom français du genre, puis l'indication de la planche et de la page où sont figurées les principales espèces de Psalliota : Planche 36, p. 118.

Pour déterminer l'espèce, nous voyons une seule question :

□ *Petites* espèces; chapeau *atteignant au plus 4 à 5 centimètres*.

Il ne peut y avoir de doute; puisque l'on a toujours à choisir entre deux questions au moins, c'est que la seconde question se trouve plus loin. En effet tournons la page : la page 118 est une planche, mais à la page 119 nous trouvons la seconde question :

□ *Grandes* espèces; chapeau *dépassant 6 c.*

C'est cette question qu'il faut adopter. Nous prenons ensuite successivement :

○ Chair devenant *rose, rouge, brune* ou *rousse*.
⊙ Chapeau *simplement écailleux* ou même *lisse*.
× Chair devenant à l'air *rosée* ou légèrement *rousse*.
★ Anneau *sans écailles jaunes*.
= Pied *plein*.

Ce dernier caractère nous apprend que nous avons sous les yeux le **Psalliota campestris**, le *Psalliote des champs*.

Voyons maintenant la signification des divers signes ou abréviations qui se trouvent dans le texte à propos du Psalliote des champs.

Les deux lignes qui suivent les mots « Pied *plein* », c'est-à-dire chapeau blanc, roux ou brun, etc., donnent la description de l'espèce considérée ; les chiffres 8-15 c. indiquent les dimensions entre lesquelles est habituellement compris le diamètre du chapeau ; c. signifie centimètre (m. employée ailleurs signifie millimètre). En plaçant l'échantillon sur le décimètre figuré au commencement de l'ouvrage on mesure sa taille. Les lettres (B-b) placées entre parenthèses dans la description sont des abréviations de noms de couleurs. La signification de ces lettres, ainsi que les couleurs correspondantes se trouvent sur la *planche coloriée à la fin du volume*. L'indication B-b indique que la couleur du chapeau peut varier de la teinte B à la teinte b.

Le numéro **1028** placé devant le nom latin est le numéro d'ordre de l'espèce considérée. Au-dessous de ce nombre il y a un petit trait. — Ce trait sert à indiquer que toutes les espèces de la page qui sont figurées le sont à une page située *avant la page* 119. Ici c'est à la page 118, sur la planche 36 (1).

A droite du nombre **1028**, se trouve le nom latin de l'espèce, le nom de genre étant simplement indiqué par son initiale, à droite de ce nom la lettre L. est une abréviation du nom de Linné, créateur de cette espèce. A droite du nom français, les lettres e-a., initiales des mots été et automne, signifient que ce champignon se rencontre en été et en automne ; le signe C veut dire que cette espèce est commune ; enfin le signe ✻ indique que l'on a affaire à une espèce *comestible*. Une espèce suspecte ou *vénéneuse* est caractérisée par le signe ☒.

Le signe ☺ placé à la fin de la description signifie que cette espèce est figurée en couleurs dans l'Atlas des *Champignons comestibles et vénéneux* de M. Dufour. Le nom [Champignon de couche], placé entre crochets, est le nom vulgaire du Champignon étudié. Quand une espèce vient dans une station déterminée, par exemple dans les bois de Pins, sur les troncs d'arbres, etc., cette particularité est indiquée entre parenthèses (   ) à la suite de la description.

Sur la planche 36, page 118, nous cherchons le numéro 1028, nous trouvons le dessin de l'espèce, accompagnée de lettres qui sont des symboles de couleurs. Ces symboles ont la même signification que ceux que l'on rencontre dans le texte (2). Quand le numéro de l'espèce est accompagné d'une petite étoile ★ (exemple le numéro 1020), cela signifie que l'espèce n'est pas représentée sur les planches. L'échelle placée au bas de la planche donne les longueurs de 5 et 10 centimètres réduites dans la même proportion que les dessins de cette planche.

(1) Dans un autre cas, à la page 113 par exemple, la position du trait apprend que les espèces 973 et 974 sont figurées *avant la page* 113, tandis que les espèces 975 à 983 sont représentées *après la page* 113. S'il n'y a aucun trait sur une page, c'est *après cette page* qu'il faut aller chercher les figures.

(2) La nature du papier permet de colorier les planches si on le désire.

CLÉ DES FAMILLES DES BASIDIOMYCÈTES

□ Champignon présentant des *lames* (l, fig. 1) insérées en général *sous un chapeau* ou des *plis* peu saillants.  — **AGARICINÉES**, p. XVI et p. 3.

□ Champignon présentant *sous un chapeau* ou sur une *croûte* appliquée sur le bois des *tubes* ou des *pores* (l, p, fig. 2).  — **POLYPORÉES**, p. XXVII et p. 133.

□ Champignon ayant *sous un chapeau*, ou à la surface d'une *croûte* appliquée sur le bois, des *aiguillons* (a, fig. 3), quelquefois des tubercules ou des dents aplaties. 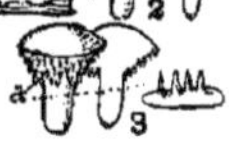 — **HYDNÉES**, p. XXVIII et p. 160.

△ Champignon ayant la forme d'une *tige presque cylindrique* ou renflée au sommet, ou la forme d'un *petit arbre* plus ou moins rameux (fig. 4).  — **CLAVARIÉES**, p. XXIX et p. 169.

△ Champignon de forme variée *lame*, *coupe*, etc. (fig. 5), mais n'ayant *pas* d'enveloppe *générale* qui s'ouvre pour mettre les spores en liberté. 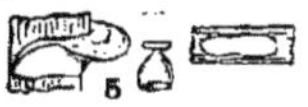
— Espèce *non parasite*. — **THÉLÉPHORÉES**, p. XXX et p. 179.
— Espèce *parasite*. — **EXOBASIDIÉES**, p. XXXII et p. 189.

△ Champignon présentant une *enveloppe générale* qui s'ouvre au sommet ou se déchire irrégulièrement pour mettre les spores en liberté (fig. 6, 7, 8).

○ Enveloppe générale contenant une ou plusieurs petites *masses ovoïdes* (p) renfermant les spores (fig. 6).  — **NIDULARIÉES**, p. XXXII et p. 191.

○ Champignon ne présentant pas ce caractère.

§ Champignons *mous*, *charnus*, dont l'enveloppe forme un *étui* à la base du pied, et les spores une *masse visqueuse* (fig. 7).  — **PHALLOÏDÉES**, p. XXXII et p. 191.

§ Champignons *fermes*, *secs*, dont l'enveloppe s'ouvre au sommet ou se déchire irrégulièrement ; spores formant une *masse pulvérulente* (fig. 8).  — **LYCOPERDÉES**, p. XXXIII et p. 193.

○ Champignon *souterrain*. .... **HYMÉNOGASTRÉES**, p. XXXIV et p. 198.

★ Champignon *gélatineux*, formant une gelée tremblotante. **TRÉMELLACÉES** et **AURICULARIACÉES**. p. XXXV et p. 204 et 210.

Accolades de gauche :
* Champignon *non gélatineux*.
□ Champignon ne présentant aucun des caractères précédents.
⊙ Champignon poussant à terre, au-dessus du sol ou sur le bois.

Accolades de droite :
HYMÉNOMYCÈTES.
GASTÉROMYCÈTES.
XV

CLÉ DES GENRES

FAMILLE DES AGARICINÉES.

Champignons présentant des *lames* à la face inférieure d'un chapeau.

* Chaque fois que dans la clé des genres on rencontrera ce signe *, se reporter à la page où l'on indique la manière de déterminer la *couleur des spores* (Vocabulaire).

PREMIÈRE CLÉ.

☐ Champignon présentant une *volve* (fig. 9). (*Voir aussi le Vocabulaire.*) — **1er Groupe**, p. XVII.

⊙ Espèce ayant un *anneau* ou une *cortine* (fig. 10). — **2e Groupe**, p. XVII.

⊕ Champignon laissant échapper quand on le brise *un lait*, c'est-à-dire un suc blanc ou coloré. — **3e Groupe**, p. XVIII.

= Feuillets *décurrents* (fig. 11). — **4e Groupe**, p. XIX.

= Feuillets *libres* (fig. 12). — **5e Groupe**, p. XIX.

= Feuillets *échancrés* à leur insertion sur le pied (fig. 13) et en même temps espèce charnue, souvent grosse.. **6e Groupe**, p. XX.

= Feuillets ne présentant aucun des caractères précédents.

: Chapeau *conique* ou en *cloche* ; feuillets s'insérant parfois très haut sur le pied ; espèces à pied généralement grêle (fig. 14). — **7e Groupe**, p. XX.

: Chapeau *ni* conique *ni* en cloche, *plan* ou *convexe* peu élevé ; feuillets insérés, non très haut sur le pied ; pied souvent épais............... **8e Groupe**, p. XXI.

○ Pied *latéral* ou *nul* ou champignon en forme de *coupe*...................................... **9e Groupe**, p. XXII.

(Accolades latérales : ○ Pied central. — ☐ Pas de volve. — ⊙ Ni anneau, ni cortine. — ⊕ Pas de lait.)

1er Groupe. Une volve (fig. 9).

+ Feuillets *blancs* ou *jaunes*.. **1. Amanita**, p. 3.
Pl. 1, p. 2.

+ Feuillets *roses.* { — Un *anneau.* → **1. Amanita**, p. 3.
{ — *Pas* d'anneau..... .... **2. Volvaria**, p. 72.
Pl. 22, p. 71.

+ Feuillets *couleur rouille* ou *cannelle* .... **3. Locellina**, p. 102.
Pl. 31, p. 100.

+ Feuillets *noirs.* { § Feuillets insé- { △ Feuillets *réguliers;* espèce *éphémère*, tombant très rapidemen t en eau
rés *sous un* → **36. Coprinus**, p. 126.
chapeau (fig. 15). **15** { △ Feuillets *irréguliers;* espèce *persistante.* → **106.** *Gyrophragmium*, p. 193.

§ *Pas de chapeau;* feuillets insérés sur le pied qui est élargi au sommet **16** (fig. 16) .... **4. Montagnites**, p. 132,
Pl. 39, p. 130.

2e Groupe. Un anneau ou une cortine (fig. 10, 17, 20 et 21).

⊙ Anneau *bien développé*, formant une *véritable membrane* (fig. 17).
17

ʃ Feuillets *blanches* ou à peine jaunâtres. { = Chapeau couvert de *plaques* ou de *flocons indépendants de l'épiderme* du chapeau (fig. 18). → **1. Amanita**, p. 3. 
{ = Chapeau *lisse* ou à *écailles* provenant de *déchirures de l'épiderme* du chapeau (fig. 19). **19** { ⌢ Chapeau *facilement séparable du pied;* feuillets libres. { (Espèce poussant dans les serres, passant très vite. **5. Leucocoprinus**, p. 0, Pl. 2, p. 7.
{ (Espèce des champs ou des bois, non éphémère...... **6. Lepiota**, p. 5. Pl. 2, p. 7.
{ ⌢ Chapeau *difficile à séparer du pied;* feuillets adhérents au pied ou décurrents............ **7. Armillaria**, p. 9. Pl. 3, p. 8.

ʃ Feuillets *rosés.* { + Feuillets *toujours rosés.* { : Spore *blanche**. → **1. Amanita**, **6. Lepiota** et **7. Armillaria** (*Voir l'accolade précédente* : ʃ F. *blancs*).
{ : Spore *rosée* *...................................... **8. Annularia**, p. 73. Pl. 22, p. 71.
{ + Feuillets d'abord rosés puis devenant *pourpre foncé.* { — Feuillets *libres* (fig. 12). → **10. Psalliota**, p. 117.
{ — Feuillets *adhérant au pied.* → **11. Stropharia**, p. 120.

ʃ Feuillets *jaune d'ocre*, *roux*, *ferrugineux.* { ○ Spore *blanche* *. → **6. Lepiota** et **7. Armillaria**. (*Voir l'accolade précédente* : ʃ Feuillets *blancs*).
{ ○ Spore *jaune d'ocre* *. { — Un anneau, *pas de cortine*......................... **9. Pholiota**, p. 83. Pl. 26 et 27, p. 84 et 86.
{ — Un anneau et *une cortine.* → **14. Cortinarius**, p. 88.

ʃ Feuillets *noirs* ou *brun pourpre.* (*Voir la suite de l'analyse*, p. XVIII).

⊙ Anneau *bien développé ;* feuilletsnoirs ou brun pourpre.

⊖ Champignons à feuillets se transformant *en liquide.* → **36. Coprinus,** p. 127.

⊖ Feuillets *ne se liquéfiant pas.*

+ Lames *libres* (fig. 12); spore noir pourpré............................... **10. Psalliota,** p. 117. Pl. 36, p. 118.

+ Lames *adhérant* au pied.

○ Feuillets *non* pointillés, à teinte lilas; spores brun violacé. **11. Stropharia,** p. 120. Pl. 36 et 37, p. 118 et 122.

○ Feuillets *pointillés,* gris. puis noirs; spores noires.......... **12. Anellaria,** p. 125. Pl. 38, p. 126.

⊙ Anneau formé **20** par un *ensemble d'écailles* ou par un bourrelet floconneux (fig. 20).

⊕ Feuillets *blancs ;* spores blanches *.

ʃ Feuillets *décurrents.* → **31. Hygrophorus** (*ligatus gliocyclus*), p. 44.

ʃ Feuillets *libres* ou *presque libres.* → **6. Lepiota** (*granulosa, helveola*), p. 5.

ʃ Feuillets *échancrés* près du pied.
— Chapeau *jaune* ou *orangé.* → **7. Armillaria** (*luteo-virens, aurantia*). p. 9.
— Chapeau *blanc.* → **28. Tricholoma** (*verrucipes*), p. 10.

⊕ Feuillets *jaune d'ocre, fauves, roux.* : Pas de cortine. → **9. Pholiota,** p. 83. : Une cortine. → **14. Cortinarius,** p. 88.

⊕ Feuillets *noirâtres.* → **15. Hypholoma** (*gossypina, bipellis*), p. 121.

⊙ Une *cortine* ou un anneau filamenteux (fig. 21 et 10). **21**

+ Feuillets *blancs* ou *gris* à la fin tachetés de roux. : Feuillets non décurrents. → **28. Tricholoma** (*triste, striatum*), p. 10. : Feuillets décurrents. → **13. Gomphidius,** p. 102. **13. Gomphidius,** p. 102. Pl. 31, p. 100.

+ Feuillets *jaunes, ocracés, roux, cannelle, olivâtres, rouge sang, bruns.*

✕ Feuillets *décurrents* (fig. 11).
△ Chapeau *visqueux;* pied épais.....................
△ Chapeau *non visqueux;* pied grêle. → **21. Tubaria,** (*stagnina, paludosa*), p. 115.

✕ Feuillets *échancrés* (fig. 13). → **30. Hebeloma** (qq. espèces), p. 106.

✕ Feuillets *ni décurrents, ni échancrés.*
⊕ Spores *ocracées, ferrugineuses*.................. **14. Cortinarius,** p. 88. Pl. 27 à 31, p. 86, 90, 94, 98 et 100.
⊕ Spores *brun pourpre.* → **15. Hypholoma,** p. 121.

+ Feuillets *noirâtres, noir pourpré, brun violacé.*

ʃ Feuillets *décurrents.* → **13. Gomphidius,** p. 102.

ʃ Feuillets *non* décurrents.
+ Feuillets *noir pourpre, non* pointillés; spore pourpre. **15. Hypholoma,** p. 121. Pl. 37, p. 122.
+ Feuillets *noirs, pointillés;* spore noire. → **38. Panæolus,** p. 45.

3ᵉ Groupe. Champignons ayant du lait.

★ Gros champignons *charnus,* à pied *épais.* cassant; spores à verrues................................. **16. Lactarius,** p. 52. Pl. 16 à 18, p. 53, 54, 59.

★ Champignons *non* charnus, à pied *grêle.* ferme. → **32. Mycena** (*galopus,* etc.), p. 29.

4e Groupe, Feuillets décurrents (fig. 22).

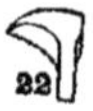

- ⊖ Champignons *ne pourrissant pas* en se desséchant.
  - ∫ Feuillets *dentés* sur la tranche (fig. 23). .... **17. Lentinus**, p. 70. Pl. 22, p. 71.

  - ∫ Feuillets *non* dentés. → **41. Marasmius**, p. 65.
- ⊕ Champignon *pourrissant* sans se dessécher.
  - + Feuillets *épais.*
    - ○ à tranche (c'est-à-dire le bord libre) *aiguë.* → **31. Hygrophorus**, p. 44.
    - ○ à tranche *plate, non aiguë*, quelquefois à feuillets peu saillants............ **18. Cantharellus**, p. 50. Pl. 15 et 16, p. 48 et 53.
  - + Feuillets *minces*, à tranche aiguë.
    - □ Pied *ferme*, grêle, fibreux, cartilagineux; espèces petites généralement.
      - × Feuillets blancs, gris, violacés, rosés, jaune vif; *spore blanche**.
        - ⊕ Feuillets *violet rosé; spore à verrues.* → **43. Laccaria**, p. 25.
        - ⊕ Feuillets d'une *autre couleur; spore lisse;* chapeau mince. (Si le chapeau est épais voir *Clitocybe.*) .... **19. Omphalia**, p. 35. Pl. 11 et 12, p. 36 et 38.
      - × Feuillets rosés; *spores roses** .... **20. Eccilia**, p. 82. Pl. 25, p. 80.
      - × Feuillets ocracés ou roux; spores *ocracées** .... **21. Tubaria**, p. 115. Pl. 35, p. 114.
    - □ Pied *charnu*, épais; espèces grandes.
      - ∫ Feuillets *blancs* ou *gris*.
        - + Feuillets *épais* d'aspect cireux. → **31. Hygrophorus**, p. 44.
        - + *Non.*
          - ○ Feuillets *inégaux;* pied non cassant, spores *lisses*...... **22. Clitocybe**, p. 25. Pl. 8, p. 24.
          - ○ Feuillets *souvent égaux ou fourchus;* pied cassant; spores *à verrues.* → **42. Russula**, p. 58.
      - ∫ Feuillets *rosés* ou *violacés.*
        - ⊙ Chapeau *blanc* ou *brun*.. **23. Clitopilus**, p. 78. Pl. 24, p. 76.
        - ⊙ Chapeau *roux* ou *violet.* → **43. Laccaria**, p. 25.
      - ∫ Feuillets *jaunes, ocracés, ferrugineux, bruns.*
        - Spores *blanches**. → **22. Clitocybe**, p. 25.
        - Spores *ocracées**.
          - = Feuillets s'enlevant *facilement*.......................... **24. Paxillus**, p. 117. Pl. 35 et 36, p. 114 et 118.
          - = *Non.*
            - — Chapeau *visqueux.* → **13. Gomphidius**, p. 102.
            - — *Non.* → **48. Flammula**, p. 107.

5e Groupe. Feuillets libres (fig. 24).

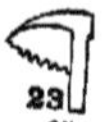

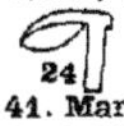

- ⊙ Champignons *ne pourrissant pas* en se desséchant. → **41. Marasmius**, p. 65.
- ⊙ Champignons *pourrissant.*
  - ⊕ Feuillets blancs, *gris, crème.*
    - + *Grosses espèces*, charnues, cassantes; chapeau à couleurs vives. : Feuillets épais. → **31. Hygrophorus.** : Non. → **42. Russula**, p. 58.
    - + *Non.*
      - △ Chapeau *conique* ou en *cloche.* → **32. Mycena**, p. 29.
      - △ Chapeau *plan* ou *peu convexe.* → **44. Collybia**, p. 19.
  - ⊕ Feuillets d'une *autre* couleur. (*Voir la suite de l'analyse*, p. XX.)

Champignons pourrissant.

⊖ Feuillets *rosés*. [Accidentellement quelques *Entoloma* à pied épais ou qq. *Nolanea* à pied grêle peuvent avoir les feuillets libres, ils se distinguent des *Pluteus* par leur spore *anguleuse*, non arrondie.].............. **25. Pluteus**, p. 73. Pl. 23, p. 74.

⊖ Feuillets *jaune vif* ou *ocracés*.
⊕ Grosses espèces, charnues, terrestres. → **42. Russula**, p. 58.
⊕ Espèces grêles.
+ Poussant *sur le bois*.................. **26. Pluteolus**, p. 116. Pl. 35, p. 114.
+Poussant à terre. — Feuillets *se liquéfiant*. → **34. Bolbitius**, p. 116.
— *Non*. → **35. Galera**, p. 113. [Si le chap. est enroulé dans le jeune âge, voir : *Naucoria*.]

⊖ Feuillets *brun pourpre ou noirs*. : Feuillets *ne* se changeant *pas* en eau : pied épais. [Pied grêle : voir *Panaeolus* et *Psathyrella*.] **27. Pilosace**, p. 120. Pl. 36, p. 118
: Feuillets *se changeant en eau*. → **36. Coprinus**, p. 127.

6ᵉ Groupe. Feuillets échancrés près du pied (fig. 25) ; espèces *charnues*.

25

Feuillets *blancs, gris, jaune vif, violacés, bleuâtres, verts*.
○ Espèce poussant *sur les arbres* ; feuillets jaunes ; spores ocracés *. → **48. Flammula**, p. 107.
○ Espèces poussant *à terre* ; spore blanche *.
□ Feuillets *épais*, écartés les uns des autres, d'aspect cireux. → **31. Hygrophorus**, p. 44.
□ Feuillets *minces*, secs.
△ Pied *non* cassant ; chapeau *recourbé* en dessous au début ; spores presque toujours *lisse*. [Spore à verrues, v. *Laccaria*.] **28. Tricholoma** (1), p. 10. Pl. 3 à 5, p. 8, 12, 15.
△ Pied *cassant* ; chapeau *non* recourbé en dessous ; spores toujours à verrues. → **42. Russula**, p. 58.

ƒ Feuillets *rosés ou couleur saumon* ; spores roses, anguleuses. [Spore à verrues, v. *Laccaria*.].............. **29. Entoloma**, p. 75. Pl. 23 et 24, p. 74 et 76.

ƒ Feuillets *ocracés ou roux*.
+ Spore *blanche* *. → **28. Tricholoma**, p. 10.
+ Spore *jaune ocracé* *.............. **30. Hebeloma**, p. 100. Pl. 33, p. 108.

ƒ Feuillets *brun pourpré* ou *noirâtres*. → **15. Hypholoma** (2), p. 121.

7ᵉ Groupe. Chapeau conique ; pied grêle (fig. 26).

28

pourrissant.

□ Champignons se desséchant *sans pourrir*. → **41. Marasmius**, p. 65.
+ Feuillets *blancs* ou *gris* ; spore blanche *.
⊕ Feuillets *épais*.............. **31. Hygrophorus**, p. 44. Pl. 14 et 15, p. 46 et 48.
⊕ Feuillets *minces*.
+ Feuillets *rosés*.
○ Spore *blanche* *.............. **32. Mycena** (3), p. 29. Pl. 9 à 11, p. 28, 32, 36.
○ Spore *rose* *......
— Spore *rose* *............... **33. Nolanea** (3), p. 81. Pl. 25, p. 80.
— Spore *blanche* *. → **31. Hygrophorus**, p. 44.
+ Feuillets *jaunes, ferrugineux, ocracés, bruns*.
△ Champignons *éphémères* ; feuillets se liquéfiant.............. **34. Bolbitius**, p. 116. Pl. 35, p. 114.
— Spore *ocracée* *.
△ *Non*. — Chapeau *soyeux*, fibrillé, *souvent fendillé* (pl. 32). → **46. Inocybe**, p. 102.
— Chapeau ne présentant *pas ces caractères* ; pied grêle. [Pied non grêle, voir *Flammula*.] **35. Galera** (3), p. 113. Pl. 35, p. 114.

□ Champignons

+ Feuillets *brun pourpre* ou *noirs.*

⊕ *Non.*

⊕ Feuillets se transformant *en eau;* espèce éphémère..................... **36. Coprinus**, p. 127.
Pl. 38 et 39, p. 126 et 130.

— Spore *brun pourpre* ou *violet foncé**. ⊖ Une *cortine.* → **15. Hypholoma**, p. 121.
⊖ *Pas de cortine*...................... **37. Psathyra** (3), p. 124.
Pl. 36, p. 126.

— Spore *noire**. = Feuillets *tachetés;* bord du chapeau dépassant les feuillets........... **38. Panæolus**, p. 125.
Pl. 38, p. 126.

= Feuillets et chapeau *ne* présentant *pas* ces caractères........ **39. Psathyrella**, p. 127.
Pl. 38, p. 126.

27

8ᵉ Groupe.

⊙ Feuillets *blancs, gris* ou *rosés.*

○ Espèces *ne* pourrissant *pas* ou parasites ou à *lames interrompues.*

— Espèce *parasite*................................. **40. Nyctalis**, p. 50.
Pl. 15, p. 48.

— *Non.* + Lames *interrompues.* → **72.** *Sistotrema*, p. 165.
+ Lames *régulières*...................... **41. Marasmius**, p. 65.
Pl. 20 et 21, p. 64 et 68.

○ Espèce ne présentant *aucun* des caractères précédents.

□ Pied *épais, charnu.*

+ Feuillets *épais*, écartés, d'aspect cireux. → **31. Hygrophorus**, p. 44.

+ Feuillets *minces.*

✕ Spores *à verrues;* pied souvent fragile; feuillets égaux ou fourchus le plus souvent; chapeau à couleurs vives..................... **42. Russula**, p. 58.
Pl. 18 à 20, p. 50, 62 et 64.

✕ Spore *lisse.* → **28. Tricholoma**, p. 10.

□ Pied *minces, ferme, fibreux.*

= Spores *blanches**; feuillets blancs ou gris le plus souvent.

: Feuillets *décurrents par une dent* (fig. 28), roses ou violets; spores à verrues (fig. 28 s). **28** s **43. Laccaria**, p. 25.
Pl. 8, p. 24.

: Feuillets *non décurrents*, rarement roses; spores lisses..... **44. Collybia**, p. 19.
Pl. 6 et 7, p. 18 et 20.

= Spores *roses**; feuillets *toujours* rosés.

⊙ Chapeau *enroulé en dessous* dans le jeune âge (fig. 29). **29** **45. Leptonia**, p. 78.
Pl. 24 et 25, p. 76 à 80.

⊙ Chapeau à *bords toujours droits* (fig. 30). → **33. Nolanea**, p. 81.
30

⊙ Feuillets d'une *autre couleur.* (*Voir la suite de l'analyse*, p.XXII.)

(1) Quelques espèces d'*Entoloma* ont les lames *grises* ou *rousses;* ou les distingue des Tricholomes à leur spore *rosée* et *anguleuse.* — (2) Quelques *Psilocybe* ont les feuillets échancrés; ils n'ont jamais de *cortine* comme les *Hypholoma.* — (3) Quelques *Collybia, Leptonia, Naucoria, Psilocybe* peuvent être rangés, les *Collybia* à côté des *Mycena*, les *Leptonia* à côté des *Nolanea*, les *Naucoria* à côté des *Galera*, les *Psilocybe* à côté des *Psathyra;* ils se distinguent de ces quatre derniers genres par leur chapeau enroulé en dessous dans le jeune âge et non droit.

Feuillets jaune vif, ocracés, roux ou bruns.

⊙ Feuillets jaune vif, ocracés, roux ou bruns.
+ Spore *blanche**. → **Marasmius, Hygrophorus, Tricholoma, Russula Collybia**. (Voir page précédente ⊙ Feuillets *blancs, gris* ou *rosés* pour distinguer ces genres.)
+ Spore *rose**. → **33. Nolanea**, p. 81.

+ Spore *jaune d'ocre**.
× *Débris* de cortine. → **14. Cortinarius**, p. 88.
× *Pas* de cortine.
= Chapeau *fendillé radialement*, soyeux ou fibrilleux (pl. 32)............. **46. Inocybe**, p. 102. Pl. 31 et 32, p. 103 et 104.
= Chapeau ne présentant pas ces caractères.
∫ Espèce *grêle*; pied mince, élancé. **47. Naucoria**, p. 111. Pl. 34, p. 110.
∫ *Non*; pied coloré. [Si le pied est blanc, v. *Hebeloma*.] **48. Flammula**, p. 107. Pl. 33 et 34, p. 108 et 110.

⊙ Feuillets *noir pourpré*; spore *brun violacé* ou *pourpré*.
○ *Débris* de cortine. → **15. Hypholoma**, p. 121.
○ *Pas* de courtine.
△ Chapeau à *bord recourbé dans le jeune âge*........ .... **49. Psilocybe**, p. 123. Pl. 37 et 38, p. 122 et 126.
△ Chapeau à *bord toujours droit*. → **37. Psathyra**, p. 124.

⊙ Feuillets *noirs*; spores *noires*.
Feuillets *se liquifiant*; espèces éphémères. → **36. Coprinus**, p. 127.
Feuillets *ne se liquéfiant pas*; espèces *non éphémères*. → **39. Psathyrella**, p. 127.

9ᵉ Groupe. Pied nul, latéral ou excentrique.

+ Feuillets *fendus* longitudinalement suivant l'arête (fig. 31); champignon se desséchant.
: Feuillets *rosés*..................... .... **50. Schizophyllum**, p. 72. Pl. 22, p. 71.
: Feuillets *blancs*. → **51. Trogia**, p. 72.

31

+ Feuillets *régulièrement dentés* au bord (fig. 32): champignons se desséchant. → **17. Lentinus**, p. 70.

32

+ Feuillets à peine saillants.
× Champignons coriaces, se desséchant *sans pourrir*..................................... **51. Trogia**, p. 72. Pl. 22, p. 71.
× Champignons mous, pourrissant.
= Veines ou rides fructifères *nombreuses*, ramifiées, bien apparentes. **52. Dictyolus**, p. 51. Pl. 16, p. 53.
= Veines ou rides fructifères *rares*, à peine visibles; champignon en forme de coupe........................... **53. Arrhenia**, p. 52. Pl. 16, p. 53.

+ Feuillets réduits à des *dents* (fig. 33) *aplaties*, *irrégulières*, interrompues.
○ Dents sans ordre. → **72.** *Sistotema*, p. 105.
○ Dents en séries rayonnantes. → **78.** *Irpex*, p. 167.

33

aucun dents.
⊙ Feuillets *rosés*; espèces pourrissant.
⊕ Espèces *petites* à pied nul ou très court.
: Spore *anguleuse* (s, pl. 26, fig. 710)................... **54. Claudopus**, p. 83. Pl. 26, p. 84.
: Spore à *six méridiens saillants* (s, pl. 26, fig. 711)........ **55. Octojuga**, p. 83. Pl. 26, p. 84.
⊕ Espèce *grande*, à pied bien développé. → **23. Clitopilus**, p. 78.

+ Feuillets ne présentant des caractères précé-

⊙ Feuillets non rosés.

× Champignons mous, charnus, pourrissant.

△ Feuillets s'enlevant ensemble *facilement*. → **24. Paxillus**, p. 117.

△ *Non.*
= Spores *blanches* *; feuillets généralement blancs........ **56. Pleurotus**, p. 41. Pl. 12 et 13, p. 38 et 42.
= Spores *ocracées* *; feuillets ocracés.................... **57. Crepidotus**, p. 116. Pl. 35, p. 114.

× Champignons durs ou *fermes*, ne pourrissant pas.

○ Feuillets *jamais anastomosés*.............................. **58. Panus**, p. 69. Pl. 22, p. 71.

○ Feuillets *anastomosés* dans le jeune âge (fig. 35).
: Lames *très développées*. → **66.** *Lenzites*, p. 133.
: Lames *peu développées*. → **65.** *Daedalea*, p. 133.

DEUXIÈME CLÉ. La couleur des spores est supposée connue :

⊙ Spores *blanches* ou jaunâtre très pâle, quelquefois grisâtres............... **1re Section**, p. XXIII,

⊙ Spores *roses*.. **2e Section**, p. XXV.

⊙ Spores *jaune ocracé* ou *ferrugineuses*.................................... **3e Section**, p. XXV.

⊙ Spores *brun pourpre* ou *brun violacé*..................................... **4e Section**, p. XXVI.

⊙ Spores *noires*... **5e Section**, p. XXVII.

1re Section. Spores blanches.

○ *Pied central.*

+ *Une volve* (fig. 34). (Voir aussi le vocabulaire.) → **1'. Amanita**, p. 3. Pl. 1, p. 2.

+ *Pas de* volve; *un anneau* sur le pied.

○ Chapeau couvert de *plaques* ou de flocons indépendants de l'épiderme (fig. 35). → **1'. Amanita**, p. 3.

○ Chapeau *lisse* ou à écailles provenant de la déchirure de l'épiderme (fig. 36).
: Chapeau se *séparant facilement* du pied; feuillets libres.
— Espèce *éphémère*, venant dans les serres. **2'. Leucocoprinus**, p. 9. Pl. 2, p. 7.
— Espèce *non éphémère*, venant dans les bois, les champs.................... **3'. Lepiota**, p. 5. Pl. 2, p. 7.
: Chapeau *difficilement* séparable du pied; feuillets adhérents ou décurrents .... **4'. Armillaria**, p. 9. Pl. 3, p. 8.

+ *Ni* volve, ni anneau. ⊕ Espèces *molles, pourrissant.*
⊙ Champignons présentant du *lait* quand on les casse.
= *Grosses espèces*; spores à verrues..... **5'. Lactarius**, p. 52. Pl. 16 à 18, p. 53, 54 et 59.
= Espèces *grêles*. → **14'. Mycena**, p. 29.
⊙ *Pas* de lait. (*Voir la suite de l'analyse*, p. XXIV.)

○ *Pied central.*

+ Champignons *sans volve et sans anneau.*

⊕ Espèces *pourrissant,* molles, humides.

⊙ Champignons *sans lait.*

△ Champignons *charnus,* à pied assez épais.

✕ Feuillets *décurrents* (fig. 37).

= Feuillets *épais.*
: Feuillets à tranche *aiguë,* d'un aspect cireux.. **6′. Hygrophorus**, p. 44. Pl. 14 et 15. p. 46 et 48.
: Feuillets à tranche *plate,* quelquefois à peine saillants sous le chapeau................ **7′. Cantharellus**, p. 50. Pl. 15 et 16, p. 48 et 53.

= Feuillets *minces.*
△ Feuillets *inégaux;* pied non cassant.
Feuillets *violets;* spores à verrues. **8′. Laccaria**, p. 25. Pl. 8. p. 24.
Feuillets *non* violets; spores lisses. **9′. Clitocybe**, p. 25. Pl. 8, p. 24.
△ Feuillets souvent *égaux* ou fourchus; pied cassant; spore à verrues. → **12′. Russula**, p. 58.

✕ Feuillets *échancrés,* près du pied (fig. 38).
⊙ Feuillets *épais.* → **6′. Hygrophorus**, p. 44.
⊙ Feuillets *minces.*
△ Chapeau *enroulé en dessous,* de couleur généralement peu vive; spore lisse le plus souvent.... **10′. Tricholoma**, p. 10. Pl. 3 à 5, p. 8, 12 et 15.
△ Chapeau de couleur vive le plus souvent; spore à verrues. → **12′. Russula**.

✕ Feuillets *ni décurrents ni échancrés.*
ƒ Espèces *parasites* sur d'autres champignons (fig. 39). **11′. Nyctalis**, p. 50. Pl. 15. p. 48.
ƒ Espèces *non parasites.*
+ Feuillets *épais,* inégaux. → **6′. Hygrophorus**, p. 44.
+ Feuillets *minces,* souvent égaux ou fourchus; spore à verrues................ **12′. Russula**, p. 58. Pl. 18 à 20, p. 59, 63 et 64.

△ Pied *grêle, ferme;* chapeau *peu épais.*

= Feuillets *décurrents* (fig. 37).
⊖ Feuillets *épais.* → **7′. Cantharellus**, p. 50.
⊖ Feuillets *minces.*
: Chapeau *mince,* membraneux.................... **13′. Omphalia**, p. 35. Pl. 11 et 12, p. 36 et 38.
: Chapeau *épais.*
Feuillets *non violets.* → **9′. Clitocybe**, p. 25.
Feuillets *violets.* → **8′. Laccaria**, p. 25.

= Feuillets *non décurrents.*
○ Chapeau *conique* ou en cloche, à bords toujours droits..... **14′. Mycena**, p. 29. Pl. 9 à 11, p. 28, 32 et 36.
○ Chapeau *plan* ou convexe, peu élevé, à bords enroulés dans le jeune âge.................... **15′. Collybia**, p. 19. Pl. 6 et 7, p. 18 et 20.
+ Feuillets *régulièrement dentés* au bord.................... **16′. Lentinus**, p. 70. Pl. 22, p. 71.
+ Feuillets *non dentés,*.................... **17′. Marasmius**, p. 65. Pl. 20 et 21, p. 64 et 68.

⊙ Espèces *ne pourrissant pas* en se desséchant, sèches, coriaces.

○ Pied *nul, latéral* ou *excentrique.* Voir p. XXII, 9ᵉ Groupe, en *faisant abstraction* des genres *Claudopus Octojuga* et *Crepidotus* qui ont les spores colorées.

2° Section. Spores roses.

+ Une *volve* (fig. 40)... **18'. Volvaria**, p. 72.
Pl. 22, p. 71.

+ *Pas de volve*, un *anneau* sur le pied (fig. 41). .... **19'. Annularia**, p. 73.
Pl. 22, p. 71.

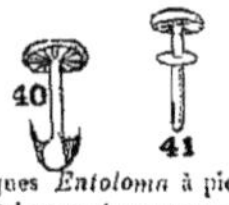

: Feuillets *libres* (fig. 37). [Accidentellement quelques *Entoloma* à pied épais et qq. *Nolanea* à pied mince, ont les feuillets libres; mais ils ont les spores *anguleuses* et non arrondies.]........................ **20'. Pluteus**, p. 73.
Pl. 23, p. 74.

: Feuillets *échancrés* près du pied (fig. 38); espèces charnues; spores anguleuses............... **21'. Entoloma**, p. 75.
Pl. 23 et 24, p. 74 et 76.

: Feuillets *décurrents* (fig. 37).
= Grosses espèces charnues à pied *épais*..................... **22'. Clitopilus**, p. 78.
Pl. 24, p. 76.
= Espèces petites à pied *mince, ferme*, fibreux............... **23'. Eccilia**, p. 82.
Pl. 25, p. 80.

: Feuillets ne présentant *aucun* des trois caractères précédents.
ſ Chapeau *conique* à bord droit.............................. **24'. Nolanea**, p. 81.
Pl. 25, p. 80.
ſ Chapeau *plan* ou convexe, à bord enroulé dans le jeune âge....... **25'. Leptonia**, p. 78.
Pl. 24 et 25, p. 76 et 80.

× Spore *anguleuse* (s, pl. 26, fig. 710)............................ **26'. Claudopus**, p. 83.
Pl. 26, p. 84.
× Spore à *six méridiens saillants* (s, pl. 26, fig. 711)............. **27'. Octojuga**, p. 83.
Pl. 26, p. 84.

3° Section. Spores ocracées.

⊕ *Une volve* (fig. 40)... **28'. Locellina**, p. 102.
Pl. 31, p. 100.

⊕ *Pas de volve*, *un anneau* membraneux, quelquefois formé d'un ensemble d'écailles s'arrêtant à un certain niveau.......................... **29'. Pholiota**, p. 83.
Pl. 26 et 27, p. 84 et 86.

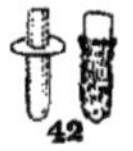

× Feuillets *décurrents* (fig. 38).
: Chapeau *visqueux*, pied épais........................... **30'. Gomphidius**, p. 102.
Pl. 31, p. 100.
: Chapeau *non* visqueux, pied grêle. → **33. Tubaria** (*stagnina, paludosa*), p 115.
× Feuillets *non* décurrents. [Quelques *Hebeloma* ont une cortine, ils se distinguent par leurs feuillets échancrés près du pied et émettant des gouttelettes d'eau.]........... **31'. Cortinarius**, p. 88.
Pl. 27 à 31, p. 86, 90 et 94.

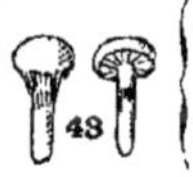

⊕ *Ni volve, ni anneau, ni cortine*.
+ Feuillets *décurrents*.
— Feuillets *s'enlevant facilement*............... **32'. Paxillus**, p. 117.
Pl. 35 et 36, p. 114 et 118.
— *Non.*
+ Feuillets *non* décurrents...... } (*Voir la suite de l'analyse*, p.XXVI).

☐ **Pied *central*.**

+ *Feuillets non décurrents.*

✛ Feuillets *décurrents* ne s'en-levant pas facilement.
    ✕ Feuillets *ocracés* ou *roux* ; pied grêle ; espèce terrestre......... **33'. Tubaria**, p. 115. Pl. 35, p. 114.
    ✕ Feuillets *jaune vif;* espèce poussant sur le bois. → **38'. Flammula**, p. 107.

+ *Feuillets non décurrents.*

○ Chapeau *conique.*
: Espèces *éphémères*, à feuillets se changeant en eau........................ **34'. Bolbitius**, p, 116. Pl. 35, p. 114.
: *Non.*
  = Chapeau *soyeux, fendillé radialement* ou fibrillé (pl. 32)............. **35'. Inocybe**, p. 102. Pl. 31 et 32, p. 100 et 104.
  = *Non.*
    ∫ Chapeau à *bord enroulé* en dessous au début. : Pied grêle. → **40. Naucoria**, p. 111. : Pied épais. → **38'. Flammula**, p. 107.
    ∫ Chapeau à *bord toujours droit*............... **36'. Galera**, p. 113. Pl. 35, p. 114.

○ Chapeau *non conique.*
⊕ Chapeau *fibrilleux et soyeux* ou *écailleux*, sec (pl. 32). → **35'. Inocybe**, p. 102.
⊕ Chapeau *ne présentant pas ces caractères.*
  ⊙ Pied *charnu.*
    △ Feuillets *échancrés* (fig. 38) près du pied, espèces *terrestres*. **37'. Hebeloma**, p. 106. Pl. 33, p. 108.
    △ Feuillets *non échancrés* ; espèces poussant souvent *sur le bois*. **38'. Flammula**, p. 107. Pl. 33 et 34, p. 108 et 110.
  ⊙ Pied *ferme, cartilagineux.*
    ✕ Feuillets *libres* (fig. 44); chapeau à bord droit...... **39'. Pluteolus**, p. 116. Pl. 35, p. 114.
    ✕ Feuillets *adhérents ;* chapeau enroulé dans le jeune âge. **40'. Naucoria**, p. 111. Pl. 34, p. 110.

☐ Pied *latéral* ou *nul*.. **41'. Crepidotus**, p. 116. Pl. 35, p. 114.

4° Section. Spores brun violacé ou brun pourpre.

⊙ Un *anneau membraneux.*
  : Feuillets *libres* (fig. 44)............ **42'. Psalliota**, p. 117. Pl. 36, p. 118.
  : Feuillets *adhérents* au pied (fig. 45). **43'. Stropharia**, p. 120. Pl. 36 et 37, p. 118 et 122.

⊙ Un *anneau filamenteux* ou une *cortine* (fig. 46).
  ✕ Feuillets *décurrents*. → **30. Gomphidius**, p. 102.
  ✕ Feuillets *non décurrents*........................ **44'. Hypholoma**, p. 121. Pl. 37, p. 122.

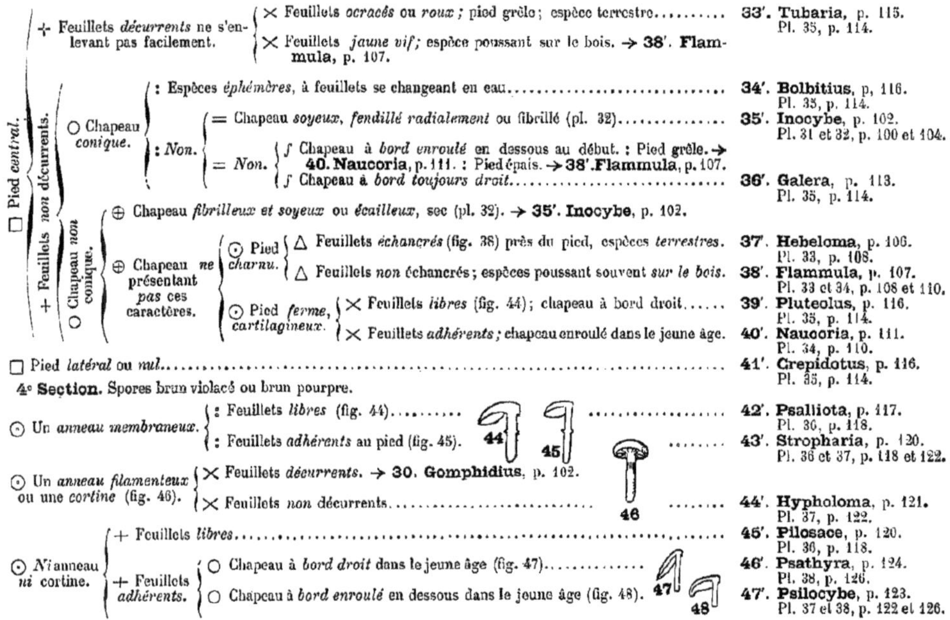

⊙ *Ni* anneau *ni* cortine.
+ Feuillets *libres*.. **45'. Pilosace**, p. 120. Pl. 36, p. 118.
+ Feuillets *adhérents.*
  ○ Chapeau à *bord droit* dans le jeune âge (fig. 47)............. **46'. Psathyra**, p. 124. Pl. 38, p. 126.
  ○ Chapeau à *bord enroulé* en dessous dans le jeune âge (fig. 48). **47'. Psilocybe**, p. 123. Pl. 37 et 38, p. 122 et 126.

5ᵉ Section. Spores noires.

□ Un *chapeau* auquel adhèrent en dessous les lames (fig. 50). **50**

— Un *anneau membraneux* (fig. 44.).. **48'.** **Anellaria**, p. 125.
Pl. 38, p. 126.

— *Une volve.*
: Feuillets *se fondant en eau.* → **49'.** **Coprinus**, p. 127.
: *Non.* → **106**. *Gyrophragmium*, p. 193.

— Un *cercle noir* sur le pied. → **50'.** **Panæolus**, p. 125.

— *Ni* volve *ni anneau ni cercle* sur le pied. = *Non.*
= Feuillets *se transformant en eau ;* espèces éphémères............ **49'.** **Coprinus**, p. 127.
Pl. 38 et 30, p. 126 et 130.

: Feuillets *tachetés*, bord du chapeau dépassant les feuillets. **50'.** **Panæolus**, p. 125.
Pl. 38, p. 126.

: Feuillets *non tachetés* et bord du chapeau ne dépassant pas les feuillets................................... **51'.** **Psathyrella**, p. 127.
Pl. 38, p. 126.

□ Pas de *chapeau* (fig. 49) ; **49** feuillets insérés sur le haut du pied élargi.................... **52'.** **Montagnites**, p. 132.
Pl. 39, p. 130.

FAMILLE DES POLYPORÉES.

Champignons présentant des *tubes* sous un chapeau ou sur une croûte.

⊙ Champignons ayant *un pied* (1).

✕ Tubes très *facilement séparables* du chapeau ; espèces *molles*, charnues.............. **59.** **Boletus**, p. 148.
Pl. 45 et 46, p. 153 et 155.

✕ Tubes *difficilement séparables.*
: Espèces *molles* à tubes *larges.* → **59. Boletus** (*lividus, cavipes*), p. 148.

: Espèces *coriaces*, ou molles, mais alors à tubes *étroits.*
+ Pores très *grands, polygonaux* (2).......... **60.** **Favolus**, p. 135.
Pl. 40, p. 134.

+ Pores *petits* (2)............................. **61.** **Polyporus**, p. 139.
Pl. 41 à 44, p. 136, 140, 144 et 149.

⊙ Champignons *sans* pied, mais à *chapeau* (fig. 51). **51**

□ Tubes bien *distincts.*

⊖ *Une* ou *plusieurs* assises régulières de tubes (fig. 52). **52**

— Tubes *soudés* entre eux. → **61. Polyporus**, p. 139.

— Tubes *indépendants* les uns des autres (fig. 53)................ **53** **62'.** **Fistulina**, p. 157.
Pl. 47, p. 156.

□ ⊖ Tubes *inégaux* ne formant pas d'assise (fig. 54).

□ *Non*.. } (*Voir la suite de l'analyse*, p. XXVIII.)

---

(1) Si le pied est surmonté d'une tête ornée d'alvéoles, on a les *Phallus* (Phalloïdées) ou les *Morchella* (Ascomycètes). Les *Phallus* se distinguent par la présence d'une volve. — (2) Le *Dædalea biennis* peut avoir un pied, mais ce pied est *très irrégulier*, et les pores sont *sinueux*.

⊙ Champignons ayant un chapeau mais pas de pied (fig. 54).

☐ Tubes bien distincts.

⊖ Tubes iné-gaux, ne formant *pas* d'assise régu-lière (fig. 54).

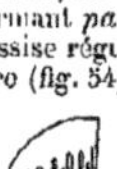

54

: Tubes *persistant* jusqu'à l'âge adulte.

⊖ Pores *petits*, ronds ou un peu allongés.................. **63. Trametes**, p. 135.
Pl. 40 et 41, p. 134 et 136.

⊖ Pores *grands*, polygonaux, réguliers..................... **64. Hexagona**, p. 135.
Pl. 40, p. 134.

⊖ Pores *irréguliers*, en *labyrinthe*....................... } **65. Dædalea**, p. 133.
Pl. 40, p. 134.

: Tubes se *fusion-nant entre eux* de manière à faire des *lames* ou des labyrinthes (fig. 55).

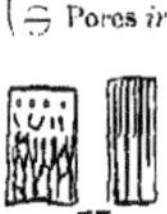

55

+ Champignons *ne* présentant *pas* de grandes lames comme une Agaricinée.

ʃ Tubes *en labyrinthe*.. }
ʃ Tubes se découpant en *dents aplaties.* → **73.** *Irpex*, p. 167.

+ Champignons *pourvus de grandes lames* comme une Agaricinée.................... **66. Lenzites**, p. 133.
Pl. 39 et 40, p. 130 et 134.

☐ Chapeau présentant seulement des *plis anas-tomosés* limitant des sortes de larges pores.

= Espèces *petites.* → **52.** *Dictyolus*, p. 51.

⸺ Espèces *grandes*...................................... **67. Merulius**, p. 157.
Pl. 47, p. 156.

⊙ Champi-gnons formant une croûte.

56

⊕ Pores *bien accusés, persistants.*

ʃ Tubes (ou cupules) *distincts* sur un tapis filamenteux (fig. 69). → **87.** *Solenia*, p. 183.

ʃ Tubes sou-dés les uns aux autres.

+ Tubes s'enfonçant à des *profondeurs variables* dans la chair; pores ronds. → **63. Trametes**, p. 135.

+ Tubes formant une *assise nettement délimitée*; pores ronds ou polygonaux................................. **68. Physisporus**, p. 137.
Pl. 44, p. 136.

⊕ Pores *à peine ac-cusés* (papilles creuses ou mailles d'un réseau).

: Hyménium formé de *plis* ou de *nervures* ramifiées, anastomosées en réseau, rappelant ainsi des pores..................... **69. Merulius**, p. 157.
Pl. 47, p. 156.

: Hymenium formé de *papilles* écartées et creusées (fig. 57)..

57

70. Porothelium, p. 157.
Pl. 47, p. 156.

⊕ Tubes se déchirant bientôt en *dents* ou *palettes* soudées à la base. → **73.** *Irpex*, p. 167.

FAMILLE DES HYDNÉES.

Champignons présentant des *aiguillons, crêtes, tubercules* irréguliers, *dents aplaties* ou *soies* sous un chapeau ou sur une croûte.

= Champignons *non en* croûte (fig. 58).

⊙ Partie fructifère formée d'ai-guillons (fig. 59). **59**

: Champignons *gélatineux,* → **126.** *Tremellodon*, p. 207.
: Champignons *non* gélatineux........................... **71. Hydnum**, p. 160.
Pl. 47 et 48, p. 156 et 162.

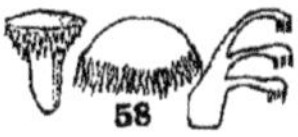

= Champignons
formant
une croûte
(fig. 61) ou
composés
d'*aiguillons
isolés*.

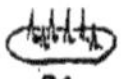

61

⊕ Partie fructifère *sur une croûte*.

○ Partie fructifère for-
mée de *dents
aplaties* (fig. 60). 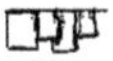 60

× Dents disposées *sans ordre*............... 72. **Sistotrema**, p. 165.
Pl. 49, p. 166.
× Dents disposées en *séries rayonnantes*....... 73. **Irpex**, p. 167.
Pl. 49, p. 166.

△ Partie fructifère formée *d'aiguillons* (fig. 61) souvent terminés par une touffe de poils 74. **Odontia**, p. 163.
Pl. 48 et 49, p. 162 et 166.
△ Partie fructifère formée de *soies raides*............................. 75. **Kneiffia**, p. 165.
Pl. 49, p. 166.
△ Partie fructifère formée de *tubercules* ou *dents difformes* (fig. 62).  62 76. **Radulum**, p. 165.
Pl. 49, p. 166.
△ Partie fructifère formée de *petits granules* (fig. 63).  63
: Granules *pleins*............................. 77. **Grandinia**, p. 168.
Pl. 49, p. 166.
: Granules *creux.* → 70. *Porothelium*, p. 157.
△ Partie fructifère formée de *dents aplaties*; champignons *coriaces*............. 78. **Irpex**, p. 167.
Pl. 49, p. 166.
△ Partie fructifère formée de *crêtes irrégulières*; champignons *mous*........... 79. **Phlebia**, p. 167.
Pl. 49, p. 166.

⊕ Plante *réduite à des aiguillons isolés*............. .... 80. **Mucronella**, p. 164.
Pl. 49, p. 166.

FAMILLE DES CLAVARIÉES.

Champignons en forme de petit arbre, de colonne ou de massue à rameaux, le plus souvent cylindriques.

⊖ Champignons
à *rameaux
aplatis* (fig. 71).

× Champignons *jaunes*............. .... 81. **Sparassis**, p. 169.
Pl. 49, p. 166.
× Champignons d'une *autre couleur.*
= Espèces poussant *à terre.* → 89. *Thelephora*, p. 179.
= Espèces poussant *sur le bois.* → *Xylaria*, p. 215.

⊖ Champignons
non aplatis.

: Espèces ayant
au moins
4 c. de haut.
+ Une *tête bien
distincte*
(fig. 64).
ſ Champignons *parasites.* → 40. *Nyctalis*, p. 50.
ſ Non........
+ Espèce *rameuse ou en massue.* (*Voir la suite de l'analyse*, p. XXX.)
: Espèces *plus petites que 1 c*...................

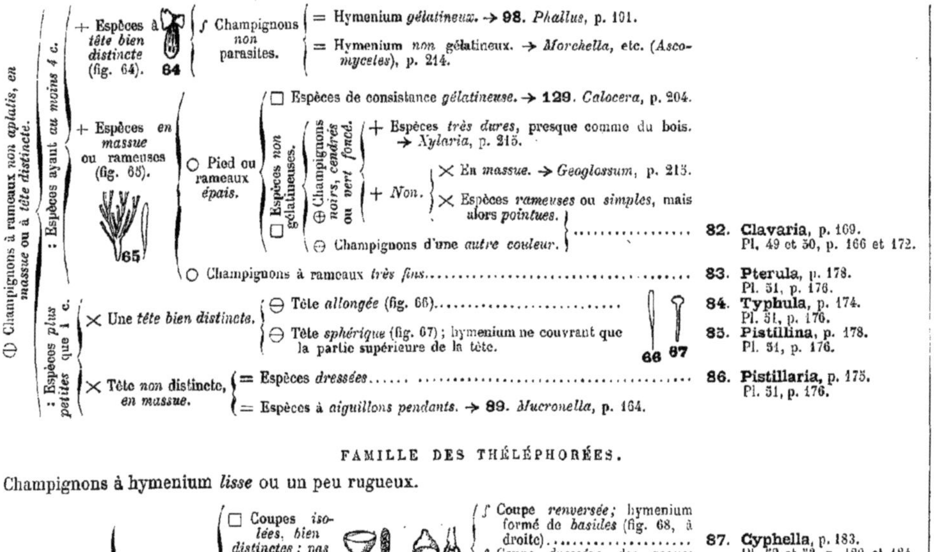

+ Espèces à *tête bien distincte* (fig. 64). **64** — ∫ Champignons *non* parasites. { = Hymenium *gélatineux.* → **98**. *Phallus*, p. 101. / = Hymenium *non* gélatineux. → *Morchella*, etc. (*Ascomycetes*), p. 214.

+ Espèces *en massue* ou rameuses (fig. 65). — ○ Pied ou rameaux *épais*. {

□ Espèces de consistance *gélatineuse.* → **129**. *Calocera*, p. 204.

□ Espèces *non gélatineuses*. {

⊕ Champignons *noirs, cendrés* ou *vert foncé.* {

+ Espèces *très dures*, presque comme du bois. → *Xylaria*, p. 215.

+ *Non*. { ✕ En *massue.* → *Geoglossum*, p. 213. / ✕ Espèces *rameuses* ou *simples*, mais alors *pointues.* }

⊖ Champignons d'une *autre couleur.* } .... **82**. **Clavaria**, p. 169. Pl. 49 et 50, p. 166 et 172.

○ Champignons à rameaux *très fins* .... **83**. **Pterula**, p. 178. Pl. 51, p. 176.

✕ Une *tête bien distincte*. {

⊖ Tête *allongée* (fig. 66) .... **84**. **Typhula**, p. 174. Pl. 51, p. 176.

⊖ Tête *sphérique* (fig. 67); hymenium ne couvrant que la partie supérieure de la tête. **66 87** .... **85**. **Pistillina**, p. 178. Pl. 51, p. 176.

✕ Tête *non distincte*, en massue. {

= Espèces *dressées* .... **86**. **Pistillaria**, p. 175. Pl. 51, p. 176.

= Espèces à *aiguillons pendants.* → **89**. *Mucronella*, p. 164.

FAMILLE DES THÉLÉPHORÉES.

Champignons à hymenium *lisse* ou un peu rugueux.

⊙ Champignons en forme de + Fond de la coupe en {

□ Coupes *isolées, bien distinctes; pas de tapis de* filaments. **68** {

∫ Coupe *renversée;* hymenium formé de *basides* (fig. 68, à droite) .... **87**. **Cyphella**, p. 183. Pl. 52 et 53, p. 180 et 184.

∫ Coupe *dressée;* des *asques* (fig. 68, à gauche). → *Peziza*, p. 213.

coupe (fig. 68 et 69). — lisse.

□ Coupes *serrées* les unes contre les autres et naissant sur un *tapis filamenteux, coloré* (fig. 69). — **88. Solenia**, p. 185. Pl. 53, p. 184.

+ Quelques *plis* au fond de la coupe.
: Espèces *sèches, coriaces*. → **51**. *Trogia*, p. 72.
: Espèces *molles*. = *Un pied*. → **19**. *Omphalia* (*gibbosa*), p. 35.
= *Pas de pied*. → **53**. *Arrhenia*, p. 52.

☉ Ni coupe, ni croûte.

⊙ Une *tête bien caractérisée* (fig. 70).
× Espèces poussant *sur des Russules*. → **40**. *Nyctalis*, p. 50.
× *Non*. = Tête creusée d'alvéoles. ſ Une *volve* (fig. 70, p). → **98**. *Phallus*, p. 191.
ſ *Non*. → *Morchella* (fig. 70. m.).
= *Non*.................................. } *Ascomycètes*, p. 211.

⊖ Pas de tête.

⊖ Espèces *rameuses* à rameaux aplatis (fig. 71).
— Champignons *jaunes, charnus*. → **81**. *Sparassis*, p. 169.
— Champignons *blanc cendré ou noirs, coriaces*................ } **89. Thelephora**, p. 179. Pl. 52, p. 180.

⊖ Espèces *non rameuses*.
○ Champignons *terrestres*.
: Espèces *coriaces*, à hymenium *lisse* ou à rugosités *irrégulières*.
: Espèces *charnues* le plus souvent, à la fin présentant des *plis* ou *rides anastomosées*................... } **90. Craterellus**, p. 170. Pl. 51, p. 176.
○ Champignons poussant *sur le bois*............ } **91. Stereum**, p. 181. Pl. 52, p. 180.

☉ Champignons en croûte.

+ Hymenium *lisse* ou à rugosités irrégulières.

□ Espèces poussant *à terre ou sur le gazon, les brindilles*.
: Baside *cloisonnée*. × Champignons *blancs ou cendré violet*. → **125**. *Sebacina*, p. 207. 210.
× Champignons *purpurins ou violets*. → **123**. *Helicobasidium*, p.
: Baside *non cloisonnée*; champignon *ni blanc, ni cendré violet, ni purpurin*. → **89. Thelephora**, p. 170.

□ Espèces poussant *sur des plantes vivantes* (Vaccinium). → **95**. *Exobasidium*, p. 180.

□ Espèces poussant sur *le bois* (souches, branches tombées).
= Spores *incolores*. ſ Hymenium reposant *directement sur le mycelium*, uni ou chagriné.
ſ Hymenium *séparé* du mycelium par un tissu, toujours *uni*. → **91. Stereum**, p. 181. } **92. Corticium**, p. 186. Pl. 53 et 54, p. 184 et 190.
= Spores *brunes* ou *fauves*.
— Espèce *épaisse*. → **89. Thelephora** (*biennis*), p. 179.
— Espèce *mince*. : Spores *lisses*...................... } **93. Coniophora**, p. 189. Pl. 54, p. 190.
: Spores *épineuses*................ } **94. Tomentella**, p. 189. Pl. 54, p. 190.

+ Hymenium à *rugosités bien saillantes*. (*Voir la suite*, p. XXXII.)

+ Hymenium à *rugosités bien saillantes* et disposées
⊕ en *réseau.* → **67.** *Merulius,* p. 157.
⊕ en *tubercules creux.* → **70.** *Porothelium,* p. 157 ; *pleins.* → **77.** *Grandinia,* p. 168.
⊕ en *crêtes.* → **79.** *Phlebia,* p. 167.

FAMILLE DES EXOBASIDIÉES.

Champignons parasites à hymenium discontinu.

Espèces poussant sur *les feuilles et les tiges vivantes des Vaccinium, Rhododendron et Andromeda*........ **95. Exobasidium,** p. 189. Pl. 54, p. 190.

FAMILLE DES PHALLOIDÉES.

Champignons *charnus,* enfermés primitivement dans *une volve,* à hymenium gluant se transformant à la maturité en un liquide visqueux.

○ *Pas de pied.*
+ Réseau fructifère *régulier bien développé* (fig. 72, Cl). **96. Clathrus,** p. 191. Pl. 54, p. 190.
+ Réseau fructifère *irrégulier, réduit* (fig. 72, Co). **97. Colus,** p. 191. Pl. 54, p. 190.

○ *Un pied* (fig. 72, p)... **98. Phallus,** p. 191. Pl. 54, p. 190.

FAMILLE DES NIDULARIÉES.

Champignons dont l'enveloppe générale contient un certain nombre de petites masses ovoïdes ou *péridioles,* creuses au centre et dont la cavité est tapissée par l'hymenium.

⊕ Fruit contenant *plusieurs masses* ovoïdes (péridioles) (fig. 73-75).
□ Enveloppe générale du fruit non transparente.
= Fruit s'ouvrant *régulièrement* par la chute d'un *couvercle ;* péridioles *pédonculés.* **99. Cyathus,** p. 191. Pl. 54, p. 190.
= Fruit *sans* couvercle, se déchirant irrégulièrement ; péridioles non pédonculés (fig. 74).. **100. Nidularia,** p. 191. Pl. 54, p. 190.

non projetées. □ Enveloppe du fruit *transparente* (fig. 75). .... **101. Polyangium**, p. 192.
Pl. 54, p. 190.

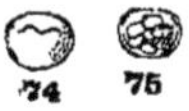

⊕ Fruit con-
tenant
un péridiole
(p) projeté à
la fin (fig. 76). **76**

+ *Une seule* enveloppe au fruit.
: Espèce poussant *à terre* .... **102. Thelebolus**, p. 192.
Pl. 54, p. 190.
: Espèce poussant *sur le bois* .... **103. Dacryobolus**, p. 192.
Pl. 54, p. 190.

+ *Deux* enveloppes au fruit; la 2ᵉ enveloppe retournée surmonte la 1ʳᵉ après la projection du péridiole (p, fig. 76) .... **104. Sphærobolus**, p. 193.
Pl. 54, p. 190.

FAMILLE DES LYCOPERDÉES.

Champignons pourvus d'une enveloppe persistante et d'un hyménium d'abord charnu, puis se résolvant en une une sorte de poudre.

□ Fruit porté sur un pied (fig. 77). **77**

+ Fruit s'ouvrant par un *trou* au sommet (fig. 77).
: Pied *grêle*; espèces *petites* .... **105. Tulostoma**, p. 193.
Pl. 55, p. 194.
: Pied *épais*. → **113. Lycoperdon**, p. 196.

+ *Non.*
× Pied *prolongé* dans le fruit en *columelle* (fig. 78 gauche).
ſ *Une volve*; hyménium sur des lames irrégulières non anastomosées .... **106. Gyrophragmium**, p.193.
Pl. 55, p. 194.
ſ *Pas* de volve: hyménium sur des cloisons anastomosées .... **107. Secotium**, p. 193.
Pl. 54, p. 194.

× Pied *ne* se prolongeant *pas* dans le fruit (fig. 78 droite).
= *Une volve* .... **108. Battarea**, p. 195.
Pl. 55, p. 194.
= *Pas* de volve.
: Espèce *grosse* .... **109. Queletia**, p. 193.
Pl. 55, p. 194.
: Espèce *petite*. → **128**. *Ecchyna*, p. 210.

□ *Pas* de pied ou pied non distinct du fruit (fig. 81). **81**
○ Fruit à *deux* enveloppes, l'externe s'ouvrant en *étoile* (fig. 79). .... **110. Geaster**, p. 195.
Pl. 55, p. 194.
○ Une *seule* enveloppe (*Voir la suite de l'analyse*, p. XXXIV.)

Une seule enveloppe au fruit. ○

— Fruit sans logettes.

⊙ Fruit _divisé_ intérieurement en _logettes_, au moins dans le jeune âge; stérigmates courts (fig. 80). **80**

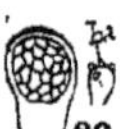

_f_ Loges _persistantes_.................................. → **111. Pisolithus**, p. 195. Pl. 55, p. 194.

_f_ Loges _disparaissant_ à la maturité................... → **112. Scleroderma**, p. 195. Pl. 55, p. 194.

⊕ Peau _épaisse; stérigmates_ des basides _courts ou nuls_. → **112. Scleroderma**, p. 195.

⊖ Peau _mince; stérigmates très longs_, tombant avec la spore (ba, fig. 82).

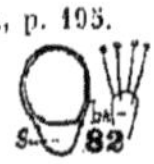

☐ Fruit ayant à la base _une partie stérile_ (s, fig. 82).

☐ Fruit _sans partie stérile_.

: Fruit _en toupie_, atténué en pied. **82** | **113. Lycoperdon**, p. 196. Pl. 56, p. 190. | **114. Calvatia**, p. 197.

: Fruit _globuleux_................................... → **115. Bovista**, p. 198. Pl. 56, p. 190.

FAMILLE DES HYMÉNOGASTRÉES.

Champignons souterrains, globuleux, creusés de cavités tapissées de basides.

-|- Fruit présentant _des alvéoles_ à l'extérieur. **84** → **116. Gautieria**, p. 198. Pl. 56, p. 199.

-|- Fruit sans alvéoles.

○ Fruit _entouré de filaments_ (fig. 83). **83**

× Spores _blanches;_ une assise hyméniale.

= Enveloppe du fruit _facilement séparable;_ spore _fusiforme_ .... → **117. Hysterangium**, p. 203. Pl. 57, p. 202.

= Enveloppe _difficilement séparable._

: Chair _déliquescente;_ spore _lisse_... → **118. Rhizopogon**, p. 200. Pl. 57, p. 202.

: Chair _non_ déliquescente; spore _hérissée_....................... → **119. Hydnangium**, p. 201. Pl. 57, p. 202.

× Spores _colorées;_ filaments basidifères enchevêtrés ne formant pas une assise hyméniale... → **120. Melanogaster**, p. 198. Pl. 56 et 57, p. 199 à 202.

○ Fruit _sans_ filaments.

☐ Spores _brunes ou jaunes._

⊕ Partie _stérile_ à la _base du fruit_ (fig. 85); basides à quatre spores arrondies. **85** → **121. Octaviania**, p. 201. Pl. 57, p. 202.

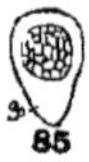

⊕ _Pas_ de partie stérile; basides à deux spores fusiformes. → **122. Hymenogaster**, p. 200. Pl. 57, p. 202.

☐ Spores _blanches._ → **119. Hydnangium**, p. 201.

Champignons en général *gélatineux*, à baside de forme spéciale.

Employer la 1re clé si l'on connait la forme de la baside déterminée au microscope et la 2e si l'on ne peut se servir que des caractères extérieurs.

PREMIÈRE CLÉ.

+ Baside *non cloisonnée* (fig. 86-87).

○ Baside à *4 stérigmates renflés* (fig. 86) ; champignons en forme de *croûte*. **TULASNELLÉES**, p. XXXVII et 204.

○ Baside *fourchue* à *2 longs stérigmates* (fig. 87).

× Champignons en forme de *massue, d'alène* ou de *petit arbre*............................ **CALOCÉRÉES**, p. XXXVII et 204.

× Champignons en forme de *coupe* ou de *masse globuleuse* irrégulière.................... **DACRYMYCÉTÉES**, p. XXVII et 205.

+ Baside *cloisonnée longitudinalement* (fig. 88).

= Fruit *gélatineux*, présentant des *aiguillons*......................... **TRÉMELLODONÉES**, p. XXXVIII et 207.

= Fruit *coriace*, étalé *en croûte*..................................... **SÉBACINÉES**, p. XXXVIII et 207.

= Fruit *gélatineux*, en forme de *coupe*, de *spatule* ou de *masse globuleuse* irrégulière.. **TRÉMELLÉES**, p. XXXVIII et 207.

(TRÉMELLACÉES.)

+ Baside cloisonnée *transversalement* (fig. 89).

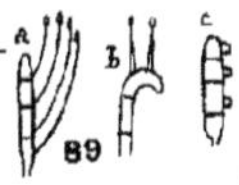

+ Champignons *gélatineux*, en forme de *coupe* ou d'*oreille* ; baside *droite* naissant à l'*extérieur* ; spore *pédicellée* (fig. 89 a).......... **AURICULARIÉES**, p. XXXVIII et 207.

+ Champignons *coriaces*, en forme de *croûte* ; baside *en crosse* naissant à l'*extérieur* ; spore *pédicellée* (fig. 89 b)...................... **HÉLICOBASIDIÉES**, p. XXXVIII et 210.

+ Champignons *coriaces* à *tête arrondie* supportée par *un pied* ; baside *droite* naissant à l'*intérieur* ; spore *non* pédicellée (fig. 89 c)..... **ECCHYNÉES**, p. XXXVIII et 210.

(AURICULARIACÉES.)

DEUXIEME CLÉ.

⊕ Espèces en forme de croûte (fig. 90).

90

- ☐ Champignons *purpurins* ou *rose violacé*.
  - : Champignons *assez épais, purpurin* foncé, fibreux, un peu coriaces : baside *cloisonnée* transversalement (fig. 89, b) .... — **123. Helicobasidium**, p. 210. Pl. 58, p. 206.
  - : Champignons *minces*, de consistance de cire, violet clair ; baside *non* cloisonnée (fig. 86) .... — **124. Tulasnella**, p. 204. Pl. 57, p. 202.
- ☐ Champignons *blancs, jaunâtres, couleur chair ou cendré bleuâtre ;* baside *cloisonné longitudinalement* (fig. 88) .... — **125. Sebacina**, p. 207. Pl. 58, p. 206.

① Espèces en forme d'arbre, de massue, d'alène ou ayant une tête et un pied.

Non.

- ✛ Champignons *pourvus d'aiguillons* (fig. 91) .... — **126. Tremellodon**, p. 207. Pl. 58, p. 206.
- *Non.*
  - ○ *Un pied* bien net (fig. 92, 93).
    - ⊖ Espèce *gélatineuse, en massue* (fig. 92). — **127. Dacrymitra**, p. 204. Pl. 57, p. 202.
    - ⊖ Espèce *non* gélatineuse, à *tête arrondie* (fig. 93) .... — **128. Ecchyna**, p. 210. Pl. 58, p. 206.
  - ○ *Pas* de pied ; espèces en *arbuscule* (fig. 90) ou en *alène* .... — **129. Calocera**, p. 204. Pl. 57, p. 202.

91 92 93 96

② Espèces en forme de coupe, de spatule ou d'oreille.

97

Non.

- ☐ Champignons *pourvus d'aiguillons*. → **126. Tremellodon**, p. 207.
- ⊙ Espèce en forme de coupe (fig. 94).

  94 95
  - ∫ Espèces *lilas* ou *purpurin* rosé ; baside cloisonnée longitudinalement .... — **130. Ditangium**, p. 207. Pl. 58, p. 206.
  - ∫ Espèces *jaune brun* ou blanches ; baside non cloisonnée...... — **131. Guepinia**, p. 205. Pl. 58, p. 206.
  - ∫ Espèces *olivâtres* à l'extérieur ; *brun purpurin* à l'intérieur ; baside cloisonnée transversalement.................... — **132. Auricularia**, p. 210. Pl. 58, p. 206.
  - ∫ Espèce *roussâtre* à l'extérieur, *noire* à l'intérieur ; des asques. → *Bulgaria*, p. 211.
- ⊙ Espèce en *spatule* (fig. 95), roux brique ou orange ; baside cloisonnée longitudinalement. — **133. Gyrocephalus**, p. 207. Pl. 58, p. 206.
- ⊙ Espèce *en oreille* (fig. 97) ; baside cloisonnée transversalement. → **132. Auricularia**, p. 210.

⊖ **Champignons blancs.**
— Hyménium *sur toute la surface ; spore ovoïde.* → **136. Tremella,** p. 208.
— Hyménium *limité à la face supérieure ; spore arquée.* → **137. Exidia,** p. 208.

⊖ **Champignons jaunes ou** *orangés.*
+ Spore *arquée* (fig. 99). **98** *et*
 = Baside *cloisonnée*................................ **134. Dacrymyces,** p. 205. Pl. 58, p. 206.
 = Baside *non* cloisonnée........................ **135. Ulocolla,** p. 208. Pl. 58, p. 206.
+ Spore *ovoïde* (fig. 98)................................... **136. Tremella,** p. 208. Pl. 58, p. 206.

⊖ **Champignons** *roses, violets* ou *verts.*
□ *Primitivement en coupe,* 1 à 2 c. → **130. Ditangium,** p. 207.
□ *Non.*
 : Espèces *de 1 c.* ; baside non cloisonnée. → **134. Dacrymyces,** p. 205.
 : Espèces *plus petites que 1 c.* ; baside cloisonnée. → **136. Tremella,** p. 208.

⊖ Espèces en forme de *bouton,* de *globule* ou de masse *irrégulière.*

⊖ **Champignons** *bruns* ou *noirs.*
∫ Espèces poussant *sur le Tilleul,* blanc sale puis noirâtre........... **137. Platyglæa,** p. 210. Pl. 58, p. 206.
∫ Non.
 ○ Champignons à *basides.*
  — Spore *arquée*............................. **138. Exidia,** p. 208. Pl. 58, p. 206.
  — Spore *ovoïde.* → **136. Tremella,** p. 208.
 ○ Champignon à *asques.* → *Bulgaria,* p. 213.

FAMILLE DES TULASNELLÉES.

Un seul genre. → **125. Tulasnella.** (Voir la définition du genre, p. 204.) [Famille de passage entre les Théléphorées et les Trémellacées.]

FAMILLE DES CALOCÉRÉES.

Champignon en arbre, en massue, en alène ; basides fourchues à deux spores. [Famille correspondant aux Clavariées parmi les Hyménomycètes.]

Deux genres : → **127. Dacrymitra** et **129. Calocera.** [Voir p. 204 la distinction de ces 2 genres].

FAMILLE DES DACRYMYCÉTÉES.

Champignons en coupe, en masse globuleuse ou irrégulière ; baside fourchue à deux spores.

+ Masse globuleuse. → **134. Dacrymyces,** p. 205. + Une coupe. → **131. Guepinia,** p. 205.

FAMILLE DES TRÉMELLODONÉES.

Un seul genre. → **126. Tremellodon.** (Voir la définition de ce genre, p. 207.) [Famille qui correspond aux Hydnées parmi les Hyménomycètes].

FAMILLE DES SÉBACINÉES.

Un seul genre. → **125. Sebacina.** (Voir la définition du genre qui est celle de la famille, p. 207.) [Famille qui correspond aux Théléphorées parmi les Hyménomycètes).

FAMILLE DES TRÉMELLÉES.

Champignons *gélatineux sans* aiguillons ; baside cloisonnée longitudinalement à 4 spores.

-+ Champignons en forme de *spatule*, rouges ou roux. → **133. Gyrocephalum**, p. 207.

-+ Champignons en forme de *coupe*, purpurins ou lilas. → **130. Ditangium**, p. 207.

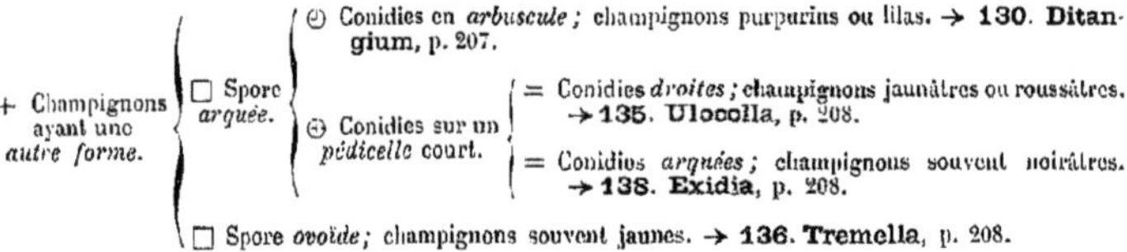

+ Champignons ayant une *autre forme.* ⟩ ☐ Spore *arquée.*

⊙ Conidies en *arbuscule ;* champignons purpurins ou lilas. → **130. Ditangium**, p. 207.

⊖ Conidies sur un *pédicelle* court.

= Conidies *droites ;* champignons jaunâtres ou roussâtres. → **135. Ulocolla**, p. 208.

= Conidies *arquées ;* champignons souvent noirâtres. → **138. Exidia**, p. 208.

☐ Spore *ovoïde ;* champignons souvent jaunes. → **136. Tremella**, p. 208.

FAMILLE DES AURICULARIÉES.

Champignons gélatineux, en bouton, en coupe ou en oreille, à basides externes cloisonnées transversalement.

Espèce en *bouton.* → **137. Platyglæa**, p. 210 ; en *coupe*, en *oreille.* → **132. Auricularia**, p. 210.

FAMILLE DES HÉLICOBASIDIÉES.

Un seul genre. → **123. Helicobasidium**, p. 210. [Voir la définition de ce genre qui est celle de la famille, p. 210.)

FAMILLE DES ECCHYNÉES.

Un seul genre. → **128. Ecchyna**, p. 210. (Voir la définition de ce genre qui est celle de la famille, p. 210.) [Cette famille des Ecchynées correspond aux Lycoperdées parmi les Gastéromycètes.]

TABLEAUX ILLUSTRÊS

SERVANT A LA

DÉTERMINATION DES ESPÈCES

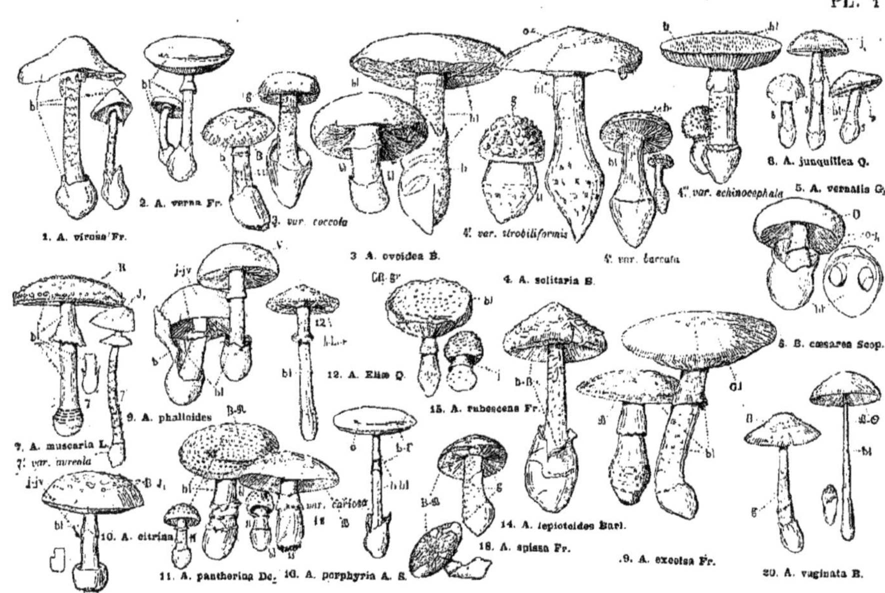
1. A. virosa Fr.
2. A. verna Fr.
3. var. coccola
3. A. ovoidea B.
4. var. strobiliformis
4. var. baccata
4. A. solitaria B.
4. var. echinocephala
5. A. vernalis G.
6. A. junquillea Q.
6. B. cæsarea Scop.
7. A. muscaria L.
7. var. aureola
9. A. phalloides
10. A. citrina
11. A. pantherina Dc.
12. A. Eliæ Q.
13. A. rubescens Fr.
14. A. lepioteides Barl.
16. A. porphyria A. S.
var. cariosa
18. A. spissa Fr.
19. A. excelsa Fr.
20. A. vaginata B.
réduct.
0   5°   10°

FAMILLE DES AGARICINÉES

PREMIÈRE SECTION. — AGARICINÉES A SPORES BLANCHES.

1. AMANITA Fr. AMANITE. — *Planche 1, p. 2.* — Champignons ayant *une volve* qui se présente sous la forme d'un *étui* autour du pied, ou d'*écailles indépendantes de l'épiderme du chapeau*, ou d'une sorte de *rebord* à la partie supérieure du bulbe du pied. Pas de cystides. — Les Amanites renferment quelques espèces comestibles, et plusieurs *très vénéneuses.*

☐ Pied pourvu d'un anneau.

+ Chapeau blanc ou légèrement gris ou jaunâtre.

△ Volve formant un étui bien développé à la base du pied.

★ Chapeau arrondi ou creux.

* Chapeau *conique*, souvent visqueux, 5-8 c. ; pied pelucheux au-dessous du collier ; odeur désagréable. . . . . **1. A. virosa Fr.** — *A. vireuse* ; e-a. AR.)🕱(

✕ Chapeau *lisse, non strié sur les bords.*

↩ Chair *âcre ;* pied renflé à la base ; chapeau 5-8 c., un peu visqueux. . . . . **2. A. verna Fr.** — *A. printanière* ; p-a. AC.)🕱(

↩ Chair *douce ;* pied renflé ; chapeau 10-20 c., soyeux. ☉ (Centre et Midi de la France.) [Coucoumelle blanche.] **3. A. ovoidea B.** — *A. ovoïde* ; e-a. AC. ✠

✕ Chapeau *strié et déchiré sur les bords.* → **3. A. ovoidea**, var. *coccola* Scop.

△ Volve ne subsistant qu'à l'état d'écailles ou de *simple rebord* sur le bulbe du pied.

○ Pied *écailleux*, au moins à la base ; chapeau *blanc*, puis gris jaunâtre (b-gj), 8-12 c. ; bulbe du pied souvent terminé en pointe. . . . . **4. A. solitaria B.** (1) — *A. solitaire* ; p-a. AC. ✠

○ Pied *lisse.*

— Chapeau *jaune pâle*, couvert de *verrues blanches*, 4-8 c. ; pied blanc, court. . . . . (Espèce voisine de *A. junquillea.*) **5. A. vernalis G. et R.** — *A. vernale* ; p. R.)🕱(

— Chapeau *blanc* ou jaune pâle, couvert de *verrues brunes.* → **10. A. citrina**, var. *mappa Fr.*

+ Chapeau jaune-vif, vert, rouge ou orangé.

⊕ Chair rougissant à l'air, quand on coupe le champignon. → **15. A. rubescens.**

⊕ Chair ne rougissant pas à l'air.

: Feuillets *jaunes ;* chapeau *jaune orange* (O-J,). *sans écailles*, 10-15 c. ; pied jaune doré ; volve blanche *en étui autour du pied ;* odeur agréable. ☉ . . . . (Commune dans le Midi et le Centre de la France.) [Oronge vraie.] **6. A. cæsarea Scop.** — *A. des Césars* ; e-a. ✠

: Feuillets *blancs ou légèrement verdâtres.*

— Chapeau *rouge* (R), quelquefois orangé (O), à *écailles blanches*, 10-15 c. ; volve à l'état d'*écailles autour du bulbe.* ☉ [Fausse Oronge.] **7. A. muscaria L.** (2) — *A. tue-mouches* ; e-a. CC.)🕱(

— Chapeau *jaune-doré* (J,), *strié au bord*, lisse ou à écailles blanches, 5-6 c. ; anneau parfois fugace ; pied blanc ; lames blanches ou crème. . . . . **8. A. junquillea Q.** (2) — *A. jonquille* ; p-a. R. ✠

— Chapeau *jaune citron* ou *verdâtre.*

⊙ Chapeau *sans écailles, jaune* ou *verdâtre* (j-v-V), 8-10 c. ; volve formant un *étui bien caractérisé.* ☉ . . . . **9. A. phalloides Fr.** — *A. phalloïde* ; e-a. C.)🕱(

⊙ Chapeau *jaune* (j) à *flocons blancs, jaunes* ou *verdâtres* (j-jv), ou à *plaques brunes*, 8-10 c. ; volve formant un *simple rebord.* La var. à plaques brunes est la var. *mappa Fr.* ☉ **10. A. citrina Sch.** — *A. citrine* ; e-a. C.)🕱(

+ Chapeau *brun, roux, olive* ou *purpurin* (Voyez la suite de l'analyse, p. 4).

---

(1) Espèce à nombreuses formes : 1° *solitaria B.* type, chapeau couvert de *larges plaques*, celles du bord ayant un aspect crémeux ; 2° *strobiliformis* Vitt., chapeau à *écailles pyramidales*, à bulbe *arrondi, très écailleux ;* 3° *echinocephala Vitt.*, chapeau à écailles très aiguës. — (2) La var. *aureola K.* de l'*A. muscaria* a le chapeau jaune doré, mais se distingue de l'*A. junquillea* par son *anneau persistant ;* autres variétés de l'*A. muscaria : puella Pers.*, forme grêle, *pas d'écailles*, chapeau non strié ; *formosa Pers.*, *écailles et pied jaunes ; aureola K.*, pied à étui.

* Pied *ayant un double anneau* dont l'*un parfois oblique*, ou un *double rebord* au-dessus du bulbe; chapeau brun, roux, bistre, ou pourpre avec flocons blancs; bord cannelé, 6-10 c. ⊙ [Fausse Golmotte].

(Chapeau *strié au bord*, incarnat ou purpurin (Li-r), 5-6 c.; pied strié au sommet; volve fugace..............

(Chapeau *non strié au bord*, brun (GL-B-o), 3-6 c.; anneau réduit de bonne heure à une *pellicule bistre* appliquée sur le pied; odeur désagréable...............

× Chapeau présentant, *outre les écailles de la volve, des écailles provenant de déchirures de l'épiderme;* chapeau 10 c., brun (b-B), écailles plus foncées; pied même couleur. (Midi de la France.)

× Chapeau seulement *un peu écailleux*, brun (b-B). → **3. A. ovoidea**, var. *coccola Sc.*

: Chair *rougissant* à l'air; chapeau brun rougeâtre ou couleur chair (gr), couvert d'écailles grisâtres, 6-10 c.; lames blanches, puis rosées. ⊙ [Golmotte.]

: Chair blanche, *jaunâtre ou rousse sous l'épiderme;* chapeau ayant souvent des verrues *couleur soufre*, 5-10 c........... (Cette espèce ressemble à la précédente).

⊕ Feuillets et anneau *se tachant de brun* au toucher; chapeau bistré ou cuivré, à larges verrues, 5-6 c.; pied court, grisâtre. (Sapinières.)

⊙ Pied *strié au-dessus de l'anneau;* chapeau *visqueux*, gris ou brun (G-B), à verrues grises, 8-12 c.: bulbe du pied pointu ....

* Bord du chapeau *lisse*. → **13. A. porphyria**, var. *recutita Fr.*

(Grande espèce; *diamètre du chapeau ayant au moins 15 c.;* chapeau gris, olive ou brun roux (G-GJ-B), ondulé, rugueux; bulbe du pied très net, sans rebord....................

× Chapeau *purpurin ou chocolat clair, sans flocons.* → **12. A. Eliæ.**

× Chapeau *brun ou fauve.* → **11. A. pantherina,** var. *cariosa Fr.*

⊙ Chapeau couvert de *deux sortes d'écailles.* → **14. A. lepiotoides.**

+ Chapeau *gris sale*, ou *fauve roussâtre, strié au bord*, souvent nu, quelquefois gardant de *larges plaques* au sommet, 5-15 c.; volve en *étui étroit, allongé.* ⊙

+ Chapeau *jaune-orangé*, à *écailles blanches.* → **7. A. muscaria,** var. *gemmata Fr.*

§ Pied terminé en un bulbe *pointu.* → **4. A. solitaria,** var. *baccata Fr.*

⊙ Chapeau *soyeux, blanc* ou légèrement jaunâtre. → **3. A. ovoidea,** var. *leiocephala De.*

§ Pied terminé en un bulbe *arrondi.*

⊙ Chapeau *un peu visqueux, jaune pâle*, plus foncé au centre. → **5. A. vernalis.**

— Chapeau *brun*, lisse; pied fragile, poilu. → **11. A. pantherina,** var. *cariosa Fr.*

11. **A. pantherina DC.**
A. *panthère;* c-a. C.

12. **A. Eliæ Q.**
A. *d'Elias;* c-a. R.

13. **A. porphyria A. et S.**
A. *porphyre;* c. AC.

14. **A. lepiotoides Barl**
A. *lepiotoïde;* a. RR.

15. **A. rubescens Fr.**
A. *rougeâtre;* c-a. C.

16*. **A. aspera Fr.**
A. *âpre;* c-a. R.

17*. **A. valida Fr.**
A. *valide;* c-a. AR.

18. **A. spissa Fr.**
A. *épaisse;* c. AC.

19. **A. excelsa Fr.**
A. *élevée;* c-a. AR.

20. **A. vaginata B. (1).**
— A. *à étui;* c-a. C.

(1) Espèce à variétés nombreuses suivant la couleur du chapeau: 1° *alba*, chapeau *blanc;* 2° *cinerea*, chapeau *gris clair* et *chair cendrée;* 3° *fulva*, chapeau *jaune-fauve.* La var. *strangulata Fr.* a le pied floconneux, le chapeau brunâtre et est de plus grande taille que la forme type.

2. LEPIOTA Fr. LÉPIOTE. — *Planche 2, p. 7.* — Champignons ayant un *anneau*, des feuillets *libres*, et très souvent sur le chapeau des écailles *provenant des déchirures de l'épiderme.* Pas de cystides.

⊙ Chapeau *plus grand que 10 c.* ; pied *épais.*
- = Chapeau *blanc à centre gris*, 12-15. ; pied couvert de petites fibres brunes...... 21*. **L. Persoonii Fr.** *L. de Persoon;* e. AR.
- = Chapeau *fauve-clair* (o-b); pied présentant des gouttelettes au-dessus de l'anneau. 22. **L. ienticularis Lasch.** *L. lenticulaire,* e. AR. ✠

△ Chapeau visqueux.
⊙ Chapeau plus petit que 10 c. ; pied grêle.

\+ Pied *bulbeux*, poilu à la base, blanc; chapeau grisâtre, brillant, strié au bord, 5-7 c......... 23. **L. arida Fr.** *L. aride;* e. AR.

\+ Pied non bulbeux.

(Pied *lisse.*
- ○ Pied *très-visqueux*, blanc, tacheté de **rose**; chapeau blanc, 5-9 c.; chair blanche, parfumée...................... (Sous les Sapins.) 24*. **L. illinita Fr.** *L. visqueuse;* e-a. AR.
- ○ Pied *non visqueux*, formé de deux tubes engainés l'un dans l'autre, strié au sommet; chapeau visqueux, blanc, parfois gris au milieu, 5-7 c...... 25*. **L. medullata Fr.** *L. à moelle;* e. AR.
- ✕ Pied présentant au sommet, un *réseau* de petites *écailles noires;* chapeau roux clair. → **25. L. medullata,** var. *demisannula Sec.*

(Pied *écailleux.*)
✕ Pied ne présentant pas de réseau noir.
- ★ Anneau formé par les écailles qui ne vont pas jusqu'au sommet du pied; chapeau blanc ou couleur paille, couvert, comme le sommet du pied, de gouttelettes d'eau, 3 à 5 c............... 26. **L. irrorata Q.** *L. à gouttelettes;* e-a. R.
- ★ Anneau véritable, membraneux; chapeau jaune pâle, visqueux; 2-3 c.; pied blanc rosé............... 27*. **L. delicata Fr.** *L. délicate;* e-a. AR. ✠

△ Chapeau non visqueux.
∥ Chapeau écailleux.
⊙ Anneau bien développé, persistant.
⊙ Chair blanche, ou un peu rousse, mais ne rougissant pas à l'air.

□ Chapeau plus grand que 4 c.
○ Chapeau à grosses écailles aplaties.
- : Chapeau *écailleux sur toute la surface*, brun (B), 10-30 c. ; pied tigré [Coulemelle, Grisotte]. 28. **L. procera Scop.** (1) *L. élevée;* e-a. C. ✠
- : Chapeau *écailleux seulement sur les bords*, ayant une *large plaque brune au centre*, brun (B),5-10c. 29. **L. excoriata Sch.** (1) *L. excoriée;* e-a. C. ✠
○ Chapeau à *écailles dressées*, souvent *pointues*, brunes, 8-12 c.. 30. **L. aspera Pers.** (2) *L. âpre;* e-a. AC. ✠

□ Chapeau *plus petit* que 4 c.; → **35. L. clypeolaria,** var. *felina Pers.* si la base du pied, l'anneau et le chapeau sont couverts *d'écailles noires;* var. *cristata A. et S.*, si le chapeau seul a des écailles brunes.

⊙ Chair *devenant rouge ou brune à l'air.*
- \+ Chapeau à *fond blanc*, à écailles grises, 5-12 c..................... (Région méditerranéenne, littoral.) 31. **L. nympharum K.** *L. des nymphes;* a. R.
- \+ Chapeau à *fond brun*, ou *rouge orange.* (Voyez la suite de l'analyse, p. 6.)

★ Anneau *peu développé, fugace*...............................

---

(1) Entre le *L. procera* et le *L. excoriata*, nombreuses formes intermédiaires : *L. procera,* var.: 1° *fuliginosa Barl.*, pied non tigré, chapeau 10-12 c., chair blanche; 2° *rhacodes Vitt.*, pied blanc, chair rougissant à l'air, chapeau 10 c.; 3° *prominens Viv.*, forme petite, chapeau 7 c. — *L. excoriata,* var. : 1° *gracilenta Kr.* pied élancé; 2° *mastoidea Fr.*, pied grêle. — Le *L. littoralis Men.*, qui a le chapeau écailleux au bord seulement et se distinguant par des débris d'une volve, est une forme intermédiaire entre les Amanites et les Lépiotes (Embouchure de la Loire). — (2) Var. 1° *hispida Lasch.*, forme grêle, chapeau 5-7 c.; 2° *acutesquamosa Wein.*, écailles du chapeau très aiguës.

= Chapeau écailleux.

△ Anneau persistant.
  + Chapeau à *fond brun* ou *rouge*.
    × Champignon *rougissant au toucher* (B-ß ou P-p), 3-9 c.; pied renflé à la base; chair brune (B-ß).................... **32. L. hæmatosperma B.** — *L. hématosperme;* e-a. R.
    × Champignon *ne rougissant pas au toucher*, mais *chair rougissant à l'air*. → **28. L. procera**, var. *rhacodes Vitt.*

△ Anneau *peu développé, fugace.*
  ⊙ Chair blanche ou crème.
    — Chapeau *brun foncé* (B à C), 1-2 c., pied blanc, tacheté de petites écailles fauves; chair crème, fauve dans le pied.................... **33*. L. castanea Q.** — *L. chatain;* a. R.
    — Chapeau *blanc ou gris.*
      ★ Chapeau à *écailles blanches*, tombant rapidement, 1-2 c.; pied blanc ou rose incarnat pâle.................... **34. L. seminuda Fr.** — *L. demi-nue;* a. AR.
      ★ Chapeau à *écailles brunes.* → **35. L. clypeolaria**, var. *felina* ou *cristata.* (Voyez p. 5, ligne 28.)
    — Chapeau *jaune-roussâtre* (J₂-J₁) à écailles plus foncées (C), 5-8 c.; pied à *écailles blanches* ou *fauve clair;* chair blanche, un peu acide.................... **35. L. clypeolaria B** — *L. en bouclier;* e-a. C. ✠
  ⊕ Chair devenant *rosée* à l'air; chapeau brun ou gris rosé (B-GR), 2-4 c.; pied brillant, blanc ou rose, puis brunâtre.................... **36. L. helveola Bres. (1).** — *L. brune;* e-a. AR.
  ① Chair devenant *rouge-brun.* → **32. L. hæmatosperma**, var. *Badhami Berk.*

= Chapeau lisse ou couvert de granulations.

○ Chapeau de couleur vive ou foncée.
  = Chapeau couvert de granules.
    ⊙ Chair et feuillets *devenant brun-rougeâtre.* → **32. L. hæmatosperma**, var. *meleagris Sow.* (Serres).
    ⊙ Chair et feuillets *ne se tachant pas.*
      ⌢ Chapeau *brun, rouge, rose ou orange*, 3-8 c.; pied coloré comme le chapeau; chair un peu jaunâtre. ⌒.................... **37. L. granulosa Bat. (2).** — *L. granuleuse;* e-a. C. ✠
      ⌢ Chapeau *jaune* (J₁), 6-10 c., crevassé; pied un peu renflé à la base; chair crème, puis jaune abricot; odeur agréable.................... **38. L. pyrenæa Q.** — *L. des Pyrénées;* a. R.
  = Chapeau lisse.
    △ Chapeau *brun.*
      — Feuillets *roses;* chapeau 3-4 c.; pied blanc, épaissi à la base.................... **39*. L. carneifolia G.** — *L. à feuillets roses;* a. R.
      — Feuillets *blancs.* → **33. L. castanea.**
    △ Chapeau *jaune-ocracé.* → **37. L. granulosa**, var. *mesomorpha B.*
  § Chapeau *couvert de granulations.* → **37. L. granulosa**, var. *carcharias P.*

○ Chapeau blanc ou légèrement rosé.
  □ Chapeau *plus grand que 3 c.*
    § Chapeau *lisse.*
      (Anneau *persistant.*
        ○ Chapeau *soyeux, fibrilleux*, blanc, 5-10 c.; pied blanc; lames blanc crème.................... **40*. L. holosericea Fr.** — *L. soyeuse;* e. AC. ✠
        ○ Chapeau *lisse, pruineux*, blanc, 5-10 c.; pied blanc, renflé à la base; lames blanches, puis rosées.................... **41. L. pudica B. (3).** — *L. pudique;* e. AC. ✠
      (Anneau *fugace.*
        : Champignon poussant dans les *serres;* chapeau blanc, soyeux, 3-4 c.; pied blanc ou légèrement grisâtre.................... **42*. L. serena Fr.** — *L. sereine;* a. R.
        : Champignon poussant le long des *chemins;* chapeau soyeux, blanc, paille ou grisâtre au centre; pied soyeux, blanc.................... **43*. L. erminea. Fr.** — *L. hermine;* e- a. R.
  □ Chapeau *plus petit que 3 c.*
    + Anneau *persistant;* chapeau 1-2 c.; pied lisse au sommet, un peu écailleux au-dessous de l'anneau.................... **44. L. parvannulata Lasch.** — *L. à petit anneau;* e. AR.
    + Anneau *fugace.* → **34. L. seminuda.**

---

(1) Var. : 1° *Forquignoni Q.*, *écailles pointues, feuillets rosés;* 2° *echinella Q. et Bern.*, pied brun, écailles du chapeau *très pointues.* — (2) Variétés nombreuses : 1° *granulosa* type, brun (B-Ø); 2° *amiantina Scop.*, *jaune orange* (O-J); 3° *cinnabarina A. et S. rougeâtre* (R); 4° *carcharias Pers.*, rosé (r-gr); 5° *mesomorpha B*, jaune-ocracé. Ce dernier ressemble beaucoup au *L. parvannulata.* — (3) Le *L. arenosa Mén.*, espèce voisine, présente sur son chapeau des débris d'une volve; trouvé dans les sables à l'embouchure de la Loire.

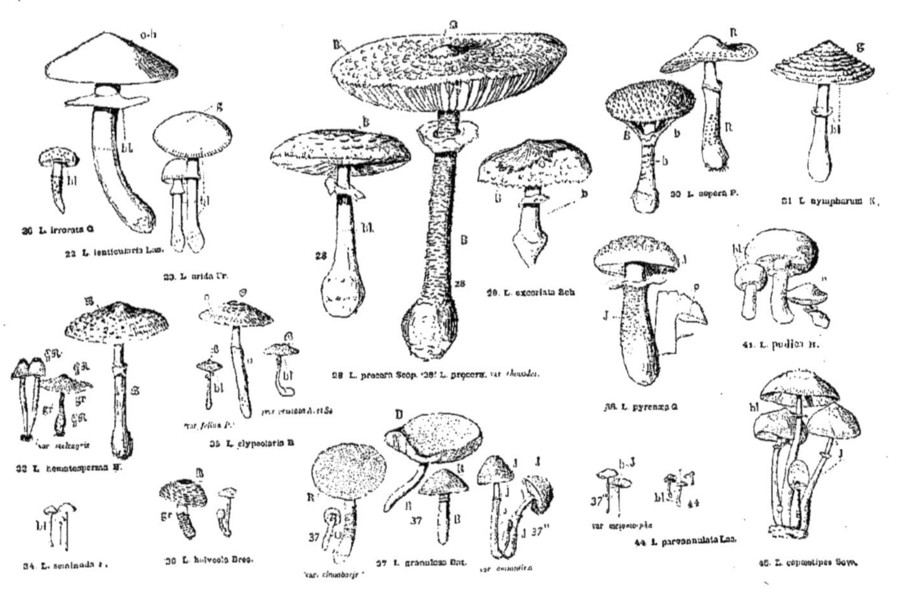
20. L. irrorata G.
22. L. lenticularis Lae.
23. L. arida Fr.
28. L. procera Scop. '28' L. procera, var. rhacodes.
29. L. excoriata Sch.
30. L. aspera F.
31. L. nympharum K.
33. L. hæmatosperma B.
var. meleagris
34. L. acminata t.
35. L. clypeolaria B.
var. felina P.
var. cristata A. et Sch
36. L. helveola Bres.
37. L. granulosa Bat.
var. cinnabaris
var. carcharia
38. L. pyrenæa G.
41. L. puellaris B.
var. metamorpha
44. L. parvannulata Lae.
45. L. coprinoides Sow.
réduit.
5'   10'

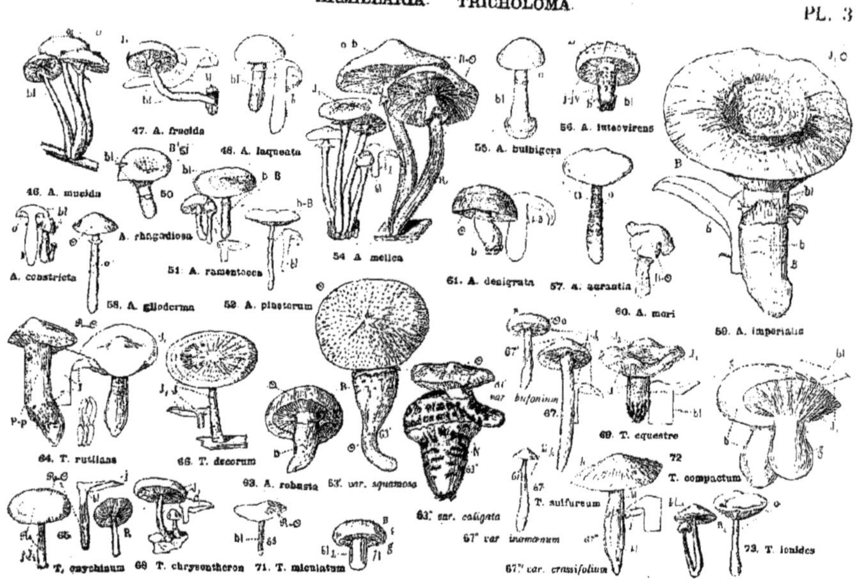

46. A. mucida
47. A. fracida
48. A. laqueata
50
A. rhagadiosa
A. constricta
51. A. ramentacea
53. A. gilioderma
52. A. plantarum
54. A. mellea
55. A. bulbigera
56. A. luteovirens
61. A. denigrata
57. A. aurantia
60. A. mori
59. A. imperialis
64. T. rutilans
66. T. decorum
63. A. robusta
63'. var. squamosa
63". var. caligata
67. var. inamoenum
67"' var. crassifolium
67
67'
67"
var. bufoninum
69. T. equestre
T. sulfureum
72
T. compactum
73. T. ionides
65
T. onychinum
68. T. chrysentheron
71. T. miculatum
réduct.
0   5ᶜ   10ᶜ

3, LEUCOCOPRINUS Pat. LEUCOCOPRIN. — *Planche 2, p. 7, fig. 45.* — Champignons ayant les caractères des Lepiotes, mais à chapeau très éphémère, ayant l'aspect de la plupart des Coprins. Spore présentant un *pore germinatif.*

Chapeau *blanc ou couleur jaune soufre pâle,* couvert de très petites écailles, *strié,* 3-4 c.; pied blanc, *épaissi* à la base; feuillets blancs ou rosés; chair amère.   **45. L. cepœstipes Sow.** (Vient dans les serres.)   — *L. à tige d'oignon;* c-a.AR.)✠(

4. ARMILLARIA Fr. ARMILLAIRE. — *Planche 3, p. 8.* — Champignons ayant un anneau et les feuillets arrivant jusqu'au pied, quelquefois *décurrents.*

⊙ Chapeau *blanc* ou légèrement teinté de jaunâtre ou de roux clair.

   ○○ Chapeau *visqueux.*

     ✕ Espèce poussant sur le *hêtre,* chapeau *veiné, ridé, mou,* translucide, blanc ou gris très pâle (g-b), 3-5 c.; pied blanc ou gris, *strié* au-dessus de l'anneau . . . . . **46. A. mucida Schr.** — *A. visqueuse;* a. AR.

     ✕ Espèce poussant sur *d'autres bois;* chapeau *lisse, blanc,* puis un peu roux, 2 c.; pied pelucheux à la base . . . . . **47. A. fracida Fr.** — *A. moisie;* a. AR.

     ✕ Espèce poussant *à terre;* chapeau *blanc,* jaunâtre au centre (J_1), 2 c.; pied bistre à la base; anneau fibrilleux . . . . . (Midi)   **48. A. laqueata Fr.** — *A. liée;* c-a. AR.

   ○ Chapeau *non visqueux,* blanc, soyeux, presque plan, 3-4 c.; pied blanc, un peu écailleux; odeur de farine . . . . . **49. A. constricta Fr.** — *A. petite;* a. AR.

+ Chapeau *écailleux* ou *pointillé.*

   △ Feuillets *très décurrents,* chapeau 1-4 c., parsemé ainsi que le pied de *petites taches brunes* . . . . . **50. A. rhagadiosa Fr.** — *A. crevassée;* a. R.

   △ Feuillets *peu ou pas décurrents.*

     (Odeur *désagréable;* saveur un peu acide; chapeau *blanc,* parsemé de petites écailles brunes ou noires, 3-5 c.; pied tacheté de noir au-dessous de l'anneau.   **51. A. ramentacea B.** — *A. raclée;* c-a. AR.

     (Odeur et saveur *presque nulles;* chapeau mamelonné, jaune d'ocre pâle, couvert d'écailles brunes (B), plus pâles au bord (b), 4-5 c.; pied tacheté de même. (Sous les Pins et Sapins.)   **52. A. pinetorum G.** — *A. des pins;* a. R.

⊕ Feuillets *très décurrents;* pied *court, charnu;* chapeau lisse, sec, jaunâtre (o-j), 9-12 c.; saveur acerbe. (Midi de la France, sous les Pins.)   **53*. A. Laschii Fr.** — *A. de Lasch;* a. AR.

⊙ Chapeau *jaune, café au lait, orange-rougeâtre vif,* ou *jaune verdâtre.*

   ⊕ Feuillets *peu ou pas décurrents, quelquefois décurrents par une dent.*

     ○ Pied *lisse,* brun fauve, strié en haut; chapeau de couleur variable. *jaune de miel* plus ou moins foncé, *roux* ou *brun,* hérissé d'écailles noirâtres, parfois fugaces, 5-8 c. ⊙ . . . (Vieilles souches, bois pourri.)   **54. A. mellea Vahl.** — *A. de miel;* c-a. CC.

   ○ Pied *écailleux.*

     : Pied *bulbeux,* blanc; anneau soyeux, mince; chapeau *café au lait ou orange pâle* (o), gardant souvent au bord les débris du collier. ⊙ . . . . . **55. A. bulbigera A. et S.** — *A. bulbeuse;* c-a. ✲ AC.

     : Pied *non bulbeux.*

       = Chapeau *jaune-verdâtre,* souvent fendillé, pelucheux au bord; pied *blanc, pelucheux,* chair blanche puis jaunâtre . . . . . **56. A. luteovirens A. et S.** — *A. jaune-verdâtre;* c-a. R.

       = Chapeau *rouge orangé.*

         § Anneau constitué par des *écailles rouges qui ne vont pas jusqu'au sommet du pied;* odeur désagréable, saveur âcre. (Bois, surtout de Conifères.)   **57. A. aurantia Sch.** — *A. orangée;* a. AC.

         § Anneau *véritable, membraneux;* chapeau visqueux, 3-5 c.; pied blanc, couvert de petites *fibres roses ou rouge feu* . . (Sous les Sapins.)   **58. A. glioderma Fr.** — *A. glutineuse;* c. R.

⊙ Chapeau *roux* ou *brun.* (Voyez *la suite de l'analyse,* p. 10.)

⊙ Chapeau *brun ou roux*,

  △ Feuillets *très décurrents*, très grande espèce; chapeau brun (B), à *larges écailles*, 8-12 c.; pied charnu, de 8 à 12 c. de longueur, de 3 à 4 c. d'épaisseur; anneau double. (Bois de Sapins.) .... **59. A. imperialis Fr.** / *A. impériale;* c. AR. ✠

  △ Feuillets *non décurrents* et alors *pied charnu*, ou bien feuillets *décurrents par une dent* et alors pied de *consistance cartilagineuse.*

    ○ Espèce poussant sur *les arbres.*

      § Feuillets *décurrents par une dent*, pied strié au-dessus de l'anneau. → **54. A. mellea.**

      § Feuillets *non décurrents.*

        + Espèce venant sur le *mûrier*, chapeau *visqueux*, brun cendré ou roux .... **60. A. mori Paul.** / *A. du mûrier;* a. R.

        + Espèce poussant sur *d'autres arbres;* chapeau chagriné, brun rougeâtre foncé (R-⊙), 3-6 c.; chair bistrée ...... **61. A. denigrata Fr.** / *A. noirâtre;* a. R.

    ○ Espèce poussant à *terre.*

      (Chapeau *ridé, gaufré, brun;* pied aminci à la base; chair blanche; odeur et saveur agréables. (Prés, Midi de la France.) [Macaron des prés.] **62*. A. scruposa Fr.** / *A. rude;* a. AR. ✠

      (Chapeau *lisse, écailleux* ou *seulement fibrilleux*, soyeux, 6-8 c.; pied court, épais, blanc rayé de roux .... **63. A. robusta A. et S.** (1) / *A. robuste;* c-a. AC.

5. TRICHOLOMA Fr. TRICHOLOME. — *Planches 3, 4 et 5, p. 8, 12 et 15.* — Champignons charnus, à pied épais et à feuillets adhérant au pied, et présentant à leur point d'attache une petite échancrure. — *Avoir soin de prendre des échantillons de tout âge, et de constater si le chapeau est visqueux.*

□ Feuillets *entièrement jaune vif* ou jaune vif et tachés de roux; chair souvent jaune .... **1er Groupe, p. 10.**

□ Feuillets *bleus* ou *violacés*, ou bien chapeau ou pied *violacé purpurin* .... **2e Groupe, p. 11.**

□ Feuillets *blancs, jaunâtres, roux, gris* ou se tachant de *jaune*, de *roussâtre.*

  = Chapeau *blanc* ou légèrement teinté de jaunâtre, de rosé ou de roux clair .... **3e Groupe, p. 11.**

  = Chapeau de couleurs variées toujours vives ou foncées.

    × Chapeau *visqueux* .... **4e Groupe, p. 13.**

    × Chapeau *non visqueux.*

      § Feuillets *blancs ou jaune pâle.*

        + Chapeau de couleur *claire ou vive, jaune, rouge, rosé, vert* .... **5e Groupe, p. 13.**

        + Chapeau de couleur *foncée, gris, brun, bistre, ocracé, fauve* .... **6e Groupe, p. 14.**

      § Feuillets *étant dès l'origine* ou devenant *plus tard gris, bruns, roux, rougeâtres.*

        — Chapeau *lisse* .... **7e Groupe, p. 16.**

        — Chapeau *craquelé* ou couvert d'écailles, de granulations ou de fibrilles. **8e Groupe, p. 17.**

1er Groupe.

⊙ Pied présentant au sommet des *ponctuations ou des stries purpurines.*

  ○ Chapeau jaune pâle, *couvert d'écailles purpurines* (P-p), 6-10 c.; chair jaune vif (J); (fig. 65 a, appendices du bord des feuillets). ⊙. (Souches de Conifères.) **64. T. rutilans Sch.** (2) / *T. ardent;* c-a. AC. ▨

  ○ Chapeau *lisse, violacé* ou *brun pourpre* (R-R), à bord *soyeux;* chair jaunâtre; pied brun en bas, jaune vif en haut, pointillé de rouge. (Sapinières.) **65. T. onychinum Fr.** / *T. couleur de cornaline;* a. R.

  + Espèce poussant *sur les arbres;* chapeau jaune (j-J), parsemé de petites mèches noirâtres, 4-5 c.; pied jaune; chair jaune pâle. (Troncs de Conifères). **66. T. decora B.** (3) / *T. orné;* c. R.

  ★ Champignon ayant une *odeur forte, désagréable;* chapeau jaune soufre (J), quelquefois brun foncé au milieu, 6-8 c., pied jaune. ⊙ .... **67. T. sulfureum B.** (4) / *T. couleur soufre;* a. C. ▨

  ★ Champignon ⊙ Chair *jaune;* chapeau *jaune souci* ou *jaune brun* (J_1 ou J_2), 4-6 c.; pied strié, jaune .... **68. T. chrysentheron B.** (5) / *T. à tête jaune;* c-a. C.

⊙ Pied entiè- / Espèce a \ sans odeur. ⊙ Chair blanche.
— Chapeau *visqueux*, jaune (J₁), gris verdâtre au centre, 8-12 c.; pied jaune (J₁). (Bois de Conifères). ⊙ .... 69. **T. equestre L.** (6)
T. équestre ; a. C. ✠

— Chapeau *non visqueux*, mamelonné, fibrilleux, roussâtre, 5-8 c.; pied strié, jaune................................. 70*. **T. æstuans Fr.** (5)
T. enflammé ; a. AR. ▨

☐ Chapeau *visqueux*, brun rouge (R₂), lames jaunes, puis rousses. → 87. **T. fulvum.**

⊙ Pied d'une autre couleur. ☐ Chapeau non visqueux.
+ Chapeau *écailleux* ou *couvert de granulations*, gercé, gris-jaunâtre, plus foncé au centre, 7-10 c.; pied blanc, puis jaune.............. 71. **T. miculatum Fr.**
T. granuleux ; a. R.

+ Chapeau sans écailles ni granulations. § Pied *épais*, gros champignon; chapeau 10 c., gris cendré; pied blanc ou gris, aminci en haut..................... 72. **T. compactum Fr**
T. compact ; c. AR.

§ Pied *mince*, espèce petite, 3-5 c., chapeau brun. → 67. **T. chrysentheron**, var. *cerinum Pers.*

2e Groupe.

○ Feuillets *blancs*; chapeau mamelonné, lilas ou fauve, brun purpurin, 2-6 c.; pied purpurin ou lilas...... 73. **T. ionides B.**
— *T. pourpré* ; c-a. AC. ✠

○ Feuillets ± Chair blanche, teintée de lilas.
✕ Pied *strié de blanc* ou *de rose lilas*, (gl-r-li); chapeau gris violet ou purpurin (gv-p), 6-10 c................. 74. **T. amethystinum Fr.**
T. améthyste ; a-h. C. ✠

✕ Pied *non strié* mais *velouté*, gris violacé (gl-Li); chapeau violet purpurin, brun au milieu, 10 c.; cystides (c) spores (s) comme celles du *T. metaleucum*, fig. 108. 75. **T. nudum B.** (7)
T. nu ; c-a. C. ✠

d'abord violacés, puis devenant gris bistre. = Chair *entièrement gris-lilas*, puis brunâtre; chapeau brun violacé (B-gl), ondulé, 5-8 c.; pied gris-lilas, strié.................. 76. **T. sordidum Fr.**
T. sordide ; a. AR. ✠

3e Groupe.

⊙ Chapeau *très écailleux*, blanc, brun au milieu, 5-6 c. → 128. **T. terreum**, var. *argyraceum B.*

⊙ Pied *renflé à la base*, rayé de petites fibres brunes. → 119. **T. grammopodium.**

Chapeau *visqueux*, blanc, à centre jaune, brillant, 5-10 c.; pied blanc, quelquefois bleuâtre, chair à odeur de fruits............... 77. **T. resplendens Fr.**
T. resplendissant ; a. R.

Chapeau non visqueux.
— Chair *très amère*; chapeau blanc, jaunâtre au milieu, 5-10 c.; pied blanc.................. 78. **T. album Sch.**
T. blanc ; a. C. ▨

— Chair à *odeur désagréable*. → 67. **T. sulfureum**, var. *inamœnum Fr.*

— Chair *douce* ou *peu amère* ; odeur *agréable* ou *pas d'odeur*. (Voyez la suite de l'analyse, p. 13.)

☐ Espèce de *printemps*. (Voyez la suite de l'analyse, p. 13.)

---

(1) Formes nombreuses : 1º *A. robusta* type, chapeau soyeux, fibrilleux, *non écailleux*, chair blanche, rougeâtre sous la cuticule; 2º var. *focalis Fr.*, chapeau non écailleux, chair devenant rousse à l'air; 3º var. *squamosa Barl.*, chapeau *écailleux*, chair jaune dans le pied; 4º var. *caligata Viv.*, chapeau *écailleux*, tigré, chair blanche. — (2) *T. rutilans* type, chair *jaunâtre*, lames couleur soufre, à arête épaisse, floconneuse; var. *variegatum Scop.*, taille un peu plus petite, chair *blanche*, lames non floconneuses sur l'arête; var. *albofimbriatum Trog*, lames jaunâtres, puis rougeâtres, à *arête blanche* et un peu *découpée*. — (3) Var. *ornatum Fr.*, chapeau plutôt velouté qu'écailleux, et *vert olive au centre*. — (4) Var. : 1º *bufonium Pers.*, chapeau *plus brun* que la forme type (ꞵ-⊙.); 2º *crassifolium Berk*, lames se tachant de brun. — (5) La var. *cerinum Pers.* du *T. chrysentheron* a la *chair blanche*, mais se distingue du *T. æstuans* par son *chapeau brun fauve*, ses lames jaunes de cire. — (6) Var. *auratum Paul*, pied bulbeux, chapeau *jaune-rouge vif*. — (7) Var. : 1º *glaucocanum Bres.*, chapeau *gris verdâtre*; 2º *lilaceum Q.*, chapeau *lilas violet*.

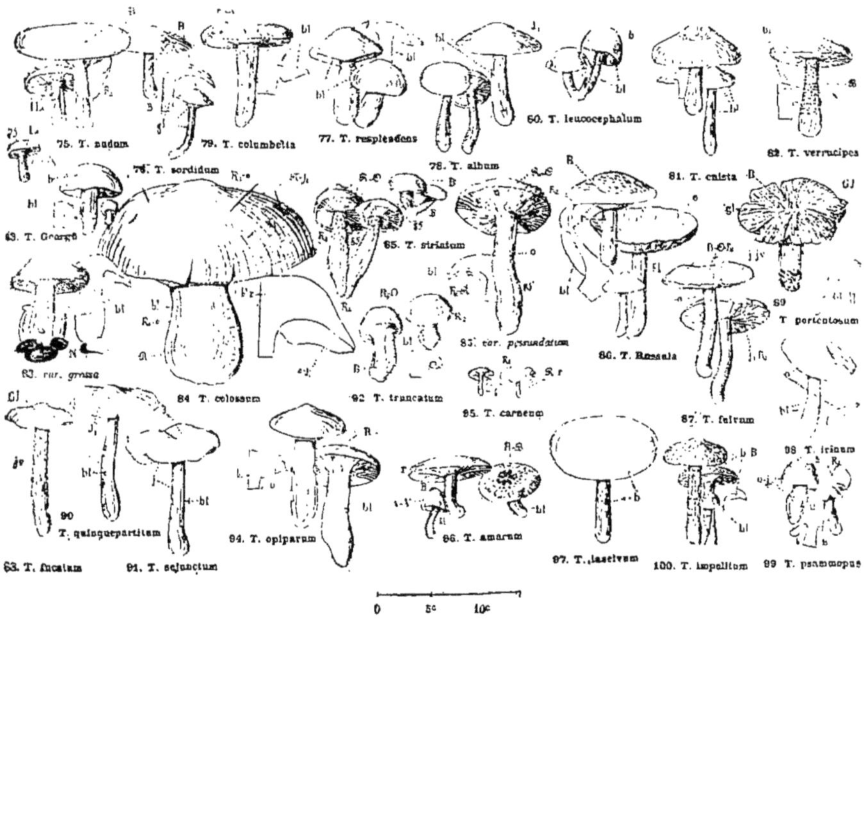

75. T. nudum
79. T. columbelia
77. T. resplendens
80. T. leucocephalum
82. T. verrucipes
76. T. sordidum
78. T. album
81. T. cnista
83. T. Georgii
85. T. striatum
83. var. grossa
84. T. colossum
92. T. truncatum
86. T. Russula
89. T. portentosum
83. cor. persundatum
95. T. carneum
87. T. fulvum
90. T. quinquepartitum
94. T. opiparum
86. T. amarum
97. T. lascivum
100. T. impolitum
99. T. psammopus
98. T. irinum
93. T. fucatum
91. T. sejunctum
0   5c   10c

Espèces d'été ou d'automne.

□ Chapeau *blanc ou jaune très pâle.*
  ○ Chapeau *blanc ou jaune très pâle.*
    + Chapeau *soyeux,* fibrillé, souvent humide, taché de bleu rosé clair, 8-12 c.; pied taché de bleu rosé ou de lilas pâle; odeur agréable......................... 79. **T. columbetta Fr.** — *T. colombe;* c-a. C. ✳
    + Chapeau *mat, non soyeux.*
      △ Chapeau *blanc,* humide, 2-3 c.; pied grêle, odeur de farine......... 80. **T. leucocephalum Fr.** — *T. à chapeau blanc;* a. AR. ✳
      △ Chapeau *à centre gris* ou *jaunâtre* (g-j.), 6-9 c.; pied blanc........ 81. **T. onista Fr.** — *T. haché;* a. AR. ✳
  ○ Chapeau *incarnat au milieu,* blanc au bord; *odeur de violette* ou *d'iris.* → **98. T. irinum.**

□ Espèces de printemps.
  ★ Pied blanc, *pointillé de petites écailles brunes;* chapeau blanc, 10 c., à bord enroulé....... (Jura.) 82. **T. verrucipes Q.** — *T. à pied écailleux;* p. R. ✳
  ★ Pied blanc, *sans écailles;* chapeau blanc ou ocracé pâle (b), quelquefois grisâtre, rose, ou lilas pâle, 10 c. ☊. [Mousseron.] 83. **T. Georgii Fr.** (1) — *T. de la St-Georges;* p. C. ✳

4° Groupe.

+ Lames se teintant de roux.
  △ Chair *blanche, devenant rosée à l'air;* chapeau brun rouge (R₃), quelquefois orange pâle (o), de très grande taille, 10-20 c.; pied très gros, bulbeux.................. 84. **T. colossum Fr.** — *T. colosse;* c-a. AR. ✳
  △ Chair *restant blanche;* feuillets d'abord blancs.
    ○ Chair *amère;* chapeau *brun-rougeâtre* (R₂) ou *brun-roux,* lisse, rayé de petites fibres, vergeté ou couvert de granulations, 8-12 c.; pied blanc ou roux, écailleux ou fibrilleux. 85. **T. striatum Sch.** (2) — *T. strié;* a. C. ✳
    ○ Chair *douce;* chapeau *jaune roux* très pâle (o) ou *rouge* (R), moucheté de rose, 10-15 c.; pied blanchâtre avec de petites fibres rouges; odeur de farine........ 86. **T. Russula B.** — *T. Russule;* a. AC. ✳
  △ Chair *jaune ou jaunâtre;* feuillets *d'abord jaunes;* chapeau brun rouge (R₂-C), 5-9 c.; pied jaunâtre; *forte odeur de farine.*............ 87. **T. fulvum B.** — *T. fauve;* a. AC. ✳

+ Lames blanches, jaunâtres ou verdâtres.
  ⊙ Pied sans écailles.
    ⊙ Pied *écailleux;* chapeau festonné, jaune, quelquefois verdâtre (GJ) avec de petites plages grises ou brunes, 6-10 c. (Forêts de Pins, Vosges.) 88. **T. fucatum Fr.** — *T. fardé;* a. AR. ✳
    △ Chapeau *jaune ou verdâtre.*
      △ Chapeau *gris-brunâtre,* rayé de petites fibres brun noir, avec du *violet* çà et là, se fendant suivant le rayon, 8-10 c.; lames *blanc-verdâtre*.................. 89. **T. portentosum Fr.** — *T. prétentieux;* a. AC. ✳
      ★ Lames *non bordées de jaune.*
        (: Chapeau *lisse,* jaunâtre (j.); pied plus pâle; lames *blanches*..... 90. **T. quinquepartitum Fr.** — *T. cinq parts;* a. AR.
        (: Chapeau *rayé de fibres brunes,* jaune (J.), 8-10 c.; pied blanc-jaunâtre.................. 91. **T. sejunctum Sow.** — *T. émarginé;* a. AC. ✳
      ★ Lames à *bordure jaune;* pied renflé en bas. → **69. T. equestre,** var. *coryphæum Fr.*

5° Groupe.

⊙ Pied *épais.*
  + Chapeau *strié sur le bord.* → **112. T. acerbum.**
  + Chapeau *non strié au bord.*
    ⊕ Pied *court.*
      (Pied *un peu renflé à la base;* chapeau rougeâtre (R-O), à bord plus pâle, 5-8 c.; lames devenant rosées.......................... 92. **T. truncatum Sch.** — *T. tronqué;* a. R.
      (Pied *terminé par une très grosse racine blanche;* chapeau blanc-jaunâtre, 10-20 c.; chair compacte, blanche, jaunissant un peu à la cassure; odeur fétide. (Alpes.) 93. **T. macrorhizum Lasch.** — *T. à grosse racine;* a. R.
    ⊕ Pied *allongé, cylindrique.* (*Voyez la suite de l'analyse,* p. 14.)

(1) Var.: 1° *albellum* DC., chapeau blanc mat; 2° *graveolens* Pers., chapeau gris ou brunâtre; 3° *palumbinum* Paul., chapeau blanc crème, à centre lilas incarnat; 4° *grossum* Lev., chapeau blanc, pied renflé, naissant d'un gros sclérote noir. — (2) *T. striatum* type, pied écailleux, chapeau rayé de fibrilles; var. *ustale* Fr., pied seulement fibrilleux, chapeau sans écailles; var. *pessundatum* Fr., chapeau couvert de granulations, pied à petites écailles.

⊙ Pied *épais, allongé, cylindrique* blanc; chapeau fauve rougeâtre, 5-8 c.; odeur agréable, lames restant blanches. — **94. T. opiparum Fr.** — *T. magnifique;* a. R. ✠

○ Pied *court*, ne dépassant guère 2 c.; chapeau *petit*, 2-3 c., couleur chair (r-o-Rg); lames serrées... (Bois de Conifères.) — **95. T. carneum B.** — *T. couleur chair;* a. AC.

△ Chair *très amère*; chapeau blanc rosé ou verdâtre clair (r-v-V), taché de brun clair, présentant des sortes de côtes sur le bord, 6-8 c. (Sapinières.) — **96. T. amarum Fr.** — *T. amer;* e-a. AR. ✠

△ Chair douce ou à peine amère. = Chapeau *jaune crème* (j-gj-b), à bord enroulé, 5-8 c.; pied blanc au sommet, grisâtre à la base. — **97. T. lascivum Fr.** — *T. lascif;* a. AR.✠

= Chapeau *incarnat* ou *rose lilas.* + Chair ayant l'*odeur* d'*iris* ou de *violette*; chapeau rosé à bord blanc, 5-8 c.; pied blanchâtre. — **98. T. irinum Fr.** — *T. iris;* a. AR. ✠

+ Chair ne présentant pas ce caractère. ★ Pied *lisse.*→ **81.T. cnista**, var. *persicinum Fr.* ★ Pied *fibrilleux.* → **73. T. ionides.**

(⊙ Pied grêle. — ⊙ Pied dépassant 2 c., et chapeau plus grand que 3 c.)

6e Groupe.

(Chapeau écailleux, tigré ou couvert de granulations.)

(⊙ Pied brun foncé et lisse ou de couleur pâle, mais alors écailleux.)

(Pas d'odeur de savon.)

□ Champignon à *odeur de savon.* → **102. T. saponaceum.**

○ Chair *douce;* chapeau écailleux, crevassé. → **123. T. imbricatum.**

○ Chair *amère, piquante* ou *poivrée.*
- ƒ Chapeau *orangé clair* (o), avec taches roussâtres (Rg), 3-6 c.; pied *court, renflé à la base;* chair un peu amère. (Bois de Conifères.) — **99. T. psammopus Kalch.** — *T. à pied granuleux;* c. R.
- ƒ Chapeau *brun* (b-B), 8-10 c.; pied *allongé, cylindrique,* blanc, *pelucheux* au sommet; chair *poivrée*.......... (Montagnes.) — **100. T. impolitum Lasch.** — — *T. grossier;* a. R.
- ƒ Chapeau *brun rougeâtre* (Rg-O), à bord très laineux; chair piquante, devenant *rousse.* → **124. T. vaccinum.**

+ Pied *épais massif.*
- § Champignon *sans odeur;* chapeau gris (G), couvert de mèches plus foncées, 10-20 c.; lames légèrement verdâtres.......... (Sapinières. Montagnes.) — **101. T. tigrinum Sch.** — *T. tigré;* p-a. R.
- § Champignon à *odeur fétide*, pied terminé par une *grosse racine.* → **93. T. macrorhizum.**

⊕ Lames à reflets verdâtres.
- : Champignon à *odeur de savon*, brun (B) ou gris-jaunâtre (GJ), 5-10 c.; chair rougissant à l'air ☉. — **102. T. saponaceum Fr.** (1) — *T. à od. de savon;* c-a. C.
- : Champignon à *odeur de farine;* chapeau irrégulier, gris-jaunâtre (gj-GJ), rayé de petites fibres brunes; pied épais, blanc jaunâtre.......... (Montagnes.) — **103. T. luridum Sch.** — *T. jaunâtre;* a. AR.

⊕ Lames *blanches à bordure rouge;* chapeau gris (g), plus foncé au centre, *pelucheux*, 5-8 c.; pied blanc, strié de rose.......... (Montagnes.) — **104. T. orirubens Q.** — *T. à bord rouge;* e-a. R.

⊕ Lames n'ayant aucun de ces caractères.
- — Chapeau à *écailles retroussées*, gris, 6-8 c.; pied strié, lames légèrement grises. — **105*. T. hordum Fr.** — *T. ventru;* a-h. R.✠
- — Chapeau *crevassé, aréolé;* espèce très petite, 2 c. → **126. T. cuneifolium.**
- — Chapeau à *larges plaques;* chair très amère.→ **96.T. amarum**, var. *guttatum Fr.*
- — Chapeau couvert de *petites fibres* ou de *granulations.*
  - ⌣ Pied *renflé à la base*, puis *terminé en pointe*, brun roux; chap. velouté, puis gercé, brun, 6-8 c. (Vient souvent par groupes de 2.) — **106*. T. geminum Paul.** — *T. géminé;* a. AR. ✠
  - ⌣ Pied *sensiblement cylindrique.* (*Voyez la suite de l'analyse,* p. 16.)

(Pied lisse blanc, gris pâle ou jaunâtre. — Pied mince. — Lames n'ayant aucun de ces caractères.)

---

(1) Var. : 1o *sulfurinum* Q. cuticule jaune vif; 2o *atrovirens* Pers., cuticule vert sombre, tachetée de flocons noirs.

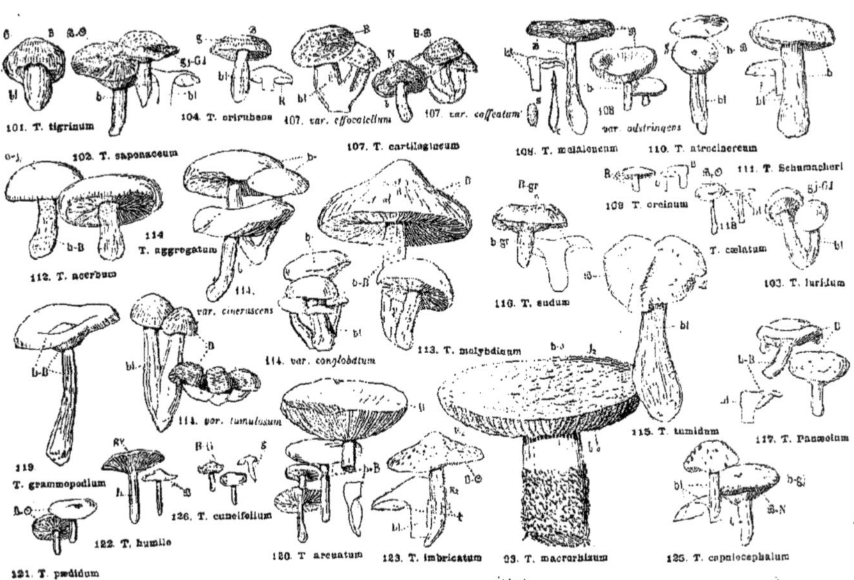
101. T. tigrinum
104. T. orirubens
107. var. effocatellum
107. var. coffeatum
108. var. adstringens
102. T. saponaceum
107. T. cartilagineum
108. T. melaleucum
110. T. atrocinereum
112. T. acerbum
114. T. aggregatum
114. var. cinerascens
114. var. conglobatum
114. var. tumulosum
109. T. orcinum
111. T. Schumacheri
118. T. coelatum
106. T. luridum
116. T. sudum
113. T. molybdinum
119. T. grammopodium
122. T. humile
126. T. cuneifolium
120. T. arcuatum
123. T. imbricatum
93. T. macrorhizum
115. T. tumidum
117. T. Panaeolum
125. T. capnocephalum
121. T. paedidum
réduct.
0   5e   10c

□ Chapeau écailleux, tigré, ou couvert de granulations.
— Chapeau *gris jaunâtre*, couvert de *granulations*. → **71. T. miculatum.**
— Chapeau *gris de souris, écailleux*. → **128. T. terreum**, var. *scalpturatum Fr.*
— Chapeau *brun-noirâtre*, festonné, 6-12 c.; pied de consistance cartilagineuse; chair blanche; odeur de noix............

★ Chapeau brun bistre, presque noir.
= Pied *grêle, brun en bas;* chapeau brun (B) avec un *mamelon plus foncé* (B), 5-7 c.; (cystides *pointues, hérissées de poils à l'extrémité* (c); spores *épineuses* (s), fig. 108)...
= Pied *assez épais, blanc, strié;* chapeau *festonné, sans mamelon.* → **115. T. tumidum.**

⊕ Champignon poussant *en touffes,* pied blanc, chapeau grisâtre, 10-15 c. → **114. T. aggregatum,** var. *decastes Fr.*

○ Pied grêle ou court.
: Pied *très court,* un peu renflé à la base, blanc; chapeau gris brunâtre (B-b), 3-5 c............
: Pied *non très court,* mais *grêle.*
+ Chair *blanche,* chapeau 3-4 c., grisâtre, plus foncé au centre; pied blanc, fibrilleux............ (Jura.)
+ Chair *gris roussâtre;* chapeau grisâtre. → **122. T. humile.**

○ Pied épais ou *long.*
— Champignon à *odeur de savon.* → **102. T. saponaceum.**
— *Pas d'odeur de savon.*
(Chapeau *gris perle* ou *cendré* (g), 5-8 c., pied *strié;* chair *blanche* devenant quelquefois un peu rosée à l'air.........
(Chapeau *brun rouge* (R₂), quelquefois *orange pâle* (o); pied très épais, bulbeux. → **84. T. colossum.**

7° Groupe.
+ Chapeau *strié sur le bord,* jaune-roussâtre pâle; pied *couvert de mèches jaunes ou brunes;* chair *âcre, amère;* feuillets blanc-jaunâtre, puis ponctués de fauve-roussâtre............

○ Champignon poussant *en touffes.*
△ *Très grosse* espèce, chapeau 10-20 c., brun ou roux; pied blanc, peluché au sommet............ (Montagnes.)
△ Espèce *moins grosse,* chapeau 8-12 c., de couleur variable, mamelonné, pied blanc............

— Pied blanc ou gris, *moucheté de noir.* → **129. T. murinaceum.**
— Pied *non moucheté de noir.*
= Chapeau à bord *festonné, irrégulier,* gris foncé ou brun (B-Li), 7-10 c.; pied strié............
= Chapeau *à bord régulièrement arrondi.*
⊙ Chair *ferme;* chapeau gercé ou écailleux, gris-brun, 6-8 c.; pied strié ou floconneux............ (Montagnes.)
⊙ Chair *tendre;* chapeau grisâtre, à bord enroulé et blanc, 5-8 c.; pied renflé à la base............

⊙ Chapeau *rouge incarnat vif.* → **92. T. truncatum.**
□ Espèce *très petite;* chapeau de 2 à 3 c.
ƒ Chapeau *brun* (O-B), crevassé, déprimé au centre; pied brun; chair *brune.*
ƒ Chapeau *gris,* chair *blanche.* → **126. T. cuneifolium.**

⊙ Pied *légèrement renflé à la base.*
× Chapeau *mamelonné,* brun (b-B), à bord souvent relevé. 10 c.; pied rayé de petites fibres brunes; cystides (c) comme celles du *T. melaleucum* fig. 108, mais spores *lisses.*
× Chapeau *non mamelonné,* brun (B), à bord relevé à la fin, 5-8 c.; pied même couleur ou plus pâle............

Étiquettes marginales de gauche (à lire de bas en haut) : Chapeau *lisse.* — Chapeau *gris cendré, bistre clair ou brun rougeâtre.* — Espèce poussant *solitaire.* — Espèce *massive, pied épais.* — Chapeau *non strié sur le bord.* — Chapeau *brun, gris ou olivâtre.* — Champignon *solitaire.* — *mince; grêle.* — *plus* environ 5 c. *plus.*

---

107. **T. cartilagineum B.** (1)
   T. cartilagineux ; a. AC. ✠
108. **T. melaleucum Pers.** (2)
   T. blanc noir ; a. C. ✠

109. **T. oreinum Fr.**
   T. des montagnes ; p. R. ✠
110. **T. atrocinereum Pers.**
   T. noir cendré ; a. AR.

111. **T. Schumacheri Fr.**
   T. de Schumacher ; c-a. AR.)☒(

112. **T. acerbum B.**
   T. acerbe ; c-a. AC. ✠
113. **T. molybdinum B.**
   T. roux cendré ; a. AR.
114. **T. aggregatum Sch.** (3)
   T. agrégé ; c-a. AC. ✠

115. **T. tumidum Pers.**
   T. enflé ; c-a. R.
116. **T. sudum Fr.**
   T. serein ; a. R.
117. **T. Panæolum F.**
   T. Panæolus ; a. R. ✠

118. **T. cælatum Fr.**
   T. ciselé ; a. R.
119. **T. grammopodium B.**
   T. à pied rayé ; a. AC. ✠
120. **T. arcuatum B.** (4)
   — *T. arqué* ; p-a. C. ✠

Chapeau pied — □ Espèce grande, d'en- ou — ⊙ Pied cylindrique.

△ Champignon poussant solitaire.
- § Chair *gris bistré.* → **132. T. putidum.**
- § Chair *blanche.*
  - (Pied *gris* ou *brunâtre* (g-b); chapeau de même couleur, mamelonné, 4-6 c. (Pâturages.) — **121. T. pædidum Fr.** / *T. sale;* a. AR.
  - (Pied *blanc,* poilu; chapeau gris ou brun, *non mamelonné,* 5-10 c. (Prés.) — **122. T. humile Fr.** / *T. humble;* a. AR. ✖

△ Champignon poussant *en touffes.* → **114. T. aggregatum.**

8° Groupe.

□ Chapeau *roussâtre.*
- ○ Chair *douce,* blanche, chapeau brun, *très écailleux, peu poilu au bord,* 8-12 c.; pied brunâtre, blanc au sommet.......... **123. T. imbricatum Fr.** / *T. imbriqué;* a. AC. ✖
- ○ Chair *piquante, amère* ou à *odeur désagréable.*
  - ✕ Chapeau *très écailleux, à bord laineux,* brun rouge, 5-6 c.; pied rouge orangé, chair *roussâtre* ☉ (Pl. 6) .... **124. T. vaccinum Pers.** / *T. roux;* e-a. AC.
  - ✕ Chapeau *peu écailleux;* chair *généralement blanche.* → **67. T. sulfureum,** var. *crassifolium Berk.*

□ Chapeau *grisâtre.*
- — Chapeau *pointillé de noir sur le bord,* 6-8 c.; pied gris clair; chair se tachant de noir...... **125. T. capniocephalum B.** / *T. à tête enfumée;* a. R. ✖
- — Chapeau à *fond blanchâtre et à écailles brunes ou grises.* → **128. T. terreum,** var. *argyraceum B.*

□ Chapeau *gris très foncé, noirâtre, noir, violacé ou olive.*

⊙ Chapeau *tigré ou couvert de petites fibres.*
- ⊖ Chapeau *crevassé,* gris, 2 c. environ; pied blanc aminci à la base, *odeur de farine;* cystides (c) et spores (s) comme celles du *T. melaleucum,* fig. 108..... **126. T. cuneifolium Fr.** / — *T. à lames en coin;* e-a.AR.✖
- ⊖ Chapeau brun, présentant des *granulations presque noires,* 6-9 c.; pied gris clair; chair rougissant quelquefois à l'air..... **127. T. elytroides Scop.** / *T. elytroïde;* a. R.
- ⊕ Chapeau à mè-ches retroussées.
  - ⩵ Chapeau *très poilu,* non gercé, 4-8 c.; pied blanc ou gris.......... **128. T. terreum Sch.** (5) / *T. terreux;* a. C. ✖
  - ⩵ Chapeau *peu ou pas poilu,* finement gercé. → **105. T. hordum.**

⊙ Pied *très gros,* chapeau *épais, charnu.*
- — Pied *moucheté de noir;* chapeau brun (:B-B), à bord laineux, 10-12 c — **129. T. murinaceum B.** / *T. gris de souris;* a. R.
- — Pied *strié.* → **115. T. tumidum.**

⊙ Pied plus *mince, espèce moins grosse.*
- △ Chair *grise ou brunâtre.*
  - ○ Lames *grises, bordées de noir;* chapeau brun foncé au centre (B), gris rougeâtre au bord, 4-5 c.. (Villers-Cotterets.) — **130. T. furvum Fr.** / *T. obscur;* a. R.
  - ○ Lames *non bordées de noir.*
    - + Chapeau *10* c. de diamètre, couvert de petits flocons noirs; chair poivrée ☉ (Montagnes.) — **131. T. virgatum Fr.** / *T. vergeté;* a. AR.
    - + Chapeau *3-4 c.* mamelonné, gris olivâtre; *odeur désagréable*..... **132. T. putidum Fr.** / *T. puant;* a-h. AR.
- △ Chair *blanche;* pied mince, grêle. → **132. T. putidum.**

---

(1) Var. : 1° *loricatum Fr.,* chapeau à *peau épaisse,* cornée, facile à enlever, brune, plus foncée au centre; 2° *coffeatum Fr.,* chapeau *pointillé de noir au centre,* présentant à sa surface une sorte de *réseau brun;* 3° *effucatellum Viv.,* chapeau marbré, brunâtre; *pied renflé à la base.* — (2) Var. : 1° *phæopodium B.,* pied et chapeau *brun foncé,* lames *blanches;* 2° *adstringens Pers.,* chapeau *presque noir;* lames *blanches,* puis rose incarnat. — (3) Var. : 1° *hortense Pers.,* chapeau *presque noir;* lames blanches, puis incarnates; 2° *cinerascens B.,* chapeau *gris jaunâtre* (b-gj) : chair grise un peu amère; 3° *decastes Fr.,* chapeau *gris de souris;* 4° *conglobatum Vitt.,* chapeau *gris bistré* (b-g-G); 5° *humosum Fr.,* chapeau *brunâtre* (B). — (4) Var. : 1° *nubilum Fr.,* chapeau et pied *plus clairs* que dans la forme type; lames *jaunâtres;* 2° *brevipes B.,* pied *très court,* chair *brunâtre.* — (5) Var. *triste Scop.,* pied muni d'une *cortine grisâtre, fugace.*

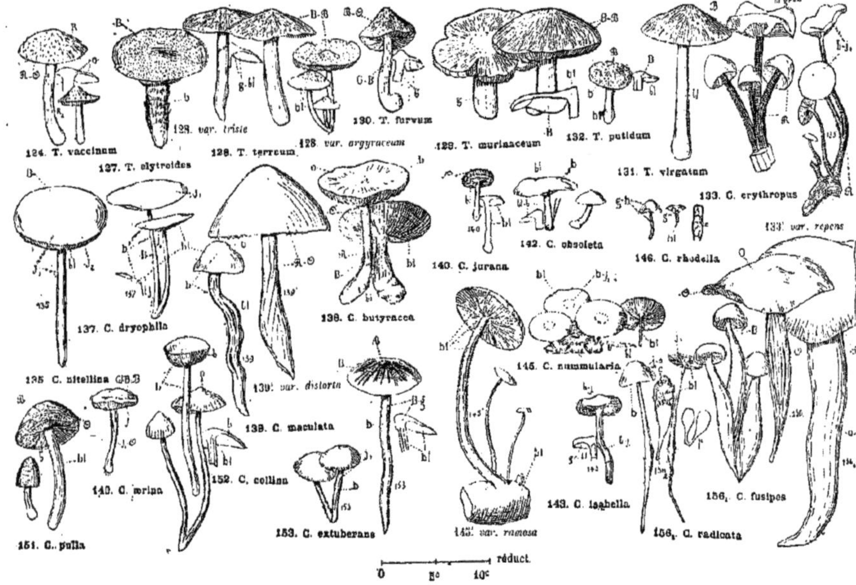
124. T. vaccinum
128. var. trisie
126. T. terreum
128. var. argyraceum
130. T. furvum
129. T. murinaceum
132. T. putidum
127. T. elytroides
131. T. virgatum
133. C. erythropus
133. var. repens
142. C. obsoleta
146. C. rhodella
140. C. jurana
137. C. dryophila
138. C. butyracea
135. C. nitellina
139. var. distorta
145. C. nummularia
138. C. maculata
140. C. serina
152. C. collina
153. C. extuberans
143. C. isabella
143. var. ramosa
156. C. fusipes
151. C. pulla
156. C. radicata
réduct.
0   5c   10c

5. COLLYBIA Fr. COLLYBIA. — *Planches 6 et 7 p. 18 et 20.* — Feuillets non décurrents ; pied de consistance cartilagineuse.

★ Pied *lisse* ou { + Lames blanches, jaunâtres, rosées, quelquefois d'un jaune-verdâtre................. 1er Groupe, p. 19.
strié, non poilu. { + Lames grises ou tachées de noir... 2e Groupe, p. 22.
★ Pied *poilu* ou couvert de petites granulations.. 3e Groupe, p. 22.

1er Groupe.

[Accolades de la marge de gauche :] ★ Pied *peu enfoncé dans le sol, non terminé par une longue racine, et ne naissant pas sur un sclérote.* — ⊕ Chapeau blanc, jaune clair, incarnat pâle, jaune vif ou rouge vif. — □ Pied blanc, grisâtre ou jaunâtre. □ Pied *jaune vif, rouge, roux ou brun.* — ⊙ Champignon poussant solitaire. ○ Pied épais. ○ Pied *mince, grêle.* — + Chapeau *non velouté.* ★ Chapeau sans écailles orangées. — ⊙ Feuillets un peu décurrents. ⊙ Feuillets non décurrents. — ⊕ Chapeau *brun, gris brun ou roux.*

⊙ Champignon venant *en touffes* ; chapeau incarnat, 2-3 c. ; pied brun-rougeâtre (ℜ) ; feuillets très serrés................. **133. C. erythropus Pers.** — *C. à pied rouge ;* c-a. AC.✠

★ Chapeau *jaune d'or à écailles orangées*, pied *jaune* ; lames jaunes, puis couvertes d'une pruine blanche. (Bois de Conifères, sur les troncs pourris.) **134*. C. bella Pers.** — *C. beau ;* c. R.

△ Chapeau mamelonné. ○ Chapeau *jaune* (J₁-J₂), rouge ou orangé (o-O), *brillant*, 2-4 c. ; pied *roux*. (Sous les Pins, Montagnes.) **135. C. nitellina Fr.** — *C. lustré ;* c-a. R. ✠

○ Chapeau mat, *jaune pâle*, 2-4 c. ; pied *jaune* (O-J₁).... (Sous les Pins.) **136*. C. xanthopus Fr.** — *C. à pied jaune ;* a. AR.

△ Chapeau *non mamelonné*, blanc jaunâtre, jaune vif, roux ou fauve, 2-5 c. ; pied jaunâtre C. (Vient généralement sous les Chênes.) **137. C. dryophila Fr.** (1) — *C. ami du chêne ;* p-a. CC.

○ Pied *renflé et aplati à la base*, très mou ; chapeau brun ou roux, mamelonné, *gras*, 4-5 c. ; lames blanches *crénelées* ; chair roussâtre.... **138. C. butyracea B.** — *C. butyreux ;* c-a. C.

§ Pied *cylindrique*, tacheté de rouge brunâtre, chapeau blanchâtre, 10 c. ; lames denticulées, souvent pointillées de brun. (Bois de Pins.) **139. C. maculata A et S.** — *C. taché ;* a. C.

§ Pied *épaissi et renflé à la base.* → **138. C. butyracea**, var. *asema Fr.* (2)

+ Chapeau *velouté*, gris incarnat (gr-O), translucide, 2-3 c., à bord enroulé et crénelé ; pied fibrilleux ; lames crème incarnat ; odeur désagréable. .... **140. C. jurana Q.** — *C. du Jura ;* p-e. R.

△ Chapeau *crevassé, de forme irrégulière*, un peu creux au centre, grisâtre, 3-4 c. ; pied blanc. (Bois de Conifères.) **141*. C. difformis Pers.** — *C. difforme ;* a. R.

△ Chapeau *non crevassé, régulièrement arrondi.* § *Odeur faible, douce* ; chapeau grisâtre, plan ou un peu déprimé au centre, 2-3 c. ; pied se creusant de bonne heure. (Bois de Conifères.) **142. C. obsoleta Batsch.** — *C. à odeur faible ;* a. AR.

§ *Pas d'odeur* ; chapeau jaune paille, 2-3 c. ; pied creux, jaunâtre ; lames peu serrées, épaisses..... (Jura.) **143. C. isabella Q.** — *C. isabelle ;* c. R.

⌢ Feuillets *larges* (f, fig. 144, pl. 7) ; chapeau ayant une large dépression au centre, gris ; pied blanc grisâtre. (Bois et bruyères.) **144. C. olusilis Fr.** — *C. contractile ;* p-a. AC.

⌢ Feuillets *étroits* (f-fig. 145 et 146). (*Voyez la suite de l'analyse*, p. 21.)

⊕ Chapeau *brun, gris brun ou roux.* (*Voyez la suite de l'analyse*, p. 21.)

(1) Var. : 1o *aurata* Q., chapeau *fauve doré*, pied jaune vif ; 2o *aquosa* B., chapeau *blanchâtre* ; 3o *œdipus*, pied renflé. — Le C. *macilenta* (Voyez no 155) est très voisin du C. *dryophila*, mais s'en distingue par ses *lames jaune vif.* — (2) Variété pâle ou blanche entièrement.

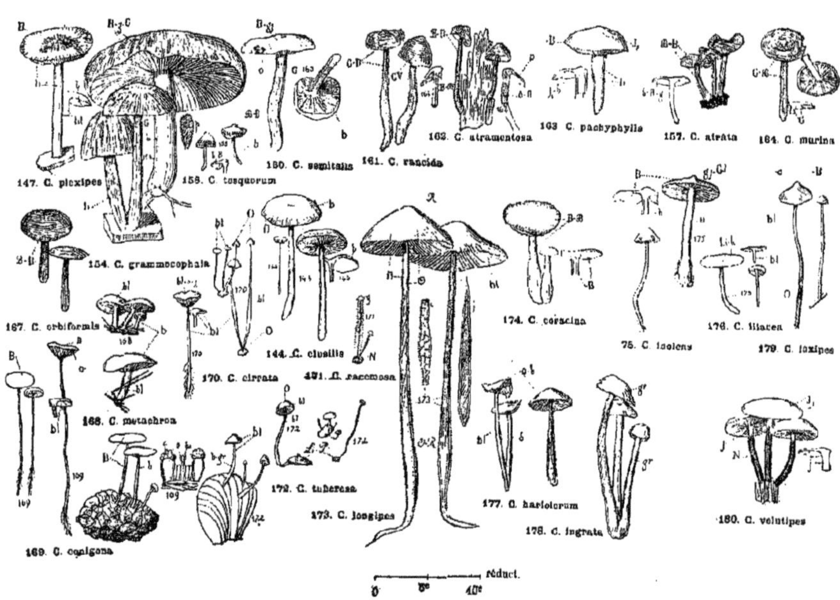
147. C. plexipes
158. C. tosquorum
150. C. semitalis
161. C. rancida
162. C. atramentosa
163. C. pachyphylla
157. C. atrata
164. C. murina
154. C. grammocephala
167. C. orbiformis
144. C. clusilis
171. C. racemosa
170. C. cirrata
168. C. metachroa
174. C. coracina
176. C. liliacea
75. C. isolens
179. C. loxipes
169. C. conigena
172. C. tuberosa
173. C. longipes
177. C. hariolorum
178. C. ingrata
180. C. velutipes
réduct.

★ Pied terminé par une sorte de racine ou naissant sur un sclérote.
★ Pied n'ayant pas de longue racine, ne naissant pas d'un sclérote.
○ Chapeau brun, gris brun ou roux.
□ Pied strié, fibrilleux.
□ Pied lisse.
△ Pied jaune vif, roux ou brun.
△ Pied blanchâtre ou de couleur pâle.

○ Chapeau *paille* ou *rosé.* { — Pied *très court;* chapeau blanc, à zone ocracée au centre ....
Feuillets *étroits* (f-fig. 145-146). { — Pied *plus long.* → **137 C. dryophila.**

+ Chapeau *strié au moins sur le bord.*
  ⊙ Chapeau *plus petit que* 2 c., brun roux; pied brunâtre, tordu, feuillets *rosés;* cystide (c). (Trouvé aux Eaux-Bonnes. — Basses-Pyrénées.)
  ⊙ Chapeau *de 3 à 5 c., brun noirâtre, mamelonné;* pied gris couvert d'un lacis de petites fibres soyeuses; feuillets *blanc-verdâtre* ....
  ⊙ Chapeau de 5 à 8 c., *feuillets blancs.* → **154. C. grammocephala.**

★ Pied *plus épais à la base.*
  × Pied *dur, raide,* brun noir; chapeau gris bistré (G-B), 3 c. ....
  × Pied *mou, non tordu.* → **138. C. butyracea.**
  { Pied *jaune vif;* chapeau festonné, bronzé, 3 c.; chair amère ....
    (Bois de Pins. — Ouest de la France.)

  { Pied *blanc, grisou jaunâtre.*
    { Chapeau *creux au centre,* grisâtre, 2-3 c.; pied gris, *strié* ....
    { Chapeau *convexe.*
      ○ Chapeau *brun roux,* 5-8 c.; pied *tordu.* → **139. C. maculata,** var. *distorta* Fr.
      ○ Chapeau *brun* ou *purpurin,* 2-4 c.; pied *non tordu;* lames striées transversalement. (En touffes sur les vieux troncs.)

  : Odeur *désagréable,* chapeau brunâtre, en forme de cloche, 3-5 c.; pied blanc crème ....

  : Pas d'odeur ou odeur douce, agréable.
    ⌒ Chapeau *brun roux,* mamelonné, 2-3 c.; pied roussâtre ....
      (Prés, Bois de Conifères.)
    ⌒ Chapeau *gris bistré,* non mamelonné.
      = Chapeau *bosselé, irrégulier.* → **141. C. difformis.**
      = Chapeau *régulièrement arrondi.* → **142. C. obsoleta.**

— Chapeau *rougeâtre orangé* (O-o) ou jaunâtre (J$_2$-J). → **135. C. nitellina.**
— Chapeau *brun-noirâtre* (B-N). → **157. C. atrata,** var. *ambusta* Fr.
— Chapeau *brun roux ou rougeâtre.*
  ★ Pied *épaissi et aplati à la base,* mou. → **138. C. butyracea.**
  ★ Pied *cylindrique.*
    × Feuillets *épais, espacés.* → **163. C. pachyphylla.**
    × Feuillets *minces, assez serrés, denticulés.* → **153. C. extuberans,** var. *succinea* Fr.

∫ Pied *naissant d'un sclérote*
  +Chapeau *plus petit que* 2 c., sclérote *brun pourpre.* → **172. C. tuberosa;** sclérote *jaune d'ocre.* → **170. C. cirrata.**
  +Chapeau *plus grand que* 2 c.
    Pied *rouge, ramifié.* → **133. C. erythropus,** var. *repens* B.
    Pied blanc, souvent *ramifié.* → **145. C. nummularia,** var. *ramosa* B.

∫ Pied terminé par une *racine très ramifiée,* grisâtre, strié; chapeau gris brun, *rayé de petites fibres,* 5-8 c.; (poil du chapeau (p), fig. 154) ....

∫ Pied terminé par une *racine simple, effilée.*
  : Chapeau *plus petit que* 3 c.; pied *grêle.*
    § Feuillets *jaune vif;* chapeau jaune, 1-2 c.; chair blanc jaunâtre, douce ou un peu amère. (Sous les Sapins, Vosges.)
    § Feuillets *blanc jaunâtre.* → **169. C. conigena,** var. *tenacella* Pers.
  : Chapeau *plus grand que 3 c. (Voyez la suite de l'analyse,* p. 22.)

: Chapeau *plus grand que 3 c.;* pied *assez épais.*

(Pied *roux* ou *brun, profondément strié, tordu, terminé en pointe et aminci en haut;* chapeau brun-rougeâtre (B-R-R₂), très irrégulier de forme, 5-8 c. (En touffes, au pied des troncs.) ☉. … **156₁. C. fusipes B.** (1) — *C. à pied en fuseau;* c-a.C.✠

(Pied *blanc.* — Pied présentant une *très longue racine,* 3 6 c., gris-rougeâtre, strié; chapeau brun ou gris-jaunâtre (b-gj), un peu visqueux; (cystide c, fig. 156₂) … **156₂. C. radicata Relh.** — *C. à racine;* c-a. C.

— Pied *sans très longue racine.* → **139. C. maculata.**

2ᵉ Groupe.

☐ Espèce venant sur la *terre brûlée,* surtout aux endroits où l'on a fait du charbon; chapeau noir (B-N), 3-4 c.; pied brun. La var. *ambusta Fr.* a le chapeau pointu, 1 à 2 c., le pied gris-brun (B) … **157. C. atrata Fr.** — *C. noir;* c-a. C.

☐ Espèce venant en d'autres stations.

○ Chapeau mamelonné.

○ Chapeau *plus petit que 2 c.*

+ Chapeau *strié sur le bord,* brun noir, 1 c.; pied brun … (Collines arides, Seine-Inférieure, Saint-Pierre-en-Port.) **158. C. tesquorum Fr.** — *C. des friches;* a. R.

+ Chapeau *non strié au bord,* gris cendré, 1 c. 1/2; feuillets libres, espacés … **159*. C. tylicolor Fr.** — *C. couleur de cloporte;* a.R.

○ Chapeau *plus grand que 2 c.*

× Feuillets *se tachant de noir;* chapeau gris de fumée, 3-9 c.; pied gris, noircissant au toucher … (Meudon.) **160. C. semitalis Fr.** — *C. des sentiers;* a-h. AR.

× Feuillets *ne se tachant pas de noir.*

(Pied *terminé en une longue racine;* chapeau gris, noirâtre au centre, souvent couvert d'une pruine blanche; chair à odeur de farine, puis d'huile rance. … **161. C. rancida Fr.** — *C. rance;* a. AR.

(Pied *non terminé en longue racine.*

☉ Chapeau *gris-noirâtre* (B-B), mamelonné, 2-3 c.; pied gris, puis noir; feuillets devenant noirs … (Jura, Vosges.) **162. C. atramentosa K.** — *C. noirâtre;* c-a. R.

☉ Chapeau *brun-rougeâtre* (B-J₂-R₁), floconneux, 2-3 c.; feuillets épais, écartés. (Bois de Pins.) **163. C. pachyphylla Fr.** — *C. à feuillets épais;* c-a.AR.

⊕ Chapeau *pelucheux, rugueux,* brun (B), 3-4 c.; pied même couleur, fibrilleux; lames espacées. → **174. C. coracina.** **164. C. murina Batsch,** — *C. gris de souris;* c-a. AR.

○ Chapeau non mamelonné.

⊕ Chapeau *lisse.*

∫ Pied *bulbeux,* odeur *désagréable.*

∫ Pied *cylindrique* ou à *peine épaissi à la base;* pas d'odeur ou odeur *douce et faible.*

☉ Feuillets *espacés;* chapeau *de 2 à 3 c. seulement,* gris, brillant par le sec; pied blanc grisâtre. (Sous les Sapins.) **165*. C. erosa Fr.** — *C. éraillé;* a. R.

☉ Feuillets *serrés;* chapeau ayant au moins 3 c.

: Chapeau *gris, légèrement verdâtre,* 3-5 c.; pied gris perle, blanc à la base, tendre; chair grisâtre … (Vosges.) **166*. C. incana Q.** — *C. blanchissant;* a. AR.

: Chapeau *brun quand il est humide, gris blanchâtre à l'état sec.*

— Pied *bistré* (B-G), plus mince au sommet, un peu strié; chapeau 4-6 c. (Bois de Conifères.) **167. C. orbiformis Fr.** (2) — *C. orbiforme;* a-h. R.

— Pied *grisâtre,* blanc au sommet, farineux; chapeau 5-8 c. …… (Bois de Conifères.) **168. C. metachroa Fr.** — *C. à couleur changeante;* a-h. AC.

3ᵉ Groupe.

+ Champignon poussant sur les *cônes de Pins;* chapeau gris brun; pied gris clair hérissé de *filaments blancs* à la base; lames blanc jaunâtre; b-baside, c-cystide. (Voir fig. 169.) … **169. C. conigena Pers.** — *C. des cônes;* c-a. C.

+ Champignon poussant sur un sclérote.

= Sclérote *jaune*; chapeau blanc, *soyeux, pointu*, puis *creux au centre*, 10-15 m.; pied roussâtre. (Sur les Champignons pourris.) — 170. C. cirrata Pers. *C. frangé*; a. AC.

= Sclérote *noir* orné *d'aiguillons et de globules transparents*; chapeau gris 5-10 m...... — 171. C. racemosa Fr. *C. en grappe*; c. AR.

= Sclérote *brun pourpre*, pied blanc; chapeau blanc, 1 c..................... — 172. C. tuberosa Fr. *C. tubéreux*; c-a. AC. (Vit sur les Champignons en décomposition.)

○ Pied terminé par une *longue racine*.

— Espèce *très petite*, chapeau *de 1 à 2 c.*, gris brun ou roux. → **169. C. conigena**, var. *clavus B*.

— Espèce *plus grande*, chapeau *d'au moins 3 c.*

✕ Champignon venant *à terre*; chapeau 4-10 c., brun ou roux, hérissé de poils bruns (B); pied brun; chair blanche; odeur de noisette. — 173. C. longipes B. *C. à long pied*; a. AC. ✠

✕ Champignon venant *sur les arbres*. → **180. C. velutipes.**

✕ Pied *noirâtre*, ayant des *écailles blanches au sommet*.

⊙ *Odeur de rance*; chapeau *gris-brunâtre* (B-B), brillant, 2-3 c.; pied plus épais à la base.................. — 174. C. coracina Fr. *C. corbeau*; a. R.

⊙ *Pas d'odeur* ou *odeur faible de farine*; chapeau grisâtre, 3-5 c.... — 175. C. inolens Fr. *C. inodore*; a. R. (Bois de Conifères.)

✕ Pied noirâtre, *sans écailles* blanches au sommet, chapeau brun noirâtre (B-B). **162. C. atramentosa.**

⊙ Pied de couleur *pâle, blanc, jaunâtre ou rosé*.

○ Chapeau *lilas pâle* (li), velouté, 2-3 c.; pied de *même couleur ou grisâtre*; lames très serrées. (Sur les souches de Saule, Jura.) — 176. C. lilacea Q. *C. lilas*; a. R.

○ Chapeau *blanc jaunâtre ou rosé*.

: Pied très poilu *sur toute sa longueur*; chapeau jaunâtre clair ou rosé, 2-3 c.; lames très serrées................ — 177. C. hariolorum. *C. des devins*; c-a. AC.

: Pied poilu *seulement à la base*. → **170. C. cirrata.**

⊕ Chair amère, rousse; chapeau gris rosé (b-gr), mamelonné, 3-6 c.; pied tordu, aplati.............. — 178. C. ingrata Schum. *C. ingrat*; p-a. AR. ✠

⊙ Champignon poussant *sur les arbres*.

△ Chapeau *petit*, 1-2 c., *blanc ou jaunâtre*; pied roux; velouté, grêle. — 179. C. laxipes Batt. *C. à pied détendu*; a. AR.

△ Chapeau *plus grand*, 2-6 c... *jaune vif* (J-J), brun au centre; pied parfois brun ou fauve, le plus souvent *noir*, quelquefois un peu excentrique, entièrement velouté ⊙.............. — 180. C. velutipes Curt. *C. à pied velouté*; a-h. C. ✠

⊙ Champignon *venant à terre*.

□ Chapeau *mamelonné, visqueux*, noirâtre au centre, 3 c.; chair rousse. (Sous les Pins.) — 181*. C. orbicularis Sec. *C. orbiculaire*; a-h. R.

□ Chapeau *sans mamelon*, ou même creux au centre, non visqueux, gris jaunâtre, 2-3 c.; pied blanc au sommet.... — 182*. C. lupuletorum Weinn. — *C. des houblonnières*; a. AR. (Champs cultivés, surtout de Chanvre et de Houblon.)

Feuillets blancs, jaunâtres ou rosés. — Pied fauve, brun, roux ou noir. — Chair douce. — Pas de longue racine. — Champignon ne naissant pas sur les cônes de Pins et ne naissant pas d'un sclérote.

(1) Var. : 1° *œdematopus Sch.*, pied non strié, chapeau d'abord pointu; 2° *lancipes Fr.*, pied très gros, atténué en bas, chapeau strié, mamelonné. — (2) Var. : 1° *ditopus Fr.*, pied creux, comprimé, grisâtre, chapeau gris cendré; odeur forte de farine fraîche: 2° *mortuosa Fr.*, pied plein, court, grisâtre; chapeau brun ou fauve.

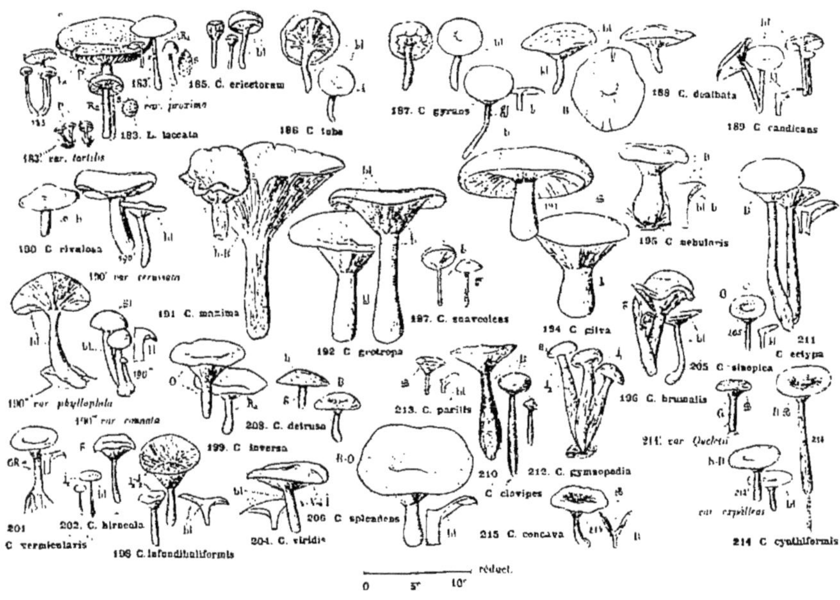
183. 185. C. ericetorum
rar. jurosima
183. L. laccata
183' rar. tortilis
187. C. gyrans
188 C. dealbata
189 C candicans
186 C toba
190 C rivalosa
190' rar vermosem
191 C. maxima
192 C grotropa
197. C. suaveolens
194 C gilva
195 C nebularis
190' rar phyllophila
191' rar comata
208. C. detrusa
199 C inversa
213. C. parilis
205 C sinopica
196 C. brumalis
210 212. C. gymnopodia
C clavipes
211 C ectypa
211' rar Queletii
211' rar expillras
214 C cynthiformis
201
C vermicularis
202. C. hirneola
204. C. viridis
206 C splendens
215 C. concava
196 C. infundibuliformis
réduct.
0   5'   10'

7. LACCARIA Cooke. LACCARIA — *Planche* 8, *p.* 24. — Feuillets violacés ou rosés, écartés, décurrents par une dent; spore épineuse (s-fig 183).

△ Feuillets rosés ou purpurins.

+ Chapeau *jaune ocracé, rouge briqueté* ou *incarnat rosé.*
⊙ Chapeau *ocracé* ou *incarnat rosé,* 3-5 c.; pied roux incarnat; lames rosées, espacées. .... 183. **L. laccata Scop.** *L. vernissé;* p-a. CC. ✠
⊙ Chapeau *rouge brique,* avec des *stries plus foncées,* 1 c.; *pied tordu.* → 183. **L. laccata,** var. *tortilis Bolt.*

+ Chapeau *pourpre lilas clair,* puis grisâtre; lames purpurines, assez serrées. → 183. **L. laccata,** var. *sandicina Fr.*

+ Chapeau *roussâtre,* pied roux; spore elliptique. → 183. **L. laccata,** var. *proxima Boud.* C.

△ Feuillets *violet améthyste;* chapeau et pied même couleur. → 183. **L. laccata,** var. *amethystina Vaill.* CC.

8. CLITOCYBE Fr. CLITOCYBE. — *Planche* 8, *p.* 24. — Chapeau souvent très creux au centre; feuillets décurrents; pied charnu ou fibreux.

— Chapeau *blanc* .... 1ᵉʳ Groupe, p. 25.
— Chapeau *de couleur pâle, jaunâtre, roux clair, grisâtre* ou *rosé* ... 2ᵉ Groupe, p. 26.
— Chapeau *jaune orange vif, roux vif, bleu* ou *vert* .... 3ᵉ Groupe, p. 27.
— Chapeau *brun* ou *gris foncé* .... 4ᵉ Groupe, p. 27.

1ᵉʳ Groupe.

⊕ Chair *amère;* pied blanc, *strié;* chapeau convexe, puis déprimé, 1-2 c.; lames blanches. (Sur les troncs d'arbres.) 184. **C. gallinacea Scop.** *C. des coqs;* a. R.

⊙ *Grande espèce;* chapeau *15-30 c.,* à bord ondulé. → 192. **C. geotropa,** var. *gigantea Sow.*

○ Feuillets *peu nombreux, très espacés;* pied blanc, court; chapeau convexe, puis en coupe, ondulé, 3 c. (Pâturages bruyères.) 185. **C. ericetorum B.** *C. des bruyères;* a. AC. ✠

+ Lames très *décurrentes.*
— Pied *creux à la fin,* blanc; chapeau creux au centre. 5 c.; lames blanc crème. 186. **C. tuba Fr.** *C. trompette;* a. R.
— Pied *plein,* blanc; chapeau en entonnoir, 5-8 c. → 198. **C. infundibuliformis,** var. *catina Fr.*

⊙ Chapeau à bord très ondulé, 3-4 c. → 202. **C. hirneola,** var. *undulata B.*

□ Bord du chapeau *très enroulé en dessous;* chapeau déprimé au centre, translucide, 3 c.; pied creux, blanc. .... 187. **C. gyrans Paul.** *C. arrondi;* c-a. AR.

○ Chapeau *zoné au bord de gris* ou *de roux,* convexe, puis retroussé, 2-3c.; pied *farineux* au sommet. (Cette espèce diffère peu des deux suivantes.) 188. **C. dealbata Sow.** *C. blanc d'ivoire;* a. AC. ✠

× Pied *grêle,* 3-4 m. d'épaisseur, blanc; chapeau blanc, brillant, satiné. 2-3 c. .... 189. **C. candicans Pers.** *C. blanchâtre;* c-a. AR. ✠

× Pied *épais de 6 à 10 m.,* blanc ou rosé; chapeau blanc, quelquefois rosé, souvent rayé en séchant. — La var. *phyllophyita Fr.* a le pied courbé, caché sous les feuilles généralement de Hêtre. La var. *pityophila See.,* vient sous les Conifères. 190. **C. rivulosa Pers.** *C. du bord des routes;* a. AC. ✠

★ Chapeau *convexe.* → 190. **C. rivulosa,** var. *opaca With.,* chapeau poilu; var. *connata Schum,* chapeau lisse, pied farineux; var. *cerussata Fr.,* chapeau lisse, pied non farineux.

Accolade labels (marginal): ⊕ Chair non amère. — ⊙ Espèce moins grande; chapeau ayant au plus 10 c. — ○ Feuillets nombreux, serrés. — + Lames peu ou ↗ à; décurrentes. — ⊕ Chapeau à bord peu ou pas ondulé. — □ Bord du chapeau non très enroulé en dessous. — ○ Chapeau n'ayant pas au bord de zones grises ou rousses. — ★ Chapeau creux au centre.

2ᵉ Groupe.

△ Grands champignons; chapeau dépassant généralement 10 c.; pied ayant plus de 1 c. d'épaisseur.

△ Espèces plus petites; chapeau ne dépassant pas 8 c.; pied n'ayant pas 1 c. d'épaisseur.

□ Champignon odorant.

⊙ Pied lisse.

⊙ Pied *strié de petites fibres fauves*; chapeau en entonnoir, un peu écailleux ou poilu sur les bords, roux pâle, 10-20 c.; feuillets très décurrents; odeur forte... ....   **191. C. maxima A et S.** — *C. très grand;* a. AC. ✠

○ Chapeau *mamelonné*, brun pâle (b), à bord mince, velouté, 10-20 c.; pied blanchâtre; lames très décurrentes; chair blanche, à odeur forte de lavande ou de fleuve odorante........   **192. C. geotropa. B.** — *C géotrope;* a. C. ✠

○ Chapeau non mamelonné.

+ Très grande espèce: 20-30 c. → **192. C. geotropa,** var. *gigantea Sow.*

+ Espèce plus petite; chapeau de 8 à 15 c.

= Chapeau *fauve clair ou ocracé rougeâtre.*

△ Bords du chapeau hérissé de *petites protubérances;* chapeau jaune rougeâtre, 8-10 c.; pied jaune rougeâtre pâle; feuillets serrés, très décurrents, blancs ou incarnats............   **193*. C. lenticulosa G.** — *C. tuberculeux;* a. R.

△ Bord du chapeau *sans tubercules;* chapeau fauve clair, brunâtre (B), à bord très enroulé et poilu, 10 c.; chair *café au lait..*   **194. C. gilva. Fr.** — *C. gris cendré;* c-a. AC. ✠

= Chapeau *grisâtre* (g-b), quelquefois noirâtre, couvert d'une fine poussière dans le jeune âge, 10-15 c.; pied renflé à la base, fibrilleux; chair *blanche* ⊙ ......   **195. C. nebularis Batsch.** — *C. nébuleux;* c-a. AC. ✠

★ Chapeau *gris*, pâlissant ou séchant.

— *Odeur de farine, très nette.* → **167. Collybia orbiformis,** var. *ditopus Fr.*

— Odeur douce, pas très forte.
  ∫ Feuillets *gris,* puis *blanchâtres, serrés.* → **142. Collybia obsoleta.**
  ∫ Feuillets *blanc jaunâtre;* chapeau gris clair (g), plus foncé au centre, bombé, puis concave, 3-5 c.; pied grisâtre.......................   **196. C. brumalis Fr.** — *C. d'hiver;* a-h. C. ✠

— *Odeur d'anis, très forte.* → **197. C. suaveolens.**

□ Champignon sans odeur.

★ Chapeau brun clair, fauve pâle ou jaunâtre.

(Odeur d'anis.
○ Pied *blanc ou grisâtre* un peu renflé et poilu à la base, chapeau à centre roux clair, 3 c. ⊙ ....
○ Pied *jaune paille.* → **204. C. viridis,** var. *Trogii Fr.*

(Autre odeur.
— Lames *très décurrentes,* chapeau en entonnoir, parfois mamelonné au centre, parfois hérissé de petites fibres, brun clair (b), 5-8 c. ⊙ ....
— Lames *peu décurrentes,* chapeau souvent crevassé. → **190. C rivulosa.**

⊕ Lames *très décurrentes;* chapeau souvent très creux.

△ Chapeau *strié sur le bord.* → **214. C. cyathiformis,** var. *expallens.*

△ Chapeau *non strié au bord.*
= Lames *blanc jaunâtre;* chapeau brunâtre ou jaune orangé (O-R₂), 5-8 c.   **199. C. inversa Scop.** — *C. retourné;* a. C. ▨
= Lames *grises.* → **207. C. cacabus.**

⊕ Lames peu décurrentes.

⊙ Chapeau n'étant pas à la fois mamelonné et strié au bord.

⊙ Chapeau *mamelonné* et *strié au bord,* roux clair, brun sur le mamelon, 2-3 c.; pied revêtu à la base d'une poussière blanche.   (Sous les Pins.)   **200*. C. papillata G.** — *C. papillé;* a. R.

★ Pied naissant sur un *mycélium formant des sortes de racines;* chapeau brunâtre (b-GR), teinté d'incarnat; pied court, blanc.   (Bois de Conifères.)   **201. C. vermicularis Fr.** — *C. vermiculaire;* p-e. R. ✠

★ Pied ne présentant pas ce caractère.

+ Feuillets *très étroits.* → **187. C. gyrans,** var. *angustissima Lasch.*

+ Feuillets non très étroits.

: Chapeau lisse.
⊖ Chapeau *gris, blanchissant par la sécheresse;* vient sous les Conifères. → **167. Collybia metachroa.**
⊖ Chapeau *gris,* brillant, 2-4 c.; pied *raide, tenace,* pulvérulent au sommet...............   **202. C. hirneola Fr.** — *C. petite urne;* c. AC. ✠
⊖ Chapeau *fauve clair,* blanc au bord, 2-3 c.; pied *mou,* spongieux, non pulvérulent au sommet............   **203*. C. diatreta Fr.** — *C. bien fait;* a. R.

: Chapeau *à petites écailles.* → **198. C. infundibuliformis,** var. *squamulosa Pers.*

198. C. infundibuliformis Sch. — *C. en entonnoir;* a. CC. ✠

3° Groupe.

★ Chapeau vert ou bleu.
{ — Odeur d'anis; chap. vert bleuâtre (i-v-V-In), convexe, puis déprimé, 5c.; lames blanc verdâtre. ⊙ — **204. C. viridis** Scop. — *C. vert; c-a. C.* ✠
{ — Pas d'odeur. → **186. C. tuba.**

★ Chapeau jaune orange ou rouge.

× Chapeau moucheté de petites écailles.
{ △ Lames *blanc crème*; chapeau velouté, rouge-orange (O-⊙), en coupe, 3-5 c.; pied brun rouge. (Bois de Pins.) — **205. C. sinopica** Fr. — *C. couleur de sinople; p-a. AR.*
{ △ Lames *jaunes*, puis *couvertes d'une pruine blanche.* → **134. Collybia bella.**

× Chapeau non moucheté.
{ ʃ Pied *de moins de 1 c. d'épaisseur*, rougeâtre; chapeau en entonnoir de bonne heure. → **199. C. inversa**, var. *flaccida Sow.* ⊙
{ ʃ Pied *ayant 1 c. d'épaisseur*, blanc jaunâtre; chapeau plan d'abord, puis déprimé au centre, jaune orange (O-J₁). Espèce voisine du *C. inversa.* (Bois de Conifères.) — **206. C. splendens** Pers. — *C. brillant; c. AR.*

4° Groupe.

□ Chapeau zoné.
{ + Chapeau *en entonnoir très creux*, brun gris (B-G), 6-9 c.; pied *strié*, brun roux, plus épais à la base; lames très décurrentes.................... (Alpes.) — **207*. C. cacabus** Fr. (1) — *C. en marmite; c. R.*
{ + Chapeau *convexe* ou *faiblement creux*, brun (B) ou gris, à zones plus pâles (g-b), 2-3 c.; pied grisâtre; lames peu décurrentes.................... — **208. C. detrusa** Fr. — *C. poussé; a. R.*

□ Chapeau non zoné.

⊙ Feuillets *jaune vif*, épais; chapeau brun, convexe ou peu concave, 3-7 c.; pied aminci à la base, rouge au-dessous des feuillets; chair jaunâtre, rougeâtre sous l'épiderme du chapeau.................... — **209. C. Pelletieri** Lév. — *C. de Pelletier; p-a. R.*

⊙ Feuillets non jaune vif.

① Pied ayant plus de 1 c. d'épaisseur ou très renflé à la base.
{ — Pied brun ou gris.
{ × Pied *très renflé à la base*, gris ou bistré; chapeau *convexe* ou *plan*, mamelonné, brun (B), 4-6 c.; lames très décurrentes.................... — **210. C. clavipes** Pers. — *C. en massue; c-a. C.*
{ × Pied *à peu près cylindrique*, brunâtre; chapeau en entonnoir, brun (B), rayé de petites fibres noirâtres, 4-6 c. (Prés humides.) — **211. C. ectypa** Fr. — *C. en relief; c. R.*
{ — Pied *blanc jaunâtre.* → **195. C. nebularis.**

① Pied ayant moins de 1 c. d'épais.

★ Feuillets jaunes ou roux.
{ = Chapeau écailleux.
{ ⊖ Feuillets *peu décurrents.* → **163. Collybia pachyphylla.**
{ ⊖ Feuillets *très décurrents*, roux; chapeau brun rouge (R₂-J₂), 5-9 c.; pied de même couleur. (En touffes sur les souches.) — **212. C. gymnopodia** B. — *C. à pied nu; a. AC.*
{ = Chapeau *non écailleux.* → **212. C. gymnopodia**, var. *socialis* DC.

★ Feuillets blancs, blanc jaunâtre ou blanc grisâtre.

○ Chapeau moucheté de petites écailles brunes ou gris foncé.
{ (Pied *gris*, avec un *bourrelet cotonneux au sommet.* → **214. C. cyathiformis**, var. *Quéletii Fr.*
{ (Pied *blanchâtre*, renflé et cotonneux à la base. → **198. C. infundibuliformis**, var. *squamulosa Pers.*

○ Chapeau lisse.

□ Chapeau plus grand que 3 c.
{ □ Chapeau *plus petit que 3 c.*, brun ou gris, couvert au centre de petits points brillants; pied brun-noirâtre ou rougeâtre (B-R); lames gris blanchâtre...... — **213. C. parilis** Fr. — *C. analogue; c-a. AR.*
{ ★ Chapeau très creux au centre.
{ △ Pied *fibrilleux*, présentant une sorte de réseau, *plus mince au sommet*; chapeau brun, roux ou fauve, 3-6 c. ⊙ — **214. C. cyathiformis** B. (2) — *C. en coupe; c-a. CC.* ✠
{ △ Pied *lisse, plus mince à la base*; chapeau gris bistré, 3-5 c.; lames roux noirâtre.................... (Vosges.) — **215. C. concava** Scop. — *C. concave; a. R.*
{ ★ Chapeau convexe, plan ou à peine déprimé au centre. → **210. C. clavipes**, var. *comitialis Pers.*

---

(1) Le *C. parilis* (n° 213), quelquefois zoné, se distingue du *C. cacabus* par son chapeau plus petit que 3 c. — (2) Var. : 1° *pruinosa Lasch.*, chapeau couvert d'une sorte de *pruine gris blanchâtre*, lames gris bistré; 2° *obbata Fr.*, pied *gris brunâtre* avec de petites stries blanches; lames noirâtres.

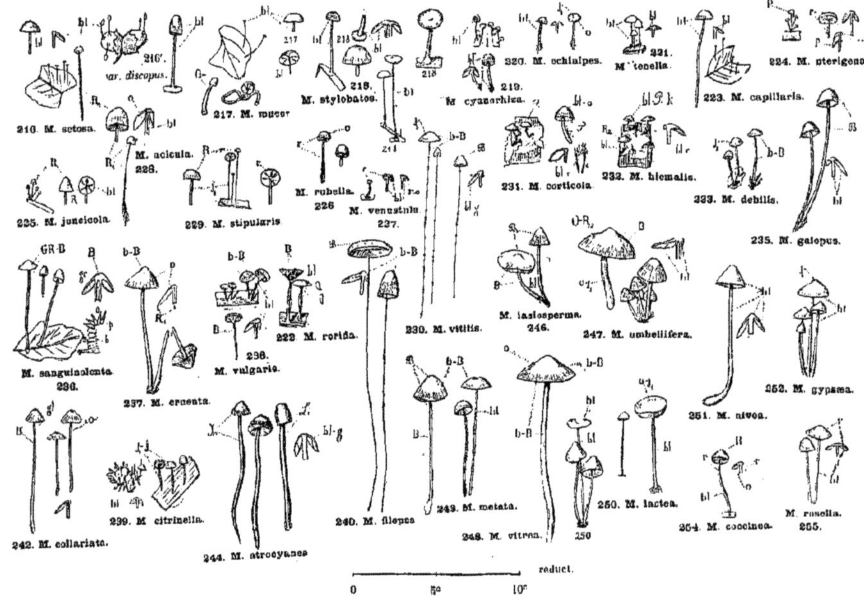

9. MYCENA Fr. MYCÈNE. — *Planches 9, 10 et 11, p. 28, 32 et 36.* — Chapeau conique, à bord droit, jamais enroulé; pied cartilagineux, feuillets libres ou s'insérant très haut sur le pied.

+ Chapeau *ne dépassant guère 1/2 c.; espèces très petites, très frêles,* poussant généralement sur les feuilles, les brindilles, les troncs d'arbres.. **1er Groupe**, p. 29.
+ Chapeau *ayant environ 1 c.; espèces petites à pied grêle.*.. **2e Groupe**, p. 30.
+ Chapeau *dépassant 2 c.; grandes espèces; pied de plus de 2 millimètres d'épaisseur.*................ **3e Groupe**, p. 34.

1er Groupe.

○ Pied naissant d'un *petit bulbe.*
  △ Pied *sans poils.*
    △ Pied *poilu,* chapeau *farineux,* 2-3 m.; bulbe du pied convexe et poilu. (Sur les brindilles et les feuilles, surtout de Hêtre.) Var.: 1° *tenerrima Berk.,* chapeau vu à la loupe, couvert de *petits points brillants;* 2° *discopus Lév.,* lames adhérentes au pied................. — **216. M. setosa Sow.** *M. à pied poilu;* c-a. AR.
    = Chapeau *gris hyalin,* 2-3 m.; pied très grêle, filiforme; bulbe du pied *plan et sans poils.* (Sur les feuilles mortes.) — **217. M. mucor Batsch.** *M. mucor;* a. AC.
    = Chapeau, 5-10 m., *blanc grisâtre,* quelquefois bleuâtre; pied blanc, filiforme; bulbe du pied arrondi, *strié,* quelquefois poilu. (Sur les brindilles et les feuilles.) — **218. M. stylobates Pers.** *M. à piédestal;* a. AR.

○ Pied simplement un peu renflé à la base, hérissé de poils.
  : Pied *bleu à la base;* chapeau hémisphérique, *strié,* 5 m..................... (Sur les brindilles, dans les bois de Sapins.) — **219. M. cyanorhiza Q.** *M. à racine bleue;* a. AR.
  : Pied *blanc sur toute la longueur;* très poilu à la base, chapeau 5 m., mamelonné. (Sur les brindilles.) — **220. M. echinipes Lasch.** *M. à pied hérissé;* a. AR.

○ Pied non renflé à la base.
  ⊕ Feuillets *rosés.*
    — Espèce venant en *touffes* sur les *souches,* les *brindilles tombées;* chapeau 5 m., blanc rosé. — **221. M. tenella Fr.** *M. très grêle;* c-a. AR.
    — Espèce venant sur les *écorces d'arbres dressés;* → **232. M. hiemalis.**
  ⊖ Feuillets *blancs.*
    × Pied présentant des *gouttelettes gélatineuses, transparentes;* chapeau 3-8 m., cannelé, blanc jaunâtre... — **222. M. rorida Fr.** *M. à gouttelettes;* p-c. AR.
    × Pied *sans gouttelettes.*
      + Pied *poilu* au moins à la base.
        ○ Pied *poilu à la base seulement,* chapeau 2 m.................. (Sur les feuilles mortes.) — **223. M. capillaris Schum.** *M. capillaire;* c-a. AC.
        ○ Pied *poilu sur toute sa longueur.* → **216. M. setosa.**
      + Pied *non poilu;* chapeau 3-5 m. → **250. M. lactea.** var. *muscigena Schum.*

□ Pied émettant un *suc rouge* quand on le casse. → **236. M. sanguinolenta.**

∫ Pied rose, rouge ou brun.
  ⊙ Pied naissant d'un *petit bulbe,* poussant sur les *Fougères mortes;* chapeau rose purpurin, 1-2 m.; lames blanches bordées de purpurin (p)............................. — **224. M. pterigena Fr.** *M. des Pteris;* c-a. AR.
  ⊙ Pas de bulbe.
    (Feuillets *blanc crème,* chapeau *rouge foncé* (R-lt), 2-3 m.; pied brun orange.. (Sur les joncs, les feuilles ou les tiges, dans les bois marécageux.) — **225. M. juncicola Fr.** *M. des joncs;* c-a. AC.
    (Feuillets *rosés.* → **221. M. tenella.** — (Feuillets *jaune vif.* → **228. M. acicula.**

∫ Pied blanc.
  ⌣ Pied *blanc, mais rose au sommet;* chapeau rouge orangé (R-O), rose au bord, 4-5 m.; lames blanc rosé. (A terre, parmi les mousses.) — **226. M. rubella Q.** *M. rougeâtre;* a. R.
  ⌣ Pied *blanc sur toute sa longueur;* chapeau rose, poudré de pourpre (r-P) 2-3 m.; lames blanches, rosées au bord. (Sur les troncs couverts de mousse.) — **227. M. venustula Q.** *M. gracieux;* a. R.

∫ Pied *jaunâtre* ou *jaune vif.* (*Voyez la suite de l'analyse,* p. 30.)

★ Chapeau *jaune, brun, roux, gris* ou *violacé.* (*Voyez la suite de l'analyse,* p. 30.)

★ Chapeau *rose* ou *rouge*; pied *jaune*.
§ Feuillets *jaune vif*, blanchissant surtout au bord; chapeau *rouge orangé* (R,-O), un peu mamelonné, 3-8 m.; pied jaune ou jaunâtre. (Sur les feuilles mortes et les brindilles.) .. — 228. **M. acicula** Sch. / *M. épingle*; c-a. AC.
§ Feuillets *rosés*; chapeau *rose*, un peu creux au centre, 3-4 m.; pied jaune............. (Sur les brindilles tombées, les stipules des feuilles.) — 229. **M. stipularis Fr.** / *M. des stipules*; u. AR.

★ Chapeau *jaune vif*, au moins en partie; pied *jaune*.
— Pied *visqueux*; chapeau souvent visqueux aussi. → 239. **M. citrinella.**
— Pied et chapeau *non visqueux*. → 257. **M. luteoalba.**

★ Chapeau *gris, brun, roux ou gris violacé.*

⊙ Pied *non visqueux.*

⊙ Pied *visqueux*; chapeau grisâtre, *cannelé*. → 222. **M. rorida.**

☐ Pied grêle, mais *très long*, terminé par une sorte de racine, 6-10 c. de longueur; chapeau gris brunâtre, 5-10 m., strié.............. — 230. **M. vitilis Fr.** / *M. tressé*; u. AC.

△ Espèce poussant sur l'*écorce des troncs d'arbre.*
= Chapeau *cannelé, grenu*, 3-5 m.; pied gris purpurin; lames rosées, larges; spore sphérique, cystides hérissées de prolongements filiformes au sommet (c)................. — 231. **M. corticola** Schum. / *M. des écorces*; a-h. AC.
= Chapeau *non cannelé*, légèrement mamelonné, 3-5 m.; pied blanc, lames rosées, étroites; spore ovoïde............ — 232. **M. hiemalis Osb.** / *M. d'hiver*; a-h. AC.

△ Espèce poussant sur *les brindilles, les feuilles ou à terre parmi la mousse.*
× Pied très grêle, *filiforme*, gris hyalin; chapeau 2-3 m. seulement. → 217. **M. mucor.**
× Pied *un peu plus épais*, gris roux; chapeau 4-6 m., gris violacé................. — 233. **M. debilis Fr.** / *M. faible*; c-a. R.

+ Chapeau *brun au centre, plus clair au bord*, 5-8 m.; pied blanc, roux à la base. (Sur les troncs d'arbres.) — 234'. **M. supina Fr.** / *M. renversé*; u. R.

2ᵉ Groupe.

⊙ Champignon laissant échapper du *lait* quand on le casse; pied *non visqueux.*

☐ Lait *blanc*; chapeau *gris cendré, plus foncé au centre*, 1-2 c.; pied grisâtre, lames blanches ou glauques. ⊙ (Sur les troncs d'arbres, les brindilles.) — 235. **M. galopus Fr.** / *M. à pied laiteux*; c-a. AC.

☐ Lait *jaune*; chapeau gris verdâtre ou orangé. → 265. **M. crocata.**

☐ Lait *rouge.*
— Feuillets *rosés*, à bord *pourpre foncé* (£); chapeau *plissé, strié*, brun ou purpurin, 1-2 c.; pied purpurin violacé. (Sur les aiguilles de Conifères.) — 236. **M. sanguinolenta A.** / *M. sanguinolent*; c-a. AC.
— Feuillets *blancs* ou rosés, *sans bordure*; chapeau brun (B), gris rosé ou violacé (GR), 1 c.; pied gris purpurin. (Sur les feuilles mortes et les brindilles.) — 237. **M. cruenta Fr.** / *M. sanguin*; c-a. AR.

⊙ Champignon *sans lait*; pied *visqueux.*

: Chapeau *très profondément strié, comme plissé*, gris brunâtre ou jaune. → 267. **M. epipterygia**, v. plicoso-crenata Fr.

: Chapeau *peu* ou *pas strié.*
(Chapeau *gris brunâtre* ou *olive*, 1 c., déprimé au centre; pied grisâtre. (Bois de Conifères.) — 238. **M. vulgaris Pers.** / *M. vulgaire*; u. AC.
(Chapeau *blanc* ou *gris jaunâtre*, à pied blanc présentant des *gouttelettes gélatineuses transparentes.* → 222. **M. rorida.**
(Chapeau *jaune citron* (j), plus foncé au centre, un peu strié; pied *jaune*. (Bois de Conifères.) — 239. **M. citrinella Pers.** / — *M. petit citron*; c. AR.

⊙ Champignon sans lait et n'ayant pas le pied visqueux. — **3**

☐ Chapeau de couleur foncée, brun, bleu noirâtre, gris bistre, ocre foncé, etc.

★ Pied très grêle, filiforme.

○ Pied terminé par une longue racine.

  = Pied *lisse*, chapeau *cannelé*, feuillets *adhérents au pied*. → **230. M. vitilis.**

  = Pied *lisse* terminé en *racine poilue*, gris plus ou moins foncé; chapeau *non cannelé*, gris ou bistre, 1c.; feuillets *libres*. (Brindilles, feuilles mortes.) — 240. M. filopes B. / *M. à pied filiforme;* c-a. AC.

  = Pied *poudré*. → **263. M. iris**, var. *amicta Fr.*

○ Pas de longue racine. — *Non.*

  + Chapeau *bleu noir*, puis *violet*, devenant ensuite plus pâle, 1 c.; pied *bleu noir*, perdant ensuite sa couleur. (Bois marécageux, sur les brindilles.) — 241*. M. urania Fr. / *M. violet;* c. R.

  Non. / +

    : Lames venant se réunir en un *tube* ou *collier* éloigné du pied; chapeau grisâtre, 2 c.; pied gris, *résistant*............ — 242. M. collariata Fr. / *M. à collier;* a. AR.

    : *Pas de collier.*

      △ Chapeau *brun au centre*, clair sur le bord. → **234. M. supina.**

      △ Chapeau *gris de plomb*. → **263. M. iris**, var. *plumbea Fr.*

      △ Chapeau *ocracé foncé*. → **233. M. debilis.**

★ Pied non filiforme, mais non fragile.

☐ Champignon ayant une *odeur ammoniacale;* chapeau gris brunâtre ou rosé, 1-2 c., pied gris [Le *M. umbellifera* (247) a quelquefois cette odeur.]............ — 243. M. metata Fr. / *M. limité;* c-a. AR.

☐ Champignon sans odeur ammoniacale.

  § Pied *bleu noir* (Jn-£i), chapeau *bleu noir*, mamelonné, 1 c.; lames blanches, grises à la base. (Sur brindilles et feuilles de Conifères.) — 244. M. atrocyanea Batsch. / *M. bleu noir;* c-a. R.

  § Pied *gris roux.*

    ⊙ Pied se déchirant en *petites lanières retroussées*; chapeau brun (B), cannelé ou plissé, 1-2 c. (pl. 10). (Bois de Conifères.) — 245. M. dissiliens Fr. / *M. brisé;* p-a. R.

    ⊙ Pied *ne se déchirant pas* de la sorte, gris brun; chapeau gris brun, mamelonné, 1-2 c., odeur de farine rance (Prés, bord des chem. Gironde.) — 246. M. lasiosperma Bres. / *M. à spores hérissées;* c. RR.

  § Pied *gris clair ou jaune paille.*

    § Pied *court*, brillant, souvent comprimé, brun clair; chapeau gris brun (B-b), 1-2 c............ — 247. M. umbellifera Sch. / *M. parasol;* c-a. AR.

    § Pied *allongé.*

      — Lames *grises*, chapeau gris clair *brillant*. → **287. M. stannea.**

      — Lames *blanc glauque*, chapeau cannelé, transparent, gris rosé à mamelon brun. (Sous les Sapins.) — 248. M. vitrea Fr. / *M. transparent;* c. AR.

★ Pied non filiforme, raide, tenace.

  ◁ Lames *blanches, bordées de brun;* chapeau brun ou gris bleuâtre; pied *brillant*, grisâtre............ — 249*. M. avenacea Fr. / *M. brunâtre;* c-a. R.

  ◁ Lames *blanc rosé* ou *jaune paille;* chapeau brun jaunâtre, un peu visqueux. → **280. M. galericulata**, var. *tintinnabulum Fr.*

☐ Chapeau de couleur claire ou vive, rose, rouge, jaune, etc.

⊕ Chapeau entièrement blanc.

  : Pied *naissant d'un petit bulbe*. → **218. M. stylobates.**

  : *Pas de bulbe à la base du pied.*

    ∫ Feuillets à *bordure rouge*. → **270. M. rubromarginata.**

    ∫ Feuillets *non bordés de rouge.*

      ★ Chapeau d'abord en cloche, puis *s'étalant*, festonné, 1-2 c., lames *serrées*. (Sur les brindilles.) — 250. M. lactea Pers. / *M. blanc de lait;* p-a. AC.

      ★ Chapeau en cloche, mais *ne s'étalant pas*, strié, 1-2 c., lames espacées. (Cette espèce diffère très peu de la précédente.) — 251. M. nivea Q. / *M. blanc de neige;* c. AR.

⊙ Chapeau jaune pâle. — *Non.*

  + Chapeau *couvert de petits points brillants*. → **284. M. farrea.**

  Non. / +

    ○ Pied *court* relativement au diamètre du chapeau. → **288. M. flavoalba.**

    ○ Pied *long* par rapport au diamètre du chapeau.

      § Chapeau *strié*, mamelonné, blanc au bord, jaune au centre, 1-2 c.; pied blanc. (Sur les souches, les brindilles.) — 252. M. gypsæa Fr. / — *M. couleur de plâtre;* c-a. AC.

      § Chapeau *non strié*. → **250. M. lactea.**

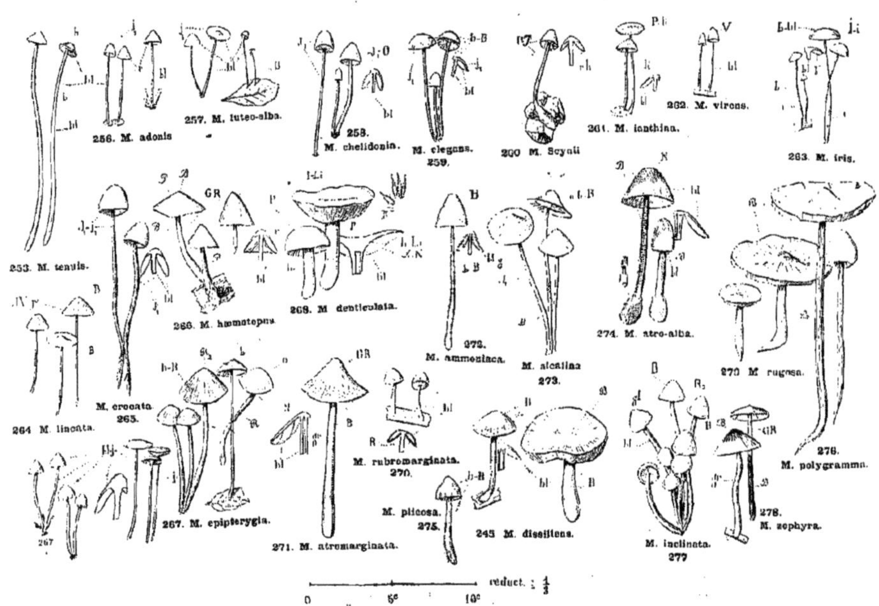
256. M. adonis
257. M. luteo-alba.
258. M. chelidonia.
M. elegans. 259.
260. M. Seynii
261. M. ianthina.
262. M. virens.
263. M. iris.
253. M. tenuis.
266. M. haematopus
268. M. denticulata.
272. M. ammoniaca.
M. alcalina 273.
274. M. atro-alba.
270 M. rugosa.
264. M. lineata.
M. crocata. 265.
267. M. epipterygia.
M. rubromarginata. 270.
271. M. atromarginata.
M. plicosa. 275.
245. M. dissiliens.
M. inclinata. 277.
276. M. polygramma.
278. M. zephyra.
reduct. : 1/3
0　　5c　　10c

⊙ Chapeau sans lait à pied non visqueux (Suite).

☐ Chapeau gris clair ou brun clair.

⊕ Champignon ayant une *odeur ammoniacale.* → **243. M. metata.**

⊕ *Pas d'odeur ammoniacale.*

= Feuillets *bordés de jaune,* pied jaune. → **259. M. elegans.**

= Feuillets sans bordure.

Pied *rougeâtre* ou *violacé,* à écailles *blanches.* → **278. M. zephyra.**

Pied *brunâtre, sans écailles.* → **264. M. lineata.**

Pied *blanc, jaunâtre à la base, sans écailles,* creux; chapeau 1-2 c., à *bord crénelé,* blanc. — **253. M. tenuis Bolt.** *M. grêle;* c-a. AR.

☐ Chapeau rose ou rouge.

○ Pied jaune ou orangé.

— Chapeau *rosé ou violacé.* → **289. M. flavipes.**

— Chapeau *rouge orangé.* → **228. M. acicula.**

○ Pied rose.

(Chapeau *rouge* (R₁), 1 c.; pied terminé par un petit bulbe hérissé de poils blancs; lames rosées. (Brindilles et feuilles de Conifères.) — **254. M. coccinea Sow.** *M. cochenille;* a. R.

(Chapeau *rose purpurin* (r), mamelonné, 1 c.; pied poilu à la base; lames roses *bordées de rouge.* (Sur les feuilles de Conifères.) — **255. M. rosella Pers.** *M. rosé;* a. AR.

○ Pied blanc.

× Chapeau *rouge vif,* puis *jaune orangé;* lames rosées. → **288. M. flavoalba,** var. *floridula Fr.*

× Chapeau *rose,* transparent, *strié,* 1 c.; pied renflé et poilu à la base; lames blanc rosé. (Feuilles mortes.) — **256. M. adonis B.** *M. adonis;* a. AR.

☐ Chapeau jaune vif.

+ Lames *blanches;* pied jaune, chapeau presque transparent, un peu strié, 1 c......... — **257. M. luteoalba B.** *M. jaune blanc;* c-a. AR.

+ Lames rosées.

— Pied *entièrement blanc.* → **288. M. flavoalba,** var. *floridula Fr.*

— Pied *jaune au sommet,* farineux; chapeau *pruineux,* 1 c............. — **258. M. chelidonia Fr.** *M. chélidoine;* a. AR.

+ Lames *gris jaunâtre, jaune vif au bord;* pied jaune *hérissé de filaments jaunes à la* base. (Bois de Conifères.) — **259. M. elegans Pers.** *M. élégant;* c-a. AR.

☐ Chapeau purpurin ou lilas.

ʃ Champignon *poussant sur les cônes de Pins;* chapeau *purpurin* (P-Œ), presque transparent, 1-2 c.; pied blanc, puis purpurin; lames roses ou lilas pâle. (Sud et Ouest de la France.) — **260. M. Seynii Q.** *M. de De Seynes;* a. R.

ʃ Champignon poussant dans la *mousse,* sur les *brindilles* ou les *feuilles.*

⊙ Pied *bleu noir.* → **241. M. urania.** — Pied *jaune vif.* → **289. M. flavipes.**

⊙ Pied *violacé,* courbé; chapeau strié, purpurin ou lilas pâle, 1-2 c.; lames grises ou lilas clair. (Les *M. urania* et *M. ianthina* sont deux espèces très voisines l'une de l'autre.)............... — **261. M. ianthina Fr.** *M. violacé;* c. R.

☐ Chapeau bleu ou vert, au moins en partie.

§ Chapeau *entièrement vert ou bleu* (V-In), 1 c.; pied violacé, blanc à la base..... — **262. M. virens B.** *M. verdoyant;* c. AC.

§ Chapeau *vert bleuâtre au bord, gris au centre,* devenant souvent entièrement gris ocracé, visqueux, 1 c.; pied verdâtre ou bleuâtre à la base.............. — **263. M. iris Berk.** *M. iris;* c. AR.

§ Chapeau *vert olive au centre, plus pâle sur les bords, un peu strié,* 1-2 c.; pied verdâtre, blanc à la base.. — **264. M. lineata B.** — *M. rayé;* c-a. AC.

3ᵉ Groupe.

□ **Champignon émettant un suc coloré à la cassure ou ayant le *pied visqueux*.**

— Lait *jaune*; chapeau olivâtre, rougissant, mamelonné, 2-3 c.; pied jaune orange (J₄) … **265. M. crocata Schrœd.** — *M. coul. de safran; a. AR.*

— Lait *blanc*. → **235. M. galopus.** (Sur les feuilles mortes.)

— Lait *rouge foncé*, chapeau gris rouge ou pourpre (GR-B-P), 2-3 c.; pied grêle, recourbé, grisâtre ou pourpré, lames rosées ou violacées. (En petites touffes sur les souches.) … **266. M. hæmatopus Pers.** — *M. à pied r. sang; e-a.AR.*

— *Pas de lait*, mais *pied visqueux*; chapeau *profondément strié, comme plissé*, gris ou jaune ou roux, 3-5 c.; pied *jaune*; lames blanches ou se tachant de jaune ⊙ … **267. M. epipterygia Scop[1]** — *M. des fougères; e-a. AC.*

□ **Champignon *sans lait, à pied non visqueux*, mais à feuillets ayant le *bord denticulé* et plus foncé que le reste des feuillets.**

○ Feuillets *violets, bordés de noir*; chapeau gris violacé ou purpurin (P-In-Li), 2-4 c.; pied blanc violacé … **268. M. denticulata Bolt.** — *M. denticulé; e-a. C.*

○ Feuillets *blancs ou gris*,

+ à bordure *orangée*; chapeau *brunâtre ou jaune olive*, 2 c.; pied gris ou jaunâtre … **269*. M. aurantiomarginata Fr.** — *M. à feuil. bordés d'or.; c. AR.*

+ à bordure *brun pourpre*; chapeau *blanc purpurin*, 2-3 c.; pied gris clair, un peu renflé à la base. (Sur les brindilles et les troncs de Sapins.) … **270. M. rubromarginata Fr.** — *M. à feuil. bordés de r.;e-a.AR.*

+ à bordure noire.
  ∫ *Pas d'odeur particulière*; chapeau *brun purpurin*, à sillons profonds, 3 c.; pied strié, gris brun … **271. M atromarginata Fr.** — *M. à feuil. bordés de noir; a-h. AR.*
  ∫ *Odeur alcaline ou nitreuse*. → **273. M. alcalina.**

⊙ **Champignon ayant une *odeur spéciale, forte*,**

⌄ *ammoniacale*; chapeau brun (B), pointu, 2-4 c.; pied *blanchâtre*, puis brun, poilu à la base … **272. M. ammoniaca Fr. [2]** — *M. ammoniacal; e-a. AC.*

⌄ *nitreuse*; chapeau brun ou jaune verdâtre, strié, 2-5 c.; pied jaune ambre, grisâtre. (En touffes sur feuilles et troncs de Conifères.) … **273. M. alcalina Fr.** — *M. alcalin; e-a. AC.*

⊙ **Pas d'odeur.**

△ Pied *renflé à la base, blanc et noir*; chapeau presque noir (B-N), plus pâle au bord, 2-3 c.; lames blanches … **274. M. atroalba Bolt.** — *M. blanc noir; e-a. R.*

△ Pied *non renflé à la base*.
  ★ *Pied transparent*, blanc ou coloré. → **248. M. vitrea.**
  ★ *Pied non transparent.*
    ⊙ Pied *se retroussant en petites lanières* quand on le casse. → **245. M. dissiliens.**
    ⊙ Pied ne présentant pas ce caractère.
      ⊕ Chapeau *ayant un petit nombre de plis espacés*, 2-3 c.; lames *grises*, couvertes d'une pruine blanche. … **275. M. plicosa Fr.** — *M. plissé; c. AR.*
      ⊕ Chapeau *non plissé ainsi*. → **247. M. umbellifera.**

(Pied *strié sur toute sa longueur*, brillant, argenté; chapeau strié, gris ou brun, 2-3 c.; lames blanches ou rosées ⊙. (Isolé ou en touffes sur les souches.) … **276. M. polygramma B.** — *M. strié; e-a. CC.*

(Pied *strié en haut seulement ou fibrillé et pointillé*.
  ⊖ Chapeau *brunâtre ou gris rouge* (R₂-GR-B), à bord crénelé et blanc, 2-3 c.; pied roux, strié en haut, tortu, fibrilleux. (En touffes sur troncs d'arbres.) … **277. M. inclinata Fr.** — *M. incliné; e-a. AR.*
  ⊖ Chapeau *brun au centre, gris purpurin au bord*, demi-transparent, 2-3 c.; pied un peu strié, rougeâtre ou violacé, parsemé d'écailles blanches, caduques. … **278. M. zephyra Fr.** — *M. zéphyr; e-a. R.*

(Pied ni *strié*, ni
  = Chapeau présentant des *rides élevées, irrégulières*, brun, roux, 2-3 c.; pied gris roux, lames blanches, puis grises. (En petites touffes sur les troncs.) … **279. M. rugosa Fr.** — *M. rugueux; e-a. AC.*
  = Chapeau *sans rides élevées*
    × Feuillets *blanc rosé ou crème*; chapeau gris bistré, strié, 2-3 c.; pied gris ou fauve, terminé en pointe. (En touffes sur les troncs.) … **280. M. galericulata Scop[3]** — *M. en casque; p-a. CC.*
    × Feuillets d'un *blanc glauque*, rétrécis à leur insertion sur le pied, presque libres; chapeau bistre au sommet, plus clair au bord, 3 c. (Sous les Pins.) … **281. M. excisa Lasch.** — *M. atténué, e-a. R.*

[Accolades marginales, de gauche à droite: « des caractères précédents. » — « peau de couleur foncée, brun ou gris bistre. » — « sp. Pied fragile. / rigide. »]

☐ Champignon n'ayant aucun
× Chapeau de couleur claire ou vive, blanc, jaunâtre, rosé, gris clair ou violet.
⊙ Pas d'odeur ammoniacale.

fibrillé. | vées et irrégulières. | × Feuillets *blanc grisâtre*; chapeau brun au centre (ß-☉), *gris violeté* au bord (Ju-Li-GL), 2 c. (Brindilles, souches pourries.) ... **282. M. parabolica Fr.** — *M. parabolique; a. AR.*

⊕ Champignon ayant une odeur *ammoniacale.*
- ⌢ Chapeau *gris bleu* ou *violet* (gl) avec un mamelon brunâtre, cannelé, 2-3 c.; pied gris clair, lames grisâtres. (Bois de Conifères, brindilles.) ... **283. M. leptocephala Pers.** — *M. à chap. grêle; c-a. AR.*
- ⌢ Chapeau *gris jaunâtre.* → **243. M. metata.**

⊙ Pas d'odeur ammoniacale.
○ Chapeau *blanc, gris clair ou jaune pâle.*
★ Pied *long, élancé.*
⊙ Chapeau sans petits flocons brillants. — ⊙ *flocons brillants.*

- ⊙ Chapeau *couvert de petits flocons brillants*, chapeau orange clair (o-j₁), 1-2 c.; pied blanc ..... **284. M. farrea Fr.** — *M. farineux; a. R.*

+ Chapeau non *visqueux.* / + Chapeau *visqueux.*
- + Chapeau *visqueux*, blanc, translucide, 2 c.; pied blanc, *dur;* lames blanches **285. M. sudora Fr.** — *M. humide; c-a. R.*
  - = Lames *rosées.* → **280. M. galericulata,** var. *alba.* [puis rosées.
  - = Lames *jaunâtres;* chapeau blanc, *finement rayé* à l'état humide, lisse quand il est sec, 3-5 c.; pied blanc humide ..... **286. M. lævigata Lasch** — *M. lisse; c-a. R.* (En touffes sur les troncs de Sapins.)
- = Lames *grisâtres.*
  - : Chapeau *non plissé*, gris clair, brillant, 3 c.; pied gris jaunâtre ..... **287. M. stannea Fr.** — *M. gris d'étain; c. AR.*
  - : Chapeau ayant un petit nombre de *plis espacés.* → **275. M. plicosa.**

★ Pied *court*, blanc ou légèrement jaune (o-j₁), chapeau orange ou jaune pâle (j₁), chapeau mamelonné, 2 c. ..... **288. M. flavoalba Fr.** — *M. blanc-jaunâtre;c-a.AC.*

○ Chapeau à *centre vert* ou *olive*, plus clair au bord. → **264. M. lineata.**

○ Chapeau *rosé ou violet.*
- (Pied *jaune d'ambre, translucide*, épaissi à la base, chapeau strié, 2 c.; lames blanches, puis rosées. (En touffes sur les troncs d'arbres.) **289. M. flavipes Fr.** — *M. à pied jaune; c. AR.*
- (Pied *blanc rosé ou violet*, poilu à la base; chapeau de couleurs variées, *surtout rosé*, 2-3 c.; lames réunies par des veines transversales. (4) ..... **290. M. pura Pers. (4)** — *M. pur; c-a. CC.*
- (Pied *roux brunâtre.* → **278. M. zephyra.**

10. OMPHALIA Fr. OMPHALIE. — *Planches 11 et 12, p. 36 et 38.* — Feuillets décurrents; chapeau ordinairement déprimé au centre; pied de consistance cartilagineuse; espèce généralement de petite taille.

(1) Le chapeau de cette espèce est recouvert d'une *pellicule visqueuse* qui se détache en entier. Dans la var. *plicata Sch.*, la pellicule est plus adhérente, le chapeau plus conique, le pied rougeâtre. Dans la var. *clavicularis Fr.*, la pellicule est plus adhérente encore, le chapeau à peine visqueux. — (2) Le *M. umbellata* a parfois une odeur ammoniacale. Il se distingue du *M. ammoniaca* par son chapeau moins pointu, sa taille plus petite, 1 à 2 c. au lieu de 3 à 4, son pied brillant. — (3) Variétés nombreuses, suivant la couleur du chapeau : 1° chapeau *blanc, alba;* 2° pied *roux, eutopus;* 3° chapeau *rouge brun, spadicea;* 4° chapeau *jaunâtre livide, livida.* — (4) Variétés nombreuses suivant la couleur du chapeau : 1° Espèce *entièrement blanche, alba;* 2° chapeau *blanc, feuillets rosés, pied violacé, purpurea;* 3° chapeau *rose tendre ainsi que les feuillets et le pied, rosea;* 4° chapeau *et pied rose violacé, feuillets blancs, roseoalba;* 5° chapeau *violet assez foncé, feuillets et pied violet clair, violacea;* 6° chapeau *rougeâtre clair au bord, plus foncé au centre, rufescens;* 7° chapeau *jaunâtre, lutea.*

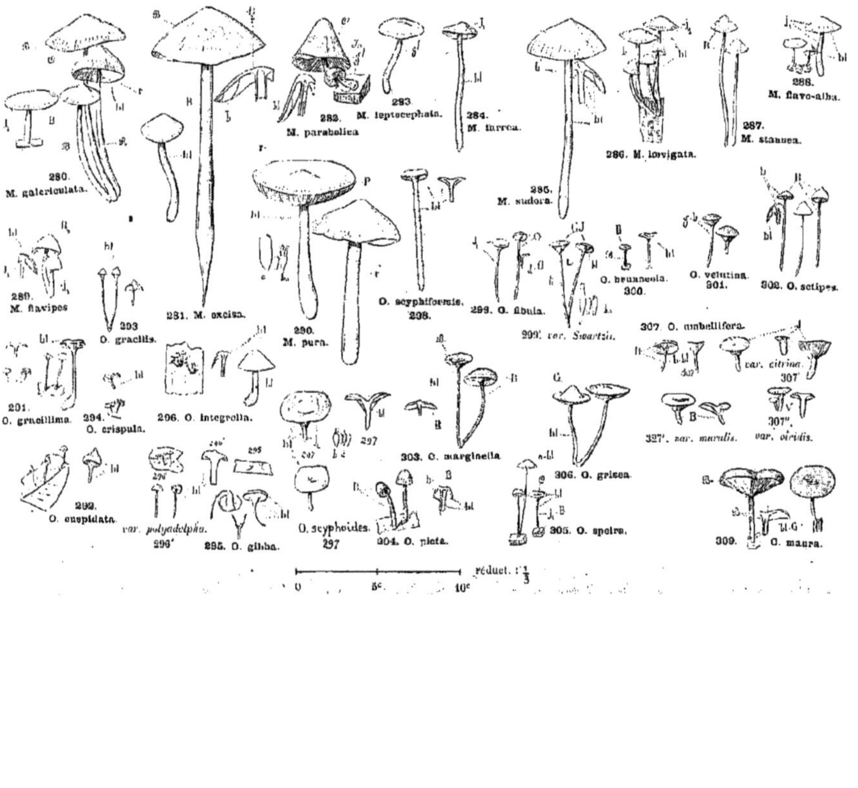

280. M. galericulata.
282. M. parabolica
283. M. leptocephala.
284. M. tarrea.
286. M. lævigata.
288. M. flavo-alba.
287. M. stannea.
285. M. sudora.
289. M. flavipes
281. M. excisa.
O. scyphiformis. 298.
299. O. fibula.
299'. var. Swartzii.
O. brunneola. 300.
O. velutina. 301.
302. O. setipes.
307. O. umbellifera.
293. O. gracilis.
291. O. gracillima.
294. O. crispula.
296. O. integrella.
290. M. pura.
292. O. cuspidata.
var. polyadelphia. 296'
295. O. gibba.
O. scyphoides. 297
303. O. marginella
304. O. picta.
305. O. speira.
306. O. grisea.
var. citrina. 307'
327'. var. muralis.
307". var. viridis.
309. O. maura.
réduct. : 1/3
0 5c. 10c

1ᵉʳ Groupe.

⊙ Pied *très grêle*, 2 m. d'épaisseur au plus. Chapeau inférieur à 1/2 c. (1).

□ Chapeau *mamelonné.*

= Pied *dépassant à peine* le diamètre du chapeau, chapeau sillonné, globuleux, avec un mamelon pointu, 4-5 m.; lames espacées, peu décurrentes. Champignon blanc de neige. (Sur les brindilles.) — **291. O. gracillima Weinm.** — *O. très grêle; c. AR.*

= Pied *beaucoup plus long* que le diamètre du chapeau. Feuillets *très décurrents.*

  + Mamelon *très pointu;* chapeau *pointillé,* 2-3 m.; pied un peu renflé à la base. Espèce blanche, diaphane. (Sur les feuilles et les brindilles.) — **292. O. cuspidata Q.** — *O. à chap. pointu; c-a. R.*

  + Mamelon *moins saillant;* chapeau *strié,* 3-8 m.; pied translucide, fibrilleux à la base. (A terre dans la mousse ou sur les brindilles.) — **293. O. gracilis Q.** — *O. grêle; c. R.*

□ Chapeau *non mamelonné.*

  ʃ Chapeau *festonné, frisé*, 3-4 m.; pied court, 1 c.; lames réduites à des veines peu saillantes. Espèce blanche, diaphane. (Sur brindilles et tiges mortes.) — **294. O. crispula Q.** — *O. frisée; a. R.*

  ʃ Chapeau *ni festonné ni frisé.*

    △ Espèce *venant dans les marais;* chapeau irrégulier, 2-4 m.; pied poilu, très court, 4-6 m.; lames réduites à des *plis peu saillants.* (Sur feuilles en décomposition de *Carex, Sparganium,* etc.) — **295. O. gibba Pat.** — *O. bossue; a. R.*

    △ Espèce *venant dans les bois,* sur les feuilles mortes; chapeau sillonné, 3-6 m.; pied poilu à la base. (Sur la terre ou les vieilles souches.) — **296. O. integrella Pers.** (2) — *O. complète; p-e. R.*

⊙ Pied *ayant plus de 2 m.* d'épaisseur; chapeau *plus grand que 1 c.*

  § Pied *court* relativement au diamètre du chapeau, poilu, blanc, quelquefois jaunâtre; chapeau ondulé, soyeux, 1-2 c.; lames *étroites, serrées.* (Pelouses.) — **297. O. scyphoides Fr.** (3) — *O. en coupe; p-c. AR.*

  § Pied *long* par rapport au diamètre du chapeau.

    ○ Chapeau *couvert de petites écailles grises,* → **319. O. tigrina.**

    ○ Chapeau *lisse,* 1-2 c.; pied un peu renflé au sommet; lames très décurrentes................................. — **298. O. scyphiformis Fr.** — *O. cupulaire; c-a. AR.*

2ᵉ Groupe.

⊙ Chapeau et pied *jaune orange vif* (O), 1-2 c.; lames très décurrentes, blanches ou jaunes ⊙ .... — **299. O. fibula B.** (4) — *O. fichet; c-a. C.*

⊕ Chapeau d'une autre couleur ou blanc.

× Pied *poilu ou floconneux.*

  ⊙ Pied *à petits flocons bruns,* dilaté à la base en une petite membrane rousse, chapeau brun, 5-8 m.; lames blanches. (Sur le bois en décomposition.) — **300. O. brunneola Q.** — *O. brunâtre; c. R.*

  ⊙ Pied *simplement poilu ou velouté.*

    (Chapeau *poilu, velouté,* gris, 10-15 m.; pied velouté; lames gris jaunâtre. (Dans les pelouses sèches, les haies.) — **301. O. velutina Q.** — *O. veloutée; c. R.*

    (Chapeau *sans poils,* convexe puis creux, *gris brunâtre* (b-B) avec des *stries plus foncées,* 1 c.; pied élancé, grisâtre............ — **302. O. setipes Fr.** — *O. à pied soyeux; c. AR.*

× Pied *ni poilu, ni floconneux.*

  ★ Feuillets *denticulés et bruns au bord,* arqués; chapeau brun gris (B-B) avec un mamelon pointu, plus foncé, 2 c.; pied grêle, gris. (Sur les souches de Sapins.) — **303. O. marginella Pers.** — *— marginée; c. R.*

  ★ Feuillets *ni denticulés ni bruns au bord.* (*Voyez la suite de l'analyse,* p. 39.)

---

(1) L'*Omphalia umbellifera,* var. *pseudoandrosacea* B. est quelquefois entièrement blanc: il a le pied grêle, le chapeau d'environ 1 c. Il est le plus souvent coloré. (Voir les autres groupes.) — (2) L'*O. polyadelpha* Lasch. est très voisin de l'*O. integrella,* mais de taille encore plus exiguë, chapeau 2 m. — (3) Var. *mutila* Fr. a le pied excentrique ou latéral. — (4) La var. *citrina* de l'*O. umbellifera* ressemble à l'*O. fibula,* mais est de couleur moins vive et tirant sur le vert.

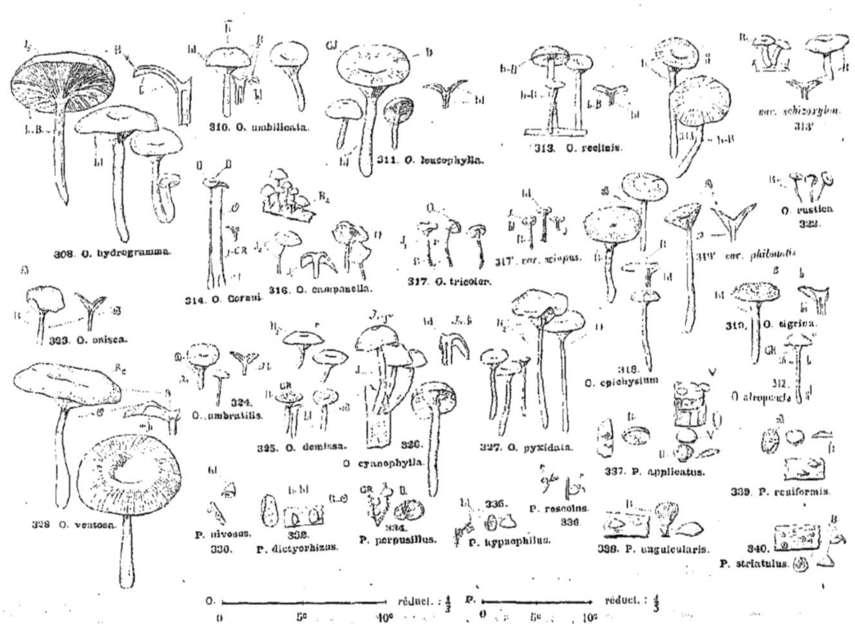
308. O. hydrogramma.
310. O. umbilicata.
311. O. leucophylla.
313. O. reclinis.
var. schizoxylon
313'.
314. O. Geraui.
316. O. campanella.
317. O. tricolor.
317' var. scinpus.
O. rustica
322.
318. O. epichysium
318' var. philonotis
319. O. tigrina.
323. O. onisca.
324. O. umbratilis.
325. O. demissa.
326. O. cyanophylla.
327. O. pyxidata.
312. O. atropuncta
337. P. applicatus.
339. P. reniformis.
328. O. ventosa.
P. niveaus.
332.
330. P. dictyorhizus.
P. perpusillus.
334.
336.
P. roseolus.
336.
P. hypnophilus.
338. P. ungularis.
340. P. striatulus.
réduct. : 1/3   réduct. : 1/3
0   5c   10c   0   5c   10c

*** Feuillets ni denticulés ni bruns au bord.**

⊕ Feuillets plus larges que longs.

⊕ Feuillets *plus larges que longs*, blanc jaunâtre ; chapeau brun (B), teinté d'olivâtre, jaunissant, 5-8 m. ; pied brun, naissant d'une membrane fauve. (Sur les brindilles, le bois pourri.) — **304. O. picta Fr.** — *O. peinte ; e. AR.*

△ Pied *brun noirâtre* (B-N), chapeau de même couleur. → **309. O. maura.**

△ Pied *violet au sommet*, blanc brunâtre à la base ; chapeau brun clair (b-GJ), brun au centre. → **299. O. fibula**, var. *Swartzii. Fr.*

△ Pied blanc, jaunâtre, brun pâle ou gris clair :

+ Chapeau *grisâtre* avec un *mamelon brun foncé* et des *stries brunes*, 1 c. ; pied blanc, brun clair en bas. (Sur le bois mort.) — **305. O. speira Fr.** — *O. éparse ; e-a. AR.*

+ Chapeau *gris* (G), *finement mamelonné*, puis ombiliqué, 1-2 c. ; pied gris clair ; lames grisâtres. (Pelouses.) — **306. O. grisea Fr.** — *O. grise ; e-a.*

+ Chapeau *gris jaunâtre*, ombiliqué dès l'origine, strié, 1-2 c. ; pied *court*, gris jaunâtre ; lames blanc crème........ — **307. O. umbellifera L.** (1) — *O. parasol ; a. C.*

3e Groupe.

○ Diamètre du chapeau de 5 à 8 c. :

(Chair *blanche* ou *jaune pâle* ; chapeau *très creux*, gris brun (G-B) ; pied gris, épais ; lames très décurrentes, blanchâtres. (En touffes, sur les feuilles mortes.) — **308. O. hydrogramma B.** — *O. striée ; a. AC.*

(Chair *roussâtre foncé*, chapeau incarnat. → **328. O. ventosa.**

-+ Feuillets *denticulés, bruns au bord.* → **303. O. marginella.**

○ Diamètre du chapeau inférieur à 4 c.

+ Feuillets ni denticulés, ni bruns au bord.

⊖ Chapeau non noir fuligineux.

⊖ Pied et chapeau *noir fuligineux* (B-N) ; chapeau hémisphérique puis creusé, 2-3 c., lames blanches.

⊙ Feuillets blancs :

○ Pied *blanc, fibrillé, strié au sommet* ; chapeau gris roussâtre ou brunâtre (B), blanc jaunâtre par la sécheresse (b), 2-3 c. ; lames très décurrentes. — **310. O. umbilicata Sch.** — *O. ombiliquée ; a. AR.*

○ Pied *gris, lisse*, blanc à la base ; chapeau gris cendré ou jaune olivâtre (GJ), 2-3 c. ; lames décurrentes. (Bois de Conifères.) — **311. O. leucophylla A et S.** — *O. à feuil. blancs ; e-a. AR.*

ƒ Chapeau *moucheté de petites mèches grises.* → **319. O. tigrina.** var. *philonotis Lasch.*

⊙ Feuillets jaunâtres ou gris clair.

ƒ Chapeau *pointillé de bistre*, brillant, *micacé*, gris jaunâtre, 2 c. ; *pied parsemé de grains noirs*........ — **312. O. atropuncta Pers.** — *O. ponctuée de noir ; e-a. R.*

ƒ Chapeau strié :

☐ Pied *brun noir* ; chapeau brun noir puis grisâtre, 2c. → **324. O. umbratilis.**

☐ Pied grisâtre ou brun clair :

Chapeau gris brunâtre :

+ Bord du chapeau *brusquement recourbé* ; chapeau 3-4 c. ; pied grisâtre. (Brindilles et troncs d'arbres.) — **313. O. reclinis Fr.** (2) — *O. recourbée ; e. AR.*

+ Bord du chapeau *non recourbé.* → **318. O. epichysium**, var. *striæpileus Fr.*

(Chapeau *incarnat briqueté.* → **327. O. pyxidata.**

4e Groupe.

⊙ Pied brun fauve :

: Chapeau brunâtre, *parsemé de petits points jaune vif*, 1 c. ; lamelles jaune soufre clair, puis fauve violacé ; pied terminé par une houppe jaune. (Tourbières.) — **314. O. Cornui Q.** — *O. de Cornu ; e. R.*

: Chapeau jaune rouillé, *non pointillé de jaune vif.* → **316. O. campanella.**

---

(1) Var. : 1° *citrina*, chapeau *jaune citron* ; 2° *viridis*, chapeau *verdâtre* ; 3° *myochroa With.*, chapeau *brun bistre*. — (2) Var. *schizoxylon Fr.*, chapeau presque plan, pied roux, *pousse sur le vieux bois*.

⊙ Pied jaune, jaunâtre ou blanc.
  — Chapeau *gris olive*, à bord jaune ou blanc, *translucide*, 1,5 à 2,5 c.; pied blanc ou jaune pâle, poilu à la base. (A terre ou sur les souches de Sapins.) **315*. O. bibula Q.** / *O. imbibée*; e. R.
  — Chapeau strié *jaune rouillé*, 1-2 c.; pied *jaune d'ambre, fauve clair et laineux* à la base, corné. (Sur les souches de Sapins.) **316. O. campanella Batsch.** / *O. en cloche*; p-u. AR.
  — Chapeau *jaune vif* ou *orangé : bord creusé de sillons profonds*. → **307. O. umbellifera**, var. *flava*. — bord *simplement crénelé*. → **299. O. fibula.**

⊙ Pied *noir* ou *gris foncé* (G-B) à la base, jaunâtre en haut; chapeau *jaunâtre* (J$_2$-O), 1 c.; lames jaunâtres, couvertes d'une sorte de *pruine rosée*. (Prés, pâturages.) **317. O. tricolor A et S.** (1) / *O. tricolore*; e. AR.

5e Groupe.

○ Chapeau pelucheux ou écailleux.
  ★ Chapeau *simplement pelucheux*, strié, gris, 2-3 c.; pied gris cendré, couvert de flocons blancs; lames grises. (Sur troncs pourris.) **318. O. epichysium Pers.** / *O. en vase*; e-a. R.
  ★ Chapeau *moucheté de petites écailles grises*, 2-3 c.; pied gris; lames grises. (Tourbières.) **319. O. tigrina A et S.** / *O. tigrée*; p-e. AR.

○ Chapeau lisse.
☐ Feuillets *vert clair*; chapeau 5-10 m. et pied vert (V); chair bleu verdâtre; probablement identique à *O. umbellifera* v. *viridis*. (A terre, bord des chemins.) **320*. O. chlorocyana Pat.** / *O. vert bleuâtre*; p. AR.
☐ Feuillets *vert olive*; chapeau gris de souris, pâlissant, *strié, plissé*, 1 c.; pied gris clair.......... **321*. O. glaucophylla Lasch.** / *O. à feuillets glauques*; e-a.

Feuillets gris.
  △ Chapeau ayant environ *1 c. de diamètre ou moins*, gris ou bistré; pied court, gris, poilu et blanc à la base. (Bruyères, pelouses sèches.) **322. O. rustica Fr.** (2) / *O. rustique*; e-a. AR.
  △ Chapeau de 2 à 3 c.
    { Pied *gris jaunâtre*, blanc et poilu à la base; chapeau *gris* strié, luisant, pâlissant. (Parmi les Sphaignes, dans les tourbières.) **323. O. onisca Fr.** / *O. cloporte*; e. AR.
    { Pied *brun noir bleuâtre*; chapeau *brun noir*, puis *grisâtre*. (A terre, au bord des chemins.) **324. O. umbratilis Fr.** / *O. des lieux ombragés*; a. AR.

6e Groupe.

⊙ Chapeau floconneux ou pointillé.
  : Chapeau *brun fauve pointillé de jaune vif*. → **314. O. Cornui.** — : Chapeau *gris paille, pointillé de bistre*. → **312. O. atropuncta.**
  : Chapeau *rose incarnat* ou *grisâtre purpurin* (B-gr-GR), *faement floconneux*, 10-15 m.; pied roux clair............ **325. demissa Fr.** / *O. pendante*; e-a. AR.

Chapeau lisse.
  + Chapeau *jaune souci* (J-JV) quelquefois teinté de lilas ou de bleu verdâtre, 2-3 c.; pied jaunâtre, lilas pâle à la base; lames violet clair ou lilas. (Sur les souches de Sapins.) **326. O. cyanophylla Fr.** / *O. à feuillets bleus*; e. R.
  + Chapeau *jaunâtre* (J$_1$); pied noir ou gris foncé à la base. → **317. O. tricolor.**
  + Chapeau roux incarnat ou cendré.
    { Pied ne présentant pas de granulations.
      = Chapeau *strié presque jusqu'au centre*, roux, 2-c.; pied roux clair; lames incarnates, puis rouge brique. (Espèce très voisine de la suivante.) (Bruyères, pelouses, vieux murs.) **327. O. pyxidata B.** (3) / *O. en boîte*; a. AC.
      = Chapeau *strié au bord seulement*, luisant, roux brun, 2-5 c.; pied roux clair, épaissi à la base; lames blanc incarnat. (Bois de Conifères.) **328. O. ventosa Fr.** / — *O. gonflée*; e. AC.
    { Pied *couvert en haut de granulations noires*. → **312. O. atropuncta.**

(1) Var. *sciopus* Q., pied gris bistre à la base, blanc en haut, lames jaunâtres, puis rouge orange clair. — (2) L'*O. griseola* Pers. ou *griscopallida* Desm. est une espèce très voisine de l'*O. rustica*, mais de taille un peu moindre, chapeau 5-8 m. seulement. — (3) Var. *muralis* Sow., pied brun roux, très court, 1 c. de longueur; chapeau brunâtre briqueté, lames rousses, pousse sur les vieux murs (Voir pl. XI).

11. PLEUROTUS Fr. PLEUROTE. — *Planches* 12 *et* 13, *p.* 38 et 42. — Chapeau charnu; pied excentrique, latéral ou nul.

1er Groupe.

⊕ **Chapeau blanc.**

- ⊙ Chapeau recouvert d'une *couche visqueuse* ou *gélatineuse.*
  - = Pied *court*, 2-5 m., blanc; chapeau velouté, strié au bord, 2 c.; lames blanches; spore ellipsoïde, allongée. (Sur les souches, les branches mortes, Hêtre, Peuplier. — Centre de la France.) — **329*. P. myxotrichus Lev.** / *P. à poils visqueux;* c. R.
  - = *Pas de pied;* chapeau suspendu de côté, orné de petites verrues transparentes, 6-8 m. seulement; lames blanches; spore arquée. (Sur les branches sèches du Sureau.) — **330. P. nivosus Q.** / *P. blanc de neige;* a-h. R.
- ⊙ Chapeau *ni visqueux, ni gélatineux.*
  - □ Champignon *charnu à pied court.*
    - — Chapeau *poilu*, retourné et appliqué, puis réfléchi, 2-10 m.; lames blanches. (Sur les brindilles.) — **331*. P. pubescens Sow.** / *P. pubescent;* c. AR.
    - — Chapeau *non poilu.* → **346. P. mitis, 347. planus, 348. limpidus.**
  - □ Champignon *membraneux, sans pied,* très grêle.
    - ○ Chapeau *fibrilleux, réticulé* à la base, soyeux, 1-2 c.; lames blanc jaunâtre. (A terre, sur les brindilles ou le bois en décomposition.) — **332. P. dictyorhizus DC.** / *P. à pied réticulé;* a. R.
    - ○ Champignon ne présentant pas ce *caractère.*
      - + Chapeau *hérissé de poils,* en forme *de coupe,* 3-6 m.; lames *blanc crème.* (Sur les branches de Chèvrefeuille, Ronce, Clématite, etc.) — **333*. P. craterellus D et L.** / *P. petite coupe;* a-p. AR.
      - + Chapeau *très finement poilu,* un peu mamelonné, 4-6 m.; lames *espacées,* blanches, puis *jaunes.* (Sur les feuilles et les petites branches.) — **334. P. perpusillus Fr.** / *P. très-petit;* e-a. AR.
      - + Chapeau *sans poils,* en forme de disque, de rein ou de coupe; lames serrées, blanches. (Sur les tiges de Mousses.) — **335. P. hypnophilus Berk.** / *P. des Hypnum;* a-h. R.

⊕ **Chapeau rose, vert ou bleu.**

- ſ Chapeau *blanc teinté de rougeâtre* ou *de bleu violacé.* → **346. P. mitis, 347. planus.**
- ſ Chapeau *rose* (r), *duveté,* 2-3 m.; pied très court, 2 m.; lames épaisses, peu nombreuses. (Sur tiges de Joncs, de Graminées.) — **336. P. roseolus Q.** / *P. rose;* a. R.
- ſ Chapeau *vert bleuâtre* (V-5n) ou gris, poilu, en coupe, 4-7 m.; lames grises à arête blanche; chair grise. (Sur les troncs d'arbres.) — **337. P. applicatus Batsch.** / *P. appliqué;* e-a. AC.
- ſ Chapeau *bleu noirâtre.* → **343. P. algidus,** var. *atrocæruleus Fr.*

⊝ **Chapeau gris, roux ou brun.**

- ○ Chapeau *visqueux.*
  - ⊙ Lames *blanches.*
    - — Chapeau à *verrues hyalines.* → **330. P. nivosus.**
    - — Chapeau *sans verrues hyalines,* gris foncé (G-B), visqueux, 2-8 m.; pied incurvé, 3 m.; lames blanches. (Sur les troncs d'arbres.) — **338. P. unguicularis Fr.** / *P. en forme d'ongle;* a-h. AR.
  - ⊙ Lames *grises à arête blanche.* → **337. P. applicatus.**
- ○ Chapeau *non visqueux.*
  - = *Un pied court,* 2-8 m. → **349. tremulus, 350. P. acerosus,**
  - = *Pas de pied.*
    - × Chapeau *écailleux* ou *poilu, brun grisâtre* (B-G), en forme de haricot ou demi-circulaire, 1 c.; lames grises. (Sur les branches mortes de Cerisier à grappes.) — **339. P. reniformis Fr.** / *P. réniforme;* a. R.
    - × Chapeau *sans poils ni écailles, gris clair* ou *brun* (B), *strié, ridé;* lames espacées, blanches ou grises. (Sur les troncs ou les branches tombées.) — **340. P. striatulus Pers.** / — *P. strié;* a. R.

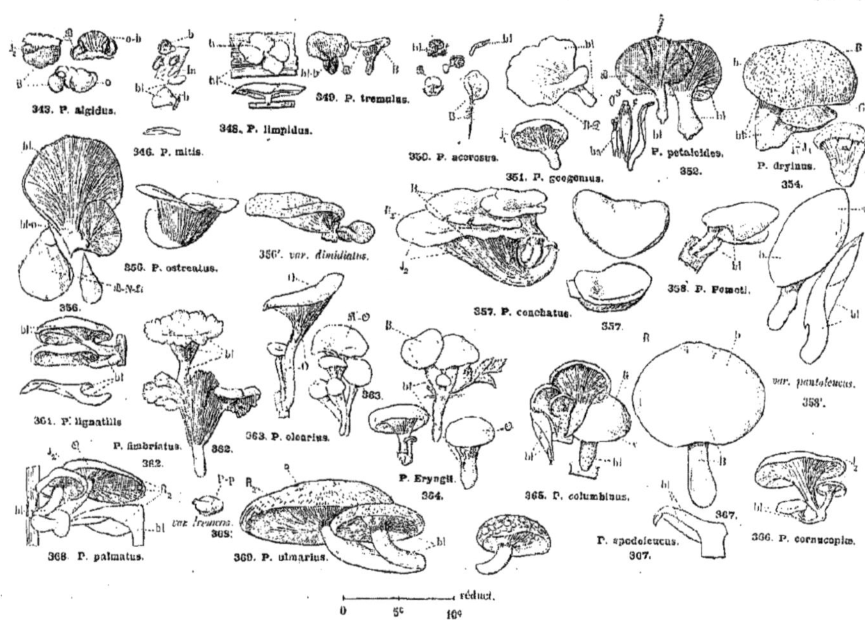

343. P. algidus.
346. P. mitis.
348. P. limpidus.
349. P. tremulus.
350. P. acerosus.
351. P. geogenius.
P. petaloides.
352.
P. dryinus.
354.
356. P. ostreatus.
356'. var. dimidiatus.
356.
357. P. conchatus.
357.
358. P. Fomoti.
var. pantoleucus.
358'.
361. P. lignatilis
P. fimbriatus. 362.
362.
363. P. olearius.
363.
P. Eryngii.
364.
365. P. columbinus.
367.
366. P. cornucopiæ.
368. P. palmatus.
var. tremens.
368'.
369. P. ulmarius.
P. spodoleucus.
367.
réduit.
0   5c   10c

2ᵉ Groupe.

△ *Chapeau sans pied.*

☐ Chapeau couvert d'une couche gélatineuse ou visqueuse.

(Chapeau *hérissé de grosses mèches*, grisâtre, 3-10 c.; lames blanc grisâtre, quelquefois lilas pâle au bord. (Sur les troncs de Hêtre.) — **341*. P. mastrucatus Fr.** / *P. écailleux; a. R*

(Chapeau simple- ment velouté.
  + Lames *blanches, espacées;* chapeau gris (G) un peu olivâtre, 3 c.; chair molle, jaunâtre. (Sur les troncs de Hêtre.) — **342*. P. fluxilis Fr.** / *P. fluide; a. AR*
  -+ Lames *blanc crème, serrées;* chapeau brun, roux ou rougeâtre, quelquefois bleu noir, 3-5 c.; chair blanc paille. (Sur les troncs d'arbres.) — **343. algidus F.** / *P. frileux; a-h. AR.*

☐ Chapeau *ni visqueux, ni gélatineux.*

★ Chapeau retourné, lisse, *un peu velouté* à la base, *blanc éclatant*, 3-8 c.; lames très étroites, blanc crème; chair *dure*. (Sur les troncs de Conifères.) — **344*. P. porrigens Pers.** / *P. étendu; e-a. R.* ✠

★ Chapeau ondulé, *poilu, soyeux, blanchâtre*, 5-8 c.; lames blanchâtres, puis ocracées; chair *molle*. (Sur les troncs d'arbres.) — **345*. P. pinsitus Fr.** / *P. tassé; a. R.*

△ *Chapeau muni d'un pied.*

⊙ *Chapeau ayant au plus 3 c.*

★ Chapeau *blanc ou légèrement rosé ou jaunâtre.*

⊙ Chapeau *blanc, puis incarnat ou violeté.*
  ○ Chapeau *réniforme, gélatineux* en dessus, lisse, 2 c.; pied plus épais au sommet; lames serrées, blanches. (Branches sèches, bois de Conifères.) — **346. P. mitis Pers.** / *P. doux; p-a. AC.*
  ○ Chapeau *semi-orbiculaire, fragile*, convexe puis plan, *non gélatineux*. 2c.; pied très court, recouvert de *duvet blanc*, lames rosées. (Troncs d'arbres.) — **347*. P. planus A et S.** / *P. plan; a. R.*
⊙ Chapeau *blanc, puis jaunâtre*, hyalin, réniforme, 2-3 c.; lames serrées, blanches... — **348. P. limpidus Fr.** / *P. transparent; a. R.*

★ Chapeau *grisâtre.*
: Chapeau *festonné, lobé*, gris ou brun (G-g-B), blanchissant, translucide, velouté, 2-3 c., pied très court, 5-8 m., *poilu, blanc;* lames *espacées, grises.* (Prés.) — **349. P. tremulus Sch.** / *P. tremblant; a. R.*
: Chapeau *un peu lobé, réniforme, strié,* brun gris (G-B), 2-3 c.; pied très court, 2-5 m., velouté, blanchâtre, lames *serrées, grise.* (Branches tombées, bord des chemins.) — **350. P. acerosus Fr.** / *P. brun-paille; a. AC.*

○ Chapeau couvert d'une *couche gélatineuse ou visqueuse.*
— Champignon *très mou, tremblotant*, à consistance de gelée. → **368. P. palmatus,** var. *tremens* Q.
— Champignon non très mou.
  ⊙ Lames *blanches;* chapeau gris jaunâtre (G-Glt-gj), étalé en éventail, 6-9 c.; pied blanchâtre. (Épars au pied des troncs d'arbres.) — **351. P. geogenius DC.** / *P. terrestre; c. AC.* ✠
  ⊙ Lames *jaune crème;* chapeau brun rougeâtre (B-R-GR), en spatule, 3-5 c. (Isolé ou imbriqué sur les troncs d'arbres.) — **352. P. petaloides B.** / *P. pétaloïde; e-a. AC.* ✠
① *Espèce venant sur le Mûrier;* chapeau velouté, *fauve*, 3-5 c.; pas de pied ou pied très court; lames blanc jaunâtre. (Les chapeaux poussent imbriqués sur les vieux Mûriers.) — **353*. P. moricola Lév.** / *P. du Mûrier; a. R.*

⊙ *Chapeau ayant plus de 3 c.*

○ *Pas de couche visqueuse ou gélatineuse sur le chapeau.*

(Feuillets *gris.* → **349. P. tremulus.** (Midi de la France.)
ƒ Chapeau *poilu*, gris (G-g), à écailles rousses ou brunes (B), 10 c.; pied blanc présentant *un anneau* souvent adhérent encore au bord du chapeau; lames très décurrentes, anastomosées en arrière, blanches, puis *jaunes.* (Souches.) — **354. P. dryinus Pers.** / *P. du Chêne; e-a. AC.* ✠

⊙ *Non.*

★ Feuil. blancs, jaunes ou blanc crème.

ƒ Chapeau non poilu. Lames *blanches ou blanc crème.*
  (Lames *jaune vif* (jₐ); chapeau jaune verdâtre, 3-6 c.; pied roux parsemé de grains bruns. (Sur les troncs d'arbres.) — **355*. P. serotinus Schrad.** / *P. tardif; a-h. R.*
  -+ Chapeau *violacé noirâtre* ou brun (Li-N-iß), 10 c.; pied court, blanc, velouté. ☋ (Troncs d'arbres.) [Nouret.] — **356. P. ostreatus Jacq.** (1) / *P. en forme d'huître; a-h. C.* ✠
  -+ Chapeau *roux incarnat* ou brun jaunâtre, 5-8 c.; pied court, blanchâtre. (En touffes sur les troncs d'arbres.) — **357. P. conchatus B.** ✠ / — *P. en forme de conque; a-h. AC.*

(1) Var. *glandulosus* Fr., lames portant des sortes de petites verrues.

3° Groupe.

§ Espèce poussant sur le *Pommier* ; chapeau convexe, irrégulier, mou, 5-8 c. ; pied aminci et poilu à la base ; lames blanches.. **358. P. Pometi Fr.** (1)
P. du Pommier ; a. A C. ✠.

§ Espèce poussant sur l'*Érable :* chapeau irrégulier, soyeux, résistant, 4-10 c. ; pied *poilu ;* lames blanches, puis crème... **359*. P. acerinus Fr.**
P. de l'Érable ; a. R.

Chapeau en coupe, teinté de jaune, présentant de *petites mèches gris foncé,* 3-5 c. ; pied blanc ; lames blanc crème. (Sur troncs de Saule, de Peuplier, etc.) **360*. P. Battarræ Q.**
P. de Battarra ; a. AR.

= Chapeau *convexe,* poilu d'abord puis glabre, 5-8 c. ; pied roux clair, recourbé ; lames blanches à reflets jaunâtre. (En touffes sur les souches de Sapin.) **361. P. lignatilis Fr.**
P. du bois mort ; a. AR.

= Chapeau *festonné, lobé, convexe,* puis *déprimé,* soyeux, 5-8 c. ; pied blanc, lames blanches. (En touffes sur les troncs d'arbres.) **362. P. fimbriatus Fr.**
P. frangé ; a-h. AR.

= Chapeau *en coupe,* 5-8 c. ; pied *ramifié, blanc ;* odeur de farine fraîche ou de fleurs de Châtaignier. → **366. P. cornucopioides,** var. *sapidus K.*

★ Chapeau *plus petit que 3 c.* → **331. P. pubescens.**

Chapeau *jaune orange vif* (O-R-❂), plan ou un peu déprimé ; pied brun jaunâtre ; *feuillets jaunes.* (Les feuillets de ce champignon sont phosphorescents.) (En touffes sur les troncs d'Olivier. — Midi et Centre.) **363. P. olearius Fr.**
P. de l'Olivier ; a. AC.

Espèce *poussant sur l'Eryngium, les Ombellifères ;* chapeau brun rougeâtre ou orangé (B-❂), 6-10 ; pied blanc, lames blanches. ☉ (Commun au sud de la Loire.) [Oreille de Chardon] **364. P. Eryngii DC.**
P. de l'Eryngium ; c. AC. ✠.

Chapeau *roux incarnat, lilas azuré* (li) *au bord,* velouté, 5-9 c. ; pied jaune paille ; lames blanches à reflets glauques. (Sur les troncs de Conifères.) **365. P. columbinus Q.**
P. gorge de pigeon ; a. R.

+ Chapeau *en coupe,* brun roux ou blanc, 5-8 c. ; pied *ramifié, blanc ;* chair molle blanche. (Sur les troncs d'arbres. — Centre et Sud-Ouest.) **366. P. cornucopioides P.**
P. corne d'abondance ; c. AC.

: Feuillets *décurrents* blancs, incarnats ou jaunes. (Chapeau *non écailleux,* flexueux, brunâtre (b-B) ou cendré ; pied gris brun (g-B). (Sur le pied des troncs d'arbres.) **367. P. spodoleucus Fr.**
P. blanc cendré ; a. R.

(Chapeau *très écailleux.* → **354. P. dryinus.**

: Feuillets *non décurrents.* Pied très développé. ∫ Feuillets *roux ;* chapeau roux, convexe, 8-15 c. ; pied blanchâtre, un peu strié de roux........................ **368. P. palmatus B.**
P. palmé ; a. AC. ✠.

∫ Feuillets *blanc crème ;* chapeau gris jaunâtre, parsemé de taches plus foncées, quelquefois comme marqueté, 10-15c. ; pied blanchâtre. (Troncs d'arbres, surtout d'Orme.) [Oreille d'Orme.] **369. P. ulmarius B.** (2)
— *P. de l'Orme ;* a. AC. ✠.

---

12. HYGROPHORUS. HYGROPHORE. — *Planches 14 et 15, p. 46 et 48.* — Champignons charnus, mous, souvent visqueux ; feuillets *épais, peu serrés,* souvent décurrents.

○ **Champignon entièrement blanc.**

  + Chapeau *visqueux*, mamelonné, 3-5 c.; pied glutineux au sommet; lames décurrentes blanches; odeur agréable. . . . . — **370. H. eburneus B.** (3) ✠. — *H. blanc d'ivoire; c-a. C.*

  + Chapeau *non visqueux.*
- ⌣ Chapeau *convexe, aérolé à la fin,* 3-5 c.; pied *plein* aminci en bas, un peu strié, chair blanche à odeur douce. *(Bruyères, pâturages et bois.)* — **371. H. virgineus Wulf.** — *H. virginal; c-a. C.* ✠.
- ⌣ Chapeau *convexe,* puis *déprimé,* 2-4 c.; pied *creux, lisse;* chair blanche, douce. (Cette espèce est très voisine de la précédente.) *(Prés, pâturages.)* — **372. H. niveus Scop.** — *H. bl. de neige; c-a. AC.* ✠

○ **Champignon** *blanc avec petites taches jaune vif* (J-J₁) au bord du chapeau qui est *très visqueux,* 5-7 c.; pied présentant au sommet de petites écailles jaunes; chair blanche ou rougeâtre. — **373. H. chrysodon Batsch.** — *H. à dents d'or; a. AC.*

★ Pied présentant un *anneau* ou *bourrelet visqueux.* (Espèces des pays de montagnes.)
- × *Anneau fugace;* chapeau *visqueux,* jaunâtre (J₁), 2-4 c.; pied blanc jaunâtre; chair et lames blanches, puis jaunes (J₄). *(Montagnes, Jura, Vosges, Alpes.)* — **374. H. lucorum K.** — *H. des bosquets; a. R.*
- × Anneau *persistant.*
  - ⊙ Chapeau *très visqueux,* gris jaunâtre (GJ-gj-o), 5-10 c.; pied *visqueux,* jaunâtre; lames jaunâtre incarnat. *(Bois de Pins des montagnes.)* — **375. H. glyocyclus Fr.** — *H. à bord sale; a. R.* ✠
  - ⊙ Chapeau *peu visqueux,* gris jaune (GJ-gj), quelquefois taché de rouge; pied non visqueux; lames décurrentes, épaisses, espacées. *(Bois de Conifères des montagnes.)* — **376. H. ligatus. Fr.** — *H. attaché; c-a. R.*

★ Pied présentant sur toute sa longueur de *petites écailles* ou des *ponctuations de couleur vive* ou *foncée.*
- — Chapeau *gris* (G), brun au centre (B-9) par des papilles, *mamelonné,* visqueux, 3-5 c.; pied *pointillé de gris.* *(Sous les Sapins, pays de montagnes.)* — **377. H. pustulatus Pers.** (4) — *H. à pustules; a. R.*
- — Chapeau *blanc jaune paille* ou orange pâle (o-j), 2-3 c.; pied *blanc, pointillé de rose;* lames blanchâtres. *(Collines du Jura.)* — **378. H. pulverulentus Berk.** — *H. pulvérulent; c-a. R.*

Pied sans écailles, ni anneau visqueux, quelquefois granulé mais seulement au sommet.

□ Lames peu ou pas décurrentes.
- ⊙ Pied *court, épais par rapport au diamètre du chapeau* qui est de couleur uniforme.
  - △ Chapeau *rosé* ou *couleur chair* (r-o), *visqueux,* 5-10 c.; pied visqueux, un peu floconneux au sommet, blanc ou incarnat; lames blanches, un peu rosées au bord. *(Bois de Conifères.)* — **379. H. pudorinus B.** — *H. pudibond; a. AC.* ✠.
  - △ Chapeau *blanc* ou *blanc jaunâtre, sec,* 10 c.; pied *dur,* blanc incarnat, *fusiforme;* lames épaisses, blanches; chair un peu amère. *(Jura, Fontainebleau.)* — **380. penarius Fr.** — *H. du buffet; a. AR.* ✠.
- ⊙ Pied *assez grêle par rapport au diamètre du chapeau* qui est de couleur plus foncée au centre.
  - **+** Chapeau *visqueux.*
    - § Chapeau *rayé au milieu de petites fibres fauves,* blanc au bord, mamelonné, 5-8 c.; pied blanc, granulé au sommet; lames blanches. *(Écouen, etc.)* — **381. H. arbustivus Fr.** — *H. des bois; a. AR.* ✠.
    - § Chapeau *blanc au bord, fauve au milieu,* 3-6 c.; pied visqueux, pulvérulent au sommet. *(Écouen, etc.)* — **382. H. discoideus Pers.** — *H. discoïde; a. AR.*
  - **+** Chapeau *non visqueux, blanc grisâtre,* brillant, fragile, 4-5 c.; pied blanc, rosé en bas, lames blanc crème. *(Prés montueux.)* — **383*. H. clivalis Fr.** — *H. des pentes; a. R.* ✠.

□ Lames décurrentes.
- ⊕ Chapeau *grisâtre,* plus foncé au centre.
  - (Pied *très long,* gris clair; chapeau mamelonné, visqueux, 4-5 c.; lames assez serrées, blanches. *(Sous les Sapins.)* — **384. H. lividoalbus Fr.** — *H. blanc livide; a. AR.*
  - (Pied *court.*
- ⊕ Chapeau *d'une autre couleur.* (Voyez la suite de l'analyse, p. 47.)

○ Champignon d'une autre couleur.

---

(1) Une espèce très voisine, le *P. pantoleucus F.,* est complètement blanc, a le pied tout à fait lisse, le chapeau en spatule, et pousse sur le *bouleau.* — (2) La variété *tessulatus B.,* a le chapeau comme marqueté. — (3) Var.; 1° *cossus Sow.,* pied plus grêle, odeur de la chenille du *phalène cossus;* 2° *melizeus Fr.,* chapeau jaunâtre, finement poilu au bord. — (4) Var. *terebratus Fr.,* plus grêle, chapeau de 2 c. à ponctuations du pied formées de petits globules à pied très court.

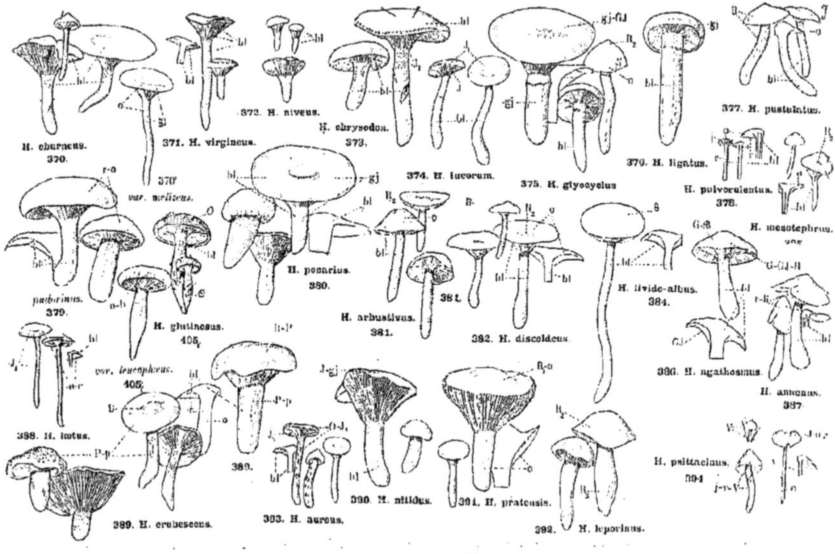
373. H. niveus.
377. H. pustulatus.
H. eburneus.
370.
371. H. virgineus.
H. chrysodon.
373.
374. H. lucorum.
375. H. glycocyclus
376. H. ligatus.
H. pulverulentus.
378.
var. melizeus.
H. penarius.
380.
H. mesotephrus.
H. livide-albus.
384.
pudorinus.
379.
H. glutinosus.
405.
H. arbustivus.
381.
38t.
392. H. discoideus.
H. agathosmus.
386.
H. amœnus.
387.
var. leucophæus.
405.
388. H. lætus.
389.
390. H. nitidus.
391. H. pratensis.
H. psittacinus.
394
389. H. erubescens.
393. H. aureus.
392.   H. leporinus.
réduct.
0   5c   10c

⊕ Chapeau grisâtre, plus foncé au centre. | (Pied court.)
△ Chapeau *blanc au bord, bistre roux au centre*, visqueux, 2-3 c.; pied visqueux, blanc; lames blanches. (Forêts de Conifères, Vosges.) — **385. H. mesotephrus** Berk. / *H. à centre bistre; e-a.* R.
△ Chapeau *gris* ou *blanc au bord, gris foncé au milieu* (G-B), visqueux, 4-7 c.; pied blanc: lames blanches; chair blanche; odeur d'anis ou de laurier cerise. — **386. H. agathosmus** Fr. / *H. odorant; a.* AC.

⊙ Chapeau *rose, jaunâtre ou roux clair.* / ⊕

○ Lames *très décurrentes.*
○ Lames *peu décurrentes.* → **381. H. arbustivus** et **382. discoideus.**
✕ Chapeau *jaune pâle.* | — Pied *un peu floconneux* ou *pointillé de blanc au sommet.* → **370. H. eburneus,** var. *melizeus* Fr. — Non. → **390. H. nitidus.**
✕ Chapeau *rose incarnat, couleur chair ou roux clair.* | + Chapeau *2-3 c.*; lames blanches. → **385. H. mesotrephrus.** | + Chapeau *6-10 c.*; lames roussâtres. → **405₁. H. glutinosus,** v. *leucophæus.* Fr.

2ᵉ Groupe.

⊙ Chapeau *rosé, incarnat purpurin ou violacé.*
○ Chapeau *rosé, incarnat purpurin ou violacé.*

□ Chapeau *conique*, rose lilas pâle (r-li-Li), 3-5 c.; pied blanc; lames blanc rosé.............. — **387. H. amœnus** Lasch. / *H. agréable; e.* AR. (Pâturages: Jura, Normandie.)

□ Chapeau *non conique, convexe, surbaissé.* | (Pied épais.) / ⊕
⊕ Pied *mince*; feuillets *nettement décurrents*, blanc violacé ou rosés; chapeau couleur chair ou jaune (o-j₁), 2-4 c.; pied jaune, quelquefois rosé.............. — **388. H. lætus** Pers. / *H. gai; a.* AR.
— Chapeau et pied marqués de *petites lignes* ou de *petites écailles purpurines* (r-R-P), chapeau convexe ou plan, 10-20 c.; chair blanche, tachée de rose; lames blanches pointillées de rouge et de rose.............. — **389. H. erubescens** Fr. / *H. rougissant; a.* AC. ✠
— Chapeau et pied *sans stries ni écailles purpurines.* → **379. H. pudorinus.**

○ Pied *blanc, jaune pâle ou purpurin.* / ⊙

★ Pied ayant un *anneau* ou *bourrelet visqueux.* → **374. H. lucorum, 375. H. gliocyclus.**

○ Chapeau *jaune ou orangé.* / Pied *sans anneau ni bourrelet visqueux.* / ★

= Pied *charnu, épais, par rapport au diamètre du chapeau.*
✕ Chapeau *jaune vif* (J-gj), *mamelonné, visqueux*, 4-6 c.; pied blanc, jaunâtre en bas; lames décurrentes, blanches ou jaune paille. (Sous les Sapins, Jura.) — **390. H. nitidus** Fr. / *H. brillant; a.* R.
✕ Chapeau *rouge ou orangé, non visqueux.* | △ Feuillets *très décurrents*, blanc jaunâtre ou roux clair; chapeau couleur chair, orangé clair ou roux (o-R₂), 4-8 c. ◠ — **391. H. pratensis** Pers. / *H. des prés; a.* AC. ✠ | △ Feuillets *peu décurrents*, incarnats; chapeau rougeâtre orangé (R₂-r-o) à bord festonné; pied blanc incarnat. (Pelouses; Jura.) — **392. H. leporinus** Fr. / *H. fauve; e.* R.

= Pied *grêle et élancé.*
(Chapeau *jaune d'or* ou *orange vif* (O-J₁), 3-4 c.; pied blanc ou jaune orangé, visqueux; lames blanc crème. (Forêts des Alpes.) — **393. H. aureus** Arrh. / *H. doré; e-a.* R.
Chapeau *jaune ocracé* ou *brun clair.*
— Chapeau *en coupe à la fin.* → **388. H. lætus.**
— Chapeau *mamelonné.* | ʃ Chapeau *jaune citron pâle.* → **374. H. lucorum.** | ʃ Chapeau *jaune roussâtre.* → **381. H. arbustivus** et **382. discoideus.**

⊙ Pied *vert entièrement* ou *vert en haut et jaune en bas*, visqueux; chapeau de couleurs vives et variées, vert, jaune, orangé (O-J-V), 2-3 c. (Pâturages.) — **394. H. psittacinus** Sch. / — *H. perroquet; e-a.* AC.

⊙ Pied *jaune vif* ou *rouge vif.* | ⊕ Chap. *conique* ou *en cloche, élevé.* | (Pied épais.)
△ Chapeau *rouge orangé* (R-O), *se tachant de noir*, visqueux, 6-12 c.; pied jaune orange, rayé de petites fibres rouges; lame et chair d'un jaune orangé. (Pâturages.) — **395. H. puniceus** Fr. / *H. rouge-pourpre; e-a.* AC.
△ Chapeau *jaune* (J₁-j), 5-7 c.; pied jaune; lames jaunes, quelquefois bordées de blanc. (Pâturages. Jura.) — **396. H. obrusseus** Fr. / *H. jaune d'or; c.* AR.
+ Pied *mince.* (*Voyez la suite de l'analyse, p. 49.*)

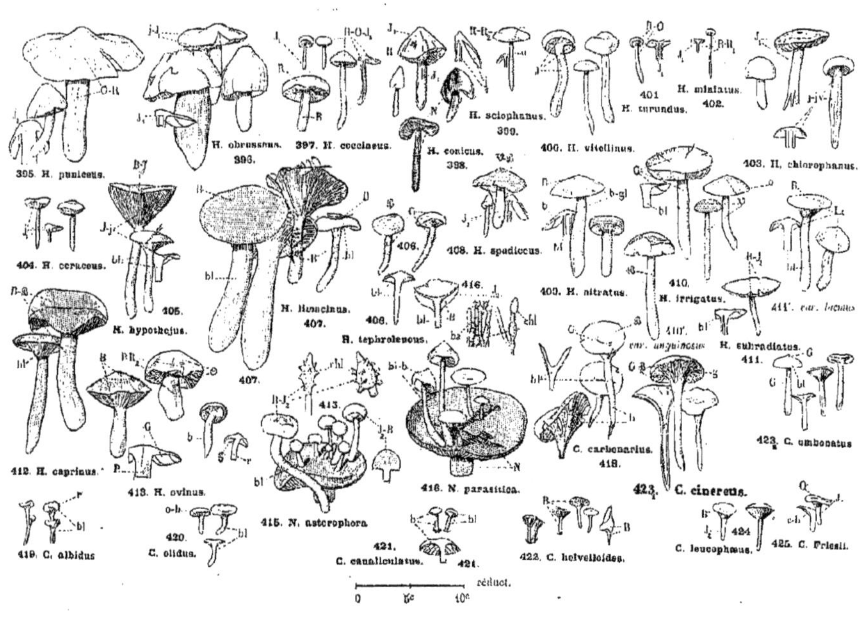

395. H. puniceus.
H. obrusseus. 396.
397. H. coccineus.
H. conicus. 398.
H. sciophanus. 399.
400. H. vitellinus.
401
H. unrundus.
H. miniatus. 402.
403. H. chlorophanus.
404. H. ceraceus.
405. H. hypothejus.
H. limacinus. 407.
406.
407.
408. H. spadiceus.
409. H. nitratus.
410. H. irrigatus.
410'. var. unguinosus
411'. var. lacuna
H. subradiatus. 411.
412. H. caprinus.
413. H. ovinus.
H. tephroleucus.
413.
415. N. asterophora
416. N. parasitica.
C. carbonarius. 418.
423. C. umbonatus
423. C. cinereus.
419. C. albidus
C. olidus. 420.
421. C. canaliculatus. 421.
422. C. helvelloides.
C. leucophaeus. 424. 425. C. Friesii.
réduct.
0   5c   10c

⊙ Pied *jaune vif ou rouge vif.*

⊕ Chapeau *conique ou en cloche, élevé.*

+ Pied mince.

  ★ Pied *rouge carmin* (J₁-R₁) ; chapeau même couleur ou jaune orangé, 2-6 c. ; lames jaune soufre ou rougeâtres, *adhérant au pied* ou *décurrentes par une dent.* ⊙ (Pâturages.) — **397. H. coccineus Sch.** *H. cochenille* ; a. AC. ✠

  ★ Pied *jaune vif* (J₁) *devenant noir avec l'âge;* chapeau *jaune mêlé d'orangé* (J₁-R₁), noircissant aussi quand le champignon est vieux, 3-5 c. ; lames jaunes, puis noires, *libres,* n'adhérant pas au pied. ⊙ (Pâturages.) — **398. H. conicus Scop.** *H. conique* ; c-a. C.

  ★ Pied *jaune fauve;* chapeau un peu visqueux, rouge brique, strié au bord, 2-4 c. ; lames jaunes ou roussâtres. (Prés, clairières. Littoral de l'Ouest.) — **399. H. sciophanus Fr.** *H. bistré* ; a. R.

⊙ Chapeau convexe, surbaissé.

○ Lames décurrentes.

  ʃ Chapeau *jaune vif.*
    — Lames *blanc crème;* chapeau jaune ou orangé **vif. 393. H. aureus.**
    — Lames *jaune vif* (J), décurrentes; chapeau à bords ondulés, jaune (J-j), 2-3 c. ; pied jaune (J-j). (Bois sablonneux. Vosges.) — **400. H. vitellinus Fr.** *H. jaune d'œuf* ; e. R.

  ʃ Chapeau *incarnat jaunâtre* (o-j₁) ou fauve briqueté: chapeau *en coupe à la fin.* → **388. H. lætus.** — Non. → **399. H. sciophanus.**

  ʃ Chapeau *rouge vif* ou *foncé* (R-R₁-O), quelquefois moucheté de petites mèches grises, 1-3 c. ; pied rouge ; lames blanches puis jaunes ; chair jaune. (Bois sablonneux, bord des chemins.) — **401. H. turundus Fr.** *H. en forme de gâteau;* e-a. AR.

○ Lames non décurrentes.

  § Pied *rouge vif;* chapeau même couleur ou jaune orangé.
    — Chapeau *plus grand que 2 c.* → **397. H. coccineus.**
    — Chapeau *plus petit que 2 c.,* mamelonné ou ombiliqué, rouge sanguin (R-R₁) ; lames rougeâtres ou jaune d'or avec bordure rouge. (Espèce très voisine de l'*H. coccineus.*) — **402. H. miniatus Fr.** *H. vermillon;* e-a. AC.

  § Pied jaune ; chapeau jaune.
    = Chapeau *jaune soufre* ou *jaune verdâtre,* visqueux: *souvent strié* au bord, 3-5 c. ; pied jaune ; lames *blanches puis jaunes, larges, arrondies* ……… — **403. H. chlorophanus Fr.** *H. verdâtre;* e-a. AC.
    = Chapeau *jaune de cire,* visqueux, *à peine strié,* 2-4 c. ; pied jaune ; lames *jaunes dès l'origine, assez étroites, presque triangulaires* …………… — **404. H. ceraceus Wulf.** *H. jaune de cire;* a. AC.

3ᵉ Groupe.

⊕ Chapeau visqueux.

§ Lames très décurrentes.

□ Feuillets *jaunes;* chapeau gris roussâtre ou gris verdâtre, 3-5 c. ; pied blanc ou jaune; chair blanche puis jaune pâle. (Bois de Conifères.) — **405. H. hypothejus Fr.** *H. à feuil. soufrés* ; a-h. ✠

□ Feuillets blancs.

  ★ Pied *aminci à la base, fusiforme.* → **405₁. H. glutinosus B.**, var. *olivaceoalbus Fr.* — *H. glutineux;* a. AC.

  ★ Pied *plus épais à la base,* brun ; chapeau brun roux, 8-12 c. (pl. 14) …………… — **406. H. tephroleucus Pers.** *H. blanc cendré;* e-a. R.

  ★ Pied sensiblement cylindrique.
    △ Chapeau *blanc,* à *centre gris.* → **385. H. mesothephrus.**
    △ Chapeau entièrement gris.
      ⊙ Chapeau *pelucheux,* gris, mamelonné et plus foncé au centre, 2-3 c. ; pied gris avec taches plus foncées ……………
      ⊙ Chapeau *lisse,* gris brunâtre. → **386. H. agathosmus.**

§ Lames peu ou pas décurrentes.

+ Pied *blanc* ou très légèrement jaunâtre ou grisâtre.
  : Chapeau *incarnat fauve.* → **381. H. arbustivus** et **382. discoideus.**
  : Chapeau *brun* (B), plus clair au bord, 4-6 c. ; pied visqueux, un peu écailleux au sommet …………… — **407. H. limacinus Scop.** *H. gluant* ; a-h. AC.

+ Pied *vert clair sur toute la longueur ou vert en haut et jaune en bas.* → **394. H. psittacinus.**

+ Pied jaune.
  — Lames *grises puis noires.* → **395. H. puniceus,** var. *nigrescens* Q.
  — Lames *jaunes;* chapeau brun ou vert foncé (Θ-B), conique, 3-6 c. ; pied jaune …… — **408. H. spadiceus Scop.** — *H. bai-brun;* e-a. R. (Prés, Nord. Montagnes, Jura, Vosges.)

+ Pied *gris, brun ou vert foncé* (v. p. 50).

⊕ Chapeau visqueux. / + Pied gris, brun ou vert foncé. / ⊙ Chair ne présentant pas ces caractères. / ○ Chapeau lisse.

⊙ Chair *rougissant, puis noircissant à l'air.* → **413. H. ovinus.**

= Pied écailleux ou pointillé.
(Pied visqueux. ∫ Feuillets *blancs.* → **405₁. H. glutinosus**, var. *olivaceoalbus Fr.*
∫ Feuillets *blanc grisâtre.* → **407. H. limacinus.**
(Pied *non visqueux;* pied pointillé de gris. → **377. H. pustulatus.**

= Pied ni écailleux, ni pointillé.
+ Pied *gris clair* ou *gris brunâtre* (gl-b); chapeau gris roux ou brun (gl-B), 3-5 c.; lames gris olivâtre. (Prés.) — **409. H. nitratus Pers.** / *H. nitreux;* c-a. R.
+ Pied *brun noirâtre.* → **410. H. irrigatus**, var. *unguinosus Fr.*
+ Pied *bistré, vert foncé* ou *gris vert* (J-G-V-o), visqueux; chapeau même couleur, 3-5 c.; lames blanches puis glauques. (Prés.) — **410. H. irrigatus Pers.** / *H. arrosé;* a. R.

○ Chapeau *pelucheux, gris.* → **406. H. tephroleucus.**

⊖ Chapeau non visqueux. / △ Lames blanches, rosées ou jaunâtres. / △ Lames grises ou violacées. / □ Chapeau non strié au bord.

□ Chapeau *strié au bord,* blanc ou gris, brun au milieu (b), 3-4 c.; pied blanc crème; lames décurrentes, blanches.............................. — **411. H. subradiatus Schum.** / *H. radié;* a. R.

— Chapeau *rouge et orangé.* → **392. H. leporinus.**
— Chapeau *brun noirâtre* (ß-N), 6-13 c.; pied gris foncé; lames *blanches,* quelquefois rosées, ou jaune paille. (Sous les Sapins. Montagnes.) — **412. H. caprinus Scop.** (1) / *H. des chèvres;* a-h. R.
— Chapeau *roussâtre;* lames *blanches* ou *jaunes, très décurrentes.* → **391. H. pratensis.**
— Chapeau *cendré clair.* → **383. H. clivalis**, var. *streptopus Fr.*
★ Chapeau *lilas violacé* (Li-li), lames même couleur. → **411. H. subradiatus**, var. *laemus Fr.*
★ Chapeau *brun* (B-⊖), quelquefois rayé de rouge, un peu visqueux, 4-5 c.; pied gris foncé; chair *grise, devenant rouge puis noire.* (Pâturages. Montagnes.) — **413. H. ovinus B.** / *H. des moutons;* a. AR.
★ Chapeau *gris,* 2-3 c.; pied *blanc,* aminci à la base; chair blanche, à *odeur agréable.......* — **414*. H. cinereus Fr.** / *H. cendré;* a. R. ✣
(Pâturages. Pays de montagnes.)

13. NYCTALIS Fr. NYCTALIS. — *Planche 15, p. 48.* — Champignons *parasites* sur d'autres champignons; lames épaisses souvent avortées. Chapeau ou lames portant des *chlamydospores* (chl).

× Chapeau *blanc* puis *fauve clair, pulvérulent,* 10-15 m.; pied blanc puis roussâtre; lames blanches, souvent atrophiées; *chapeau* couvert de *chlamydospores étoilées,* roussâtres. (Sur *Russula nigricans.*) — **415. N. asterophora Fr. AC.** / *N. à chlamydospores étoilées.*
× Chapeau *blanc grisâtre, puis bistré,* 2-3 c.; pied blanc, poilu; lames blanches puis cendrées, souvent atrophiées; *lames* portant des *chlamydospores lisses,* brunes. (Sur *R. adusta* et *delica.*) — **416. N. parasitica B.** / *N. parasite;* c-a. AR.

14. CANTHARELLUS Bauch. CHANTERELLE. — *Planches 15 et 16, p. 48 et 53.* — Champignons charnus; feuillets décurrents, *épais,* très souvent *peu saillants,* réduits à des rides souvent anastomosées.

⊙ Pied ramifié.
(Feuillets d'un *blanc rosé;* chapeau jaune ocracé............................... — **417*. C. ochraceus G.** / *C. ocracée;* R.
(Feuillets *jaune vif.* → **426. C. cibarius**, var. *ramosus Schultz.*

⊙ Pied simple, blanchâtre.
+ Chapeau gris ou brun. △ Chapeau *en entonnoir,* gris brunâtre (G-ß), 4-5 c.; pied strié, souvent terminé par une racine pointue; lames blanches ou grisâtres. (Terre brûlée.) — **418. C. carbonarius A et S.** / *C. des charbonnières;* c. AC.
△ Chapeau *mamelonné,* gris (G), plus clair au bord. → **423₂. C. umbonatus.**
+ Champignon *entièrement blanc,* 3-6 c. → **427. C. aurantiacus**, var. *lacteus Q.*
+Chapeau ⊙ Chapeau *de 10 à 15 m.,* gris rosé (GR-r), blanc au milieu; pied blanc ou jaunâtre, — **419. C. albidus Fr.**

⊙ Pied simple blanchâtre. | teinté de jaunâtre ou d'incarnat.

lames blanches puis crème ocracé ....

⊙ Chapeau plus grand que 2 c.
= Chapeau *crème incarnat*, puis *roux clair*, à bord enroulé, poilu, blanc, 2-3 c.; pied incarnat pâle; lames jaune crème puis incarnates; odeur de fleurs d'oranger. (Sous les Sapins.) — **420. C olidus Q.** — *C. odorante*; c-a. R.
= Chapeau *blanc jaunâtre*, un peu poilu, 2-3 c.; pied blanc; lames épaisses, creusées d'un sillon, jaune rougeâtre. (Bois de Conifères. Nord.) — **421. C. canaliculatus Pers.** — *C. canaliculée*; a. AR.

□ Chapeau *jaune*, feuillets *orangés*. → **427. C. aurantiacus.**

① Espèce *petite*; chapeau de 10-15 m., membraneux, brun ou gris roux, en coupe; pied court, grêle, gris lilas; lames même couleur. (Sur les vieux murs, bords des sentiers rocailleux.) — **422. C. helvelloides B.** — *C. en forme d'Helvelle*; a. AC.

○ Pied creux (l'entonnoir formé par le chapeau se prolonge en creux dans le pied), gris foncé ou noir; chapeau gris cendré (G-ℬ), 3-5 c.; lames épaisses, très espacées, réunies par des nervures, grises.......... — **423₁. C. cinereus Pers.** — *C. cendrée*; c-a. AC.

+ Chapeau *mamelonné*, gris (O), à bord blanc, 2-3 c.; pied *gris clair*; lames *blanches*, bifurquées; chair rosée à l'air. (Pâturages). — **423₂. C. umbonatus Pers.** — *C. mamelonnée*; c-a. R.

+ Chapeau en entonnoir.
— Pied *strié*, souvent *terminé en pointe à la base*; chapeau gris noirâtre. → **418. C. carbonarius.**
— Pied *non terminé en racine pointue*, brun ainsi que le chapeau; feuillets blancs. .... — **424. C. leucophæus Fr.** — *C. blanc noirâtre*; a. R.

[chapeau] 2 c., *jaune orangé* (O), se décolorant (J₁), *velouté*; pied *grêle* de même couleur; lames orange clair ou rosées; chair jaune, un peu aigrelette. (Vosges.) — **425. C. Friesii Q.** — *C. de Fries*; c. R. ✠

△ Lames *jaune vif*, (j₁), épaisses, espacées; chapeau jaune (J₁), quelquefois blanc crème, en coupe, à bord irrégulier, 5-9 c., *non velouté*; pied jaune orange, *épais*. (Espèce délicieuse; crue, elle a un goût un peu amer qui disparaît à la cuisson.) ⊙ [Gyrole]. — **426. C. cibarius Fr.** — *C. comestible*; p-c. CC. ✠

△ Lames *orangées* (O), plus minces et plus serrées que dans l'espèce précédente; chapeau jaune (J₁) puis gris jaunâtre, en coupe, 3-6 c.; pied jaune roux, quelquefois noir. (Espèce suspecte qu'il faut éviter de confondre avec la précédente.) ⊙ — **427. C. aurantiacus Wulf.** — *C. orangée*; c-a. C.

◡ Feuillets *jaunâtres*, puis *gris*.
(Chapeau *brun*, un peu pelucheux, lobé, 3-5 c.; en entonnoir (le creux pénètre jusque dans le pied); pied jaune ou fauve; odeur un peu âcre. ⊙ — **428. C. tubæformis Fr.** — *C. en forme de trompette*; c-a. AC.
(Chapeau *gris jaunâtre* (GJ-gj), en entonnoir profond comme l'espèce précédente, 3-4 c.; pied jaune (J₁-j₁). (Espèce voisine de la précédente.) — **429. C. infundibuliformis Scop.** — *C. en entonnoir*; c-a. AC.

◡ Feuillets *jaunes* (J₁) peu saillants; chapeau lobé sur les bords, brun jaunâtre, en entonnoir très creux, 3-4 c., pied jaune vif. (Bois de l'ins. Jura, Alpes.) — **430. C. lutescens Pers.** — *C. jaunâtre*; c. AR.

15. DICTYOLUS Q. DICTYOLE. — *Planche* 16, *p.* 53. — Caractères des Chanterelles, mais pied *très court et latéral ou nul*. Espèces de petite taille.

① Chapeau fixé par le côté; pied nul ou très court.
ſ Chapeau *brun ou cendré* (B), blanc par la sécheresse, en spatule, 3-4 c.; pied latéral, très court, 2-4 m., poilu à la base; feuillets épais, ramifiés, espacés, mous, gris. (Sur les Mousses; marais.) — **431. D. muscigenus B.** — *D. des Mousses*; a. AC.
ſ Chapeau *gris diaphane*, 1 c.; pied court, *blanc*; lames épaisses, peu saillantes, cendrées ou glauques. (Sur les Mousses des rochers.) — **432. D. glaucus Batsch.** — *D. glauque*; a. R.

① Chapeau *retourné*, *fixé par le sommet*; pas de pied. (*Voyez la suite de l'analyse*, p. 52.)

⊕ Chapeau retourné, fixé par le sommet.

★ Chapeau plus petit que 1 c., blanc.
— Espèce poussant sur les *Sapins en décomposition*; chapeau 1-2 m.; lames réduites à des plis espacés, larges, ramifiés, blanc crème. (Haut Jura, La Dôle.) — **433. D. juranus Q.** *D. du Jura;* e. RR.
— Espèce poussant sur les *Mousses*; chapeau 3-5 m.; lames larges, blanches........ **434. D. bryophilus Pers.** *D. des Bryum;* a-h. AR.

★ Chapeau ayant au moins 1 c., blanchâtre, gris ou roux.
: Chapeau *en coupe*, 1-2 c., *gris brunâtre* ou *gris roux* (B-B-R₂); lames formant un réseau, blanches ou grises. (Sur les Mousses.) — **435. D. retirugus B.** *D. réticulé;* a. AC.
: Chapeau en *forme de rein* ou conchoïde, 2-3 c., *ridé, lobé*, gris (G-B), fixé par une base poilue et blanche; lames grises ramifiées ou en réseau................ (Sur les Carex ou les Mousses des marais.) — **436. D. lobatus Pers.** *D. lobé;* p. R.

16. ARRHENIA Fr. ARRHENIE. — *Planche 16, p. 53.* — Chapeau membraneux, en coupe; feuillets *réduits à des plis* à peine visibles.

+ Champignon *présentant un pied* inséré de côté, très court, 3-5 m., blanc ou gris; chapeau 4-5 m., gris ou fauve, hymenium blanchâtre. (Parmi les Mousses. Alpes.) — **437*. A. auriscalpium Fr.** *A. cure-oreille;* e. R.

⌣ Champignon à hymenium *blanc ou gris.*
(Chapeau 5 m., conchoïde, blanc; hymenium un peu rugueux, *blanc*.............. (Sur les grandes Mousses terrestres.) — **438. A. muscigena Pers.** *A. des Mousses;* e-a. R.
(Chapeau 2-5 c., en forme de coupe, poilu, blanc; hymenium uni, puis rugueux, *blanc puis gris*. (Espèce très voisine de la précédente). (Sur les Mousses des troncs d'arbres.) — **439. A. muscicola Fr.** *A. muscicole;* a. R.

⌣ Champignon à *hymenium jaune d'ocre*; chapeau blanchâtre, lisse, en forme de coupe ou de casque, 2-5 c. (Sur les Mousses des rochers.) — **440. A. galeata Schum.** *A. en casque;* e-a. AR.

⌣ Champignon à *hymenium brun*; chapeau noirâtre, lobé, étalé, 5-6 m........................ (Sur le bois pourri). — **441. A. tenella DC.** *A. très grêle;* e. R.

17. LACTARIUS Pers. LACTAIRE. — *Planches 16, 17 et 18, p. 53, 54 et 59.* — Champignons charnus, laissant couler du *lait* quand on les casse; spores hérissées de pointes.

⊕ Chapeau *blanc.* (quelquefois taché de rouge sang)...................................... **1er Groupe, p. 52.**
⊕ Chapeau *jaune, orangé, saumon pâle, ocracé, rouge, lilas, rosé ou roux, brun roux.*
  ★ Lait *blanc* ou incolore. — Lait *âcre*................................ **2e Groupe, p. 55.**
  ★ Lait *blanc* ou incolore. — Lait *doux*................................ **3e Groupe, p. 56.**
  ★ Lait *se colorant à l'air*... **4e Groupe, p. 56.**
⊕ Chapeau *brun, olive, gris, gris verdâtre, vert, vert foncé*.......................... **5e Groupe, p. 57.**

1er Groupe.

Lait souvent âcre, toujours blanc.

∫ Chapeau *velouté* ou *très poilu.*
★ Feuillets *blancs* ou *jaunâtres.*
⊕ Chapeau *seulement velouté*, bombé puis en coupe, 10-20 c.; pied court, épais; chair poivrée. .... — **442. L. vellereus Fr.** *L. à toison;* e-a. C.
⊕ Chapeau *présentant de longs poils.*
  (Lait *très âcre*. → 453. L. torminosus.
  (Lait *doux* ou *un peu piquant*......................... (Espèce voisine du *L. controversus*.) — **443*. L. velutinus Bert.** *L. velouté;* a. R.

★ Feuillets *rosés*.............. (Voyez la suite de l'analyse, p. 55.)
□ ∫ Chapeau *lisse, ni velouté ni poilu*..........

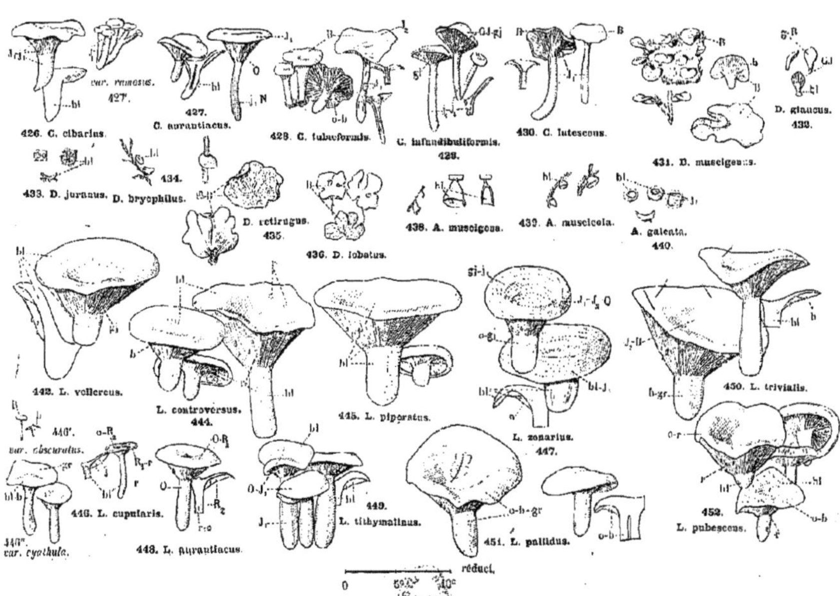

426. C. cibarius.
var. ramosus.
427.
427.
C. aurantiacus.
428. C. tubaeformis.
C. infundibuliformis.
429.
430. C. lutescens.
D. glaucus.
432.
431. D. muscigenus.
434.
433. D. juranus. D. bryophilus.
D. retirugus.
435.
D. lobatus.
436. D. lobatus.
438. A. muscigena.
439. A. muscicola.
A. galeata.
440.
442. L. vellereus.
L. controversus.
444.
445. L. piperatus.
L. zonarius.
447.
450. L. trivialis.
446'.
var. obscuratus.
446. L. cupularis.
446''.
var. cyathula.
448. L. aurantiacus.
449.
L. tithymalinus.
451. L. pallidus.
452.
L. pubescens.
réduct.
0   5ᵉᵐ   10ᵉ

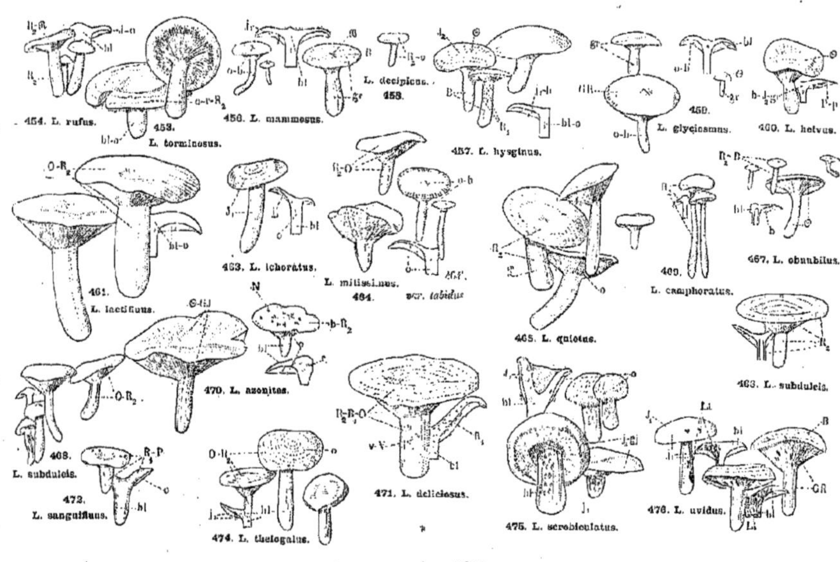

454. L. rufus.
453.
L. torminosus.
456. L. mammosus.
455.
L. decipiens.
457. L. hysginus.
459.
L. glyciosmus.
460. L. helvus.
461.
L. lactifluus.
463. L. ichoratus.
464. L. mitissimus.
var. tabidus
462.
L. camphoratus.
465. L. quietus.
467. L. obnubilus.
466.
470. L. azonites.
468. L. subdulcis.
469. L. subdulcis.
472.
L. sanguifluus.
471. L. deliciosus.
474. L. thelogalus.
475. L. scrobiculatus.
476. L. uvidus.
réduct.
0　　5c　　10c

·□ **Lait âcre, toujours blanc.**

f Chapeau velouté; feuillets rosés.
— Chapeau *10-30 c.*, bombé, puis creux au centre, un peu taché de jaune rougeâtre, souvent visqueux. (La var. *lateripes Desm.* a le pied latéral.) — **444. L. controversus Fr.** *L. taché;* a. C. ✠
— Chapeau *4-6 c.*; chair très âcre. → **452. L. pubescens.**

f Chapeau lisse.
⊙ Chapeau *10-20 c.*, rugueux, en entonnoir; pied blanc; chair blanche ou verdâtre, [très poivrée. ⊙. — **445. L. piperatus Scop.** *L. poivré;* c-a. C. ✠
⊙ Chapeau *1-3 c.* → **446. L. cupularis,** var. *cyathula Fr.*

□ **Lait** *rougissant à la fin*, tardivement âcre. → **470. L. azonites,** var. *argematus Fr.*

2e Groupe.

★ **Chapeau lisse, non poilu.** △ **Chapeau jaune, ocracé ou orangé.**

⊕ Chapeau *plus petit que 3 c.*, mamelonné, orangé pâle (o), rosé au bord (r); pied blanc teinté de rose (r). (Vosges, Normandie, environs de Paris.) — **446. L. cupularis B.** *L. en coupe;* c-a. AC.

○ Chapeau *plus grand que 3 c.* ○ Chapeau *non zoné.*

○ Chapeau *zoné*, jaune pâle avec des *zones orange* (O-J₁); pied blanc teinté d'orange clair (o-gj); lait blanc, poivré. (Prés.) — **447. L. zonarius B.** *L. zoné;* c-a. AC. ✠

: Chapeau *mamelonné*, un peu visqueux, rouge orange (R₂-O), 3-4 c.; pied même couleur; chair rosée (r-o). (Bois de Conifères des montagnes.) — **448. L. aurantiacus Fr.** *L. orangé;* c. AR.

: Chapeau *non mamelonné, mais convexe puis en coupe.*

f Chapeau présentant une *bordure blanche*, rouge orange au milieu ou jaune (O-J₁), 4-7 c.; pied orange (J₁-O). (Pays montagneux, bois de Conifères.) — **449. L. tithymalinus Scop.** *L. à suc de Tithymale;* a. AR. ✠

f Chapeau *non bordé de blanc.*

⌣ Chair *toujours âcre;* pied allongé, fusiforme; chapeau paille brun. (Bois de Conifères des montagnes.) — **450. L. trivialis Fr.** *L. trivial;* a. AR. ✠

⌣ Chair *d'abord douce;* chapeau cavé au lait, incarnat ou saumon pâle. (Bois de Hêtres, plaine.) — **451. L. pallidus Pers.** *L. pâle;* c-a. AR. ✠

★ **Chapeau poilu ou velouté.**

+ Feuillets *rosés;* chapeau convexe puis creux, ayant au bord des *poils courts*, incarnat (r-o), 4-6 c.; pied blanc rosé. (Sapinières, prés couverts de Mousses, tourbières.) — **452. L. pubescens Fr.** *L. pubescent;* c-a. R.

+ Feuillets *blancs ou jaunâtres.*
= Chapeau présentant, *surtout au bord*, de *très longs poils laineux*, incarnat roux pâle (r-R₂-o), 5-10 c., pied rose orange. ⊙ .... — **453. L. torminosus Sch.** *L. vénéneux;* c-a. C. ✠
= Chapeau seulement *velouté*. → **442. L. vellereus.**

△ **Chapeau rosé, gris rosé, lilas, rouge ou roux.** ○ **Chapeau poilu ou velouté.**

× Chapeau *roux* ou *briqueté.*
§ Chapeau *mamelonné*, brun roux (R-R₂), 5-10 c.; pied même couleur, blanc à la base. ⊙ .... — **454. L. rufus Scop.** *L. roux;* c-a. C. ✠
§ Chapeau *non mamelonné*, couleur brique, à bord enroulé et blanc; pied jaunâtre. (Vosges, Alpes. Prés, bruyères.) — **455*. L. fascinans Fr.** *L. fascinant;* c-a. R.

× Chapeau *rosé, gris rosé ou incarnat.*

△ Chapeau *mamelonné.*
— Chapeau couvert de *duvet*, gris rosé (gr-R), à bord enroulé, blanchâtre, 3-6 c.; pied gris rosé .... — **456. L. mammosus Fr.** *L. mamelonné;* c-a. R.
— Chapeau couvert de *petits aiguillons.* → **480. L. lilacinus,** var. *spinulosus* Q.

△ Chapeau *non mamelonné.*
① Feuillets non *rosés.*
Chapeau ayant au bord de *longs poils.* → **453. L. torminosus.**
Chapeau à *poils courts*, rosé, zoné de brun. → **483. L. flexuosus,** var. *roseozonatus, Fr.*
① Feuillets *rosés.* → **452. L. pubescens.**

○ Chapeau *lisse, sans poils.* □ Chapeau *visqueux.*
⊕ Chapeau *d'environ 10 c.*, zoné de brunâtre; pied crème ou rosé, taché de rouge. — **457. L. hysginus Fr.** *L. rougeâtre;* a. R. ✠
⊕ Chapeau *de 1 à 3 c.*, non zoné → **446. L. cupularis.**
⊙ Chapeau *de 3 à 10 c.*, non zoné → **486. L. vietus. 451. L. pallidus.**
□ Chapeau *non visqueux.* (Voir p. 56.)

☐ Chapeau *non visqueux*, couleur brique, plus clair au bord, convexe puis en coupe, 3-5 c.; pied roussâtre; feuillets rosés.. (Ressemble à *L. subdulcis*.) — **458. L. decipiens Q.** / *L. trompeur;* a. R.

3ᵉ Groupe.

+ Chapeau poilu ou velouté.

— Chapeau *mamelonné*, gris rosé ou brunâtre (gr-b), 2-5 c.; pied poilu, jaunâtre; chair jaune-rosé; odeur de cannelle................... — **459. L. glyciosmus Fr.** / *L. parfumé;* c-a. AC. ✠

— Chapeau *non mamelonné*, convexe puis en coupe, rouge foncé ou brunâtre (☉), 5-10 c.; pied incarnat ocracé (J₂-gr-b). (Bois de Conifères humides et tourbières. Jura, Vosges.) — **460. L. helvus Fr.** / *L. brun;* c-u. R.

+ Chapeau non poilu, ni velouté.

○ *Grande espèce*; chapeau de 10 à 12 c., en coupe, rouge orangé ou jaune orangé (O-R₂).; lames brunissant au toucher; *lait très abondant.* ⊙ .... [Vache.] — **461. L. lactifluus Sch.** / *L. à lait abondant;* c. C. ✠

○ *Espèce petite, de 6 c. au plus.*

★ Feuillets *se tachant de gris cendré*; lait blanc puis gris cendré; chapeau très visqueux, jaunâtre ou roux, 4-8 c., pied de même couleur et court............ — **462*. L. musteus Fr.** / *L. juteux;* a. R. ▨

★ *Feuillets ne se tachant pas de gris.*

⊙ Chapeau *jaune orangé,* quelquefois seulement teinté d'orange.

× Chapeau *en coupe*, 5-6 c. jaune orangé (O-J₁), pied jaune incarnat ou roux.................... — **463. L. ichoratus Batsch.** / *L. purulent;* c-a. AR.

× Chapeau *mamelonné*, 2-4 c., roux orangé (R₂-O); pied de même couleur..................... — **464. L. mitissimus Fr.** / *L. très doux;* c-a. C. ✠

⊙ *Chapeau brun ou roux incarnat.*

⊕ Chapeau *un peu visqueux*, brun roux, 5-8 c.; pied *allongé*, roux; lames roux pâle incarnat; odeur fétide................ — **465. L. quietus Fr.** / *L. modeste;* c-a. C. ✠

⊕ *Chapeau non visqueux; pied assez court.*

☐ Lait *incolore, très fluide*; chapeau brun rouge foncé (R₂), 4-6 c.; pied brun ou fauve. (La var. *cimicarius Batsch.*, a le chapeau rugueux.) — **466*. L. serifluus Fr.** / *L. à lait aqueux;* c-u. C.

☐ *Lait blanchâtre, assez épais.*

§ Chapeau *brun rouge* (☉-R₂), quelquefois mamelonné, 1-3 c.; pied même couleur; chair roussâtre............. — **467. L. obnubilus Lasch.** / *L. ténébreux;* c-a. AR.

§ Chapeau *roux* ou *briqueté.*

(*Pas d'odeur de Mélilot*; chapeau *poli* mamelonné puis creux, 3-6 c.; pied rougeâtre. ⊙ .... — **468. L. subdulcis B.** / *L. doux;* e-a. CC. ✠

(*Odeur de Mélilot*; chapeau *rugueux, chagriné* convexe puis concave, 4-6 c.; pied rougeâtre. ⊙ .... — **469. L. camphoratus B.** / *L. camphré;* c-u. AC. ✠

§ Chapeau *roux clair*, ridé. → **464. L. mitissimus**, var. *tabidus Fr.* (Espèce voisine du *L. subdulcis*.)

4ᵉ Groupe.

⊙ Lait se colorant en rouge ou en orangé, de suite ou au bout de quelques instants.

+ Lait *d'abord blanc, puis rouge rosé, âcre*; chapeau non zoné, gris jaunâtre (GJ-B), difforme, 4-10 c.; chair blanche, puis rosée à l'air................. — **470. L. azonites B.** / *L. non zoné;* c-a. AC. ▨

+ Lait coloré dès l'origine.

Lait *orangé*; chapeau zoné, rouge vif ou orange (R-O-R₂) puis taché de vert, 5-15 c.; pied orangé puis taché de vert; feuillets se tachant de vert au toucher. (L'âcreté de la chair disparaît à la cuisson.) ⊙ .... — **471. L. deliciosus L.** / *L. délicieux;* c-u. C. ✠

Lait *rouge sanguin* ou *violacé.*

— Chapeau *rouge purpurin* (P-R₄), *puis vert*, 5-8 c.; feuillets et chair se tachant de vert. (La var. *vinosus Barla* a le chapeau *rouge lie de vin*, les lames violacées.) (Conifères. Midi.) — **472. L. sanguifluus Paul.** / *L. à lait rouge;* c-u. R. ✠

— Chapeau *jaune orangé*; pied et feuillets jaunes................ (Alpes-Maritimes.) — **473*. L. flammeolus Pol.** / *L. flamboyant;* a. R.

Lait se colorant en jaune de suite ou tardivement.

⊕ Chapeau lisse, sans poils. / Lait âcre. — Lait doux, chapeau *roux brunâtre*. → **467. L. obnubilus** var. *cimicarius Batsch.*

— Chapeau *fauve orangé* (o-O-R₂), blanchâtre au bord, *zoné*, 5-8 c.; pied blanc, taché de rougeâtre ⊙ (Bois de Conifères.)   **474. L. theiogalus B.** — *L. à lait jaune soufre; e-a. C.*

— Chapeau *gris rougeâtre, non zoné.* → **450. L. trivialis.**

⊕ Chapeau *velouté* ou *poilu.* — § Chapeau *ayant au bord de longs poils laineux*, orangé ou jaune pâle (o-j₁), 10-15 c.; pied taché de jaune, présentant des *fossettes irrégulières ; chair poivrée.* ⊙   **475. L. scrobiculatus Scop.** — *L. à fossettes; e-a. AR.*

§ Chapeau *velouté* ou *à poils courts.* → **459. L. glyciosmus.** (Montagnes.)

⊙ Lait se colorant en *violet* ainsi que la chair et les lames; chapeau rouge brunâtre ou jaune paille, creux au centre, 5-8 c.; pied visqueux................   **476. L. uvidus Fr.** — *L. humide; e-a. AC.*

5ᵉ Groupe.

★ Lait se colorant en rouge.

○ en *vert cendré*; feuillets se tachant de gris. — § Chapeau *gris verdâtre* (GJ-GV), *visqueux*, en entonnoir, 4-8 c.; lait âcre à la fin, d'abord blanc. (La var. *viridis Schrad.* a le chapeau *vert clair*.)   **477. L. blennius Fr.** — *L. visqueux; e-a. C.*

§ Chapeau *gris incarnat.* → **486. L. vietus.**

○ en *violet.* → **476. L. uvidus.**

○ en *rouge.*

⟁ Pied *long et grêle, cannelé* au sommet, brun; chapeau brun (B) avec un *mamelon noirâtre.* (Sous les Sapins. Montagnes.)   **478. L. lignyotus Fr.** — *L. couleur de suie; e. R.*

⟁ Pied court. — Chapeau *un peu visqueux*, gris jaunâtre ou bistré (B-GJ), 5-10 c.; chair âcre; lames jaune rosé. (La var. *luridus Pers.* a le chapeau *roux cendré*.) (Jura.)   **479. L. acris Bolt.** — *L. âcre; e-a. AR.*

— Chapeau *sec, un peu poilu.* → **470. L. azonites.**

+ Lait ×doux. × Chapeau de 2 à 5 c. : = Chapeau *velouté.* → **459. L. glyciosmus.** = Chapeau *non velouté.* → **467. L. obnubilus.**

× Chapeau de 10 à 15 c. → **461. L. lactifluus.**

☐ Chapeau mamelonné. : Chapeau *lilas* (GR-P), 5 c.; pied jaunâtre ou rosé, *farineux et blanc au sommet*;   **480. L. lilacinus Lasch.** — *L. lilas; a. AC.*

: Chapeau *brun roux foncé.* → **454. L. rufus.** lames jaunâtres, un peu rosées.

: Chapeau *noirâtre.* → **456. L. mammosus.**

+ Lait âcre.

⊕ Grande espèce, chapeau 10-30 c., brun olive ou noir verdâtre (V-GJ), creux au centre; pied verdâtre. ⊙   **481. L. plumbeus B.** — *L. gris de plomb; a. C.*

☐ Chapeau non mamelonné. ⊕ Espèce plus petite; chapeau inférieur à 10 c.

∫ Chair *rouge rosé* à l'air. → **470. L. azonites** var. *picinus Fr.*

∫ Chair jaunâtre, blanche ou grise. + Chair et lames *se tachant de gris au toucher*; chapeau gris ou brun olive (G-B), 5-8 c.; pied gris clair. (Bois de Conifères. Haut Jura.)   **482. L. umbrinus Paul.** — *L. terre d'ombre; a. AR.*

+ Chair et lames *ne se tachant pas de gris.* ★ Chapeau *gris de plomb*, teinté de lilas pâle, 6-9 c.; pied finement poilu, blanc ou jaunâtre.....   **483. L. flexuosus Fr.** — *L. flexueux; e-a. R.*

★ Chapeau *brun briqueté.* → **455. L. fascinans.**

⊙ Chapeau sans poils. = Chapeau zoné. ○ Chapeau *visqueux, brun roux* (B-B-b), convexe puis creux, 5-10 c.; lait blanc; feuillets orangé clair. (Vosges, Normandie.)   **484. L. circellatus Fr.** — *L. orné de cercles; e. R.*

○ Chapeau *non visqueux, gris ocracé, violacé* ou *brun rosé* (b-B-gr), convexe puis en coupe, 6-10 c.; lait blanc; feuillets jaunâtres ou rosés. ⊙ ......   **485. L. pyrogalus B.** — *L. caustique; e-a. C.*

= Chapeau non zoné. ∫ Chapeau *gris incarnat* (B-GR), convexe puis creux au centre, 3-5 c.; lait blanc puis gris; feuillets blancs, puis tachés de roux. (Bois humides de Conifères, tourbières.)   **486. L. vietus Fr.** — *L. à lait gris; a. AC.*

∫ Chapeau *vert clair*, convexe puis creux au centre, 10-12 c.; pied *blanc verdâtre* ou bistré; lames *blanches*; chair blanche, poivrée..................   **487. L. viridis Paul.** — *L. vert; e. AR.*

18. RUSSULA Fr. RUSSULE. — *Planches* 18, 19 *et* 20, *p.* 50, 62 *et* 64. — Champignons charnus, à couleurs le plus souvent vives ; feuillets souvent tous égaux ou bifurqués ; *pas de lait ;* spores hérissées de pointes.

- □ Chapeau *blanc*.. **1er Groupe**, p. 58.
- □ Chapeau *rose, rouge, orange, pourpre, purpurin ou violacé.* { ⋆ Chair ayant une *saveur douce*.......... **2e Groupe**, p. 58. / ⋆ Chair ayant une *saveur âcre ou poivrée.* **3e Groupe**, p. 60.
- □ Chapeau *jaune ou ocracé* peu foncé............................. **4e Groupe**, p. 61.
- □ Chapeau *vert* plus ou moins foncé.......... **5e Groupe**, p. 63.
- □ Chapeau *brun, gris foncé* ou *noirâtre, violet noir, pourpre noir*............ **6e Groupe**, p. 65.

1er Groupe.

Espèce *dure*, à *pied épais, ferme.*

— Chair *se tachant à l'air de gris* ou *de noir*, quelquefois de bleu ; pied blanc puis gris noir ; chapeau, 10 c. ; lames espacées, blanchâtres, rosées puis noires au toucher............... **488. R. adusta Pers.** *R. brûlée ; c-a. AC.*

— Chair *restant blanche :* pied *blanc*, un peu bleuâtre au sommet ; chapeau convexe puis déprimé, souvent sali par la terre, 10-15 c. ; lames blanches, à reflets verdâtres............ **489. R. delica Fr.** *R. sans lait ; c-a. C.*

Espèce *molle, tendre.*

△ Chair *douce*, blanche ; pied blanc ; lames épaisses, *fourchues*, blanc jaunâtre ; chapeau presque plan, 6-9 c. (Vosges, Alpes-Maritimes.) **490. R. lactea Pers.** *R. blanc de lait ; c-a. AR.*

△ Chair *poivrée.* → **513. R. emetica** var. *fragilis* Pers.

2e Groupe.

(⊙ Feuillets jaunes ou couleur ocre bien caractérisée, au moins chez l'adulte.)
(① Chapeau plus grand que 5 c. / ⊕ Chap. plus petit que 5 c.)

Chair *toujours douce.*

Pied blanc.

+ Pied *taché de rose* (r-p) ; chapeau rose orangé (r-j₁), 3-5 c. ; lames parfois bordées de rose ; chair blanche. (Normandie, Ouest. Alpes-Maritimes.) **491. R. roseipes Sec.** *R. à pied rose ; c. AR.*

+ Pied *teinté ou taché de jaune* (J₁) ; chapeau purpurin ou violet (P-Li), puis brunâtre d'abord au milieu, translucide, *strié*, 2-3 c. (Bois marécageux. Montagnes.) **492. R. puellaris Fr.** *R. jeune ; c. R.*

⊙ Chapeau *pourpre briqueté* (P-R₂), cannelé au bord, 3-5 c. ; chair blanc jaunâtre. (Forêts arides de Conifères. Jura, Bourgogne.) **493. R. lateritia Q.** *R. briquetée ; c. R.*

⊙ Chapeau *rouge purpurin* ou *jaune* (P-Li-J₁) visqueux, 3-4 c. ; chair blanche. (Ce champignon change rapidement de couleur et devient jaune ; il ressemble alors à la *R. lutea*). (Bois de Hêtres et de Pins.) **494. R. chamæleontina Fr.** *R. caméléon ; c. AR.*

□ Chair *devenant à la fin âcre ou poivrée.*

— Chapeau *pourpre foncé* ou *brun.* → **508. R. nitida.** { Espèces très voisines.

— Chapeau *gris purpurin, rosé* ou *orangé, quelquefois verdâtre.* → **509. R. nauseosa.** { (Voir 3e Groupe.)

(Chapeau orange.)

: Chair *devenant à l'air grise et noire* ; chapeau orange (R₁-J₁-O), passant rapidement au jaune, visqueux, 6-9 c. ; feuillets d'abord blancs ; pied *blanc puis gris*............ **495. R. decolorans Fr.** *R. changeant de couleur ; c-a. AR.* (Forêts de Conifères, tourbières. Montagnes.)

: Chair *restant blanche.*

ſ Chair *toujours douce*, odeur de Mélilot ; chapeau *peu visqueux*, 6-9 c. ; feuillets orange, à reflet incarnat ; pied blanc crème, puis rayé de bistre.......... **496. R. Barlæ Q.** *R. de Barla ; c. R.* (Forêts montagneuses. Alpes-Maritimes.)

ſ Chair *douce, puis un peu âcre* ; jaunâtre sous la cuticule ; chapeau *visqueux*, 6-8 c. ; feuillets jaune vif ; pied blanc, jaune vers la base............... **497. R. aurata With.** *R. dorée ; c-a. AC.*

○ Chapeau *violacé, rouge, purpurin* ou *pourpre foncé.* (*Voyez la suite de l'analyse*, p. 60.)

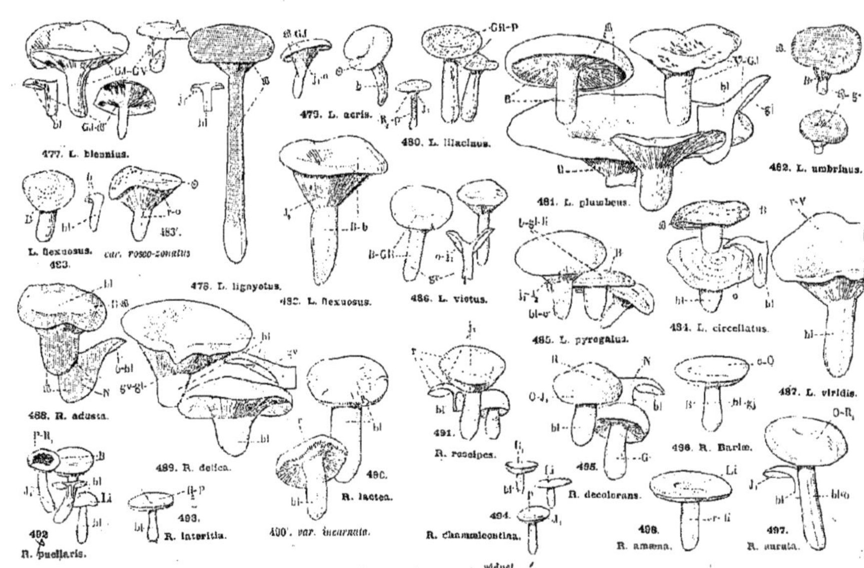
477. L. blennius.
479. L. acris.
480. L. lilacinus.
482. L. umbrinus.
481. L. plumbeus.
L. flexuosus.
483'.
var. roseo-zonatus
483.
478. L. lignyotus.
480. L. flexuosus.
486. L. vietus.
485. L. pyrogalus.
484. L. circellatus.
487. L. viridis.
488. R. adusta.
489. R. delica.
490.
R. lactea.
491.
R. roseipes.
496. R. Barlæ.
492
R. puellaris.
493.
R. lateritia.
490'. var. incarnata.
494.
R. chamæleontina.
495.
R. decolorans.
498.
R. amœna.
497.
R. aurata.
réduct.
0 5c 10c

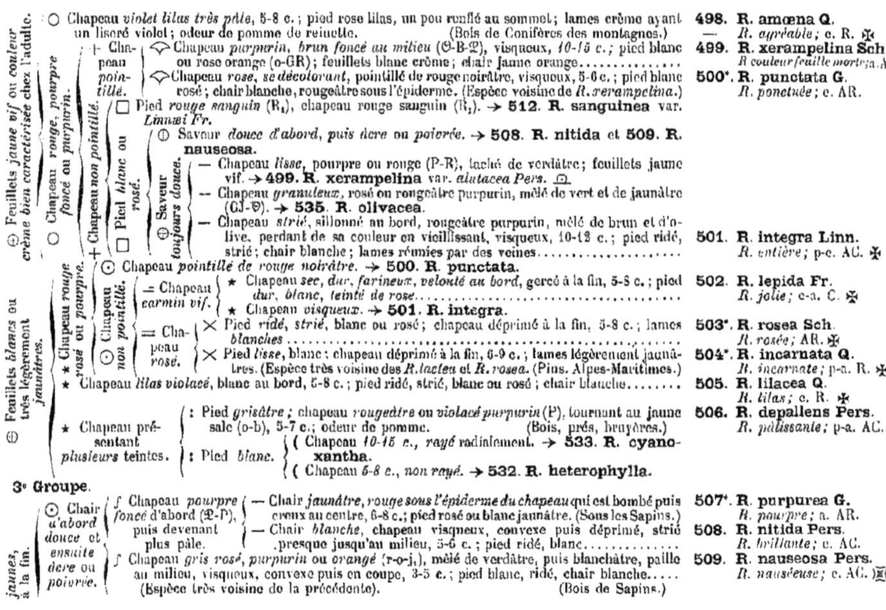

⊕ Feuillets jaune vif ou couleur crème bien caractérisée chez l'adulte.

○ *Chapeau rouge, pourpre foncé ou purpurin.*

+ *Chapeau pointillé.*

○ Chapeau *violet lilas très pâle*, 5-8 c.; pied rose lilas, un peu renflé au sommet; lames crème ayant un liseré violet; odeur de pomme de reinette. (Bois de Conifères des montagnes.) — **498. R. amœna Q.** / — *R. agréable*; c. R. ✠

⌄ Chapeau *purpurin, brun foncé au milieu* (O-B-P), visqueux, 10-15 c.; pied blanc ou rose orange (o-GR); feuillets blanc crème; chair jaune orange… — **499. R. xerampelina Sch.** ✠ / *R. couleur feuille morte*; a. AR.

⌄ Chapeau *rose, se décolorant*, pointillé de rouge noirâtre, visqueux, 5-6 c.; pied blanc rosé; chair blanche, rougeâtre sous l'épiderme. (Espèce voisine de *R. xerampelina*.) — **500*. R. punctata G.** / *R. ponctuée*; c. AR.

+ *Chapeau non pointillé.*

⊡ Pied *rouge sanguin* (R₁), chapeau rouge sanguin (R₁). → **512. R. sanguinea** var. *Linnæi Fr.*

⊡ *Pied blanc ou rosé.*

① Saveur *douce d'abord, puis âcre ou poivrée*. → **508. R. nitida** et **509. R. nauseosa.**

⊕ *Saveur toujours douce.*

— Chapeau *lisse*, pourpre ou rouge (P-R), taché de verdâtre; feuillets jaune vif. → **499. R. xerampelina** var. *alutacea Pers.* ⊙

-- Chapeau *granuleux*, rosé ou rougeâtre purpurin, mêlé de vert et de jaunâtre (GJ-O). → **535. R. olivacea.**

— Chapeau *strié*, sillonné au bord, rougeâtre purpurin, mêlé de brun et d'olive, perdant de sa couleur en vieillissant, visqueux, 10-12 c.; pied ridé, strié; chair blanche; lames réunies par des veines… — **501. R. integra Linn.** / *R. entière*; p-c. AC. ✠

⊖ Feuillets blancs ou très légèrement jaunâtres.

* *Chapeau rouge rosé ou pourpre.*

⊙ *Chapeau pointillé.*

⊙ Chapeau *pointillé de rouge noirâtre*. → **500. R. punctata.**

= Chapeau *carmin vif.*

★ Chapeau *sec, dur, farineux, velouté au bord*, gercé à la fin, 5-8 c.; pied dur, blanc, teinté de rose… — **502. R. lepida Fr.** / *R. jolie*; c-a. C. ✠

★ Chapeau *visqueux*. → **501. R. integra.**

⊙ *Chapeau non pointillé.*

= Chapeau *rosé.*

✕ Pied *ridé, strié*, blanc ou rosé; chapeau déprimé à la fin, 5-8 c.; lames blanches … — **503*. R. rosea Sch.** / *R. rosée*; AR. ✠

✕ Pied *lisse*, blanc; chapeau déprimé à la fin, 6-9 c.; lames légèrement jaunâtres. (Espèce très voisine des *R. lactea* et *R. rosea*. (Pins. Alpes-Maritimes.) — **504*. R. incarnata Q.** / *R. incarnate*; p-a. R. ✠

★ Chapeau *lilas violacé*, blanc au bord, 5-8 c.; pied ridé, strié, blanc ou rosé; chair blanche… — **505. R. lilacea Q.** / *R. lilas*; c. R. ✠

★ Chapeau *présentant plusieurs teintes.*

: Pied *grisâtre*; chapeau *rougeâtre ou violacé purpurin* (P), tournant au jaune sale (o-b), 5-7 c.; odeur de pomme. (Bois, prés, bruyères.) — **506. R. depallens Pers.** / *R. palissante*; p-a. AC. ✠

: Pied *blanc.*

(Chapeau 10-15 c., *rayé* radialement. → **533. R. cyanoxantha.**

(Chapeau 5-8 c., *non rayé*. → **532. R. heterophylla.**

3e Groupe.

⊖ Feuillets jaunes, à la fin.

⊙ Chair *d'abord douce et ensuite âcre ou poivrée.*

∫ Chapeau *pourpre foncé d'abord* (P-P), puis devenant plus pâle.

— Chair *jaunâtre*, rouge sous l'épiderme du chapeau qui est bombé puis creux au centre, 6-8 c.; pied rosé ou blanc jaunâtre. (Sous les Sapins.) — **507*. R. purpurea G.** / *R. pourpre*; a. AR.

— Chair *blanche*, chapeau visqueux, convexe puis déprimé, strié presque jusqu'au milieu, 5-6 c.; pied ridé, blanc… — **508. R. nitida Pers.** / *R. brillante*; c. AC.

∫ Chapeau *gris rosé, purpurin ou orangé* (r-o-j), mêlé de verdâtre, puis blanchâtre, paille au milieu, visqueux, convexe puis en coupe, 3-5 c.; pied blanc, ridé, chair blanche… (Espèce très voisine de la précédente). (Bois de Sapins.) — **509. R. nauseosa Pers.** / *R. nauséeuse*; c. AC. ✠

△ Feuillets au moins ⊙ Chair de suite, âcre ou poivrée.

: Chapeau à *fond purpurin* ou *rose orange*, jaune ou blanc d'ivoire (p-r-o), *tacheté de pourpre foncé* ($\mathcal{P}$) ou de noir, dur, visqueux, 6-9 c. ; pied strié ou rosé. (odeur de rose ou de pomme). — 510. R. maculata Q. / R. *tachetée* ; c. R.

— Chapeau *orange* (O). → 497. R. aurata.

: Chapeau non tacheté.

— Chapeau *rosé* ou *incarnat*, jaunâtre au milieu, visqueux, 6-8 c. ; pied blanc, chair blanche. .... 511. R. veternosa Fr. / R. *languissante* ; c. AR.

— Chapeau rouge carmin ou purpurin.
(Feuillets et chair *devenant jaunes par le froissement.* → 513. R. emetica var. *sardonia* Fr.
(Feuillets et chair *ne jaunissant pas au froissement.* → 516. R. Queletii var *expallens* G. (épid. se détach.)

△ Feuillets restant blancs ; saveur très poivrée.

□ Chapeau rouge, ou rose.

★ Lames *décurrentes* ; chapeau rouge sanguin (R₁), plus pâle au bord, en coupe, 6-9 c. ; pied strié, ridé, rose rouge ; chair blanche, rosée sous la cuticule. (Rougeotte.] (Bois de Pins.) — 512. R. sanguinea B. / R. *sanguine* ; c-a. AC.

★ Lames non décurrentes.
Épiderme du chapeau *se détachant facilement* ; chapeau rouge (R₁), se décolorant avec l'âge, 4-10 c. ; pied blanc, souvent moucheté de rose ou de rouge ; chair blanche, rougeâtre sous l'épiderme. ⊙. .... 513. R. emetica Sch. (1) / R. *émétique* ; c. C.

Épiderme du chapeau *difficile à détacher* ; chapeau rouge ou pourpre (R-R₁), dur, 6-8 c. ; pied blanc avec du rose et du rouge ; chair blanche, rouge sous l'épiderme. ⊙. .... 514. R. rubra Fr. / R. *rouge* ; c. C.

□ Chapeau violet ou *pourpre* foncé.

+ Chapeau *violet lilas*, blanchâtre au bord, strié, souvent taché de jaunâtre ou de vert ; pied *blanc*, chair et lames blanches. .... 515. R. violacea Q. / R. *violette* ; c-a. R.

+ Chapeau *purpurin foncé* ($\mathcal{P}$) ou *violet foncé* ($\mathcal{L}$i), à bord plus clair, 3-8 c. ; pied *rose violet foncé* ; lames blanchâtres, souvent tachées de bleu. (Forêts de Conifères.) — 516. R. Queletii Fr. / R. *de Quelet* ; p-c. AR.

4ᵉ Groupe. Certaines Russules changent de couleur avec l'âge. Si elles ont du jaune *mêlé à d'autres couleurs*, il faut pour trouver le nom de l'espèce se reporter aux groupes indiqués par ces autres couleurs.

§ Lames jaunes, au moins à la fin.

× Chair douce.

= Chapeau *de 3 à 4 c.* de diamètre, jaune vif (J₁), convexe puis déprimé ; pied blanc ; lames d'un jaunâtre brillant ; chair blanche. .... 517. R. lutea Huds. (2) / R. *jaune* ; c-a. AC.

= Chapeau plus grand que 4 c., citron ou d'ocracé.
— Chair *blanche, restant blanche, molle* ; chapeau jaune paille puis verdâtre ; 5-7 c. ; pied *renflé, blanc* ; feuillets d'abord blancs. .... 518*. R. mollis Q. / R. *molle* ; c. R.
— Chair *blanche, se tachant de gris et de noir.* → 495. R. decolorans.
— Chair *légèrement teintée de jaune* :
ʃ Chapeau *jaune citron*, devenant plus pâle en vieillissant, parfois teinté de purpurin, globuleux puis plan, aréolé, 6-8 c. .... 519*. R. albidolutescens G. / R. *blanc jaunâtre* ; c-a. R.
ʃ Chapeau *jaune ocracé*, 5-7 c. ; pied blanc ou ocracé ; saveur douce puis âcre. .... 520. R. ochracea A. et S. / R. *ocracée* ; c-a. C.

× Chair âcre.

⊕ Feuillets *simples* ; chair *douce puis âcre.*
(Feuillets *blanc crème.* → 520. R. ochracea.
(Feuillets d'un *jaune assez vif.* → 509. R. nauseosa.

⊕ Feuillets *bifurqués* ; chair *très âcre.*
★ Chapeau *gris jaunâtre* ou *orangé* clair (gj-j₁-o), visqueux, à bord strié, 3-6 c. ; pied et feuillets blancs, puis tachés et entièrement jaune ocracé. .... 521. R. fellea Fr. (3) / R. *trompeuse* ; c. AR.
★ Chapeau *taché de pourpre ou de brun.* → 510. R. maculata.

(1) Var : 1º *Clusii* Fr., chair blanche puis jaune ; lames incarnates à reflets jaunâtres ; 2º *rosacea* Pers., chapeau blanchâtre, parsemé de taches roses ou rouges ; lames bifurquées ; 3º *sardonia* Fr., lames et chair jaunissant par le froissement : 4ª *fragilis*, chapeau petit, 3 c., rouge rosé, devenant quelquefois blanc ou *violet*, strié. — (2) Var. *vitellina*, forme grêle, 2-3 c., chapeau présentant des sillons et des sortes de tubercules ; lames espacées. Le *R. chamæleontina* est d'abord rouge orange, mais devient jaune et ressemble alors beaucoup à la *R. lutea*. — (3) Var. *flavovirens* Bomm. et R., chapeau jaune verdâtre, lames verdissant au toucher.

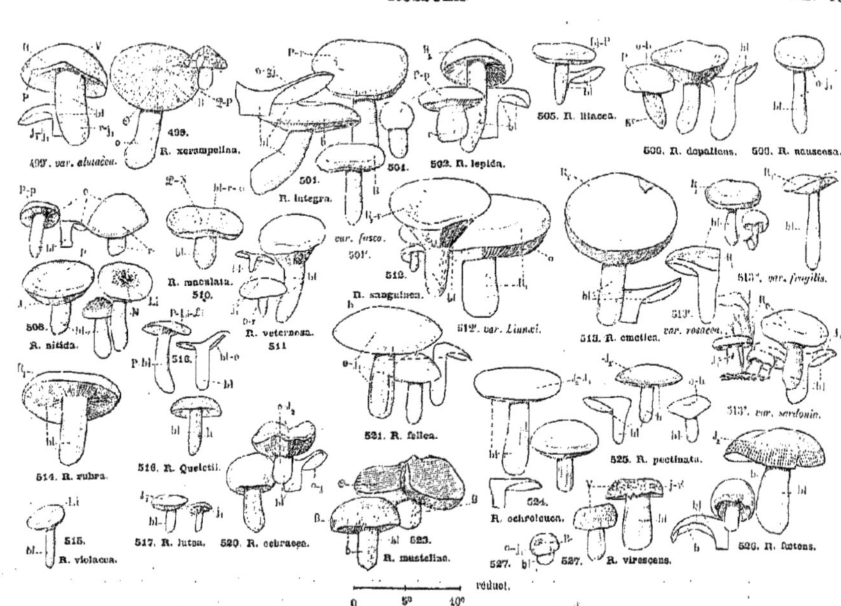
497. var. alutacea.
R. xerampelina.
499.
501.
R. integra.
502. R. lepida.
505. R. liliacea.
506. R. depallens.
508. R. nauseosa.
R. maculata.
510.
R. nitida.
508.
R. veternosa.
511
var. fusca.
501'.
512.
R. sanguinea.
512'. var. Linnæi.
513. R. emetica.
var. rosacea.
513'. var. fragilis.
513'.
513'. var. sardonia.
514. R. rubra.
515.
R. violacea.
516. R. Quéletii.
517. R. lutea.
520. R. ochracea.
521. R. fellea.
523.
R. mustelina.
524.
R. ochroleuca.
525. R. pectinata.
527.
527. R. virescens.
529. R. fœtens.
réduct.
0   50   100

§ Lames blanches.

⊙ Chair douce.
— Chapeau *fragile*, à épiderme s'enlevant *facilement*, jaune (J), 5-10 c.; pied blanc...... **522*. R. citrina G.**
R. couleur citron; c-a. R.
— Chapeau *ferme*, à épiderme non *séparable*, jaune fauve, brun clair au milieu; pied *ridé*, blanc. (Forêts montagneuses.) **523. R. mustelina Fr.**
R. couleur de belette; c. R.

Chair âcre.
× Chapeau *lisse au bord*, jaune (J_1-J_2), pâlissant, 5-8 c.; pied blanc grisâtre; lames blanches teintées de jaune.............................. **524. R. ochroleuca Pers.**
R. blanc ocracé; c. AC.
× Chapeau *strié*, ♂ Chapeau *convexe puis en coupe*, jaune brunâtre (J_2-o-b), visqueux, 6-8 c.; pied blanc, un peu strié; chair jaunâtre.......... **525. R. pectinata B.**
R. striée; c. AC.
⊙ *cannelé au bord*. ♂ Chapeau *globuleux puis convexe ou plan*, jaune paille ou gris jaunâtre [J_1-J_2-gj], 10-15 c.; pied jaunâtre, chair jaunâtre; *odeur nauséabonde*. ⊙ .... **526. R. fœtens Pers.**
R. fétide; c. C.

5ᵉ Groupe.

△ Lames blanches.

○ Chapeau *moucheté de flocons blancs, gris verdâtre*. → **532. R. heterophylla** var. *galochroa* Fr. —
○ Chapeau *craquelé, blanc jaunâtre* (o-j,-B), puis devenant vert (V) par endroits, et à la fin presque entièrement vert pâle, globuleux, puis plan ou même concave, 8-12 c.; pied blanc. ⊙ [Palomet] **527. R. virescens Sch.**
R. verdoyante; c. C. —

○ Chapeau non craquelé ni moucheté de flocons blancs.

: Espèces petites; chapeau inférieur à 4 c.
+ Chapeau *vert bleuâtre foncé* (GV) teinté de purpurin, à bord plus pâle, 2-3 c.; pied finement poilu, blanc; chair blanche, *poivrée*. (Sur les vieilles souches.) **528. R. serotina Q.**
R. tardive; c-h. R.
+ Chapeau *vert clair*, légèrement zoné, 2-3 c.; pied blanc; chair blanche, *douce*. **529. R. smaragdina Q.**
R. émeraude; a. R.

: Espèces grandes; chapeau ayant au moins 5 c.
⊙ Chair *âcre*, blanche, vineuse sous l'épiderme; chapeau *vert ou jaune verdâtre* (V), 10-15 c.; pied blanc; *lames blanches, fourchues*. ⊙ .... **530. R. furcata Pers.**
R. à lames fourchues; c.C.

⊕ Chair douce.
⬦ Chapeau *vert vif et clair* (v), convexe puis concave, strié au bord, 5-8 c.; pied ridé, blanc. (Bois de Conifères.) **531. R. graminicolor Sec.**
R. couleur de gazon; c.AR.
⬦ Chapeau *vert*, quelquefois teinté de rose lilas ou de purpurin, brunissant, convexe puis en coupe, non strié, 5-12 c.; pied blanc, ridé; chair blanche; lames minces, serrées, *souvent fourchues*. [Bisolte]. **532. R. heterophylla Fr.**
R. à feuillets inégaux; e. AC.
⬦ Chapeau *pourpre violet noir* (P-V-£i-P-N), mélangé de rougeâtre, de vert pâle, quelquefois de jaunâtre (J.) au centre, convexe puis creux, 10-15 c., *rayé radialement*; pied blanc, ridé; chair blanche; *lames fourchues*...... **533. R. cyanoxantha Sch.**
R. bleu jaunâtre; c-a.CC.

△ Lames jaunes.

§ Chapeau de 4 à 7 c.
♪ Chapeau *vert jaunâtre*, chair molle. → **518. R. mollis.**
♪ Chapeau *vert* (V-v), purpurin violacé (P) au centre, convexe puis déprimé, 5-7 c.; pied blanc; chair violacée sous la cuticule. (Sous les Sapins, dans les bois secs.) **534. R. palumbina Q.**
R. gorge de pigeon; c.AR.

§ Chapeau de 8 à 15 c.
— Chapeau *jaune verdâtre* (V-C), *jaune au milieu*. → **499. R. xerampelina** var. *olivascens* Fr.
— Chapeau *vert, rose ou rougeâtre çà et là*, brillant, gercé ou granuleux, 10-12 c.; pied blanc, crème ou rosé; lames fourchues, jaunes de cire puis *sulfurines*. (Sous les Sapins.) **535. R. olivacea Sch.**
R. olivacée; c-a. AR.
— Chapeau *vert brunâtre mêlé de rouge purpurin* (R-P-p), strié au bord. → **501. R. integra.**

527. R. virescens.
528. R. serotina.
529. R. smaragdina.
530. R. furcata.
531. R. graminicolor.
532. R. heterophylla.
533. R. cyanoxantha.
534. R. palumbina.
535. R. olivacea.
536. R. ravida.
537. R. badia.
538. R. nigricans.
539. R. livescens.
540. M. limosus.
540. M. limosus.
541. M. rotula.
542. M. graminum.
543. M. flosculus.
544. M. splachnoides.
545. M. littoralis.
546. M. androsaceus.
547. M. Buxi.
548. M. pilosus.
552. M. epiphyllus.
556. M. candidus.
559. M. torquescens.

R. |————————————| réduct.
0   5ᶜ   10ᶜ

M. |————————————| réduct.
0   5ᶜ   10ᶜ

6° Groupe.

⊙ Feuillets jaunes.

+Chapeau plus grand que 5 c.

+ Chapeau de 3 à 4 c., gris noirâtre ou brun foncé (G-B-N), visqueux; pied blanc jaunâtre; chair molle, douce, gris bleuâtre.. **536. R. ravida Fr.**
R. jaune foncé; c-a. AR.

O Chair amère ou poivrée.
∫ Chapeau *bai foncé*, visqueux, 6-8 c.; pied finement *ridé*, blanc, souvent rosé en bas; chair blanche, violette sous la cuticule. (Bois de Conifères.) **537. R. badia Q.**
R. brun fauve; a. R.
∫ Chapeau *brun pourpre foncé.* → **508. R. nitida.**

O Chair douce.
⊕ Chapeau de 5 à 8 c., brun verdâtre, chair molle. → **518. R. mollis.**

⊕ Chapeau de 10 à 15 c.
— Chapeau *strié sur le bord.* → **501. R. integra** var. *fusca Q.*
— Chapeau *non strié au bord, mais gercé et comme poudreux.*
★ Feuillets *jaune abricot.* → **499. R. xerampelina.**
★ Feuillets *jaune soufre vif.* → **535. R. olivacea.**

⊙ Feuillets blancs ou roses.

⊕ Chair devenant rouge ou grise puis noire.

§ Chair *rougissant d'abord, puis noircissant,* ferme; chapeau convexe puis concave, 10-20 c., gris foncé ou noir verdâtre (B-N); lames généralement espacées, épaisses, *devenant au toucher rouges puis noires.* ☉ .... **538. R. nigricans B.**
R. noirâtre; c-a. AC.
(Dans la var. *densifolia* les lames sont nombreuses, minces et serrées.)

§ Chair *devenant d'abord grise, puis noire,* ferme; lames serrées, gris noirâtre; chapeau blanc, taché de gris et de noir. → **488. R. adusta** var. *albonigra K.*

Chair ni noire ni rouge à l'air.

+Chair poivrée.
∫ Chapeau de 2 à 3 c., brun violacé ou brun verdâtre. → **528. R. serotina.**
∫ Chapeau de 4 à 8 c.
(Chapeau *brun violet,* à bord plus pâle. → **516. R. Queletii.**
(Chapeau *brun ocracé.* → **525. R. pectinata.**
∫ Chapeau de 10 à 12 c., brun olive (B-O), visqueux, convexe puis déprimé, pied blanc grisâtre; lames fourchues, blanc, gris jaunâtre. (La var. *sororia Fr.* a le pied entièrement blanc, le chapeau strié au bord.)................................. **539. R. livescens Batsch.**
R. livide; c. R.

+Chair douce.
★ Chapeau *brun marron* (C), 10-15 c.; pied ridé, blanc. → **523. R. mustelina.**
★ Chapeau *brun verdâtre,* 5-8 c. → **532. R. heterophylla.**
★ Chapeau *brun purpurin, mêlé quelquefois d'olive,* 10-15 c. → **533. R. cyanoxantha.**

19. MARASMIUS Fr. MARASME. — *Planches 20 et 21, p. 64 et 68.* — Champignons généralement coriaces, *se desséchant sans pourrir;* pied central; feuillets non denticulés.

□ Pied *mince ou court, sans racine;* chapeau inférieur ou à peine supérieur à 1 c.
+ Pied *lisse, brillant*............................. **1er Groupe, p. 65.**
+ Pied *velouté, comme couvert d'une fine poussière*......... **2e Groupe, p. 66.**
□ Pied *assez épais et long,* terminé souvent par *une racine laineuse;* chapeau *ayant 2 c.*
O *Odeur désagréable, souvent alliacée.*............... **3e Groupe, p. 67.**
O *Pas d'odeur désagréable.*
= Pied *brillant, lisse en haut, très poilu à la base.*... **4e Groupe, p. 67.**
= Pied *velouté, pulvérulent en haut.*................. **5e Groupe, p. 69.**

1er Groupe.
△ Feuillets n'arrivant pas jusqu'au pied, mais réunis en une sorte d'anneau ou de tube appelé *collarium.*
⊙ Espèce poussant dans les *marais,* sur les *feuilles de Jonc ou de Carex;* chapeau blanc, puis gris clair, 2-3 m.; pied gris clair........................ **540. M. limosus Q.**
— *M. des marais; a. R.*
⊙ Espèce poussant dans les *bois,* sur *diverses feuilles et brindilles.* (*Voyez la suite de l'analyse, p. 66.*)

△ Un collarium.

⌢ Collarium *assez long*, formant un *tube*; lames peu nombreuses, espacées, blanches; chapeau blanc, déprimé au centre, plissé, 5-8 m.; pied brillant, brun noirâtre...................... **541. M. rotula Scop.** *M. petite roue*; p-c. CC.
(Dans la var. *Bulliardi* Q., le pied *ramifié* porte *plusieurs chapeaux*.)

⌢ Collarium *court*, formant un simple *anneau*; lames peu serrées; chapeau brun (B), déprimé au centre, plissé, 5-8 m.; pied brunâtre, plus clair au sommet........................ **542. M. graminum Lib.** *M. des Graminées*; e. AC.

⊙ Pied *très court*, de 2 à 3 m., brun, blanc au sommet; chapeau blanc, présentant des sillons profonds, déprimé au centre, 4-5 m.; lames épaisses, blanches. (Sur feuilles de Graminées.) **543. M. flosculus Q.** *M. petite fleur*; c. R.

⊕ *Odeur d'ail*; chapeau de 1 à 2 c. → **560. M. alliatus.**

○ Pied *brun* ou *fauve rougeâtre* (B-R), brillant; chapeau sillonné, *blanc, rougeâtre au centre*, 5-7 m.; lames serrées blanches. (Sur les feuilles mortes.) **544. M. splachnoides Fr.** *M. semblable aux Splachnum*; e.R.

○ Pied bronzé, noirâtre.
  + Pied *renflé* et *hérissé de poils blancs* à la base; chapeau *blanc jaunâtre*, creux au centre, sillonné, 10-15 m. (Sur des tiges d'herbes; environs de La Rochelle.) **545. M. littoralis Q.** *M. du littoral*; e-a. RR.
  + Pied *non renflé*, et *sans poils blancs* à la base; chapeau *brun clair* ou *purpurin* (b-R), puis *blanchâtre*, 5-10 m.,; lames serrées, à reflets incarnats. ☉ **546. M. androsaceus L.** *M. semblable à l'Androsace*; c. C.

△ Pas de collarium. — ⊙ Pied ayant au moins 1 c. — ⊕ Pas d'odeur d'ail.

2° Groupe.

□ Espèce poussant sur le *Myrte* et l'*Olivier*; chapeau fauve olivâtre, brun au centre, 3-5 m. → **546. M. androsaceus** var. *Oleæ* Q.

□ Espèce poussant sur le *Buis*; chapeau brun rougeâtre, finement pelucheux, 2-4 m.; pied pourpre foncé (R), *hérissé de poils blancs*............ **547. M. Buxi Q.** *M. du Buis*; a-p. R.

□ Espèce poussant sur le *Houx*; chapeau brun (B), quelquefois blanc, *couvert de poils rosés*, 3-6 m.; pied brun rougeâtre, blanc en haut............ **548. M. pilosus Huds.** — *M. poilu*; a-h. AC.

□ Espèce poussant sur les feuilles de *Sapin*; chapeau orangé pâle (o), 10 à 15 m,; pied de même couleur ou brun grisâtre; *odeur fétide*............ **549. M. Abietis Batsch.** *M. du Sapin*; e-a. AR.

× Pied *court*.
  (Chapeau *incarnat blanchâtre*, puis blanc, *plissé*, 10-15 m.; pied brun ou noir à la base, blanc jaunâtre au sommet; lames blanches, peu serrées. (Sur les feuilles, les brindilles.) **550. M. Vaillantii Pers.** (1) *M. de Vaillant*; e-a AC.
  (Chapeau *fauve roussâtre*, plus foncé au milieu (B), 1 c.; pied brun fauve en bas; lames blanches, espacées. (Sur les troncs et les branches, surtout de Conifères.) **551. M. amadelphus B.** *M. fraternel*; e-a. AC.

× Pied *très long*, brun noir. → **573. M. chordalis.**

★ Feuillets *non décurrents*, *très peu saillants*, presque réduits à de simples rides très espacées; chapeau blanc jaunâtre, 2-6 m.; pied brun bistré, blanc au sommet (Pl. 20). (Sur les feuilles.) **552. M. epiphyllus Pers.** *M. des feuilles*; a-h. C.

⊕ Pied *coloré au moins à la base*.
  ∫ Pied *très grêle, filiforme, blanc au sommet*.
    ⊕ Pied *incarnat en bas*, un peu renflé; chapeau 4-5 m.; lames blanches. (Sur les brindilles.) **553*. M. sacoharinus Batsch.** *M. blanc de sucre*; e-a AR.
    ⊕ Pied *brun en bas*; chapeau 2-3 m., globuleux, sillonné; lames larges, espacées, blanches. (Sur les feuilles mortes.) **554. M. recubans Q.** *M. courbé*; a. R.
  ∫ Pied *moins grêle*, non *filiforme*, entièrement *brun fauve*; chapeau 1 c........ (Sur les brindilles.) **555. M. insititius Fr.** *M. greffé*; e. AC.
⊕ Pied *entièrement blanc*; chapeau creux au centre, 1-2 c,; translucide, strié au bord... **556. M. candidus Bolt.** *M. blanc*; e. AR.
(La var. *humillimus* Q. du *M. Vaillantii* a seulement 2 m. de diamètre.) (Pl. 20.)
(Sur les souches, les branches sèches.)

○ Champignon à *odeur fétide*. → **564. M. fœtidus.**

□ Espèce pous- / * Feuillets non assez / § Chapeau coloré, au moins en partie. / ○ Pas d'odeur désagréable.

△ Chapeau *finement pelucheux*.
— Pied *grêle, fauve, brun en bas;* chapeau couvert de points ou de petites lignes rousses, 10-15 m. (Sur les souches de Graminées.) — 557. **M. caulicinalis B.** (2) / *M. des tiges;* e-a. AR.
— Pied *assez épais, noir.* → **564. M. fœtidus** var. *inodorus* Pat.

△ Chapeau *lisse, glabre*.
+ Pied *blanc, incarnat rougeâtre à la base, court;* chapeau roux au centre, 10-15 m.; feuillets unis en *un anneau autour du pied*....... — 558. **M. ramealis B.** / *M. des brindilles;* p-h. AC.
+ Pied *blanc en haut, brun en bas, se tordant en séchant;* chapeau roux ou orangé au centre, sillonné, 1 c. environ; lames blanches puis incarnates. — 559. **M. torquescens Q.** / *M. à pied tordu;* c. R.
+ Pied *entièrement brun fauve.* → **555. M. insititius.** (Brindilles.)

3ᵉ Groupe.

○ *Odeur d'ail.*

⊙ Pied *lisse, brillant,* brun rouge (R); chapeau *rouge orangé foncé* (R-O), quelquefois plus clair, 1-2 c.; lames serrées, blanches. (Sur feuilles et brindilles; bois de Pins.) — 560. **M. alliatus Sch.** (3) / *M. à odeur d'ail;* c. AR.

⊙ Pied *velouté farineux.*
✕ Pied *noir, très long, dépassant 10 c.;* chapeau gris brunâtre (O-b), 1-3 c.; lames blanches, puis grises. (Sur les troncs d'arbres.) — 561. **M. alliaceus Jacq.** / *M. alliacé;* c-a. AC.
✕ Pied *blanchâtre ou très pâle, au moins en haut.*
⊡ Lames *espacées,* jaunâtres; chapeau brun orange clair (b-o), 2-5 c.; pied brun orangé (O), *plein d'un suc rouge.* (Sur les feuilles mortes.) — 562*. **M. porreus Pers.** / *M. Poireau;* a-h. C.
⊙ Lames *serrées,* blanc jaunâtre ou grisâtre; chapeau brun orangé (O-B), 1-3 c.; pied gris rougeâtre.................. — 563. **M. prasiosmus Fr.** / *M. à odeur de Poireau;* a-h. C.

⊙ *Odeur désagréable, non alliacée.*
ƒ Chapeau *rouge orange* ou *brun,* plissé, 2 c.; pied *brun roux, gris noirâtre* à la base; lames incarnates. (Sur les petites branches.) — 564. **M. fœtidus Sow.** / *M. fétide;* c. AR.
ƒ Chapeau brun clair, teinté de lilas purpurin, 2-3 c.; pied *rose* ou *violacé* sous un *fin duvet* blanc; lames gris rosé, puis blanchâtres. (Feuilles et brindilles de Conifères). — 565. **M. impudicus Fr.** / *M. impudique;* a. AR.

4ᵉ Groupe.

○ Poils de la base du pied *blancs.*
△ Pied *fauve pâle;* lames *incarnates puis roussâtres;* chapeau roux vif; chair un peu amère. (Sur les feuilles de Pins.) — 566*. **M. putillus Fr.** / *M. mignon;* a-h. R.
△ Pied *brun marron,* blanc à la base, corné; lames *jaunes* ou *jaunâtres;* chapeau brun orange (O-B), puis plus pâle, 1-3 c. (Sur feuilles mortes, brindilles ou troncs.) — 567. **M. ceratopus Pers.** (4) / *M. à pied corné;* a. R.
○ Poils de la base du pied, *bruns ou purpurins.*
§ Espèce remplie d'un *suc rouge noirâtre;* chapeau rouge ou gris rouge (R-GR), 2-3 c.; lames brun pourpre violacé.................... — 568. **M. fuscopurpureus Fr.** / — *M. fauve pourpre;* a. AR.
§ Espèce *ne présentant pas ce caractère.* (Voyez la suite de l'analyse. p. 69.)
○ *Pas de poils à la base du pied;* pied noir en bas, blanc en haut. → **574. M. globularis** var. *carpathicus* Kalch.

---

(1) Var. : 1° *languidus* Lasch., pied blanc en haut, incarnat fauve en bas; chapeau incarnat; 2° *humillimus* Q., champignon entièrement blanc, très-petit, chapeau 2 m. — (2) Var. *scabellus* A. et S., chapeau mamelonné, brun foncé; pied cannelé; brun. — (3) Var. *calopus* Pers., chapeau de couleur plus pâle, pied renflé à la base. — (4) Le *Collybia erythropus* n° 133 a souvent les caractères des *Marasmius*, il se distingue du *M. ceratopus* par son pied *rouge pourpre.*

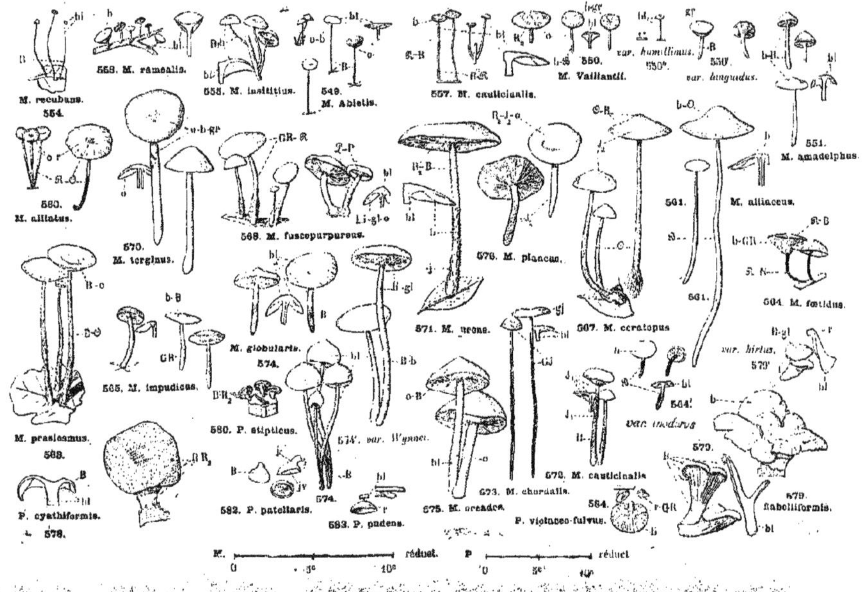

M. recubans.
554.
568. M. ramealis.
555. M. insititius.
549. M. Abietis.
557. M. cauticinalis.
M. Vaillantii.
var. humillimus.
550*.
var. languidus.
550.
550'.
551.
M. amadelphus.
580. M. alliatus.
570. M. terginus.
568. M. fuscopurpureus.
576. M. plancus.
M. alliaceus.
561.
564. M. fœtidus.
561.
571. M. urens.
567. M. ceratopus.
var. hirtus.
579'.
M. globularis.
574.
564'.
565. M. impudicus.
var. insiturus.
580. P. stipticus.
574'. var. Wynnei.
M. prasicamus.
588.
579.
578. M. cauticinalis.
573. M. chordalis.
579.
flabelliformis.
P. cyathiformis.
578.
582. P. patellaris.
574.
575. M. oreades.
584.
583. P. pudens.
P. violaceo-fulvus.

§ Espèce ne pré-sentant pas de suc rouge noirâtre. {

⊕ Pied *blanc crème*, roux à la base; chapeau *blanc crème*, 2-3 c.; lames *blanches*, espacées. (Bords des chemins, clairières.) — **569*. M. fœniculaceus Fr.** / *M. à odeur de Fenouil;* e. AC. ✠

⊖ Pied *jaune orangé*, roux à la base; chapeau *incarnat, fauve au centre* (b-o-gr), strié, 1-2 c.; lames *blanc crème, tournant au roux violacé.* (Sur feuilles et brindilles.) — **570. M. terginus Fr.** / *M. couleur cuir;* e-a. R.

5e Groupe (1).

○ Chair *très poivrée;* chapeau brun rouge ou orange (B-R₂-Θ), 3-6 c.; pied ocracé ou roux, hérissé à la base de poils jaunâtres ou blancs. (Feuilles mortes.) — **571. M. urens B.** / *M. brûlant;* e-a. C.

○ Chair *douce* ou sans goût.

— Pied *teinté,* au moins partiellement, *de jaune vif;* chapeau jaune vif (J₁), 1-2 c.; lames jaunes (J₁). (Forêts de Conifères.) — **572. M. cauticinalis With.** / *M. des rochers;* a. AR.

— Pied ou chapeau *violet.* → **574. M. globularis** var. Wynnei Berk.

— Pied *brun* presque jusqu'en haut. { Chapeau *pelucheux.* → **557. M. caulicinalis.**

{ Chapeau non pelucheux. { + Lames *décurrentes;* chapeau plissé, brun grisâtre (GJ), convexe puis creux, 1-2 c.; pied mince, élancé, velouté..................... — **573. M. chordalis Fr.** / *M. tordu en corde;* e-a R.

{ + Lames *libres.* → **559. M. torquescens.**

— Pied *blanc* ou crème pâle sur sa plus grande longueur. {

⊙ Chapeau *blanc de lait,* souvent *taché de rose ou de gris violet, globuleux puis en cloche.* 2-3 c.; pied blanc ou violacé, brun en bas. (Feuilles mortes.) — **574. M. globularis Weinm.** / *M. globuleux;* a. R.

⊙ Chapeau *crème ou café au lait, presque plan,* 2-4 c.; chair douce, *pied plein.* ⊙ (Prés, bruyères, bords des chemins.) [Faux Mousseron] — **575. M. oreades Bolt.** / *M. d'Oreade* (2); p-c. C. ✠

⊙ Chapeau *roux,* flexueux, 2-3 c.; *pied creux,* jaune paille, tordu; lames libres, crème puis un peu couleur rouille pâle.................................... — **576. M. plancus Fr.** / *M. aigle;* a. R.

20. PANUS Fr. PANUS. — *Planche* 21, *p.* 68. — Champignons coriaces, se desséchant sans pourrir; pied excentrique, latéral ou nul.

□ Pied excentrique, central par exception. {

: Pied *lisse, sans poils, rose incarnat* ou *violacé;* chapeau arrondi ou de forme irrégulière, dur, gris jaunâtre, 5-8 c.; lames jaunâtres; odeur désagréable. (Troncs de Chênes verts.) — **577*. P. farneus Fr.** / *P. du Frêne* e-a. R.

: Pied *poilu* ou velouté. {

ƒ Chair *acide, stiptique,* coriace; pied très court, excentrique, oblique, *roux;* chapeau finement pelucheux, roux, 2 c.; lames serrées, décurrentes, jaune roussâtre.......... (Souches de Pins.) — **578. P. cyathiformis Sch.** / *P. en forme de coupe;* a. R.

ƒ Chair *aigrelette;* pied court, central ou excentrique, oblique, *jaune d'ocre ou violacé;* chapeau jaune incarnat ou roux, quelquefois violacé au bord, 5-8 c.; lames violacées ou rosées, puis roussâtres..................... — **579. P. flabelliformis Sch.** / *P. en éventail;* e. AR. ✠(3)

□ Pied *latéral.* {

+ Chapeau *en forme de Haricot,* roux ou cannelle, 2-4 c.; pied court, roux; lames de même couleur, serrées, réunies entre elles par des cloisons minces; *chair âcre.* ⊙ (En touffes sur les troncs d'arbres.) — **580. P. stipticus B.** / *P. stiptique;* a-h. CC. ▨

+ Chapeau *en forme de spatule,* roux fauve, velouté ou poilu, 2-3 c.; pied court, roussâtre; lames crème ou paille. (Vieux troncs.) — **581*. P. cochlearis Pers.** / — *P. en forme de spatule;* e-a. R.

□ Pied *nul* ou chapeau *retourné et suspendu.* (Voyez la suite de l'analyse, p. 70.)

(1) Les *Collybia lucipes, hariolorum, ingratus, longipes* se dessèchent souvent sans pourrir, comme des *Marasmius.* — (2) Nymphe des Montagnes. — (3) Var. *hirtus,* pied et bord du chapeau à *poils raides,* chapeau lilas pâle au bord.

⊙ Pied *nul* ou *chapeau retourné et suspendu.*

- ○ Chapeau *visqueux, fauve clair,* bord poilu et blanc, *en coupe, suspendu par son sommet;* 1 c.; lames jaune verdâtre. (En groupes sur les troncs d'arbres.) — **582. P. patellaris Fr.** / *P. en forme de Patelle;* a-h. R.
- ○ Chapeau *non visqueux, blanc* puis *rosé incarnat,* en coupe, 1 c.; suspendu par un pied de 2 à 3 m.; lames blanches ou violacé clair. (Branches sèches de Saule.) — **583. P. pudens Q.** / *P. pudique;* h-p. R.
- ○ Chapeau *non visqueux, violet* ou *lilas pâle,* présentant des poils courts et blancs, en coupe puis étalé, 1-4 c.; lames espacées, larges réunies entre elles, violacées. (Branches sèches de Sapins.) — **584. P. violaceofulvus Batsch**(1) / — *P. violacé fauve,* a-h. AR.

21. LENTINUS Fr. LENTINE. — *Planche 22, p. 71.* — Champignons se desséchant sans pourrir, *feuillets dentés* au bord.

⊙ Pied *très court* ou *pas de pied.*

- (*Pas de pied;* chapeau *velouté,* conchoïde, brun noirâtre ou fauve incarnat; chair *amère;* lames blanc crème. (Montagnes) (Imbriqué sur souches pourries.) — **585. L. ursinus Fr.** (2) / *L. des Ours;* e-a. AR.
- (Pied *très court,* latéral, quelquefois central; chapeau *lisse, non velouté* réniforme ou arrondi, fauve pâle, à bord *crénelé,* 2 c.; lames blanc crème. (Montagnes) (Branches d'arbres.) — **586. L. flabelliformis Bolt.** / *L. en éventail;* a. R.

⊙ Pied *long* bien apparent.

= Chapeau *écailleux.*

+ Chair *blanche.*

★ *Pied simplement poilu ou à petits flocons plus abondants au sommet.*

- ★ Pied présentant de *grosses écailles retroussées,* jaunâtre; chapeau ocracé pâle *à grosses écailles* roussâtres, 5-9 c.; chair blanche, douce, à odeur agréable. (Souches de Sapins.) — **587. L. squamosus Sch** (3). / *L. écailleux;* a. R.

⊕ *Chapeau plus grand que* 2 c.

- ⊕ Chapeau de *1 à 2 c.,* arrondi, déprimé au centre; pied tordu, jaune roussâtre; lames jaunâtres. (Troncs d'arbres.) — **588*. L. contortus Fr.** / *L. tordu;* a. AR.
- ○ *Chair amère;* chapeau, pied et bord des lames enduits d'une sorte de *résine jaune d'ambre;* chapeau 4-8 c. (Souches de Sapins.) — **589*. L. adhærens A. et S.** / *L. adhérent;* a-p. R.

○ *Chair non amère.*

- ∫ Chapeau *épais, charnu,* couvert de petites écailles brun rouge, 10-20 c.; pied épais, jaune ou brun rougeâtre; lames *étroites à arête épaisse, anastomosées,* blanches. (Souches de Peupliers.) — **590. L. variabilis Schulz.** / *L. variable;* e. AR.
- ∫ Chapeau *mince, membraneux,* blanc jaunâtre, couvert de petites écailles brunes, 5-7 c.; pied grêle, blanc, moucheté de brun; lames blanches, puis jaunâtres. (Souches d'arbres.) — **591. L. tigrinus B.** / *L. tigré;* p-a. AC.

+ Chair *jaune safran* ou *jaune d'or,* douce; chapeau blanc, pointillé de fauve, 5-8 c.; pied blanc jaunâtre, à *grosses écailles retroussées;* lames blanc crème. (Souches de Pins.) — **592. L. gallicus Q.** / *L. de France;* p-e. R.

= Chapeau *sans écailles.*

□ Pied *blanc.*

- : Champignon *entièrement blanc,* lobé, un peu visqueux; pied *pelucheux;* odeur aromatique. (Souches de Mélèzes. Dauphiné). — **593*. L. odorus Vill.** / *L. odorant;* e. RR.
- : Champignon *blanc, bordé de jaune,* ridé; pied latéral; lames décurrentes, espacées..... (Odeur de la Fève de Tonka). (Branches sèches de Saules.) — **594. L. suavissimus Fr.** / *L. très-doux;* e. R. ✠

□ Pied *coloré.*

- △ Feuillets *jaunes;* chapeau convexe, puis creux au centre, lisse, *roux;* pied dur......... (Sur le bois travaillé). [Formes monstrueuses à pied allongé] — **595. L. suffrutescens Fr.** / *L. arborescent;* e-a. R.

△ Feuillets *roux incarnat.*

- × Pied *cannelé,* roux ou incarnat; chapeau en entonnoir, roux, 3-9 c.; lames décurrentes, serrées, blanches, puis rosées ou incarnates. (En touffes sur les souches.) — **596. L. cochleatus Pers.** ✠ / *L. en forme de cuillère;* e. AC.
- × Pied *présentant des sillons interrompus,* fauve pâle; chapeau en entonnoir, roux ou gris bistré, 2-3 c.; lames blanches, puis incarnates............. — **597. L. dentatus Pers.** / *L. denté;* a. R.

---

(1) Var. *Delastrei Fr.,* feuillets *brun pourpre,* bordés de blanc. — (2) Var. *vulpinus Sow.* chapeau *rayé, ridé longitudinalement,* poilu, roux. — (3) Espèce offrant souvent des formes monstrueuses à pied très allongé et ramifié, et à chapeau atrophié.

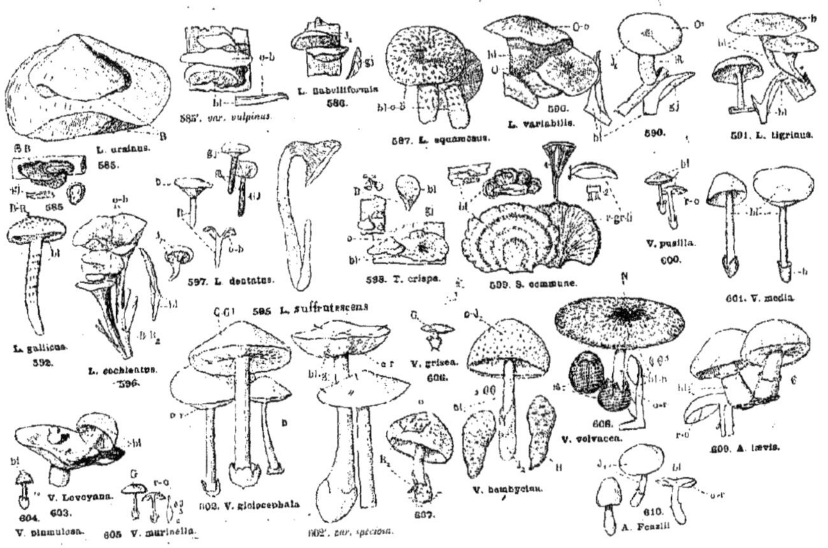
L. flabelliformis
586.
585'. var. vulpinus.
587. L. squamosus.
L. variabilis.
589.
590.
591. L. tigrinus.
B B
L. ursinus.
585.
585
V. pusilla.
600.
597. L. dentatus.
598. T. crispa.
599. S. commune.
601. V. media.
L. gallicus.
592.
L. cochleatus.
596.
595. L. suffrutescens
V. grisea.
606.
V. volvacea.
609. A. lævis.
V. bombycina.
V. Loveyana.
604. 603.
V. plumulosa.
605. V. murinella.
602. V. gloiocephala
602'. var. speciosa.
607.
610.
A. Fenzlii
réduit.
0   50°   10°

22. TROGIA Fr. TROGIE. — *Planche* 22, *p.* 71. — Champignons mous mais secs, ne pourrissant pas; pas de pied; *feuillets réduits à des plis peu saillants.*

Chapeau *roux* ou *blanc jaunâtre* en forme de *cupule*, 2-3 c.; lames blanches ou cendrées, crispées, parfois creusées sur l'arête d'une gouttière peu profonde. (Sur les branches mortes.) — **598. T. crispa Pers.** *T. crispée;* a-h. AR.

23. SCHIZOPHYLLUM Fr. SCHIZOPHYLLE. — *Planche* 22, *p.* 71. — Champignons secs, sans pied; *lames épaisses, creusées* sur la tranche *d'une gouttière* longitudinale.

Chapeau fixé par le côté, mince, de forme irrégulière, *très poilu*, blanc ou gris rosé; lames blanchâtres, puis rosées. (Fig. 590. — 1. Aspect des lames en dessous. — 2. Section de deux lames perpendiculairement à la tranche). (Branches.) — **599. S. commune Fr.** *S. commun;* p-h. AC.

DEUXIÈME SECTION. — AGARICINÉES A SPORES ROSES.

24. VOLVARIA Fr. VOLVAIRE. — *Planche* 22, *p.* 71. — Champignons ayant une *volve;* pas d'anneau.

★ Chapeau *visqueux, lisse, sans poils.*

⊙ Chapeau *blanc ou blanchâtre.*

: Chapeau *10-25 m.*, soyeux, peu visqueux, hémisphérique, puis étalé et *mamelonné;* pied souvent creux, blanc; volve blanche; lames blanches, puis rosées ou roux pâle. (Prés, jardins.) — **600. V. pusilla Pers.** *V. petite;* c-a. AR.

: Chapeau *3-6 c.*, glacé, brillant, en cloche; pied plein; volve blanche; lames blanches, puis incarnates. (Midi de la France.) — **601. V. media Schum.** *V. moyenne;* p-e. R.

: Chapeau 7-10 c., *blanc, à centre gris.* → **602. V. gloiocephala** var. *speciosa* Fr. ⊙

⊙ Chapeau *gris verdâtre* ou *vert olive foncé* (GV-gj-Ꝋ), convexe, *strié au bord*, 10 c.; pied blanc ou gris; volve tachée de gris; lames blanches, puis roussâtres............... — **602. V. gloiocephala DC.** *V. gluante;* c. AR. 🕸
(La var. *rhodomelas Lasch* a le chapeau *écailleux* et *gris.*)

★ Chapeau *non visqueux, mais écailleux, poilu ou fibrilleux.*

+ Espèce vivant en *parasite sur le Clitocybe nebularis;* chapeau blanc, soyeux, 3-4 c.; pied blanc, fibrilleux; feuillets blancs puis roses; volve blanche; chair blanche................. — **603. V. Loveyana Berk.** *V. de Lovey;* a. R.

+ Espèce non parasite.

□ Chapeau inférieur à 4 c.

§ Chapeau *blanc ou blanchâtre.*

(Chapeau *à bord cilié*, poilu ou même à petites écailles, en cloche, 1-2 c.; pied blanc, poilu ou *velouté;* lames blanches, puis incarnates. (Sur aiguilles de Conifères.) — **604. V. plumulosa Lasch.** *V. plumeuse;* c. R.

(Chapeau *à bord non cilié;* pied *lisse.* → **600. V. pusilla.** (Espèce voisine de la précédente.)

§ Chapeau *gris.*

ʃ Pied *blanc, sans poils ainsi que la volve;* chapeau fibrilleux ou finement pelucheux, 2-3 c.; lames assez écartées, blanches, puis rosées.................. (Forêts de Conifères. Littoral de La Rochelle.) — **605. V. murinella Q.** *V. gris de souris;* a. R.

ʃ Pied *gris bleuâtre, velouté* ou *poilu*, court; chapeau festonné, brillant, 3 c.; *volve veloutée*, gris bistré; lames grisâtres. (Jardins, serres, endroits cultivés.) — **606. V. grisea Q.** *V. grise;* p. R.

□ Chapeau *plus grand que 4 c.*

= Chapeau *pelucheux, blanc*, puis *fauve rougeâtre* (bl-b-o-gr), 10-15 c.; pied même couleur ou blanc; volve très grande ocracée. (Troncs d'arbres.) — **607. V. bombycina Sch.** *V. soyeuse;* e. AC. ✠

= Chapeau *gris brun* (G-ℬ) *rayé de petites fibres* bistre, 7 à 10 c.; pied blanc, poilu; volve grisâtre; lames blanc rosé. (Var. *Taylori Berk.* volve *noire*, chapeau gris.) — **608. V. volvacea B.** *V. volvacée;* c. AC.

25. ANNULARIA Schulz. ANNULAIRE — *Planche* 22, p. 71. — Champignons sans volve, ayant *un anneau*.

+ Chapeau *blanc*, jaunâtre au centre, lisse, puis couvert de petites écailles, souvent crevassé au bord, 5-12 c.; anneau *blanc*; pied *blanc*, lisse, creux; lames blanches, puis rosées. (Champs cultivés.) — **609. A. lævis K.** / A. *lisse*; c-a. R.

+ Chapeau *jaune soufre vif* (J₂), lisse, 2-4 c.; pied *jaune*; anneau *jaune* ou *jaunâtre*; feuillets rosés..... (Sur les troncs pourris.) — **610. A. Fenzlii Schulz.** / A. *de Fenzl*; c-a. R.

26. PLUTEUS Fr. PLUTÉUS. — *Planche* 23, p. 74. — Champignons sans volve ni anneau, à *feuillets libres*; cystides pouvant servir à déterminer quelques espèces; spores *non anguleuses*.

[⊖⊕ Chapeau blanc, blanc jaunâtre, rosé ou lilas pâle.]

[O Chapeau blanc ou blanc jaunâtre pâle.]

O Chapeau *rosé* ou *couleur chair* (r), étalé, 7-10 c.; pied *blanc*; lames blanches, puis incarnates... — **611. P. roseoalbus Fr.** / P. *blanc rosé*; c-a. R.
(Sur les vieux troncs, surtout de Peupliers.)

O Chapeau *lilas pâle*, ou *gris violacé*, un peu mamelonné, 3-4 c.; pied bleuâtre ou glauque; lames blanc rosé.......... — **612*. P. salicinus Pers.** / P. *du Saule*; c. AR.

[⌒ Chapeau plus grand que 3 c.]

= Chapeau et pied *blancs*, brillants, *soyeux*; chapeau 4-5 c.; lames blanches, puis rosées. (Clairières.) — **613. P. pellitus Pers.** / P. *couvert d'une peau*; p-e. AR.

= Chapeau *jaune ocracé pâle* à grosses écailles. → **628. P. cervinus** var. *patricius Schulz*. = Chapeau *blanchâtre* ou *ocracé pâle*, à *fines écailles brunes*. → **628. P. cervinus** var. *Roberti* fr.

[⌒ Chapeau plus petit que 3 c.]

— Pied *renflé à la base, pulvérulent*, blanc; chapeau blanc ou rosé, strié, 1-2 c.; lames rosées. (Sur les troncs et les branches d'arbres.) — **614. P. semibulbosus Lasch.** / P. *semibulbeux*; c. R.

... Pied *à peine renflé à la base, poilu*, blanc; chapeau blanc, soyeux, non strié, 6-8 m.; lames rosées. (Sur le bois pourri.) — **615. P. candidus Pat.** / P. *candide*; c-a. R.

[⊕ Chapeau d'une autre couleur, généralement brun, bistré ou roux.]

⊕ Chapeau *jaune orange* (O-J₁), étalé, 3-6 cm.; pied jaune ou blanc; chair blanche, lames blanches avec l'arête jaune pâle, puis incarnates; cystides ventrues et terminées en crochet (c). (Troncs d'arbres.) — **616. P. leoninus Sch.** / P. *couleur du lion*; c-a. AC.

[Chapeau lisse. — ⊙ Chapeau plus petit que 2 c.]

[★ Pied blanc.]

+ Feuillets *bordés d'un liséré noir*. → **620. P. chrysophæus** var. *marginatus Q*.

+ Feuillets non bordés de noir. — (Chapeau à *bord irrégulièrement dentelé*, gris bistre ou brun, plus clair au bord, 1-2 c.; pied blanc, brillant; lames rosées............... — **617*. P. umbrinellus Q.** / P. *brunâtre*; c. R.
(Jardins, endroits cultivés.)

(Chapeau à *bord non découpé*, brun (B-b-g), *strié*, 5-10 m.; pied très grêle, blanc; lames rosées. (Bruyères près de la mer; Ouest de la France.) — **618. P. tenuiculus Q.** / P. *très-petit*; p. R.

★ Pied *bleuâtre*; feuillets lilas, puis rosés. → **620. P. chrysophæus** var. *cyanopus Q*.

O Chapeau présentant au milieu des sortes de *veines*, de *réticulations formées de grains serrés*. → **620. P. chrysophæus** var. *phlebophorus Dittm*.

[⊙ Chapeau plus grand que 2 c. — O Chap. n'ayant pas ce caractère. — Chapeau de 2 à 4 c.]

∫ Chapeau *strié au bord, gris livide*, teinté de verdâtre dans le jeune âge; pied blanc; lames blanches, puis d'un rouge sale. (Sur les toits de chaume.) — **619*. P. Godeyi G.** / P. *de Godey*; a. R.

∫ Chapeau *non strié au bord*, brun cannelle ou brun rougeâtre, couvert de *granulations*; pied blanc ou jaune; lames jaunes, puis rosées; cystides en massue (c). (Sur les branches d'arbres.) — **620. P. chrysophæus Sch.** / P. *jaune brun*; c. AC.

+ Chapeau *de 8 à 20 c.* → **628. P. cervinus.** (La forme-type a le chapeau brun sans reflets particuliers; dans la var. *eximius S. et Sm.*, le chapeau brun présente des *reflets rougeâtres*.)

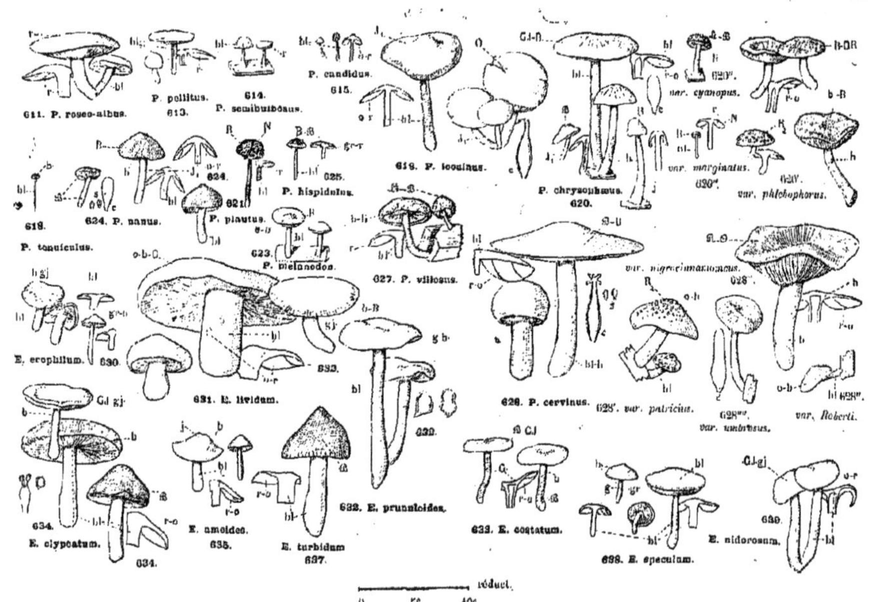
611. P. roseo-albus.
P. pollitus. 613.
614. P. semibulbosus.
P. candidus. 615.
619. P. leoninus.
P. chrysophæus. 620.
var. cyanopus. 620''.
var. marginatus. 620'.
var. phlebophorus. 620''.
618. P. tenuiculus.
624. P. nanus.
P. hispidulus. 625.
P. plautus.
623. P. melanodes.
627. P. villosus.
var. nigrocinnamomeus.
628. P. cervinus. 628'. var. patricius.
628''. var. umbrosus. 628'''. var. Roberti.
E. erophilum. 630.
631. E. lividum.
632. E. prunuloides.
634. E. clypeatum. 634.
E. ameides. 635.
E. turbidum. 637.
633. E. costatum.
638. E. speculum.
639. E. nidorosum.
réduct.
0   5c   10c

★ Chapeau *pulvérulent*, couvert d'une sorte de *pruine* ou de *granulations*. — *Pied lisse.*

- ① Pied couvert de *granules bistrés*, noir puis blanchâtre; chapeau roussâtre, présentant aussi des *granulations noirâtres* d'abord, puis devenant plus pâles, 3 c.; lames rosées........ → **621. P. plautus Weinm.** *P. oreille de chien; c-a.AR.*
- ① Pied couvert de *petites écailles*, gris; chapeau gris bistré (G-N), *ridé*, quelquefois écailleux, 2-3 c.; lames rosées. (Brindilles. — Sud-Ouest de la France.) → **622.* P. cinereus Q.** *P. cendré; p-c. R.*
- × Chapeau *orangé* clair (h-o-gr), *mamelonné*, 2-3 c.; pied brun ou noirâtre, blanc en haut; lames roses, finement *crénelées et noires au bord.* (Sur le bois pourri.) → **623. P. melanodon Sec.** *P. à dents noires; a. R.*
- × Chapeau *gris* ou *bistré* (g-G), *ridé au centre*, 2-6 c.; pied blanchâtre, gris ou jaune; lames rosées. (Sur branches tombées, bois mort.) → **624. P. nanus Pers.** *P. nain; c. AC.*
- × Chapeau *violet noirâtre*, présentant des *granulations:* → **620. P. chrysophæus,** var. *cyanopus* Q.

★ Chapeau *écailleux, poilu ou au moins fibrilleux.*

Espèce *grêle*; chapeau de *10-15 m.*
- ⊙ Chapeau *gris* (G-B), *poilu*, 1 c.; pied grêle, creux, blanchâtre; lames blanc rosé.. (Sur le bois mort.) → **625. P. hispidulus Fr.** *P. poilu; c. AC.*
- ⊙ Chapeau *brun roux*, plus foncé au centre, à *poils disposés en petites houppes*, 10-15 m., pied court, grêle, blanchâtre; lames rosées ou rousssâtres. (A terre.) → **626.* P. exiguus Pat.** *P. exigu; c. R.*

Espèce *plus grosse*; chapeau *dépassant 2 c.*
Chapeau *bistre*, ou *bleu noirâtre.*
- △ Pied *blanc*, violacé à la base; chapeau bleu noirâtre, velouté, 5-8 c.; lames blanches, puis incarnat ceracé. (Sur le bois pourri.) → **627. P. villosus B.** *P. velouté; c. AR.*
- △ Pied *glauque*, bleuâtre; chapeau 3 c. → **612. P. salicinus.**
- Chapeau *non teinté de bleu*, brun (B-O-R), fibrilleux, 9-12 c.; pied couvert de petites fibres grises ou bistre; lames blanches, puis rosées: cystide (c) en forme de bouteille terminée par une partie élargie et à plusieurs lobes. .... → **628. P. cervinus Sch.** (1) *P. couleur de cerf; c-a.C.*

26₁. ENTOLOMA Fr. ENTOLOME. — *Planches 23 et 24, p. 74 et 76.* — Champignons charnus; feuillets présentant une échancrure à leur point d'attache sur le pied; *spores anguleuses:* souvent pas de cystides.

⊕ Chapeau *lisse, souvent soyeux, visqueux ou humide.* — + Pied *blanc, gris argenté ou jaunâtre.* — △ Chapeau *visqueux.*

△ Chapeau *plus petit que 5 c.*
- + Chapeau *rosé ou incarnat grisâtre*, 3-4 c.; pied *blanc, finement poilu*; lames serrées, rosées. (Sur vieux troncs d'Aunes.) → **629.* E. rubellum Scop.** *E. rosé; c-a. R·*
- + Chapeau *gris* (g-GJ), ridé, irrégulièrement strié, 2-4 c.; pied grisâtre; lames gris rosé. (Prés, collines) → **630. E. erophilum Fr.** (2) *E. des montagnes; p. R.*

△ Chapeau *plus grand que 5 c.*
- — *Très grosse espèce, chapeau dépassant 10 c., gris brunâtre ou jaunâtre* (g-b-B-gj); pied *épais*, blanc, souvent recourbé; lames jaunâtres, puis rougeâtres. .... → **631. E. lividum B.** (3) *E. livide; c. C.*
- — Espèce *moins grosse, chapeau de 5-8 c., gris ou gris rosé* (g-b-gr); pied *plus ou moins élancé*, blanchâtre; lames blanc rosé. (Prés.) → **632. E. prunuloides Fr.** — *E. petite prune; c-a. AR.*

□ Chapeau *non visqueux*, mais absorbant facilement l'humidité. (*Voyez la suite de l'analyse,* p. 77.)

---

(1) Formes nombreuses : 1° *P. cervinus Sch.* type, chapeau brun, grosse espèce 9-12 c.; 2° var. *patricius Schultz.*, chapeau grisâtre ou blanc jaunâtre, tacheté d'écailles rousses, 5-8 c.; 3° Var. *umbrosus Pers.*, chapeau brun bistre, velouté, 5-7 c.; feuillets à arête floconneuse et brune; 4° Var. *nigroflammomeus Kalch.*, chapeau 10 c., forme plus grosse de la var. précédente; 5° Var. *Roberti Fr.*, chapeau ocracé, à fines écailles brunes, 3-5 c., forme grêle, voisine de *patricius.* —
(2) Var. *pyrenaicum Q.* chapeau à bord recourbé, festonné; pied blanc, lames gris clair, à reflets purpurins (pelouses des Pyrénées). — (3) Var. *sinuatum Fr.*, chapeau à bord recourbé, sinueux, blanc jaunâtre.

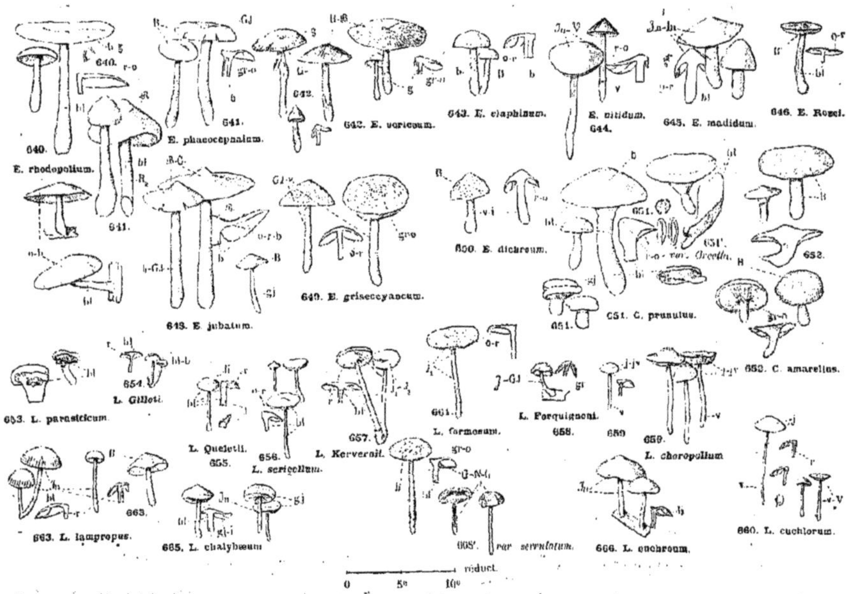
640. E. rhodopolium.
E. phaeocephalum.
641.
648. E. jubatum.
649. E. griseocyaneum.
650. E. dichroum.
651.
651. C. prunulus.
652.
653. L. parasiticum.
654.
L. Gilloti.
655.
L. Queletii.
656.
L. sericellum.
657.
L. Kerverni.
658.
L. formosum.
659.
L. Forquignoni.
L. chloropolium.
660. L. euchlorum.
663. L. lampropus.
665. L. chalybaeum.
666. L. euchroum.
640.
641.
642.
642. E. sericeum.
643. E. elaphinum.
644.
645. E. madidum.
646. E. Rozei.
E. vitidum.
652. C. amarellus.
668'. var. serrulatum.
reduct.
0   5   10

+ — Chapeau *jaune orangé ou couleur abricot.* → **909. Inocybe repanda.**

⊕ Chapeau *lisse,* souvent *soyeux, visqueux ou humide.*

+ Pied *blanc, gris argenté ou jaunâtre.*

□ Chapeau *non visqueux, mais absorbant facilement l'humidité,* et prenant parfois une teinte plus claire en séchant.

⊙ Pied *fibrilleux ou floconneux.*

++ Chapeau *gris ou brun* (G-B).

Pied blanc en haut, grisâtre en bas; chapeau bosselé, gris (G-B-GJ), mince, 4-8 c.; lames jaune rosé, présentant de *fines côtes transversales,* blanches; chair grise; odeur de moisi. (Prés.) — **633. E. costatum Fr.** *E. à côtes;* c. AR.

Pied *uniformément blanc, grisâtre ou jaune pâle,* quelquefois tacheté de gris ou de jaune.

△ Champignon poussant *sur le bois de Sapin.* → **640. E. rhodopolium** var. *pluteoides Fr.*

△ Champignon poussant *à terre.*

× Chapeau *gris livide ou brun* (G-B), 3-8 c.; pied plein, fibrilleux ou floconneux; chair blanche, un peu acide; lames rosées. ⌂ (Prés.) — **634. E. clypeatum L.** *E. en bouclier;* p. C. ✠

× Chapeau *gris avec des teintes jaunâtres ou purpurines,* 3-6 c.; pied grisâtre, se déchirant en fibrilles; chair grise. (Pâturages.) — **635. E. ameides Berk. et Br.** *E. triste;* o. R.

+ Chapeau *rose livide ou purpurin,* parfois un peu mamelonné, à bord crevassé dans la vieillesse, 3-4 c.; feuillets blancs, puis fauve rougeâtre; odeur de farine fraîche. — **636*. E. helodes Fr.** *E. clou;* a. AR.

⊙ Pied *lisse.*

⊕ Chapeau *conique ou en cloche, très élevé,* gris bistré (G-N), 6-8 c.; pied charnu, épais, grisâtre; lame grises. [Chapeau blanc: 636. L. *sericellum*]. — **637. E. turbidum Fr.** *E. nebuleux;* c-a. R.

Ⅾ Chapeau *concexe surbaissé.*

Ⅾ Chapeau *gris, un peu orangé, devenant blanc argenté en séchant,* à bord un peu strié, quelquefois flexueux, 3-6 c.; pied blanc jaunâtre; lames incarnates. (Prés, clairières des bois.) — **638. E. speculum Fr.** *E. miroir;* c. AC.

Ⅾ Chapeau restant gris.

Champignon à *odeur alcaline,* 3-6 c.; pied très long, plein; lames rosées.......... — **639. E. nidorosum Fr.** *E. à odeur forte;* c. AR.

Champignon à *odeur de chair brûlée,* 5-10 c.; pied élancé, creux; lames blanc rosé. — **640. E. rhodopolium Fr.** *E. rose grisâtre;* o. AC.

⊕ Pied *brun, gris foncé ou roux.*

Ⅾ Chapeau *visqueux.*

★ Chapeau *brun rougeâtre* (B-R) ou bistre foncé, souvent mamelonné, 6-10 c.; pied gris ou roux, parfois strié; chair blanche ou grise; lames gris roussâtre... — **641. E. phæocephalum B.** *E. à chapeau brun;* e-a. AC.

★ Chapeau *gris* (g), 2-4 c. → **630. E. erophilum.** (Prés, clairières.)

Ⅾ Chapeau *non visqueux.*

○ Pied *strié, fibrilleux.*

Chapeau *soyeux, brun par l'humidité, devenant en séchant d'un gris brillant,* 4-8 c.; pied gris bistre, brillant; lames grisâtres, puis rougeâtres; odeur de farine. — **642. E. sericeum B.** *E. soyeux;* c-a. AC.

Chapeau *non soyeux, brun fauve* (B), plus clair en séchant; pied gris brunâtre; lames blanc crème, puis rougeâtres. (Prés, clairières.) — **643. E. elaphinum Fr.** *E. couleur cerf;* c. R.

○ Pied *non strié :* blanc en haut, gris en bas. → **633. E. costatum;** entièrement gris. → **638. E. speculum.**

+ Pied *bleu ou vert bleuâtre.*

+ Pied *blanc.*

△ Pied *long et grêle, vert bleuâtre* (5a-V), chapeau vert foncé (V-Jn), quelquefois violacé, 2-5 c.; lames blanches, puis incarnates. (Sous les Sapins.) — **644. E. nitidum Q.** *E. brillant;* c. AC.

△ Pied *court et épais,* bleu (Li-Jn); chapeau bleu (Li-Jn), visqueux, 4-6 c.; lames rose purpurin. — **645. E. madidum Fr.** *E. humide;* c-a. AR.

⊕ Chapeau *écailleux ou poilu, sec.*

★ Chapeau *blanc,* mamelonné. → **656. Leptonia sericellum.** (Prés, bruyères.)

★ Chapeau *coloré.*

Champignon poussant dans les *tourbières;* chapeau blanc grisâtre, couvert de poils fins et blancs, 2-4 c.; lames blanches, puis rosées.......... — **646. E. Rozei Q.** *E. de Roze;* c. R.

Champignon poussant sur le *bois.* → **640. E. rhodopolium** var. *pluteoides Fr.*

⊕ Chapeau écailleux ou poilu, sec.

  + Pied brun, gris foncé ou gris lilas.

    △ Lames *blanches, puis incarnat grisâtre;* chapeau gris, hérissé de petites écailles floconneuses, 3-5 c. .... **647[4]. E. scabiosum Fr.** / *E. dartreux;* a-h. R.

    △ Lames *dès le début gris purpurin;* chapeau pelucheux, gris brun, quelquefois teinté de violacé, 3-5 c.; pied gris brun ou lilas (GJ-li)................. **648. E. jubatum Fr.** / *E. à crinière;* a. R.
    (Espèce voisine de la précédente. — La var. *resutum* Fr. a le pied gris ou gris lilas (li).)

⊙ + Pied bleu ou verdâtre.

    — Chair *blanche ou jaune;* pied *gris verdâtre* (gv) ou bleuâtre (Li-B); chapeau même couleur (gv-GV) ou roux brun (B-o), 3-6 c.; lames blanches, puis rosées. (Prés.) **649. E. griseocyaneum Fr.** / *E. gris bleuâtre;* p-c. AR.

    — Chair *verdâtre* (v); pied bleu verdâtre (v-i); chapeau bleu, puis gris violacé et gris de souris (B-G), 3-5 c.; lames serrées, gris rosé................ **650. E. dichroum Pers.** / *E. bicolore;* c. R.

27. CLITOPILUS Fr. CLITOPILE. — *Planche 24, p. 76.* — Champignons charnus à feuillets *décurrents;* spores *fusiformes, présentant six côtes longitudinales* (s, fig. 651).

✕ Chapeau *blanc* ou *légèrement gris jaunâtre,* 4-8 c.; pied *blanc,* parfois poilu; lames serrées, grises ou jaune paille; chair blanche, douce, *ferme* dans la forme type, *molle* dans la var. *Orcella B.;* odeur de farine. ⊙. **651. C. prunulus Scop.** / *C. petite prune;* c. C. ✤

✕ Chapeau *brun* ou *gris foncé,* 2-6 c.; pied *jaune grisâtre,* poilu à la base, lames serrées, grises ou jaune d'ocre: chair *grise, ferme, amère;* odeur de farine. (Dans la var. *mundulus* Lasch, les *lames se tachent de noir au toucher,* la chair est inodore, parfois complètement noire, le chapeau tacheté de bistre.).. **652. C. amarellus Pers.** / *C. amer;* a. AR.

28. LEPTONIA Fr. LEPTONIA. — *Planches 24 et 25, p. 76 et 80.* — Champignons à pied généralement grêle et de consistance cartilagineuse; chapeau à bord enroulé à l'état jeune; *spores anguleuses;* pas de cystides.

⊙ Pied blanc ou très légèrement gris jaunâtre.

  □ Champignon *parasite sur le Cantharellus cibarius;* chapeau blanc, translucide, 5-8 m.; pied blanc, un peu épaissi au sommet; lames blanches, puis rosées. .... **653. L. parasiticum Q.** / *L. parasite;* c. R.

  ○ Chapeau *blanc, légèrement strié de verdâtre,* et *verdâtre au centre,* 1-3 c.; pied blanc, translucide; lames blanches, puis rosées. (Parmi les Sphaignes dans les tourbières.) **654. L. Gillotii Q.** / *L. de Gillot;* a. R.

  ○ Chapeau *blanc, à flocons rose violacé,* 1-2 c.; pied blanc ou jaune crème; lames blanc rosé; chair blanche, rosée sous la cuticule, jaunâtre dans le pied. (Au pied des Aunes, forêts humides.) **655. L. Queletii Boud.** / *L. de Quélet;* c. AR.

  ○ Chapeau *blanc,* faiblement *moucheté de fibres roussâtres, soyeux, brillant,* 1-3 c.; pied blanchâtre; lames rosées. (Pelouses.) **656. L. sericellum Fr.** / *L. soyeux;* c-a. C.

  ○ Chapeau *fauve jaunâtre* (o-j), à petites écailles, 2-3 c.; pied blanc, lames roses........ **657. L. Kervernii de Guern.** / *L. de Kervernike;* a. RR.

  + Pied entièrement ou partiellement *vert clair* ou *olive.*

    ⊖ Chapeau *olive foncé,* ayant de *petites écailles au centre,* à bord festonné, 2 c.; pied olivâtre, épaissi et poilu à la base; lames gris rosé. (Troncs de Sapins.) **658. L. Forquignoni Q.** / *L. de Forquignon;* a. R.

    ⊕ Chapeau à teintes *jaunes* ou *vert clair.*

      ʃ Chapeau *jaune verdâtre* (jv-j, -V-V), orné au centre de *mèches gris bistre,* 2-3 c.; pied jaune verdâtre, parfois *vert en bas, jaune en haut;* lames jaunâtres ou rosées. (Prés.) **659. L. chloropolium Fr.** / *L. vert grisâtre;* c-a. AR.

      ʃ Chapeau *vert clair* (V-v) ou jaunâtre orangé (GJ-gj), 2 c.; pied *vert tout le long,* ou *vert en bas et jaune en haut;* lames jaunâtres, puis rosées. (Prés.) **660. L. euchlorum Lasch.** / — *L. jaune verdâtre;* c. AR.

⊙ Pied clair.

⊙ Pied bleu, violet ou gris jaunâtre.

Chapeau bleu, bleu d'acier, violet bistre, ou gris jaunâtre.

○ Chapeau poilu, pelucheux ou écailleux.

Chapeau brun, gris foncé ou roux.

★ Chapeau véritablement écailleux.

⊙ Pied brun, roux, gris foncé.

⊕ Chapeau lisse ou simplement fibrilleux.

+ Pied *jaune orange clair* (o-j,) ; chapeau de même couleur, orné de *petites écailles brunes ;* lames jaunâtres, puis rosées. (Forêts de Conifères.) — **661. L. formosum Fr.** *L. gracieux ;* c. AR.

○ Chapeau *complètement lisse, strié, en cloche,* gris violacé, bleuâtre, puis brun, 2 c. ; pied bleu lilas pâle, feuillets violacé pâle. (Prés, Bruyères.) — **662*. L. lazulinum Fr.** *L. lazuline ;* a. RR.

Feuillets *blancs, puis incarnats.*

△ Chapeau *bleu foncé* (Li-Jn) ou *grisâtre,* couvert d'un fin duvet, 2-4 c. ; pied bleu (Li-Li-Jn). (Prés.) — **663. L. lampropus Fr.** *L. à pied brillant ;* c. AC.

△ Chapeau *gris jaunâtre,* pelucheux, 2-3 c. ; pied bleu grisâtre, poilu à la base. (Pâturages.) — **664*. L. anatinum Lasch.** *L. couleur de canard ;* c. R.

Feuillets *violacés, bleuâtres ou purpurins.*

Chapeau *gris bleuâtre ou jaunâtre* (gj-gl-Jn-Li), pelucheux, 3-5 c. ; pied bleuâtre ou violacé ; lames lilas pâle. La var. *serrulatum* Pers. a le pied et le chapeau bleu noirâtre et les lames parfois bordées d'un liséré noir. (Pâturages.) — **665. L. chalybæum Pers.** *L. couleur d'acier ;* c. AC.

Chapeau *bleu franc* (Li-Li-Jn), couvert de petites écailles, 2-5 c. ; pied violacé (i-Jn) ; lames violacées (i). (Troncs d'arbres.) — **666. L. euchroum Pers.** *L. bleu ;* a. AR.

Pied *lisse.*

§ Chapeau *plus petit que 2 c.,* gris (G), brun au milieu ; pied bleu cendré, poilu à la base ; lames grisâtres, puis incarnates, quelquefois bordées de noir. (Pelouses.) — **667. L. asprellum Fr.** *L. un peu âpre ;* c-a. AR.

§ Chapeau *plus grand que 2 c.* → **663. L. lampropus.**

Pied *pointillé de noir au sommet.*

ƒ Feuillets *blancs, puis purpurins ;* chapeau gris brun (G-B), plus foncé et écailleux au centre, 3 c. ; pied bleu violacé foncé. (Troncs d'arbres.) — **668. L. placidum Fr.** *L. placide ;* c. R.

ƒ Feuillets *gris, puis roux ;* chapeau gris foncé (G), 3-5 c. ; pied bleu d'acier. (Bois de Sapins.) — **669. L. scabrosum Fr.** *L. raboteux ;* c. R.

★ Chapeau *simplement rayé, fibrilleux.*

— Lames *d'abord blanches, puis rosées,* parfois bordées d'un liséré noir ; chapeau *gris foncé, presque noir,* 3-4 c. ; pied gris bleu.............. — **670*. L. Linkii Fr.** *L. de Link ;* c. RR.

— Lames *bleu violacé au début.* → **662. L. Iazulinum.**

⊙ Chapeau *très écailleux.*

: Pied *brun rougeâtre* (B-O), blanc à la base, pointillé de noir au sommet ; chapeau brun (B), hérissé d'écailles noirâtres ; lames grisâtres, puis roussâtres............... — **671. L. Lappula Fr.** *L. Bardane ;* c. R.

: Pied *brun bleuâtre,* blanc et pointillé de noir au sommet. → **669. L. scabrosum.**

Pied *pointillé de noir au sommet.*

✕ Chapeau *noir bleuâtre ;* lames parfois bordées d'un liséré noir. → **665. L. chalybæum** var. *serrulatum* Pers.

✕ Chapeau *gris noirâtre* (G-B-N), rayé, 2-3 c. ; pied gris foncé (G-B) ; lames blanchâtres, puis purpurines. (Pelouses.) — **672. L. æthiops Fr.** *L. noirâtre ;* c. AR.

Pied *non pointillé de noir au sommet.*

△ Feuillets *bordés d'un liséré noir ;* chapeau gris, plus foncé au centre (G) ; pied brun ou gris (G-B)....................................... — **673*. L. nefrens Fr.** *L. non dentelé ;* c. R.

△ Feuillets *non bordés de noir.*

○ Chapeau *plus grand que 4 c.*

Feuillets *gris, puis incarnats ;* chapeau *gris bistre* (G), fibrilleux, strié, 2-3 c. ; pied gris.............. — **674*. L. sarcitum Fr.** *L. rapiécé ;* a. R.

Feuillets *blancs, puis roux ;* chapeau brun (b-B), 2-3 c. ; pied gris noirâtre. (Prés.) — **675. L. solstitiale Fr.** *L. solstitial ;* c. AR.

○ Chapeau *de 5 à 8 m.* → **637. Nolanea clandestina.**

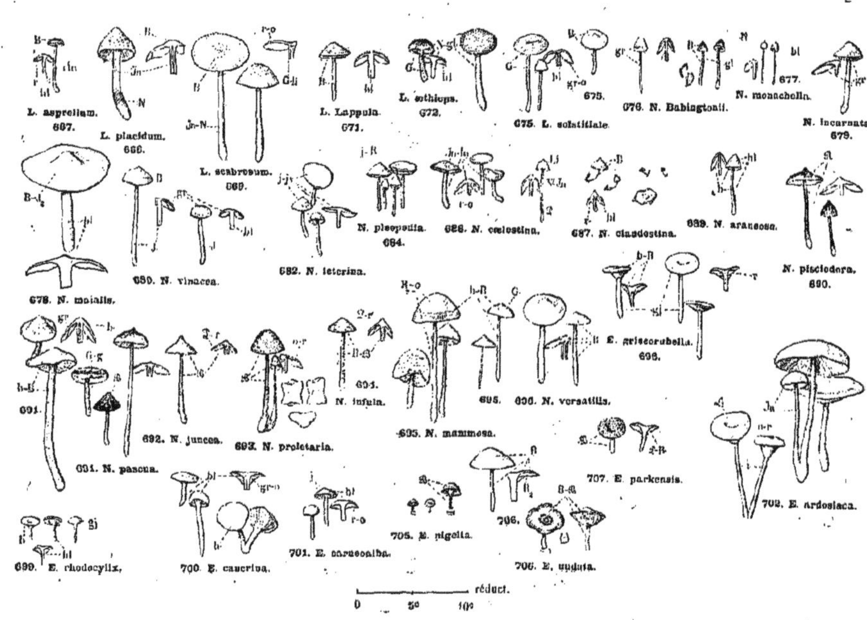
L. asprellum.
687.
L. placidum.
688.
L. scabrosum.
689.
L. Lappula.
671.
L. æthiops.
672.
L. solatitiale.
675.
N. Babingtonii.
676.
N. monachella.
677.
N. incarnata.
679.
N. maialis.
678.
N. vinacea.
680.
N. pleopodia.
684.
N. icterina.
682.
N. cælestina.
686.
N. clandestina.
687.
N. aranеosa.
689.
N. pisciodora.
690.
N. pascua.
691.
N. juncea.
692.
N. proletaria.
693.
N. infula.
694.
N. mammosa.
695.
N. versatilis.
696.
E. griseorubella.
698.
E. rhodocylix.
699.
E. caucrina.
700.
E. caracoalba.
701.
E. nigella.
705.
E. undata.
706.
E. parkensis.
707.
E. ardosiaca.
702.
réduct.
0   50   100

29. NOLANEA Fr. NOLANEA. — *Planche* 25, *p.* 80. — Champignons à pied cartilagineux; chapeau le plus souvent conique et à bord toujours droit; feuillets souvent libres; *spores anguleuses:* pas de cystides.

○ **Pied blanc.**

□ Chapeau *très petit*, ayant de *5 à 8 m.* de diamètre.
- + Chapeau *écailleux, gris brunâtre* ou *rougeâtre* (B-GR), 4-8 m.: lames gris rosé, parsemées de petits points brillants .... **676. N. Babingtonii Berk.** — *N. de Babington; a. R.*
- + Chapeau *lisse, strié, blanc,* avec un *mamelon très pointu et noirâtre,* 5-7 m.; pied très grêle, un peu renflé à la base; lames blanc rosé .... **677. N. monachella Q.** — *N. monacal; c. R.*

□ Chapeau *plus grand que 1 c.*
- Chapeau *brun ou gris bistre.*
  - ♂ Chapeau *orangé rougeâtre* (o-r). → **684. N. pleopodia.**
  - ♂ Chapeau *brun* ○ Pied *lisse.*
    - Chapeau *brun verdoyant;* feuillets *gris, puis roux.* → **696. N. versatilis.**
    - Chapeau *brun cannelle,* 4-6 c.; feuillets serrés, jaunâtres, puis incarnats. **678. N. maialis Fr.** — *N. de mai; p. R.* (Sous les Sapins.)
  - ○ Pied *strié.* → **691. N. pascua.**
  - ♂ Chapeau *blanc grisâtre; marais desséchés.* → **696. N. versatilis** var. *limosa Fr.*

○ **Pied jaune vif, ou incarnat.**

Pied *blanc incarnat,* renflé à la base; chapeau blanc incarnat (r), strié, 4-6 c.; lames blanches, puis rosées. **679. N. incarnata Q.** — *N. incarnat; c. AR.* (Bois sablonneux.)

× Feuillets *blancs, puis rosés.*
- = Pied *jaune vif* (J-J₁); chapeau *brun rougeâtre* (rô-rB) dans la forme type, *incarnat* (r-o) dans la var. *verecunda* Fr., 3-5 c. **680. N. vinacea Scop.** — *N. lie de vin; c. AR.* (Bois, Pelouses.)
- = Pied *incarnat roussâtre;* chapeau *roux,* hémisphérique, puis creux au centre, 2-3 c. **681*. N. rufocarnea Berk.** — *N. roux carné; c-a. R.* (Bruyères.)

× Feuillets *jaunâtres, puis incarnats ou brun clair.*
- — Chapeau *jaune verdâtre* (jv), souvent pointu au sommet, strié au bord, 1-3 c.; lames jaune crème, puis incarnates, quelquefois jaune vif; pied jaune. **682. N. icterina Fr.** — *N. jaunâtre; c. AR.*
- — Chapeau *jaune rougeâtre ou orangé.*
  - D Chapeau *profondément sillonné,* jaune rougeâtre, 2-3 c.; pied jaune rougeâtre; lames à bord brun .... **683. N. cetrata Fr.** — *N. en bouclier; c. AR.*
  - D Chapeau *non sillonné,* jaunâtre ou orangé (o-j₁), 2-3 c.; pied jaunâtre: lames serrées, crème paille, puis rougeâtres. (Pâturages.) **684. N. pleopodia B.** — *N. à pied plein; c. AC.*

○ **Pied bleu ou verdâtre.**

- + Pied *très grêle, filiforme,* bleu verdâtre; chapeau gris verdâtre ou gris lilas avec un petit mamelon pointu et plus foncé; lames rosées .... **685*. N. exilis Fr.** — *N. fluet; c. R.*
- + Pied *plus large,* bleu ou verdâtre (V-i); chapeau bleu clair (li-i) ou gris bleuâtre, 1-3 c.; lames rosées. La var. *cruenta* Q. a le pied plutôt *vert glauque,* les lames *glauques* ou *rougeâtres*... **686. N. cælestina Fr.** — *N. bleu de ciel; c. R.*

○ **Pied brun ou gris foncé.**

Chapeau *plus petit que 2 c.*
- ⊙ Chapeau et pied *sans écailles.*
  - : Chapeau *hémisphérique* avec un *mamelon pointu,* brun ou gris bistre (B-G), 5-8 m.; pied brun; lames *épaisses,* gris rosé. (Var. *bryophyla* Boud. et Roze, chap. 15 m.) **687. N. clandestina Fr.** — *N. clandestin; a. AR.*
  - : Chapeau *déprimé au centre, bistre, avec des sillons brun noirâtre* (rB), 10-15 m.; pied gris; lames *larges,* rosées .... **688*. N. cocles Fr.** — *N. borgne; c. R.*
  - : Chapeau *en cloche, blanc ou gris clair* (g-B), *soyeux,* 1-2 c.; pied gris, présentant une sorte de *cortine grisâtre* et fugace; lames grises. (Bois de Conifères.) **689. N. araneosa Q.** — *N. araneux; c. AR.*
- ⊙ Chapeau et pied *écailleux.* → **676. N. Babingtonii.**

Chapeau *plus grand que 2 c.*
- — Chapeau *blanc ou gris clair.* → **689. N. araneosa.**
- — Chapeau *jaune verdâtre.* → **682. N. icterina.**
- — Chapeau de couleur foncée.
  - □ Champignon ayant une *odeur de concombre,* ou *de poisson;* chapeau conique, mamelonné, *brun rougeâtre au sommet, incarnat au bord.* **690. N. pisciodora Fr.** — *N. à odeur de poisson; c-a. AC.*
  - □ Pas d'odeur spéciale (Voir p. 82).

△ Pied brun, gris foncé, roux ou rougeâtre.

□ Champignon sans odeur spéciale.

○ Pied non strié.

⊙ Pied brunâtre, gris ou roux.

○ Pied strié, soyeux, brun ou gris noirâtre (h-B-℟); chapeau brun noirâtre (B-℟), gris foncé ou roux et blanchâtre par la sécheresse, conique, 3-8 c.; lames grises ou rousses. ⊙ (Pâturages.) — 691. N. pascua Pers. / N. des pâturages; p-c. C.

⊕ Pied brun, presque noir.
★ Chapeau conique, très pointu, presque noir (℟-N), 2-4 c.: lames grisâtres ou rosées. (Endroits très humides, marais, tourbières.) — 692. N. juncea Fr. / N. des Joncs; p-c. AR.
★ Chapeau en cloche, gris foncé (℟-N), 2-4 c.; lames grises ou rousses; très voisin du N. pascua. (Bois humides, Mousses.) — 693. N. proletaria Fr. / N. vulgaire; c-a. R.

+ Lames blanches, puis rosées.
— Chapeau brun très foncé (℟), conique, 1-3 c.; pied plus clair (b), coriace. (Clairières, places à charbon.) — 694. N. infula Fr. / N. à bandelette; a. AR.
— Chapeau roux. → 681. N. rufocarnea.

+ Lames grises, puis rousses.
: Chapeau mamelonné, brun (℟-b) ou rougeâtre orangé (R₂-o), 2-4 c.; pied gris roussâtre. (Pelouses.) — 695. N. mammosa Fr. / N. mamelonné; c. AC.
: Chapeau convexe, surbaissé, brun (b-B); quelquefois gris verdâtre, 2-4 c.; pied brun grisâtre (g-b-B.) (Ces dernières espèces depuis le N. pascua sont très voisines l'une de l'autre.) (Clairières.) — 696. N. versatilis Fr. / N. variable; c. AR.

30. ECCILIA Fr. ECCILIE. — *Planche 25, p. 80.* — Champignons de petite taille, généralement creux au centre du chapeau, à feuillets décurrents, à pied cartilagineux; et à *spores anguleuses.*

Pied blanc, jaunâtre ou gris clair.

○ Chapeau brun ou gris.
+ Chapeau plus petit que 2 c.
  ∫ Lames brun roux; chapeau devenant grisâtre en séchant; pied gris ou brunâtre. — 697.* E. rusticoides G. / E. rustique; a. R.
  ∫ Lames blanches, puis incarnates. → 699. E. rhodocylix.
+ Chapeau d'environ 3 c., brun gris; pied grisâtre; lames blanches, puis incarnates. (Forêts de Pins.) — 698. E. griseorubella Lasch. / E. gris rougeâtre; c. AC.

○ Chapeau blanc, jaunâtre ou rosé.
— Espèce poussant sur les troncs d'arbres d'endroits humides (Aunes, etc.) chapeau gris rosé, ou jaune verdâtre (gr-jv), 1-2 c.; pied jaunâtre; lames blanches, puis rosées.... — 699. E. rhodocylix Lasch. / E. en petite coupe rosée; c. AR.
— Espèce poussant à terre.
  = Chapeau blanc rosé, puis ocre pâle (o-gj), souvent bosselé, festonné, finement pelucheux, 2-3 c.; pied blanc. (Pelouses, bords des chemins.) — 700. E. cancrina Fr. / E. écrevisse; c-a. AR.
  = Chapeau blanc, roux ou grisâtre au milieu, 3 c.; pied blanc; lames blanches, puis incarnates. (Espèce très voisine de la précédente.) (Prés.) — 701. E. carneoalba With. / E. blanc incarnat; c-a. R.

⊕ Pied bleu ou verdâtre.
§ Feuillets non bordés de rouge.
  × Chapeau bleu grisâtre (Jr-℔i-GL), 2-3 c.; pied gris violacé (Li-ln); lames gris violacé ou rousses. (Pelouses.) — 702. E. ardosiaca B. / E. gris d'ardoise; c-a. AC.
  × Chapeau noir bleuâtre ou purpurin (Jn-℔), pelucheux, 1-3 c.; pied bleu verdâtre; lames gris violacé, puis rosées. (Terrains sableux.) — 703*. E. atrides Lasch. / E. noirâtre; c. R.
§ Feuillets bordés de rouge. → 698. E. griseorubella var. carneogrisca Berk. et Br.

⊙ Chapeau gris glauque, déprimé au centre, 3-5 c.; pied gris; lames blanchâtres, puis incarnates. — 704*. E. polita Pers. / E. polie; c. AR.

brun, gris noirâtre roux. / peau autre leur.

(Chapeau plus petit que 1 c., chapeau brun rougeâtre ou gris foncé; pied court, 5-10 m., brun noir; lames grises, puis rougeâtres. (Sables des dunes. — Sud-Ouest de la France.) — 705. E. nigella Q. / E. brun noir; a-h. R.
(Chapeau ▽ Chapeau gris (g) présentant au bord des zones gris foncé (G-B) ou fauve roussâtre, ondulé, 2-5 c.; pied gris; lames grises, puis fauve incarnat. (Pelouses.) — 706. E. undata F. / — E. ondulée; e. R.

de 2 à 4 c. — Chapeau *brun* ou *gris* (B-G), *non zoné*, 2-4 c.; **pied court, brun**; lames serrées, grisâtres, puis rousses. (Pelouses, bord des chemins.) — **707. E. parkensis Fr.** *E. de parc*; c. R.

Chapeau de 6 à 9 c.; hémisphérique, puis ombiliqué, *gris bistre*; pied un peu visqueux, purpurin grisâtre; lames purpurines, puis rouges. (Troncs pourris.) — **708*. E. calophylla Pers.** — *E. à beaux feuillets*; c. R.

31. CLAUDOPUS Fr. CLAUDOPE. — *Planche* 26, *p.* 84. — Champignons *sans pied* ou à pied très court, à *spores anguleuses* (s).

☐ Pied *entouré à la base de filaments blancs*; chapeau en forme de haricot, poilu, gris pâle, 1-3 c.; lames blanc grisâtre, puis rougeâtres. (Bois pourri.) — **709. C. byssisedus Pers.** *C. byssus*; c. AR.

☐ Pied *ne présentant pas ce caractère*; souvent pas de pied; chapeau gris foncé (G), parfois teinté de rougeâtre, *soyeux*, lames grises ou rosées. (Brindilles ou troncs d'arbres.) — **710. C. depluens Fr.** *C. pleureur*; c-a. AR.

32. OCTOJUGA Fayod. OCTOJUGA. — *Planche* 26, *p.* 84. — Champignons *sans pied* ou à pied très court; spores *fusiformes ou elliptiques, présentant huit plis longitudinaux*.

⊙ Chapeau *blanc, mou, velouté*, 1-2 c.; pied très court, quelquefois nul; lames espacées, partant d'un point non situé au centre du chapeau, blanches, puis rosées ou roussâtres. (Brindilles.) — **711. O. variabilis Pers.** *O. variable*; c-a. C.

⊙ Chapeau *rougeâtre, translucide*; pied latéral et très court ou nul; lames blanchâtres, puis purpurines ou lilas pâle. (Sur les Troncs. — Midi de la France.) — **712*. O. translucens DC.** *O. translucide*; a. AR. ✠

TROISIÈME SECTION. — AGARICINÉES A SPORES JAUNE D'OCRE.

33. PHOLIOTA Fr. PHOLIOTE. — *Planches* 26 *et* 27, *p.* 84 *et* 86. — Champignons ayant un véritable *anneau* membraneux; *spores* presque toujours *lisses*.

+ Chapeau *écailleux*.. **1er Groupe**, p. 83.
+ Chapeau *lisse*, quelquefois crevassé, aréolé.. **2e Groupe**, p. 85.

1er Groupe.

☐ Champignon *venant à terre*; chapeau blanc sale, présentant des taches roux clair (b), 8-10 c.; pied couvert de mèches rousses, ventru et terminé en une longue racine pointue; lames rousses. — **713. P. radicosa B.** *P. à racine*; c-a. AC.

= Pied *visqueux*, blanc jaunâtre, avec mèches plus foncées; chapeau jaune (J,) avec mèches plus foncées (O); lames rousses; chair blanche. (En touffes sur les troncs d'arbres.) — **714. P. adiposa Fr.** *P. vigoureux*; c. AR.

= Pied non visqueux. : Chapeau 6-12 c., *jaune* (J), *orangé foncé au sommet* (O-O), *à mèches brunes*; pied jaune, moucheté de brun; chair jaune; lames *brunes*............... — **715. P. aurivella Batsch.** *P. rouillée*; c. AR.

: Chapeau 6-8 c., *brun*. → **722. P. subsquarrosa** var *fusca* Q............

: Chapeau 4-5 c., *jaune, à mèches rousses*; pied jaune à écailles brunes; chair jaune, rousse à la base du pied; lames jaunes, puis *rouillées*............... — **716. P. lucifera Lasch.** *P. Lucifer*; c. R.

(La var. *villosa Fr.* a le chapeau floconneux, poilu.)

⊙ Chapeau *non visqueux*. (*Voyez la suite de l'analyse*, p. 85.)

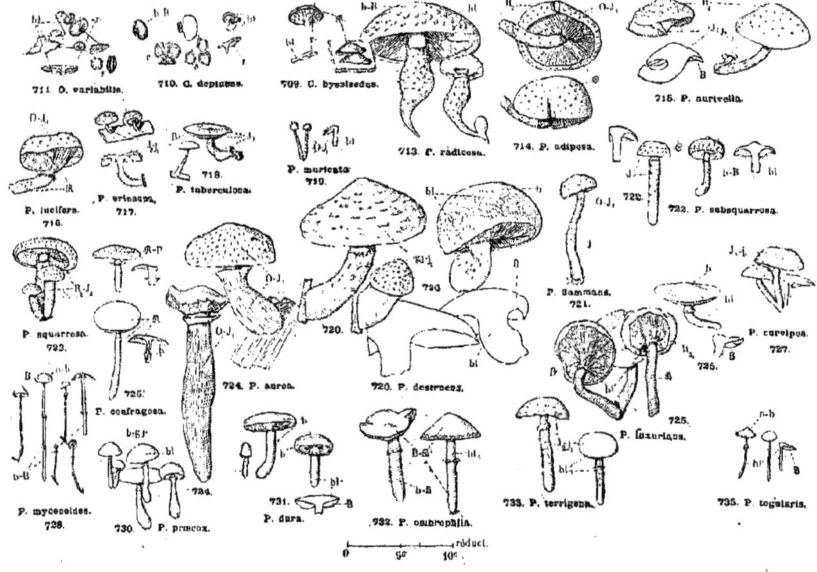
711. O. variabilis.
710. C. depluans.
709. C. byssisedus.
715. P. aurivella.
713. P. radicosa.
714. P. adiposa.
P. lucifera. 716.
P. urinacea. 717.
P. tuberculosa.
P. muricata. 719.
722. P. subsquarrosa.
720.
P. squarrosa. 723.
P. flammans. 721.
P. caroipus. 727.
724. P. aurea.
726. P. destruens.
725. P. luxurians.
P. confragosa.
P. myceноides. 728.
730. P. praecox.
731. P. dura.
732. P. ombrophila.
733. P. terrigena.
735. P. togularis.
róduct.
0   5c   10c

★ **Espèce poussant sur les troncs ou les branches d'arbres.**

⊙ Chapeau non visqueux.

♢ Pied écailleux.

① Chapeau plus petit que 5 c.; pied grêle.

✕ Chapeau de 5 à 12 m., *brun, hérissé d'écailles retroussées*; pied blanc crème, reposant à sa base sur une sorte de *petite membrane arrondie*; lames jaunâtres, puis brun rouillé. — **717. P. erinacea Fr.** *P. hérissé*; a. AR.

✕ Chapeau de 2 à 5 c.
§ Pied *renflé à la base*, écailleux, jaune (j₁); chapeau jaune ou jaune orangé (j-o), 3-5 c.; lames jaunes, puis rousses.............. — **718. P. tuberculosa Sch.** *P. tuberculeux*; c. R.
§ Pied *non renflé à la base*.
= Pied *jaune à écailles brunes*; chapeau jaune pâle à écailles brunes, 2-3 c.; lames brunes. (En touffes.) — **719. P. muricata Fr.** *P. timide*; c. R.
= Pied *jaune vif à petites écailles jaunes.* → **727. P. curvipes.**

① Chapeau plus grand que 5 c.

(Pied *blanc* ou *jaune très pâle*.)
— Chapeau *blanchâtre*, jaune clair, orange pâle ou brun clair (o-j-b). à *grosses mèches blanches*, 10-15 c.; pied épais de 2 à 3 c.; lames rousses. — **720. P. destruens Brond.** *P. destructeur*; c-a. AC.
— Chapeau *brun*, 5-8 c. → **722. P. subsquarrosa** var. *fusca* Q. (En touffes.)

Pied *jaune vif* (J) avec mèches de même couleur, élancé; chapeau jaune vif à écailles jaunes, retroussées, 5 c.; lames jaunes, puis roussâtres. (En touffes sur les troncs d'Epicea.) — **721. P. flammans Fr.** *P. flamboyant*; a. R.

Pied *jaune roussâtre* ou *brun*.
ſ Chapeau *brun rougeâtre* (R), à écailles retroussées, 6-8 c.; pied roux; lames rousses. — **722. P. subsquarrosa Fr.** *P. un peu écailleux*; c. AR.
ſ Chapeau *roussâtre avec écailles brunes*, 6-10 c.; pied roussâtre à écailles plus foncées. ☖ (En touffes, sur les troncs d'arbres.) — **723. P. squarrosa Müll.** *P. écailleux*; a. AC.

★ Espèce poussant *à terre.* → **733. P. terrigena.**

✧ Pied lisse.

+ Pied *épais d'au moins 2 c.*
— Chapeau *blanc ou jaune très pâle.* → **720. P. destruens.**
— Chapeau *jaune orange ou rouge orange* (r-o-j), 5-8 c.; pied même couleur; chair rougissant au toucher, amère; lames roux fauve. (En touffes, au pied des arbres.) — **724. P. aurea Sow.** *P. doré*; c-a. AR.
○ Chapeau *rouge brun* (R), strié au bord. 3-5 c.; pied rouge brun, anneau presque blanc; lames fauve rougeâtre, pourpre noir. (En touffes, sur les troncs pourris.) — **725. P. confragosa Fr.** *P. raboteux*; c-a. R.

+ Pied *mince, de moins de 2 c. d'épaisseur.*

○ Chapeau d'une autre couleur.
□ Chair blanche.
— Pied blanc puis *brun*; anneau en haut du pied; chapeau pelucheux blanchâtre, puis roux. (Voisin du *Ph. ægerita*.) — **726. P. luxurians Batt.** *P. luxuriant*; c. R.
— Pied blanchâtre, ocracé pâle. → **734. P. caperata.**

□ Chair jaune ou brune.
⊙ Pied *renflé à la base.* → **718. P. tuberculosa.** (En touffes, sur les troncs d'arbres.)
⊙ Pied *non renflé à la base.*
△ Pied *court, plus petit que 4 c.*, souvent courbé, jaune orange (J-O); chapeau à peu près de même couleur, surbaissé, 3-5 c.; lames jaunes, puis fauves. (En touffes, sur les troncs de Peuplier, Bouleau, Rosier.) — **727. P. curvipes Fr.** *P. à pied court*; c. R.
△ Pied *allongé, plus grand que 4 c.* (: Chapeau *jaune, orangé foncé au sommet.* → **715.** **P. aurivella.**
(: Chapeau *blanc jaunâtre, avec des écailles jaunes.* → **734.** **P. caperata** var. *phalerata* Fr.

2ᵉ Groupe.

= Espèce poussant dans les marais.

✧ Anneau véritable, membraneux.
⊖ Anneau *très distant du chapeau*, pied grêle, très long; chapeau 6-15 m., légèrement mamelonné..............
⊖ Anneau *peu distant du chapeau*, pied grêle, assez long; chapeau 8-15 m. → **741.** **P. unicolor** var. *muscigena* Q. — **728. P. mycenoides Q.** — *P. ressemblant à un Mycène*; c-a. AR.

✧ Anneau *ténu, fugace, ressemblant à une toile d'araignée.* → **990. Tubaria paludosa.**

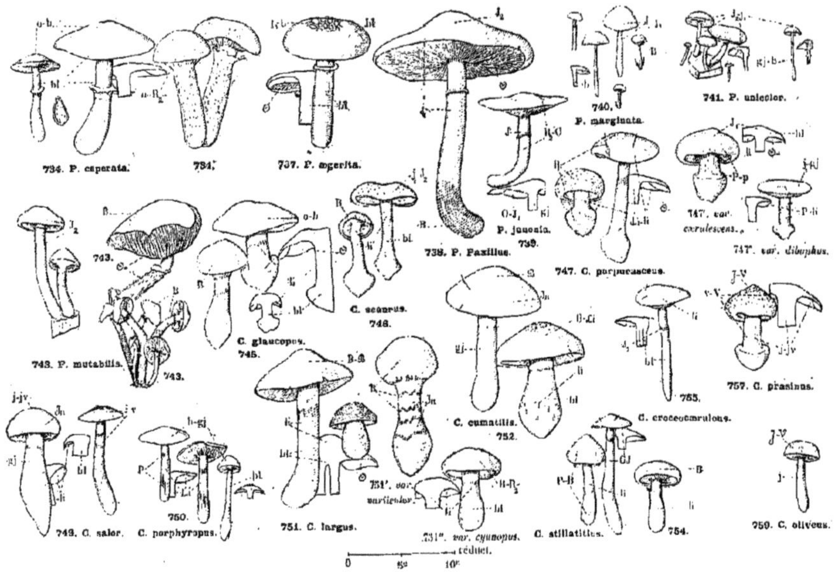
734. P. caperata.
734.
737. P. ægerita.
740.
P. marginata.
741. P. unicolor.
743. P. mutabilis.
743.
O-J.
P. jancoia.
738. P. Paxillus.
739.
747. var.
cærulescens.
747. var. dibaphus.
747. C. purpurascens.
C. scaurus.
748.
C. glaucopus.
745.
757. C. prasinus.
755.
C. cumatilis.
752.
C. croceocærulens.
749. C. salor.
C. porphyropus.
750.
751. C. largus.
751'. var.
variicolor.
751". var. cyanopus.
C. atillatitius.
754.
759. C. oliveus.
réduit.
0   5ᵉ   10ᵉ

= Champignon poussant à terre, non dans les marais.

★ Chapeau *blanc* ou très légèrement coloré en jaunâtre, gris, clair ou incarnat.
+ Chair *douce, molle*, blanche; chapeau blanc, puis ocre pâle, 5-8 c.; pied blanchâtre, bulbeux dans la var. *sphaleromorpha B.*; lames *couleur rouille*. (Chemins.) — **730. P. præcox** Pers. *P. précoce*; p. C. ✠
+ Chair *amère, ferme*, blanche; chapeau blanc, se crevassant en séchant, 5-9 c.; pied blanc, soyeux, dur; lames *blanches*, puis *brun grisâtre*. (Endroits cultivés.) — **731. P. dura** Bolt, *P. dur*; c. AC.

★ Chapeau *brun bistre* ou *brun roux* (B-ß), un peu translucide, bosselé, 6-8 c.; pied brunâtre ou gris; chair molle, blanche; lames rousses. La var. *erebia Fr.* a l'anneau *strié*............ — **732. P. ombrophila** Fr. *P. ami de l'ombre*; c-a. AR.

★ Chapeau coloré assez fortement, généralement jaune, roux ou brun.

⊙ Pied *très écailleux*, jaune; chapeau orangé pâle, jaune clair ou brun clair (J_2-j_1), 3-8 c.; lames jaunes, puis rousses.............. — **733. P. terrigena** Fr. *P. terrestre*; c-a. R

⊙ Pied peu ou pas écailleux.

□ Pied *blanchâtre* ou *faiblement coloré, jaunâtre, grisâtre ou incarnat pâle*.

Chapeau plus petit que 4 c.

○ Chapeau de 6 à 8 c., jaune pâle ou ocracé orangé (o-j_1) pelucheux; pied blanc ou jaune pâle; chair blanche ou jaune; feuillets jaunâtres, puis jaune d'ocre; *spores ponctuées* (s, pl. 27). ⊙ — **734. P. caperata** Pers. *P. ridé*; c-a. C. ✠

× Chapeau *jaune* ou *roux* (b-j-o), 2-3 c.; pied blanc ou jaune; anneau *strié, plissé, assez distant du chapeau*; lames *jaune d'ocre, crénelées et bordées de blanc*. (Pelouses, clairières.) — **735. P. togularis** B. — *P. à toge*; a-p. AC.

× Chapeau *jaune roux*, 15-25 m., plus foncé au sommet; pied soyeux, blanchâtre; lames *roussâtres*. — **736⁺. P. blattaria** Fr. *P. des blattes*; c. AR.

□ Pied de couleur plus foncée, rougeâtre ou brun.
(Pied *hérissé de fibrilles blanches à la base*. → **740. P. marginata.**
(Pied *ne présentant pas ce caractère*. → **741. P. unicolor.**

+ Chair *amère*. → **724. P. aurea.**

= Champignon poussant sur le bois.

□ Pied lisse.

★ Grandes espèces, d'au moins 6 c. de diamètre; pied épais.

+ Chair *douce*.

⊙ Pied *blanc* ou *jaune très pâle*; chapeau soyeux, *blanc ocracé* (b-j), brun au centre, souvent crevassé, 6-10 c.; lames serrées, blanc jaunâtre, puis gris fauve..... — **737. P. ægerita** Port. *P. du Peuplier*; c. AC.

⊙ Pied *jaune vif* ou *orange*.
▽ Pied *brun bistre à la base*; chapeau jaune orange ou roux (j_1-l_2), 10-15 c.; chair fauve ou roussâtre; lames serrées, décurrentes, rousses. — **738. P. Paxillus** Fr. *P. Paxillus*; a. AR.
▽ Pied *rouge fauve à la base*; chapeau jaune orange (O-R₂), 6-8 c.; chair jaune pâle, lames serrées, jaunes, puis couleur rouille...... — **739. P. junonia** Fr. *P. de Junon*; c. R.

— Chapeau *brun rougeâtre foncé* (ß). → **725. P. confragosa.**

+ Chair *amère*.

— Chapeau jaune, orange ou roux.
§ Pied *jaune brun et hérissé de fibrilles blanches à la base*; chapeau *jaune roux*, 3-5 c.; lames serrées, jaune roussâtre. (Conifères.) — **740. P. marginata** Batsch. *P. bordé*; c-a. AC.
§ Pied *jaune fauve, brun bistre à la base*; chapeau roux, 1-2 c.; lames fauve roussâtre, souvent avec un liséré blanc. (Troncs d'arbres.) — **741. P. unicolor** B. *P. d'une seule coul.*; a. AC.
§ Pied *brun clair, blanc au sommet, blanc et poilu à la base*; chapeau roux, 3-5 c.; lames jaunâtres, souvent bordées de blanc. (Pins.) — **742⁺. P. mustelina** Fr. *P. coul. de belette*; c-a. AR.

□ Pied écailleux.

★ Espèces plus petites, ayant moins de 6 c. de diamètre; pied grêle.

(Chapeau *blanc sale, tacheté de roux clair*; pied ventru; *terminé en pointe*. → **713. P. radicosa**; *non terminé en pointe*. → **737. P. ægerita.** v. *cylindracea DC.*

(Chapeau jaune, orange ou roux.
∫ Pied *jaune vif*: ○ mince. → **721. P. flammans.** — ○ *épais*. → **724. P. aurea.**
∫ Pied *brun clair, blanc au sommet et à la base*. → **742. P. mustelina.**
∫ Pied *roux, brun à la base, tenace*; chapeau roux, ocracé ou brun, 3-6 c.; lames serrées, jaunes, puis rousses. ⊙ (En touffes sur les souches.) — **743. P. mutabilis** Sch. — *P. changeant*; p-a. C

(Chapeau *rouge brun foncé*. → **725. P. confragosa.**

34. CORTINARIUS Fr. CORTINAIRE. — *Planches* 27 à 31, *p.* 86, 90, 94, 98 *et* 100. — Champignons présentant une *cortine* (Voyez le vocabulaire), et des feuillets qui changent de couleur et deviennent à la fin *très foncé*, le plus souvent *cannelle*. — Pour déterminer les Cortinaires il faut recueillir des échantillons jeunes afin de voir la couleur des feuillets et de reconnaître si le chapeau est visqueux.

△ Chapeau visqueux.
- ★ *Chapeau ou pied bleu ou violet* au moins sur une partie de leur surface..................... **1er Groupe**, p. 88.
- ★ *Pas de bleu ni de violet*, ni sur le chapeau, ni sur le pied.
  - ʃ Chapeau *vert ou olive*.. **2e Groupe**, p. 89.
  - ʃ Chapeau *blanchâtre, orangé, jaune vif, rouge vif ou rouge de sang*.... **3e Groupe**, p. 89.
  - ʃ Chapeau *gris foncé, bistre, brun ou roux*.......................... **4e Groupe**, p. 92.

△ Chapeau non visqueux.
- *Chapeau ou pied bleu ou violet* au moins sur une partie de leur surface..................... **5e Groupe**, p. 92.
- *Pas de bleu ni de violet*, ni sur le chapeau, ni sur le pied.
  - — Chapeau *vert ou olive*.. **6e Groupe**, p. 93.
  - — Chapeau *blanchâtre, orangé, jaune vif, rouge vif ou rouge de sang*.... **7e Groupe**, p. 95.
  - — Chapeau *gris foncé, bistre, brun ou roux*.......................... **8e Groupe**, p. 97.

1er Groupe.

⊙ *Pied renflé à la base en un bulbe qui présente à sa partie supérieure une sorte de rebord. Ce bulbe est dit marginé.*

⊕ Chapeau entièrement jaune, fauve ou brun.

★ Feuillets *d'abord violacés, puis couleur rouille ou cannelle.*

× Feuillets d'abord violacés :
- : Chapeau *finement rayé*, jaune roux clair, 5-8 c.; pied blanc lilas pâle comme la cortine, allongé; chair violacée, puis jaunâtre........... **744*. C. arcuatus A et S.** — *C. arqué*; a. R.
- : Chapeau non rayé :
  - ① Chapeau *brun argileux pâle* (b-o), 8-12 c.; pied *épais*, lilas pâle, puis jaunâtre; chair *blanc bleuâtre*, puis *jaunâtre*. ⊙ — **745. C. glaucopus Sch.** — *C. à pied glauque*; c-a. AR.
  - ① D Chapeau *jaune rougeâtre*; chair *blanche*. → 775. **C. varius**, var. *pansa* Fr.

× Feuillets *purpurin olive*, puis *gris olive*; chapeau brun (:ß) ou *fauve jaunâtre*, tacheté, 5-8 c.; pied bleu verdâtre, puis jaunâtre; cortine verdâtre........... **746. C. scaurus Fr.** — *C. pied bot*; c. AR.

⊕ Chapeau *brun purpurin* (B-ℒ) ou *bleu lilas* (Li-i-li), parfois violet foncé au bord, 5-15 c.; pied violacé ou lilas; lames violacées se tachant de purpurin au toucher. ⊙ .... **747. C. purpurascens Fr.**(1) — *C. purpurin*; c-a. AC.

⊙ *Pied renflé à la base en un bulbe qui ne présente pas de rebord à sa partie supérieure. Ce bulbe est dit immarginé.*

★ Feuillets *d'abord violacés, puis couleur rouille.*

= Pied *visqueux* (2).
- ⊖ Pied à *écailles jaunâtres*, violet clair au sommet; chapeau *d'un beau jaune, brun au centre*, souvent fendillé, 2-3 c. (Sous les Sapins.) — **748*. C. suratus Fr.** — *C. à pied bulbeux*; c-a. R.
- ⊙ Pied *non écailleux*, entièrement bleuâtre ou tacheté de bleu lilas; bulbe souvent terminé en pointe; chapeau bleu lilas (£i-li), gris au sommet, 5-7 c.................. **749. C. salor Fr.** — *C. couleur de mer*; c-a. AC.

= Pied *non visqueux.*
- ⌣ Chapeau *jaune pâle* (gj-b), 3-5 c.; pied *purpurin violacé* (Li-P), puis blanc jaunâtre, grêle; chair blanche, violacée au toucher.... **750. C. porphyropus A et S.** — *C. à pied pourpre*;a. R. (2)
- ⌣ Chapeau *brun* (B) ou *rougeâtre*, quelquefois gris lilas dans le jeune âge, 10-15 c.; pied soyeux, lilas pâle; chair blanche ou violet pâle. — **751. C. largus Fr.** (3) — *C. large*; c-a. R.

★ Feuillets *d'abord blancs ou jaunâtres, puis roux.*
- Chapeau *violet* (Ju), quelquefois gris brun au sommet, 5-8 c.; pied blanc ou crème. lames blanches, puis roussâtres; chair blanche. (Sous les Sapins.) — **752. C. cumatilis Fr.** — *C. vert de mer*; a-h. R.
- Chapeau *jaune*, 2-3 c.; chair blanche, odeur faible, saveur douce........... (Sous les Hêtres.) — **753*. C. compar Fr.** — — *C. semblable*; c-a. R.
- Chapeau *brun*. → 784. **C. infractus.**

⊙ Pied cylindrique.

+ Pied visqueux.
— Chapeau *ridé, cannelé au bord*, pied lilas pâle ou jaunâtre. → **766. C. elatior.**
— Chapeau *non cannelé au bord*, brun, gris ou rougeâtre, 4-6 c.; pied violacé ou purpurin (li-p), visqueux; feuillets incarnat violacé, puis cannelle; chair blanche............ 754. C. stillatitius Fr. (4) — *C. à gouttelettes*; c-a. R.

+ Pied *non visqueux*.
⊖ Pied *grêle*, presque effilé à la base, *blanc*; chapeau *violacé* (li). 2-3 c., feuillets lilas pâle, puis jaune roux; chair un peu amère, blanche..................... 755. C.croceocœruleusPers. — *C. jaune bleu*; a. AR.
⊖ Pied *épais, court*; chapeau *brun*, 10-15 c. → **751. C. largus**, var. *balteatus Fr.*

2e Groupe.

□ Bulbe du pied présentant un rebord.

§ Chapeau *glauque clair*, jaune au milieu avec taches fauves, 10-12 c.; pied blanc jaunâtre, violacé au sommet; lames souvent *crénelées, violacées*, puis cannelle, l'arête restant parfois violacée; chair blanc jaunâtre.   756*. C. centrifugus Fr. — *C. centrifuge*; a. R.

§ Chapeau *vert* (V-♥) *moucheté de fauve*, 8-12 c.; pied *jaune vert* (j-v), lames gris olive: chair blanche ou jaune verdâtre. — La var. *atrovirens Kalch.* a le chapeau *vert sombre* (♥) et le rebord du bulbe peu marqué.   757. C. prasinus Sch. — *C. vert*; c-a. R.

⊙ Pied visqueux.
{ Pied orné d'*écailles* formant parfois des *anneaux*. → **765. C. collinitus.**
{ Pied *lisse*. → **754. C. stillatitius.**

Bulbe du pied sans rebord, ou pied cylindrique. / ⊖ Pied non visqueux.

ƒ Pied renflé à la base.
: Chapeau *vert jaunâtre, tacheté de fauve*. → **784. C. infractus.**
: Chapeau *vert olive foncé* (♥-GJ), plus clair au bord, 3-6 c.; pied blanc ou jaune verdâtre; lames verdâtres, puis cannelle; chair violacée, puis rousse (pl. 28).   758. C. olivascens Batsch. — *C. olivacé*; c-a. AR.

ƒ Pied *cylindrique, vert olive*, 3-4 c.; pied jaunâtre ou verdâtre; lames *violacées*, puis rouillées; chair jaune pâle, un peu olive sous la cuticule et à la base du pied........... 759. C. oliveus Q. — — *C. olive*; a. R
(Forêts de Pins maritimes, Provence.)

3e Groupe.

⊙ Bulbe du pied présentant un rebord. / Chapeau lisse.

-+ Chapeau *moucheté d'écailles ou de petits flocons*. — Feuillets d'abord jaunes.
× Feuillets *verdâtres* à la fin; chapeau jaune (J) ou rougeâtre pointillé de brun, 6-10 c.; pied jaune ou verdâtre. Dans la var. *russus Fr.* le chapeau est *brun roux*, la chair *âcre*.   760. C. orichalceusBatsch. — *C. jaune cuivré*; a. AR.
× Feuillets *roux* à la fin; chapeau jaune (J,-O), quelquefois brun, pointillé de fauve ou de jaune vif; pied souvent visqueux, jaune pâle ou jaune vif............ 761. C. fulgens A et S. (5) — *C. brillant*; c-a. AR.

△ Feuillets *d'abord blanc crème*, puis jaune roussâtre; chapeau *jaune pâle* (j,), parfois roux au sommet, pied blanc jaunâtre. La var. *allutus Fr.* a le chapeau incarnat ainsi que le pied, les lames jaune rougeâtre.   (Sous les Sapins.)   762. C. multiformis Fr. — *C. multiforme*; a. AC.

△ Feuillets *d'abord violets ou rosés*.
— Pied *blanc*, puis *teinté de jaune*; chapeau *jaune orange* (J,), 5-8 c.; feuillets violets, puis rouillés, dentelés; chair *blanche*................. 763. C. calochrous Pers. — *C. à belle couleur*; c-a. AC.
— Pied bleu *violacé*, puis *jaunâtre*; chair *blanc violacé*. → **745. C. glaucopus.**

△ Feuillets *d'abord jaunes*. (*Voyez la suite de l'analyse, p. 91.*)

---

(1) Chapeau *brun purpurin*, C. *purpurascens Fr.*, forme type; chapeau *bleu ou violacé* et chair *violacée*, var. *cœrulescens Sch.*; chapeau *violacé*, pied, feuillets et chair jaunissant, var. *dibaphus Fr.* — (2) Le C. *torvus* est quelquefois un peu visqueux; il se distinguerait des C. *porphyropus* et *largus* par son pied muni *d'écailles ou d'un anneau* (Voyez 8e Groupe). — (3) Var.: 1° *variicolor Pers.*, chapeau brun clair ou fauve, pied poilu, chair très dure; 2° *cyanopus Secr.*, forme grêle, 5-8 c., seulement; 3° *balteatus Fr.* chapeau brun, bordé de violet. — (4) La var. *emunctus* a le chapeau gris violacé ou verdâtre. — (5) C. *fulgens*, forme type, chapeau *jaune vif*, cortine *jaune*, chair jaunâtre; var., *fulmineus Fr.*, chapeau *fauve, orangé au bord*, chair à peine jaunâtre; var., *sulfurinus Q.*, chapeau *jaune soufre, blanc au bord*, cortine *blanche*, chair jaune pâle.

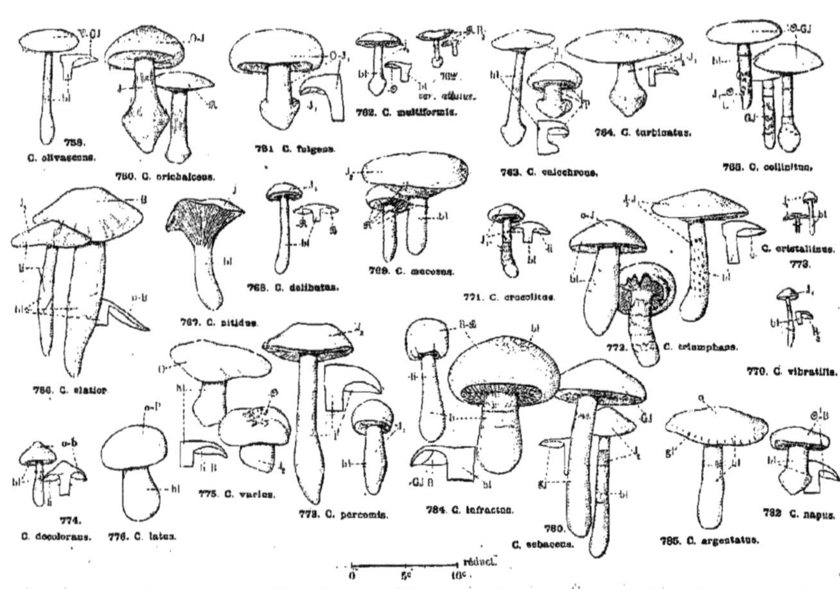
758.
C. olivascens.
760. C. orichalceus.
761. C. fulgens.
762. C. multiformis.
var. elfusus.
763. C. calochrous.
764. C. turbinatus.
765. C. collinitus.
766. C. elatior.
767. C. nitidus.
768. C. delibutus.
769. C. mucosus.
770. C. vibratilis.
771. C. crocolitus.
772. C. triumphans.
773. C. cristallinus.
774.
C. decolorans.
775. C. varius.
776. C. latus.
778. C. percomis.
780.
C. sebaceus.
781. C. infractus.
782. C. napus.
785. C. argentatus.
réduct.
0   5c   10c

Clé analytique (branches de gauche) :

- ○ Pied cylindrique ou renflé à la base, mais à bulbe sans rebord.
- ⊙ Pied non visqueux.
- ⊙ Pied visqueux.
- + Pied lisse, sans écailles ni flocons laineux.
- + Pied couvert d'écailles ou de zones laineuses.
- ⊙ Pied lisse ou à peine écailleux.
- □ Pied grêle.
- = Chapeau plus petit que 5 c.
- = Chapeau plus grand que 5 c.
- ⌓ Feuillets d'abord jaunes, puis roux.

○ Bulbe du pied présentant un rebord.
+ Chapeau lisse.
△ Feuillets d'abord jaunes.

⌒ Chair *blanche*; chapeau jaune, fauve ou brun, 5-10 c.; pied jaune grisâtre; lames jaune roux, puis cannelle. Var. *ferruginosus Scop.*, entièrement couleur rouille; var. *corrosus Fr.*, chapeau *jaune roux*.

⌒ Chair *jaune*; chapeau et pied jaunes. → **761. C. fulgens.**

⊙ Pied couvert de *grosses écailles*, disposées parfois en *plusieurs anneaux*, jaune ou rougeâtre; chapeau jaune ou incarnat, quelquefois verdâtre ou brun; lames violacées, puis rouillées. ☉

⊕ Pied *non écailleux* mais présentant *un anneau*; chapeau lisse, brun orangé, jaunâtre au bord, 4-6 c.; feuillets fauve cannelle; chair blanche. . . . .

□ Pied *gros*, d'environ 2 c. d'épaisseur, incarnat ou violacé (li), aminci à la base; chapeau *cannelé au bord*, jaune paille (j), lilas pâle (li) ou brun (B), 6-12 c.; lames violacées, puis rouillées. ☉

⌓ Feuillets *d'abord roussâtres*; chapeau jaune pâle (j), bosselé. 4-6 c.; pied blanc ou jaunâtre; chair blanche. . . . .

⌓ Feuillets *d'abord violacés* ou *rosés*, puis cannelle; chapeau jaune (J₁), 3-4 c.; pied blanc, puis jaunâtre; chair blanche. (La var. *illibatus Fr.* a le chapeau jaune vif.) . .

— Chapeau de 6 à 10 c.
  ſ Chapeau *jaune au bord, brun au centre*, très visqueux; pied blanc; chair blanche, *un peu amère*. (Bois de Pins.)
  ſ Chapeau *jaune d'ocre, plus foncé au milieu*, puis se décolorant. → **774. C. decolorans**, var. *decoloratus Fr.*

— Chapeau de 2 à 3 c., jaune (J₁), fauve rougeâtre au sommet; pied blanc; chair blanche, très âcre. La var. *plucius Fr.*. 15-25 m.. a la chair gris jaunâtre.

ſ Feuillets *violacés d'abord*, puis cannelle; chapeau jaune (J₁), un peu écailleux au milieu, 6-10 c.; pied blanc ou jaunâtre; chair blanche, puis jaune pâle, un peu amère.

ſ Feuillets *jaunes d'abord*, puis roux; chapeau jaune ou incarnat, 6-15 c.; pied blanc jaunâtre, à écailles rousses, blanches dans la var. *claricolor Fr.*; chair douce. . . .

× Feuillets *blancs ou jaunes, puis cannelle.*
  ① Chapeau *blanc*, légèrement jaunâtre au centre, 3-4 c.; pied blanc ou jaunâtre; chair très âcre, poivrée. . . . .
  ② Chapeau *jaune*, fauve rougeâtre. → **770. C. vibratilis** . . . .

× Feuillets *violacés, puis rouillés.*
  : Chair *blanche*; chapeau *brun jaunâtre* (b-j), 3-5 c.; pied *blanc*, grêle. (Bois de Pins.)
  : Chair *violacée*. → **750. C. porphyropus.**

○ Feuillets *violacés d'abord, puis roux.*
  △ Pied *épais, court*, blanc, gris jaunâtre ou roux; chapeau orangé ou brun rougeâtre (e-o), 6-12 c. Dans la var. *pansa Fr.*, le pied et la cortine sont jaunes, son bulbe a un rebord peu marqué. . . . .
  △ Pied *élancé*. → **774. C. decolorans**, var. *decoloratus Fr.*

○ Feuillets *blancs ou jaunes au début*, puis jaune vif, incarnats ou roux.
  (Chapeau rougeâtre.)
  + Feuillets *jaunes au début*; chapeau gris rougeâtre (gr), plus foncé au centre, 8-10 c.; pied épais, blanc jaunâtre, un peu renflé à la base; chair molle, douce, blanche.
  + Feuillets *d'abord blancs*; chapeau irrégulier, 6-8 c.; pied blanc, roussâtre à la base. . . . .
  (Chapeau *jaune vif ou jaune paille*. (Voyez la suite de l'analyse, p. 92.)

Liste des espèces (colonne de droite) :

764. **C. turbinatus B.** — *C. en toupie;* c-a. AC.
765. **C. collinitus Sow.** — *C. visqueux;* c-a. C.
765*₁. **C. alutipes** — *C. à pied coul. cuir;* c-a. R.
766. **C. elatior Pers.** — *C. élevé;* c-a. C.
767. **C. nitidus Sch.** — *C. brillant;* c-a. R.
768. **C. delibutus Fr.** — *C. glutineux;* c. AR.
769. **C. mucosus B.** — *C. muqueux;* a. C.
770. **C. vibratilis Fr.** — *C. scintillant;* a. AR.
771. **C. crocolitus Q.** — *C. safrané;* a. R.
772. **C. triumphans Fr.** — *C. triomphant;* c-a. R.
773. **C. cristallinus Fr.** — *C. cristallin;* c-a. R.
774. **C. decolorans Pers.** — *C. qui se décolore;* a. R.
775. **C. varius Sch.** — *C. varié;* a. R.
776. **C. latus Pers.** — *C. élargi;* c. R.
777*. **C. serarius Fr.** — — *C. petit lait;* c-a. RR.

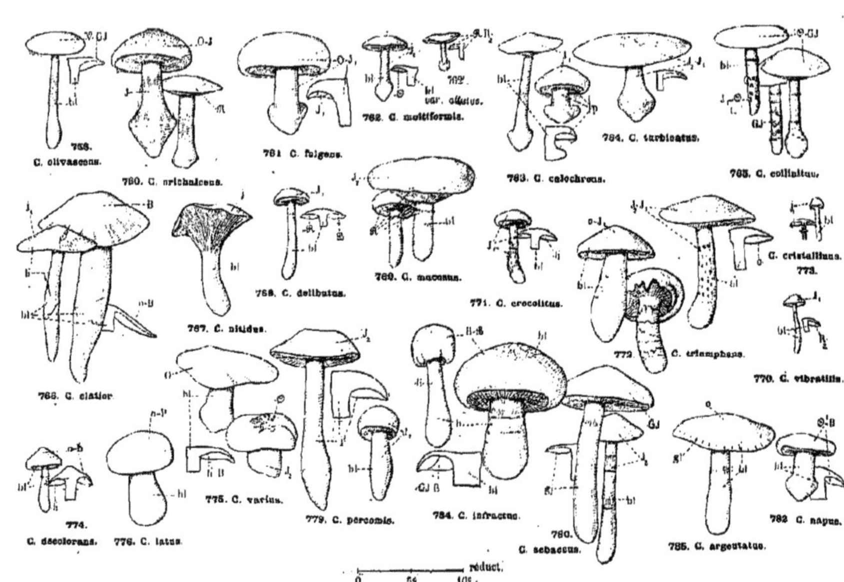

758.
C. olivascens.
780. C. orichalceus.
781. C. fulgens.
782. C. multiformis.
var. elatus.
783. C. calochrous.
784. C. turbinatus.
785. C. collinitus.
766. C. elatior
767. C. nitidus.
768. C. delibutus.
769. C. macaneus.
771. C. crocolitus.
772. C. triumphans.
C. cristallinus.
773.
770. C. vibratilis.
774.
C. decolorans.
776. C. latus.
775. C. varius.
779. C. percomis.
784. C. infractus.
780.
C. sebaceus.
785. C. argentatus.
782 C. napus.
réduct.
0   5°   10°

Left margin (rotated) bracket labels:

?) O Pied cylindrique ou renflé à la base, mais à bulbe sans rebord.

⊙ Pied non visqueux. — ⊙ Pied visqueux.

+ Pied lisse, sans écailles ni flocons laineux. — ⊙ Pied lisse ou à peine écailleux.

= Chapeau plus grand que 5 c. — = Chapeau plus petit que 5 c. — □ Pied grêle.

☌ Feuillets d'abord ⸝ jaunes, puis roux.

+ Pied couvert d'écailles ou de zones laineuses.

O Bulbe du pied présentant un rebord.

  + Chapeau *lisse.*

△ Feuillets *d'abord jaunes.*

  ⌣ Chair *blanche;* chapeau jaune, fauve ou brun, 8-10 c.; pied jaune grisâtre; lames jaune roux, puis cannelle. Var. *ferruginosus Scop.,* entièrement couleur rouille; var. *corrosus Fr.,* chapeau *jaune roux.* → **764. C. turbinatus B.**

  ⌣ Chair *jaune;* chapeau et pied jaunes. → **761. C. fulgens.**

  ⊙ Pied couvert de *grosses écailles,* disposées parfois en *plusieurs anneaux,* jaune ou rougeâtre; chapeau jaune ou incarnat, quelquefois verdâtre ou brun; lames violacées, puis rouillées. ⊙ → **765. C. collinitus Sow.**

  ⊕ Pied *non écailleux* mais présentant un *anneau;* chapeau lisse, brun orangé, jaunâtre au bord, 4-6 c.; feuillets fauve cannelle; chair blanche........................ → **765*₁. C. alutipes**

  □ Pied *gros,* d'environ 2 c. d'épaisseur, incarnat ou violacé (li), aminci à la base; chapeau *cannelé au bord,* jaune paille (j.), lilas pâle (li) ou brun (B), 6-12 c.; lames violacées, puis rouillées. ⊙ → **766. C. elatior Pers.**

  ♪ Feuillets *d'abord blanc crème,* puis *roussâtres;* chapeau jaune pâle (j), bosselé. 4-6 c.; pied blanc ou jaunâtre; chair blanche....... → **767. C. nitidus Sch.**

  ♪ Feuillets *d'abord violacés* ou *rosés,* puis cannelle; chapeau jaune (J,), 3-4 c.; pied blanc, puis jaunâtre; chair blanche. (La var. *illibatus Fr.* a le chapeau jaune vif.).. → **768. C. delibutus Fr.**

  — Chapeau de 6 à 10 c.:

    ♪ Chapeau *jaune au bord, brun au centre,* très visqueux; pied blanc; chair blanche, *un peu amère.* (Bois de Pins.) → **769. C. mucosus B.**

    ♪ Chapeau *jaune d'ocre, plus foncé au milieu,* puis se décolorant. → **774. C. decolorans,** var. *decoloratus Fr.*

  — Chapeau de *2 à 3 c.,* jaune (J,), fauve rougeâtre au sommet; pied blanc; chair blanche, très âcre. La var. *plurius Fr.,* 15-25 m., a la chair gris jaunâtre. → **770. C. vibratilis Fr.**

  § Feuillets *violacés d'abord,* puis cannelle: chapeau jaune (J,), un peu écailleux au milieu, 6-10 c.; pied blanc ou jaunâtre; chair blanche, puis jaune pâle, un peu amère. → **771. C. crocolitus Q.**

  § Feuillets *jaunes d'abord,* puis roux; chapeau jaune ou incarnat. 6-15 c.; pied blanc jaunâtre, à écailles rousses, blanches dans la var. *claricolor Fr.;* chair douce.... → **772. C. triumphans Fr.**

  × Feuillets *blancs* ou *jaunes,* puis *cannelle.*

    ⊙ Chapeau *blanc,* légèrement jaunâtre au centre, 3-4 c.; pied blanc ou jaunâtre; chair *très âcre, poivrée.*.......... → **773. C. cristallinus Fr.**

    ⊕ Chapeau *jaune,* fauve rougeâtre. → **770. C. vibratilis....**

  × Feuillets *violacés,* puis *rouillés.*

    : Chair *blanche;* chapeau *brun jaunâtre* (b-j), 3-5c.; pied *blanc,* grêle. (Bois de Pins.) → **774. C. decolorans Pers.**

    : Chair *violacée.* → **750. C. porphyropus.**

  O Feuillets *violacés d'abord,* puis *roux.*

    △ Pied *épais, court,* blanc, gris jaunâtre ou roux; chapeau orangé ou brun rougeâtre (❍-O), 6-12 c. Dans la var. *pansa Fr.,* le pied et la cortine sont jaunes, son bulbe a un rebord peu marqué.......... → **775. C. varius Sch.**

    △ Pied *élancé.* → **774. C. decolorans,** var. *decoloratus Fr.*

  O Feuillets *blancs* ou *jaunes au début,* puis *jaune vif, incarnats* ou *roux.*

    (Chapeau rougeâtre.

      + Feuillets *jaunes au début;* chapeau gris rougeâtre (gr), plus foncé au centre, 8-10 c.; pied épais, blanc jaunâtre, un peu renflé à la base; chair molle, douce, blanche. → **776. C. latus Pers.**

      + Feuillets *d'abord blancs;* chapeau irrégulier, 6-8 c.; pied blanc, roussâtre à la base................ → **777*. C. serarius Fr.**

    (Chapeau *jaune vif* ou *jaune paille.* (*Voyez la suite de l'analyse,* p.92.)

---

764. C. turbinatus B.
C. en toupie; c-a. A[?].

765. C. collinitus Sow.
C. visqueux; c-a. C.

765*₁. C. alutipes
C. à pied coul. cuir; c-a. R.

766. C. elatior Pers.
C. élevé; c-a. C.

767. C. nitidus Sch.
C. brillant; c-a. R.

768. C. delibutus Fr.
C. glutineux; c. AR.

769. C. mucosus B.
C. muqueux; a. C.

770. C. vibratilis Fr.
C. scintillant; a. AR.

771. C. crocolitus Q.
C. safrané; a. R.

772. C. triumphans Fr.
C. triomphant; c-a. R.

773. C. cristallinus Fr.
C. cristallin; c-a. R.

774. C. decolorans Pers.
C. qui se décolore; a. R.

775. C. varius Sch.
C. varié; a. R.

776. C. latus Pers.
C. élargi; c. R.

777*. C. serarius Fr.
— *C. petit lait;* c-a. RR.

(Chapeau jaune vif ou jaune paille. — Pied jaune ou jaunâtre.

□ Pied blanc, renflé à la base.
= Chapeau *jaune vif*, plissé au bord, 7-9 c.; cortine jaune, fugace; chair molle; odeur de mousse.......................... **778*. C. vespertinus Fr.** — *C. du crépuscule;* c. R.
= Chapeau *jaune paille* ou *jaune verdâtre* (J₂-GJ). → **780. C. sebaceus.**

Pied *fusiforme*, jaune (j), chapeau jaune (J₁), incarnat au milieu, 5-8 c.; lames jaune vif ou fauves; chair *jaune*, douce; à odeur de lavande. (Bois de Conifères.) **779. C. percomis Fr.** — *C. gracieux;* c-a. AR.

Pied renflé à la base.
⊖ Feuillets *jaunes*, puis *cannelle*; chapeau *jaune paille* ou *jaune verdâtre* (J₂-GJ), 6-10 c.; pied blanc jaunâtre; chair *blanche*.......................... **780. C. sebaceus Fr.** — *C. de suif;* c-a. R.
⊖ Feuillets *jaune incarnat*, souvent *crénelés et bordés de blanc*; chapeau jaune d'or (J), 6-8 c.; pied brillant, jaune pâle, blanc au sommet; chair *blanche*, quelquefois rosée. **781*. C. cliduchus Fr.** — *C. à pied en massue;* c-a. R.

4ᵉ Groupe.

○ Pied à bulbe ayant un rebord.
: Feuillets *blanchâtres*, puis *cannelle*.
{ Chapeau *roux incarnat*. → **762. C. multiformis**, var. *allutus Fr.*
{ Chapeau *brun bistre* (B), 6-8 c.; pied blanc, teinté de jaunâtre ou de roux clair; rebord du bulbe souvent *oblique*; chair blanche. (Bois de Pins.) **782. C. napus Fr.** — *C. navet;* a. R.
: Feuillets *jaune verdâtre*, puis *olive ou rouillés*. → **760. C. orichalceus**, var. *russus Fr.*

○ Pied cylindrique ou à bulbe sans rebord.
+ Pied visqueux.
— Pied ayant de *grosses écailles* disposées parfois en *anneaux*. → **765. C. collinitus.**
— Pied *peu ou pas écailleux*: Chapeau *cannelé au bord*. → **766. C. elatior;** *Non.*
→ **769. C. mucosus.**
⊙ Feuillets *d'abord violacés*: — Pied *court, épais*. → **775. C. varius.** — Pied *grêle, élancé*. → **751. C. largus** (1).

+ Pied non visqueux. Feuillets d'abord blanchâtres, jaunes ou verdâtres.
⊕ Chair douce. → **760. C. orichalceus**, var. *russus Fr.*
⊕ Chair amère.
§ Pied *cylindrique*.
★ Pied *blanc*, puis *taché de jaune ocre*, *grêle*; chapeau *brun fauve*, 4-6 c.; lames blanc crème, puis jaune, rouillé; chair *très âcre*.
★ Pied *bleuâtre*. → **784. C. infractus**, var. *subsimilis Pers.* **783*. C. causticus Fr.** — *C. caustique;* a. R.
§ Pied *renflé à la base*, épais, jaune verdâtre, quelquefois violacé au sommet; chapeau et lames brun, gris foncé, olivâtres (B-ℬ), 5-8 c. **784. C. infractus Pers.** (2) — *C. à bord rompu;* c-a. AC.

5ᵉ Groupe.

□ Pied ayant un anneau ou des écailles.
★ Chapeau *écailleux*. → **850. C. pholideus.**
★ Chapeau *non écailleux*.
: Espèce *assez petite*, 3 à 6 c. de diamètre.
— Pied *tacheté de flocons orangés*. → **787**, var. *Lebretonii Q.*
— Pied *tacheté de flocons d'une autre couleur*. → **797. C. scutulatus.**
: *Grande espèce*, 8 c. au moins de diamètre: Pied *très écailleux*. → **852. C. torvus.** — Pied *peu écailleux*. → **808. C. impennis.**

□ Pied bulbeux, ni anneau ni écailles.
+ Feuillets *blanchâtres, jaunes ou roux* au début.
ƒ Chair *blanche ou roux clair*; chapeau *blanc argenté*, *purpurin violacé au bord* (gl), soyeux, 8-12 c.; pied blanc; lames blanches, puis roussâtres.......................... **785. C. argentatus Pers.** — *C. argenté;* a. R.
ƒ Chair *jaune verdâtre*; chapeau *brun olive*, 3-5 c. → **800. C. raphanoides.**
ƒ Chair *rousse ou fauve*; chapeau *violet purpurin* (li-p), roux au sommet, 6-10 c.; cortine blanche; pied violacé ou roux, très renflé à la base; odeur *fétide*. ☉ ... **786. C. traganus Fr.** — *C. à odeur de bouc;* a. AC.
○ Chapeau *humide, translucide, non soyeux*. Chapeau brun. → **845. C. saturninus.**
⊙ Pied *grêle, violacé* au moins au sommet; chapeau de couleurs variées, brun rouge (ℬ), rouge brique, jaune pâle, gris, violacé ou purpurin, 3-8 c.; lames gris lilas, puis rouillées; chair *blanc bleuâtre*. ☉ .... **787. C. anomalus Fr.** (3) — *C. anomal;* c-a. C. ✷

⊙ Pied
⊙ Pied lisse, sans écail-
+ Feuillets violets ou parcou-ru au moins à l'ori-
○ Chapeau sec, soyeux, translu-
⊙ Pied épais.
□ Pied lisse, sans écailles.
□ Champignon sans odeur ou odeur agréable.
⊕ Chair violacée, puis purpurine ou blanc rosé.
+ Bulbe du pied sans rebord.

⊙ Pied cylindrique.
⊕ Chapeau plus grand que 3 c.
⊕ Chapeau plus petit que 3 c.
★ Pied lisse.
★ Pied ayant un anneau ou des écailles.
+ Pied violet clair.
Lames jaunâtres à l'origine.
Lames violacées à l'origine.
6e Groupe.
+ Chair douce.

□ Champignon à *odeur fétide*; chapeau soyeux, présentant de petites fibres violacées, 6-10 c.; pied lilas pâle; cortine blanche................... **788. C. amethystinus Sch.** — *C. améthyste;* a. C. (4)

⊕ Chair *violet foncé* (Ri), champignon *entièrement violet foncé* ou *gris pourpre*; chapeau 6-15 c................... **789. C. violaceus L.** — *C. violet;* c-a. AR.

+ Bulbe du pied présentant un *léger rebord*; chapeau *lilas* ou *incarnat*, brun rayé de fibrilles blanches, 8-12 c.; pied violacé ou roux clair; lames lilas, puis rouillées; chair blanc violacé. **790. C. malachius Fr.** — *C. mauve;* a. R.

= Chapeau *brun pourpre* (R-R') ou *gris purpurin* moucheté de petites écailles grises ou *fauves*, 6-8 c.; pied lilas purpurin (Li-P); lames gris violacé.... **791. C. violaceocinereus Pers.** — *C. violet cendré;* c-a. AR. ✠

= Chapeau *blanc lilas* ou *blanc bleuâtre* (l-li), 5-12 c.; pied blanc violacé; lames bleuâtres, puis rouillées; chair bleuâtre ou rosée à l'air. ⊙ .... **792. C. alboviolaceus Pers. (5)** — *C. blanc violacé;* c-a. AC.

-- Chapeau *blanc* ou taché de jaune pâle. → **832. C. decumbens.**

— Chapeau *brun*: conique, très pointu. → **843. C. germanus.** — *moins aigu, mais mamelonné.* → **844. C. decipiens.**

+ Pied *lilas foncé* (Li-Li); chapeau brun ou fauve, blanc au bord, 8-15 m.; lames lilas pâle, puis rougeâtres. (Au milieu des mousses.) **793. C. ianthipes Sec.** — *C. à pied violet;* a. RR.

△ Pied ayant des *écailles disposées en plusieurs zones annulaires blanches*; chapeau violacé, fauve au sommet, couvert de petites fibres blanches, 2-3 c. **794*. C. periscelis Fr.** — *C. à pied orné d'anneaux;* a. R.

△ Pied ayant des *écailles disposées en une guirlande spiralée blanche*; chapeau gris ou brun violacé (g-B), bosselé, 1-3 c.; feuillets *violet verdâtre*, puis *bruns*... **795. C. bibulus Q.** — *C. imbibé;* a. RR.

△ Pied ayant *un anneau*; chapeau *pointu, brun fauve*, rayé de petites fibres blanches, 2-3 c.; feuillets violacés puis bruns avec l'arête blanche.............. **796. C. flexipes Fr.** — *C. à pied flexueux;* c-a. AC.

Lames *jaunâtres* à l'origine : Chapeau *de 3 à 5 c.* → **832. C. decumbens.** — Chapeau de 8 à 12 c. → **785. C. argentatus.**

Lames violacées à l'origine.

= Pied *écailleux*, allongé, violacé; chapeau violacé ou roux, 3-5 c.; lames rouillées à la fin; chair *violette*. **797. C. scutulatus Fr. (6)** — *C. à réseau;* c-a. AR.

= Pied *lisse, très grêle.* → **853. C. cypriacus.** — *plus épais.* → **845. C. saturninus.**

6e Groupe.

Chapeau *strié jusqu'au milieu, jaune verdâtre* (GJ-gj), blanc au bord, 3-6 c.; pied brunâtre ou crème, rayé de petites fibres blanches, soyeuses; lames olivâtres, puis rousses.......... **798. C. milvinus Fr.** — *C. coul. de milan;* a. R.

Chapeau *velouté, vert olive.* (*Voyez la suite de l'analyse,* p. 95.)

---

(1) Ici on pourrait trouver le *C. torvus* qui est parfois très peu visqueux : par son pied présentant *un anneau ou des écailles,* il se distingue facilement des *C. rarius* et *largus.* — (2) Var. : 1° *subtortus* Pers., pied *tordu,* chapeau *olive jaunâtre;* 2° *subsimilis* Pers., pied *bleuâtre,* chapeau *fauve ou roux.* — (3) 1° *C. anomalus* Fr., forme type, chapeau *brun roux;* 2° var., *azureus* Fr., champignon *entièrement bleu;* 3° var., *albocyaneus* Fr., pied jaune pâle teinté de violet, chapeau *jaune pâle;* 4° var., *Lebretonii* Q., pied couvert d'écailles jaunes; 5° *caninus* Fr., chapeau *rouge brique;* 6° *myrtillinus* Fr., chapeau *gris lilas.* — (4) Var. : 1° *hircinus* Bolt., champignon *complètement bleu, violet ou purpurin;* 2° *camphoratus* Fr., chair blanchâtre. — (5) Var. *cyanites* Fr., chair bleuâtre, devenant *rose* à l'air. — (6) Dans la var. *evernius* Fr., le chapeau est brun ou brun roux, les lames violet pourpre.

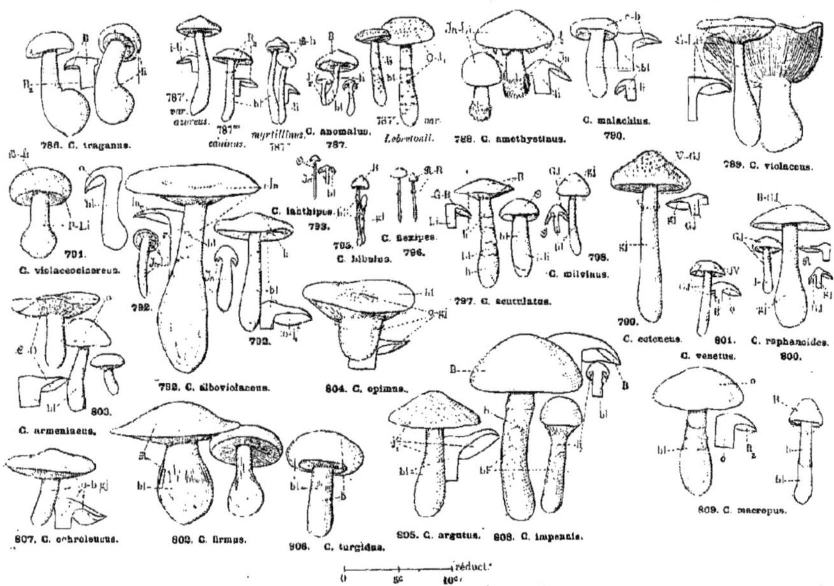

786. C. traganus.
787. var. azureus.
787'' edulnus.
myrtillinus. 787.
C. anomalus. 787.
787. var. Lebretonii.
788. C. amethystinus.
C. malachius. 790.
789. C. violaceus.
791. C. violaceocinereus.
C. ianthipes. 793.
792.
794.
C. flexipes. 796.
795. C. bibulus.
C. milvinus.
797. C. scutulatus.
799.
C. cotoneus. 801. C. raphanoides. 800.
C. venetus.
798.
792. C. alboviolaceus.
804. C. opimus.
803. C. armeniacus.
807. C. ochroleucus.
802. C. firmus.
806. C. turgidus.
805. C. argutus. 808. C. impennis.
809. C. macropus.
réduct.
0   5c   10c

·9·

+ Chair { ⊖ Chapeau *velouté, vert olive* (♥·GJ), 5-8 c.; pied jaune verdâtre (gj), présentant des *écailles* formant
douce. } une sorte de *bourrelet brun roux*; chair jaune verdâtre pâle; lames jaune verdâtre, puis cannelle. — **799. C. cotoneus Fr.** *C. cotonneux; a. R.*

§ Chapeau *fauve olivâtre*, soyeux, 3-8 c.; pied jaune verdâtre; chair à peu près de la même couleur; lames jaune olive, puis rouillées. La var. *vulgus Fr.* a le pied élancé, bulbeux, jaune pâle, la chair jaunâtre. — **800. C. raphanoides Pers.** *C. en forme de radis; c-a.R.*

§ Chapeau *vert olive tendre*, passant au jaune, soyeux, velouté, 3-5 c.; pied jaune verdâtre, jaune à la base, chair jaune, puis verdâtre; lames jaune verdâtre, puis brun olive. (Espèce très voisine de la précédente.) — **801. C. venetus Fr.** *C. vert bleuâtre; a. AR.*

7° Groupe.

⊙ Pied bulbeux ou ventru, épais et court.

+ Pied lisse.

□ Chapeau *lisse*, presque translucide, pâlissant en vieillissant.

— Pied *très gros, très bulbeux*, 4 c. environ d'épaisseur, blanc; chapeau fauve, brun ou roux (B-R), 4-8 c.; lames jaune roussâtre; chair blanche............ — **802. C. firmus Fr.** *C. ferme; a, AC.*

— Pied *ne dépassant pas 2 c. d'épaisseur*, blanc, pointu à la base; chapeau brillant, couleur abricot, 6-12 c.; lames crème, puis fauves; chair ocracé pâle, un peu amère. ⊙ .... — **803. C. armeniacus Sch.** *C. abricot; c-a. AC.*

○ Chapeau *jaune vif* ou *orangé*, à flocons roussâtres. ⊙ → **812. C. tophaceus.**

○○ Chapeau *blanc ocracé* ou *café au lait*.

= Pied *court, très épais*, blanchâtre: chapeau *peluché, aréolé au milieu, jaunâtre pâle* (o-gj), *blanc au bord*, 8-12 c.; lames jaune crème, puis ocracées........ — **804. C. opimus Fr.** *C. opulent; a. R.*

= Pied *allongé, bulbeux mais terminé en pointe*, blanc puis jaunâtre; chapeau jaunâtre (j,), blanc au bord, 6-12 c.; lames blanches, puis roussâtres; chair *dure*. — **805. C. argutus Fr.** *C. subtil; a. R.*

= Pied *bulbeux non terminé en pointe* { : Feuillets *blanc bleuâtre*, puis *jaune pâle*; chapeau *blanc*, légèrement jaunâtre, brillant, 9-12 c.; pied *dur* se feudillant, blanc argenté.. — **806. C. turgidus Fr.** *C. gonflé; c. R.*

{ : Feuillets *jaune d'ocre ou roux*; chapeau soyeux, blanc jaunâtre, un peu plus foncé au milieu, 6-8 c.; chair blanche, amère............ — **807. C. ochroleucus Sch.** *C. blanc ocracé; a. AR.*

○○ Chapeau *blanc teinté de lilas.* → **785. C. argentatus.**

+ Pied présentant des *écailles*, ou rayé de *fibres rouges*.

⊕ Feuillets *d'abord violacés*, puis couleur rouille; pied souvent violacé au sommet; chapeau jaune brunâtre, rayé de *petites fibres blanches*, 10-15 c.; chair purpurine, puis couleur brique............ — **808. C. impennis Fr.** *C. sans poils; c-a R.*

* Pied à anneau floconneux, blanc.

(Pied *long, ventru, tendre*, recouvert d'une *cortine annulaire blanche*; chapeau jaune brun, parsemé de *mèches soyeuses et blanches*, très abondantes dans la var. *laniger Fr.*, 6-9 c.; chair blanc grisâtre. (Bois de Conifères.) — **809. C. macropus Pers.** — *C. à gros pied; a. R.*

⊕ Feuillets jaunes au début.

(Pied *écailleux* ou *simplement floconneux au dessous de l'anneau*.

◇ Pied *épais*, très renflé à la base; chapeau soyeux, *un peu peluché* au bord, fauve rougeâtre (B-b-gr) ou rouillé, 8-12 c.; lames jaunâtres, puis cannelle; chair blanche... ...... — **810. C. bivelus Fr.** *C. à deux voiles; a. C.*

◇ Pied *grêle*; chapeau jaune pâle (j-o), blanc au bord, 3-5 c.; lames jaune crème, puis ocracées; chair blanche............ — **811. C. urbicus Fr.** *C. citadin; a. R.*

* Pied parsemé d'écailles jaunes.

— Feuillets *violacés au début.* → **787. C. anomalus**, var. *Lebretonii* ()

— Feuillets *jaunes au début*, puis *fauve souci avec une bordure jaune pâle*; chapeau jaune ou brun rougeâtre (O-G), 8-12 c.; pied jaune; chair blanc jaunâtre.... — **812. C. tophaceus Fr.** *C. tuf; c-a. AR.*

* Pied présentant une ou plusieurs zones annulaires rouges; chapeau *jaune orange* ou *fauve* (O-R₂), *pelucheux*, 6-12 c.; lames jaunâtres, puis brunes; chair blanc jaunâtre............ — **813. C. hæmatochelis B.** *C. taché de sang; c-a. C.*

* Pied *rayé de fibres rouges*; chapeau *brun* ou *rougeâtre* (B-R), 4-7 c.; lames violacées ou rosées, puis rouillées; chair blanche, puis roussâtre............ — **814. C. Bulliardi Pers.** *C. de Bulliard; a. AC.*

⊙ **Pied rouge sang ou purpurin.**
— = Pied *rouge et orange*, épais; espèce trapue; chapeau *rouge sang* ou *rouge vif tendant vers l'orangé* (R-O). 2-3 c.; lames jaunes, puis rougeâtres; chair jaunâtre ou un peu rosée. → **815. C. orellanus Fr.** — *C. des montagnes; c-a. AC.*
— = Pied entièrement *rouge sang*; chapeau *rouge sang*, mamelonné, peluché, 2-3 c.; lames d'un rouge sanguin, puis devenant rouillées; chair contenant un suc rouge......... → **816. C. sanguineus Wulf.** — *C. sanguin; a. C.*
D) Chair *jaune, amère*; pied *jaune ou brun* (J_1-J_2); chapeau jaune brun, bosselé, 15-25 m.; lames jaunâtres, puis rousses............. → **817*. C. saniosus Fr.** — *C. corrompu; a. R.*

⊤ **Chair blanche; pied blanc ou jaune clair.**
— Chapeau *sec, blanc mais taché de jaune*. → **832. C. decumbens.**
— Chapeau *humide*, un peu translucide.
  + Pied *blanc, mou*; chapeau *jaune pâle* ou *brun clair* (j_1-J_2), 2-3 c.; lames jaunâtres, puis jaune roux..... → **818. C. leucopus B.** — *C. à pied blanc; a. AC.*
  + Pied *blanc jaunâtre*. → **856. C. obtusus.**

△ **Pied écailleux ou présentant un ou plusieurs anneaux.**
○ Pied jaune vif ou roussâtre.
  + Chapeau *jaune ou incarnat pâle* (j_1, 10-15 m.); pied grêle, présentant *une série de bourrelets écailleux superposés*; lames violacées, puis rouillées, quelquefois blanches sur la tranche..... → **819. C. Cookei Q.** — *C. de Cooke; c. R.*
  + Chapeau *rouge orangé* (R_2-O) *ou fauve* parfois mamelonné, 2-3 c.; pied rougeâtre, orné d'*anneaux jaunes*; lames jaunes puis rougeâtres..... → **820. C. gentilis Fr.** — *C. populaire; a. R.*
  + Chapeau *brun rougeâtre* ou *fauve*, souvent mamelonné, 2-4 c.; pied *jaune rougeâtre*, avec un *anneau blanc*; lames jaunes, puis rousses. (Forêts de Pins.) → **821. C. incisus Pers.** — *C. incisé; c-a. AC.*
○ Pied blanchâtre.
  (Chapeau *mamelonné, très pointu, strié, jaune rosé ou couleur brique*, 1-2 c.; pied grêle, jaune pâle; lames jaune crème, puis rougeâtres..... → **822. C. acutus Pers.** — *C. aigu; c-a. R.*
  (Chapeau *en cloche, jaunâtre ou roux clair*, 1-2 c.; pied blanc crème ayant un anneau *blanc, fugace*; lames jaune pâle, puis couleur ocre......... → **823. C. fallax Q.** — *C. fallacieux; a. R.*

∫ **Pied rouge ou rouge et orangé.**
— Pied entièrement rouge.
  § Chapeau *rouge vif, brillant*, tendant quelquefois vers l'orangé, 3-5 c.; pied de même couleur, soyeux; cortine rose orange; lames rouge pourpre..... → **824. C. cinnabarinus Fr.** — *C. rouge de cinabre; c-a. C.*
  § Chapeau *rouge sombre, rouge de sang*, peluchcux. → **816. C. sanguineus.**
— Pied *rouge et orangé*; chapeau rouge orangé. → **815. C. orellanus.**
— Pied *blanc ou rosé, tacheté de rouge vif*; chapeau blanc ou rosé également *moucheté de rouge*, quelquefois de *jaune rosé*, 3-6 c.; lames jaunes..... → **825. C. bolaris Pers.** — *C. ocre rouge; c-a. AR.*

★ **Pied épais; chapeau plus grand que 5 c.**
× Pied *terminé en pointe, dur*; chapeau mamelonné, présentant *un sillon au bord*, roux clair (R_2-B), ayant, comme le pied, une cuticule épaisse, dure, se déchirant en lanières retroussées; lames blanches, puis jaunâtres..... → **826. C. duracinus Fr.** — *C. dur; a. R.*
× Non.
  = Chapeau *humide*, jaune abricot. → **803. C. armeniacus.**
  = Chapeau *sec: blanc jaunâtre teinté de violet*. → **785. C. argentatus.**
  — jaune ocracé. → **807. C. ochroleucus.**

☐ **Pied présentant un ou plusieurs anneaux.**
⊙ Chapeau *mamelonné*.
  : Feuillets *épais, espacés*; chapeau *roux ou brun clair* (b); pied blanc, présentant un bourrelet écailleux; lames jaunâtres, puis rousses..... → **827. C. licinipes Fr.** — *C. à pied velu; a. AR.*
  : Feuillets *minces, serrés*; pied grêle, blanc, creux, pourvu d'un anneau; chapeau *fauve clair*, 3-5 c.; lames brunes ou rousses; chair rousse..... → **828. C. ileopodius B.** — *C. à pied creux; c-a. AC.*
⊙ Chapeau *non mamelonné*, jaune pâle. → **811. C. urbicus.**

(marges gauches : ⊕ Chapeau plus petit que 3 c. — ⊙ Pied d'une autre couleur. — cylindrique. — grand que 3 c. — blanc jaunâtre. — anneau que 5 c.)

⊙ Pied
⊕ Chapeau plus
ʃ Pied *blanc* ou
ʃ Pied *jaune vif, roux* ou *brun.*
★ Pied *grêle*; chapeau
□ Pied sans plus petit
⊙ Pied *entièrement blanc.*
Pied *écailleux, strié* ou *présentant un ou plusieurs anneaux.*
Pied *lisse.*

⊕ Pied *jaune paille* ou *jaune crème* : ○ chapeau *strié au bord.* → **856. C. obtusus.** — ○ *non strié.* → **833. C. isabellinus.**

+ Chapeau *blanc jaunâtre.*
(Pied *effilé à la base;* chapeau soyeux au bord, 3-5 c. ; lames blanc jaunâtre, puis cannelle. (Bois de Conifères.) **829. C. rigens Pers.** *C. raide;* a-h. R.
(Pied *non effilé à la base;* chapeau fragile, 4-6 c. ; lames *crénelées*, fauves avec un *liseré blanc*........................ **830. C. privignus Fr.** *C. beau fils;* a. R.

+ Chapeau *rose* ou *couleur chair* (r-o), puis *jaunâtre* (j), 4-6 c. ; pied soyeux, grêle ; lames jaunâtres, puis cannelle.................................. **831. C. dilutus Pers.** *C. délayé;* a. AR.

+ Chapeau *blanc, taché de jaune vif*, 3-4 c. ; pied brillant ; lames blanc crème, puis roussâtres ; chair blanche, un peu amère. (Bois de Conifères.) **832. C. decumbens Pers.** *C. penché;* c-a.R.

△ Chair *blanche* ou *légèrement jaunâtre.*
= Pied *en partie blanc, en partie jaune vif* (J) ; chapeau jaune vif. → **860. C. malicorius**, var. *infucatus Fr.*
= Pied *jaune brunissant* (J_1-b) ; chapeau incarnat ou ocracé, 3-4 c. ; lames jaunâtres, puis rousses. (Bois de Conifères.) **833. C. isabellinus Batsch.** *C. isabelle;* a. AR.

△ Chair *jaune vif.* → **861. C. cinnamomeus.**

△ Chair *jaune roussâtre.* → **835. C. hinnuleus.**

ʃ Pied orné de *plusieurs anneaux.*
— Feuillets *violacés* ou *purpurins*, puis cannelle ; chapeau rouge ou jaune rougeâtre, plus clair au bord, 6-8 c. ; odeur désagréable.......... **834. C. plumiger Fr.** *C. plumeux;* a. R.
— Feuillets jaunes au début.
: Pied à *anneaux blancs.* → **840. C. rigidus**, var. *stemmatus Fr.*
: Pied à *anneaux jaune soufre.* → **820. C. gentilis.**

ʃ Pied *tacheté de petites fibres rouges.* → **825. C. bolaris.**

ʃ Pied ayant *des écailles* ou *un seul anneau.*
⌔ Chapeau *mamelonné*, roux ou jaunâtre (R_3), 3-7 c. ; pied de même couleur ; lames jaunâtres, puis rougeâtres ; odeur forte..... **835. C. hinnuleus Sow.** *C. faon;* c-a. C.
⌔ Chapeau *non mamelonné*, jaune orange (J_1), couvert de petites écailles orangées, 5-9 c. ; pied jaune roux, à petites écailles.... **836. C. limonius Fr.** *C. couleur citron;* c-a. AR.

8° Groupe.

△ Chapeau *plus petit que 3 c.*
+ Pied présentant un *anneau* ou *des écailles.*

⊙ Pied à *écailles disposées en spirales* ou formant *plusieurs anneaux.*
ʃ Chapeau lisse, *brun grisâtre* (B), 1-2 c. ; pied jaune ou fauve, orné de plusieurs bourrelets laineux ; lames rousses ; chair un peu âcre. (Forêts sablonneuses.) **837. C. punctatus Pers.** *C. ponctué;* c-a. AR.
ʃ Chapeau *couvert de petites écailles*, brun, 1-3 c. ; pied fauve clair présentant plusieurs anneaux blancs ; lames jaune rougeâtre. Les écailles du chapeau sont *blanches* dans la forme type, *brunes* dans la var. *penicillatus Fr.* **838. C. paleaceus Weinn.** *C. couleur paille;* a. R.

⊙ Pied ayant un *seul anneau.*
□ Pied *brun.*
(Chapeau parsemé de *petites fibres blanches.*
⌔ Chapeau *strié*, brun fauve, 2-3 c. ; pied brun ou gris à *anneau blanc;* lames jaunâtres, puis *brunes;* chair blanchâtre....... **839'. C. glandicolor Fr.** *C. couleur gland;* a. AR.
⌔ Chapeau *non strié.* → **840. C. rigidus**, var. *hemitrichus Pers.*
(Chapeau à *écailles brunes.* → **851. C. sublanatus**, var. *arenatus Pers.*
(Chapeau *soyeux.*
⏀ Chapeau *plus grand que 2 c.*, brun ou roux ; pied brunâtre *rayé de petites fibres blanches;* anneau blanc ; lames jaunâtres, puis brun roussâtre... **840. C. rigidus Scop.** *C. rigide;* a. R.
⏀ Chapeau *plus petit que 2 c., conique, très aigu.* → **822. C. acutus.**

□ Pied *blanc jaunâtre.* (*Voyez la suite de l'analyse*, p. 99.)

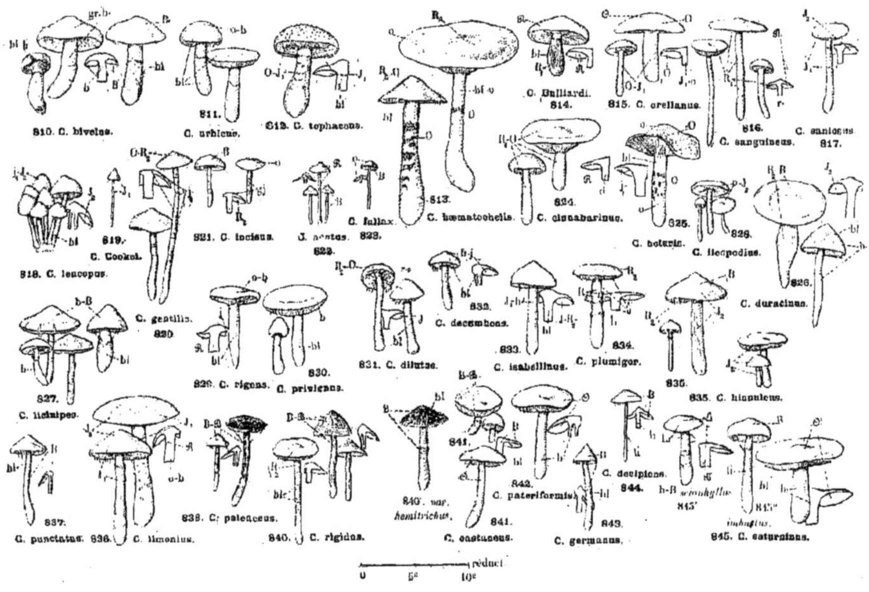
810. C. bivelus.
811.
C. urbicus.
812. C. tophaceus.
813.
C. Bulliardi. 814.
815. C. orellanus.
816.
C. sanguineus.
C. saniosus. 817.
818. C. leucopus.
C. Cookei.
819.
821. C. incisus.
C. acutus. 822.
823.
C. fallax.
C. haematochelis.
824.
C. cinnabarinus.
825.
C. bolaris.
826.
C. ileopodius.
C. duracinus.
827.
C. licinipes.
C. gentilis.
829.
829. C. rigens.
830.
830.
C. privignus.
831. C. dilutus.
832.
C. decumbens.
833.
C. isabellinus.
834.
C. plumiger.
835.
835. C. hinnuleus.
837.
C. punctatus. 836.
838. C. paleaceus.
C. limonius.
840.
840. C. rigidus.
840. var. hemitrichus.
841.
841.
C. castaneus.
842.
C. pateriformis.
843.
C. germanus.
844.
C. decipiens.
scandylus
845.
C. scandylus
845.
imbutus.
845. C. saturninus.

△ Chapeau plus petit que 3 c.

+ Pied présentant un anneau ou des écailles. | □ Pied blanc jaunâtre. | — Pied *violacé au sommet,* flexueux. → **796. C. flexipes.**
-- Pied *non vio-* | = Pied *lisse au-dessous de l'anneau.* → **822. C. acutus.**
lacé au sommet. | = Pied *écailleux.* → **821. C. incisus.**

+ Pied lisse.

○ Pied *rouge brun ou jaune vif.* | ⊙ Chair *blanche* ou légèrement rosée ou violacée. | ƒ Pied *rouge sang.* → **816. C. sanguineus,** var. *anthracinus. Fr.*
ƒ Pied *brun;* cortine blanche; chapeau brun ou gris foncé (B-B), 2-4c.; lames rose purpurin, puis rouillées; chair légèrement rosée. — **841. C. castaneus B.** / *C. châtain; e-a.* AC.
⊙ Chair *jaune.* → **861. C. cinnamomeus.**

○ Pied de couleur claire.

★ Chapeau *sec,* à petites fibres blanches. → **787. C. anomalus,** var. *myrtillinus Fr.*

✶ Chapeau *humide, un peu translucide.* | × Chapeau brun, *couvert de fines écailles blanches,* 2-5 c,; pied brillant, brun clair; lames jaunâtres, puis rousses. (Bois de l'Uns.) — **842. C. pateriformis Fr.** / *C. en forme de patère;* a.R.

× Chapeau *non écailleux.* | § Chapeau *conique, très pointu,* brun ou roux, 2-3 c.; pied blanchâtre ou roux clair; lames jaunâtres, puis brunes; chair roussâtre, un peu amère. — **843. C. germanus Fr.** / *C. frère; e-a.* R.
§ Chapeau *en cloche, mais mamelonné,* brun ou gris (B-G), 2 c.; pied jaune grisâtre, parfois teinté de rose violacé; lames rougeâtres... — **844. C. decipiens Pers.** / *C. trompeur; e.* R.

□ Pied *blanc* ou très peu coloré.

{ Feuillets *violacés à l'origine.* | ○ Chapeau *sec.* → **787. C. anomalus.**
○ Chapeau *humide, translucide sur les bords,* brun, blanc au bord, 4-9 c.; pied blanchâtre ou violacé; lames violacées, puis rouillées. — **845. C. saturninus Fr.** (1) / — *C. à pied bleu;* a. AC.

{ Feuillets *jaune d'ocre à l'origine.* | ⌒ Pied *terminé en pointe,* chair blanche. → **802. C. firmus.**
⌒ Pied *non terminé en pointe,* chair rousse; chapeau brun fauve, bosselé, 6-8 c.; pied blanchâtre; feuillets rouillés à la fin..... — **846. C. subferrugineus Batsch.** / *C. ferrugineux; e-a.* AR.

□ Pied très coloré.

○ Chapeau *sec.* | ƒ Pied *strié de fibres rouge vif.* → **814. C. Bulliardi.**
ƒ Pied *brun, roux à la base.* → **787. C. anomalus,** var. *caninus Fr.*
ƒ Pied *rouge orangé.* → **815. C. orellanus.**
ƒ Pied *jaune ou verdâtre.* → **800. C. raphanoides.**

○ Chapeau *humide, translucide.* | = Pied *jaune* (J,), puis fauve, naissant d'un mycelium *rouge;* chapeau bosselé, brunâtre, 3-5 c.; lames jaunâtres, puis rouillées..... — **847. C. colus F.** / *C. quenouille; e-a.* AR.
= Pied *brun,* brun ou roux (b-B), chapeau brun roux, rayé de petites fibres, 5-7 c.; lames jaunâtres, puis rousses................. — **848*. C. brunneofulvus Fr.** / *C. brun fauve;* a-h. R.

△ Chapeau plus grand que 3 c.

⊙ Pied bulbeux.

⊕ Pied lisse ou seulement fibrilleux.

⊕ Pied présentant un *anneau rouge.* → **813. C. hæmatochelis.**

⊕ Pied à *anneau blanchâtre ou un peu écailleux.* | ⫶) Chapeau *à petites écailles blanches.* → **840. C. rigidus,** var. *hemitrichus Pers.*

⫶) Chapeau *plus sans écailles petit que 15 c.* | : Chapeau *très grand, dépassant* 15 c. → **852. C. torvus.**
: Chapeau | — Pied *blanchâtre ou peu teinté:* Pied *gros, épais.* → **810. C. bivelus.** — Pied *grêle.* → **827. C. licinipes.**
— Pied *brun, strié de petites fibres blanches;* chapeau brun foncé (B-B); lames rouillées; chair brunâtre ... — **849. C. brunneus Pers.** / *C. brun; e-a.* AC.

⊙ Pied à *très grosses écailles*........ | *(Voyez la suite de l'analyse, p. 101.)*

⊙ Pied *cylindrique*....................

(1) Var.: 1o *sciophyllus Fr.,* pied *bleu violet;* lames gris violacé; 2o *imbutus Fr.,* pied *blanc, lilas pâle au sommet,* chapeau brun clair; lames lilas pâle, puis cannelle.

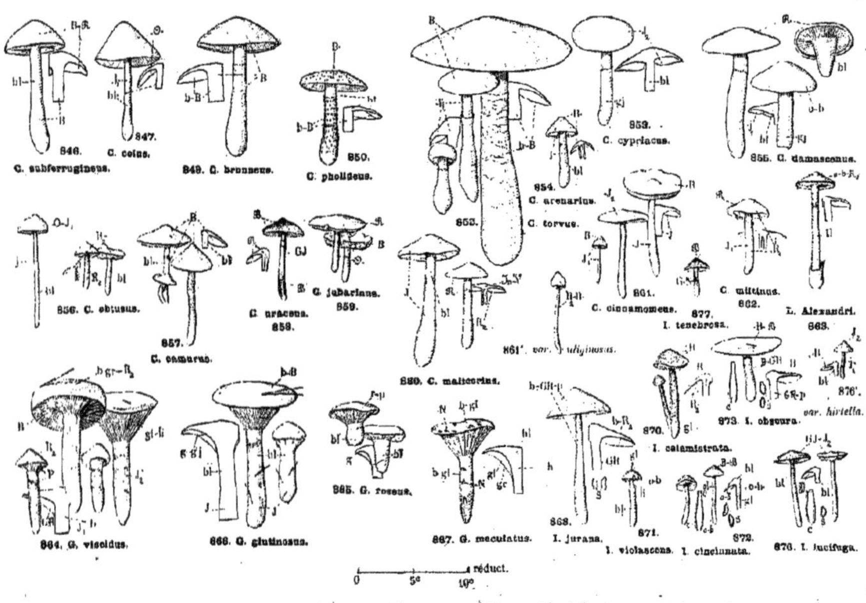
846.
C. subferrugineus.
847.
C. colus.
849. C. brunneus.
850.
C. pholideus.
853.
C. arenarius.
854.
C. torvus.
855. C. damascenus.
C. cypriacus.
856. C. obtusus.
857.
C. camurus.
858.
C. uraceus.
859.
G. jubarinus.
C. cinnamomeus.
861.
861'. var. uliginosus.
862.
C. multinus.
863.
L. Alexandri.
877.
I. tenebrosa.
876'.
var. hirtella.
873. I. obscura.
I. calamistrata.
870.
860. C. malicorius.
864. G. viscidus.
866. G. glutinosus.
865. G. roseus.
867. G. maculatus.
868.
I. jurana.
871.
I. violascens.
872.
I. cincinnata.
876. I. lucifuga.
0   5c   10c   réduct.

- ⊙ Pied bulbeux.
  - ⊙ Pied à très grosses écailles.
    - × Chapeau écailleux.
      - △ *Chair et lames violacées;* lames devenant ensuite cannelle; chapeau brun, 5-8c.; pied hérissé jusqu'au sommet d'écailles constituant parfois plusieurs anneaux. — **850. C. pholideus Fr.** *C. écailleux;* e-a. AR.
      - △ Chair *blanche ou jaune roussâtre;* lames *rousses;* pied blanc; chapeau brun, pelucheux, 5-8 c. (Sous les Sapins.) — **851*. C. sublanatus Sow.** *C. laineux;* e-a. AC.
    - × Chapeau lisse.
      - ⌢ Chapeau *de 12 à 25 c.,* brun ou roux; pied gris, jaunâtre ou brun roux, couvert de nombreuses écailles disposées parfois en anneaux; lames lilas pâle ou rouillées. — **852. C. torvus Fr.** *C. farouche;* e-a. AC.
      - ⌢ Chapeau *de 3 à 5 c.,* roux grisâtre, chair *violette.* → **797. C. scutulatus.**
  - + Pied ayant *plusieurs anneaux,* ou *un seul anneau,* mais alors écailleux au-dessous de cet anneau.
    - — *Pied blanc avec une gaine blanche en bas du pied,* ou plusieurs anneaux blancs. → **809. C. macropus.**
    - — *Pied blanc, teinté de jaune et de rouge.* → **834. C. plumiger.**
    - — Pied brun ou roux.
      - ∫ Pied ayant *plusieurs anneaux:* — **840. C. rigidus,** var. *stemmatus Fr.*
      - ∫ Pied ayant *un seul anneau;* chapeau *écailleux.* → **851. C. sublanatus.** — *Non.* → **821. C. incisus.**
- ⊙ Pied cylindrique.
  - + Pied sans écailles ni anneaux, quelquefois fibrilleux.
    - + Pied lisse au dessous de l'anneau.
      - ○ Pied *blanc* ou peu coloré.
        - { Lames *violacées,* puis *rousses;* chap. brun (J2), parfois violacé au bord, bosselé, 3-5c.
        - { Lames *jaunâtres,* puis *cannelle;* chapeau jaune roux. → **811. C. urbicus.**
      - ○ Pied *jaune vif,* présentant à sa base de nombreux filaments en touffe; chapeau brun gris, jaunâtre au bord, 4-6 c.; lames jaunâtres, puis brunes; chair douce, blanche ou jaune pâle. (Sous les Pins.)
      - ○ Pied *brun roux* ou *rougeâtre.*
        - § Lames *violacées,* puis *cannelle.* → **840. C. rigidus,** var. *hemitrichus Pers.*
        - § Lames jaunâtres, puis brunes ou rousses.
          - ★ Pied *épais.* → **835. C. hinnuleus.**
          - ★ Pied *grêle.*
            - Chapeau *brun rougeâtre, pointu.* → **821. C. incisus.**
            - Chap. *brun clair* (b), *mamelonné.* → **828. C. ileopodius.**
    - ★ Pied *blanc* ou *jaune pâle.*
      - □ Pied *gros, robuste, dur, aminci à la base;* chapeau *brun rouge* (R), 4-8 c.; pied paille; lames jaunâtres, puis cannelle; chair blanche, dere............ — **855. C. damascenus Fr.** *C. couleur de daim;* a. AR.
      - □ Pied *grêle.*
        - △ Chair *roussâtre;* chapeau *brun* ou *rouge brique* (Rg-J1), 2-5 c.; lames incarnat, puis jaunes ou rousses............ — **856. C. obtusus Fr.** *C. obtus;* e-a. R.
        - △ Chair *blanche.*
          - = Chapeau *brun rougeâtre* (B-R) 3-8c.; pied flexueux, un peu aminci à la base. — **857. C. camurus Fr.** *C. tortueux;* a. AC.
          - = Chapeau *roux clair* ou *incarnat.* → **829. C. rigens.**
    - ★ Pied *brun fauve* ou *roux.*
      - × Pied *vert en haut, brunâtre à la base;* chapeau brun, gris noirâtre au sommet (B-G-N), 3-5 c.; lames brunes; chair *brune.*............ — **858. C. uraceus Fr.** *C. brûlé;* p-e. R.
      - × Pied *d'une seule couleur.*
        - = Pied *strié.*
          - + Chapeau *brun rouge* (R), parfois bosselé, 3-6 c.; lames rousses ou brunes. — **859. C. jubarinus Fr.** *C. éclatant;* a-h. AC.
          - + Chapeau *cannelle.* → **835. C. hinnuleus.**
        - = Pied *non strié;* chapeau *hérissé de petites fibres blanches.* → **842. C. pateriformis.** — *Non.* → **841. C. castaneus.**
    - ★ Pied *jaune vif, orange* ou *rouge sang.*
      - ○ Pied *jaune vif.*
        - — Feuillets *vert olive au début,* puis couleur rouille. → **800. C. raphanoides.**
        - — Feuillets jaunes au début, puis *jaunes* ou *cannelle.*
          - ∫ Pied *rayé de petites fibres rouges;* chapeau brun rouge (B-R), 3-5 c.; chair jaune verdâtre................ — **860. C. malicorius Fr. (1)** *C. coul. de grenade;* e-a. R.
          - ∫ Pied *non rayé* de fibres rouges; chapeau brun, roux ou fauve, mamelonné, 3-6 c.; chair jaunâtre ou rousse. ⊙ — **861. C. cinnamomeus L. (2)** — *C. cannelle;* e-a. C.

---

(1) La var. *fucatophyllus Lasch.* a les lames jaunes tachées de pourpre clair, puis rouillées. — (2) Var.: 1o *croceus Sch.,* chapeau *brun, jaune au bord,* lames jaune d'ocre; 2o *croceoconus Fr.,* chapeau *conique, jaune, brunâtre au sommet* · 3o *uliginosus Berk.,* chapeau *brun* ou *fauve,* lames *jaune verdâtre.*

○ Pied rouge ou orangé.

§ Feuillets *rouge de sang*, puis *roux*; chapeau brun clair ou foncé (b-B), 3-6 c.; pied fauve, rayé de fibres rouge vif. La var. *semisanguineus Brig.* a le pied jaune brunâtre clair, le chapeau brun ou roux. — **862. C. miltinus Fr.** *C. coul. sanguine;* c-a. R.

§ Feuillets *jaunes*, puis *rouge orangé*; chapeau rouge, jaune au bord. → **815. C. orellanus.**

35. LOCELLINA G. LOCELLINE. — *Planche* 31, *p.* 100. — Champignons présentant une *volve* persistant à la base du pied.

Chapeau jaunâtre, plus foncé au centre, 2-3 c.; le bord présente de nombreux filaments couleur cannelle, débris de la cortine; pied blanchâtre épaissi à la base qui présente des débris d'une volve; feuillets roux; chair roussâtre sous l'épiderme... — **863. L. Alexandri G.** *L. d'Alexandre;* u. RR.

36. GOMPHIDIUS Fr. GOMPHIDIUS. — *Planche* 31, *p.* 100. — Champignons *visqueux*, ayant une *cortine* et les feuillets *décurrents*.

+ Pied *entièrement coloré, jaune fauve* ou *roux*; chapeau brun clair mêlé de purpurin (b-gr), visqueux, 5-10 c.; lames très décurrentes, gris rougeâtre (GR) ou purpurin violacé (P-gl); *chair jaune*. ☉ — **864. G. viscidus L.** *G. visqueux;* u-a. AC.

+ Pied *blanc au moins en haut, jaune vif* ou *rosé en bas.*

⊙ Chapeau *rose vif* (r-p), 3-5 c.; pied entièrement *blanc* ou *rosé en bas;* lames décurrentes, blanchâtres, puis grises; chair *blanche, rosée dans le pied*... — **865. G. roseus Fr.** *G. rosé;* c-a. AR.

⊙ Chapeau *brun clair* (b), quelquefois un peu violacé, souvent *taché de noir*, visqueux, 5-10 c.; lames très décurrentes, *grises*, puis *presque noires;* chair blanche, *jaunâtre dans le pied.* ☉ — **866. G. glutinosus Sch.** *G. glutineux;* u-a. AC.

⊙ Chapeau *violacé rougeâtre*, ou jaune d'ocre, souvent *taché de noir*, visqueux, 2-3 c.; pied jaune en bas; lames grisâtres, puis verdâtres ou violacées: chair blanche, *noircissant au toucher*... — **867. G. maculatus Scop.** *G. taché;* c. R.

37. INOCYBE Fr. INOCYBE. — *Planches* 31 *et* 32, *p.* 100 *et* 104. — Champignons à chapeau sec, soyeux, fibrilleux ou écailleux, pied généralement *nu*, rarement muni d'un collier filamenteux, très fugace; feuillets adhérant au pied.

§ Pied *rosé*; chapeau brun clair ou purpurin (b-p), plus foncé au sommet, crevassé, fibrilleux, 6-15 c.; lames jaune roux; chair *rose* ou *violacée; spores arrondies, réniformes*... — **868. I. jurana Pat.** *I. du Jura;* c-a. R.

△ Pied *violacé, verdâtre, lilas pâle ou rosé*, au moins en partie. / écailleux.

§ Pied *vert bleuâtre seulement à la base.*

□ Chapeau 2-3 c., brun (B); pied brun au sommet, écailleux; lames brunes, crénelées et blanches au bord; chair *blanche, un peu amère.* (Bois de Sapins.) — **869*. I. hirsuta Lasch.** *I. poilu;* c-a. R.

□ Chapeau 3-5 c., brun (B); pied brun au sommet, écailleux; lames rousses, crénelées et blanches au bord: chair *blanche*, puis *rosée.* (Sous les Sapins.) — **870. I. calamistrata Fr.** *I. frisé;* a. AR.

§ Pied *presque entièrement violet clair* ou *brun violet foncé.*

= Chapeau *violacé*, roux clair au centre, 2-3 c.; pied *strié;* lames lilas pâle, puis brun grisâtre; chair *dure*, blanche, violette au sommet du pied... — **871. I. violascens Q.** *I. violacé;* p. R.

= Chapeau brun.

⌁ Chapeau couvert de *petites écailles frisées, bosselé*, 2-3 c.; pied écailleux; lames lilas pâle, puis brunes; chair *violacée.* (Espèce voisine de la suivante.) — **872. I. cincinnata Fr.** *I. hérissé;* c. R.

⌁ Chapeau à *petites écailles raides, mamelonné*, 4-6 c.; pied fibrilleux; lames gris lilas, puis gris roussâtre; chair *blanche, violacée dans le pied, un peu amère*... — **873. I. obscura Pers.** — *I. obscur;* u. AR.

□ Chapeau
△ Pied blanc ou jaune très pâle.
∗ Feuillets non anastomosés.
⊕ Chapeau coloré ou à écailles colorées.
○ Chair blanche.

★ Feuillets *anastomosés*; chapeau ocracé très pâle, 3-4 c.; chair rougissant à l'air............. **874*. I. connexifolia** G.
   I. à feuillets anastomosés; a.R.
⊕ Chapeau *blanc à écailles blanches.* → **894. I. umbratica**, var. *leucocephala Boud.*
  Chapeau *roux à mèches blanches.* → **885. I. maculata.**
○ Chair *jaune d'ocre.* → **892. I. cæsariata.**
○ Chair *devenant rosée à l'air.* → **888. I. piriodora.**
× Chapeau *blanc à écailles brunes*; au centre une large écaille brune; pied blanc brunâtre; spores *anguleuses.* (Voisin de l'*I. scabra.*) **875*. I. capucina** Fr.
   I. capucin; c. a. R.
× Chapeau *ocracé chamois, à écailles fauves*, 3-5 c.; pied *lisse*, plein; lames blanchâtres, puis olivâtres; spores *arrondies.* (La var. *hirtella Bres.* a le chapeau jaune paille et de fines écailles, fauves ou jaunes.) **876. I. lucifuga** Fr. I.
   I. nocturne; c-a. AC.
× Chapeau *jaune, à écailles jaunes*; pied *fibrilleux*, strié. → **887. I. tomentosa**, var. *mutica* Fr.

— Chair *blanche.* → **887. I. tomentosa**, var. *Merletii* Q. — Chair *violacée.* → **873. I. obscura.**

-+ Chapeau pelucheux.
△ Pied brun ou bistre.

— Chair *jaune paille*; chapeau brun bistre, 2-3 c.; pied strié, gris noirâtre (G-N) ou olive foncé, blanchâtre au sommet; lames brunes. **877. I. tenebrosa** Q.
   — *I. ténébreux; p. R.*
— Chair *grisâtre*; chapeau grisâtre; pied un peu écailleux roux; feuillets gris puis con- **878*. I. maritima.**
   I. maritime; c-a. R.
— Chair *bistrée.* → **905. I. scabella.** (Sables maritimes.) [leur rouille.

□ Chapeau conique.

⌣ Feuillets *jaune paille*, puis *olive*; chapeau à *écailles bistres*, 2-3 c.; pied brun roux, blanchâtre au sommet. (Tourbières, Sapinières humides.) **879*. I. relicina** Fr.
   I. écailleux; c-a. R.
⌣ Feuillets *blanchâtres*, puis *cannelle*; chapeau à *écailles brun bistre*, 3 c.; pied un peu écailleux, brun foncé, blanc et un peu renflé à la base............. **880. I. scabra** Müll.
   I. rude; a. AR.

+ Chapeau à nombreuses écailles retroussées.
○ Chapeau convexe.
○ Chapeau restant convexe.

○ Chapeau *à la fin déprimé au centre*, brun ou fauve, 3-5 c.; pied brun, aminci en bas; lames brunes; chair roux clair............. **881*. I. carpta** Scop.
   I. carié; a. AR.

§ Pied sensiblement égal au diamètre du chapeau.
: Chapeau *de 4 à 6 c.*, à mèches brunes; pied *pelucheux, brun*; lames grisâtres, puis brun bistre, odeur de farine......... **882. I. hystrix** Fr.
   I. porc-épic; c-a. C.
: Chapeau *de 2 à 3 c.*, brun, *aréolé au centre*; pied brun, lames brun clair avec un fin liseré blanc; chair blanchâtre, amère; spores *anguleuses.*............. **883. I. lanuginosa** B.
   I. laineux; c. AC.

§ Pied beaucoup plus grand que le diamètre du chapeau.
— Chapeau *gris bistré* (B-G), à mèches grises, 3-4 c.; pied pelucheux, grisâtre; lames gris bistre; chair blanchâtre. **884. I. plumosa** Bolt.
   I. plumeux; c-a. AR.
— Chapeau *brun roux.* → **890. I. ocrvicolor.**

△ Pied jaune ou roux.
⊙ Chair blanche ou légèrement jaunâtre.

ſ Chapeau *roux à mèches blanches*, 3-4 c.; pied brun ou roux clair, un peu écailleux au sommet; lames brun verdâtre; chair *blanche*; spores arrondies, réniformes.... **885. I. maculata** Boud.
   I. tacheté; c-a. R.
ſ Chapeau *roux à mèches rousses*, 3-6 c.; pied *olivâtre*; lames *jaune crème*, puis *olive*; chair *blanc jaunâtre*, un peu âcre. (Bois de Pins.) **886. I. dulcamara** Pers.
   I. doux-amer; c-a. AR.
ſ Chapeau *gris jaunâtre* (j₁-b) *à mèches de même couleur*, 3-5 c.; pied *strié, jaune paille*; lames roux clair, crénelées et blanches au bord; odeur de farine......... **887. I. tomentosa** Iungk.
   I. tomenteux; a. R.

⊙ Chair *jaune ou rousse*, ou bien *se colorant à l'air en rouge ou en pourpre.* } (Voyez la suite de
□ Chapeau *non écailleux*... } l'analyse, p. 106.).

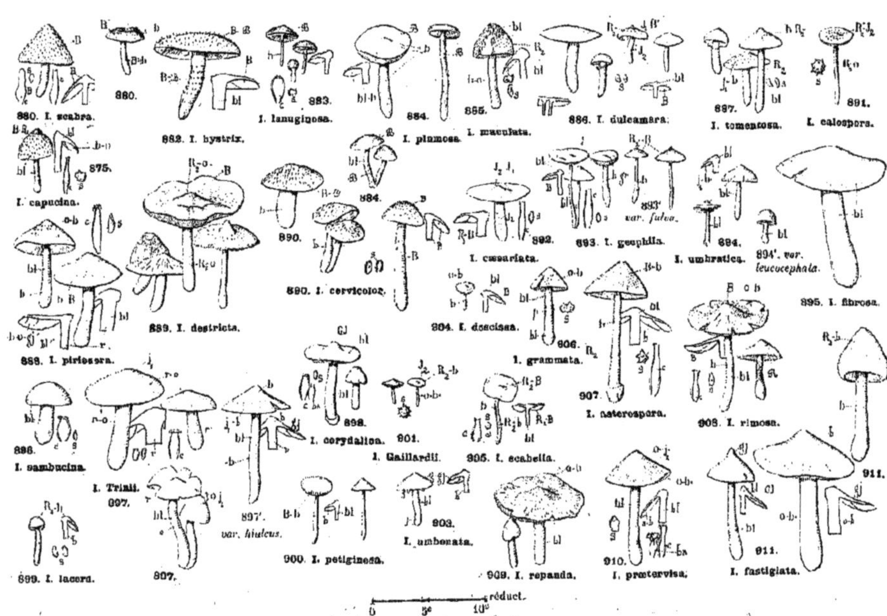

880. I. scabra.
882. I. hystrix.
I. lanuginosa.
884.
885.
I. maculata.
886. I. dulcamara.
I. tomentosa.
I. calospora.
I. capucina.
875.
890. I. cervicolor.
884.
I. caesariata.
893. I. geophila.
893'. var. fulva.
894. I. umbratica.
894'. var. leucocephala.
895. I. fibrosa.
889. I. destricta.
888. I. piriodora.
I. grammata.
I. descissa.
896.
I. asterospora.
907.
908. I. rimosa.
896.
I. sambucina.
898.
I. corydalina.
901.
I. Gaillardii.
905. I. scabella.
911.
I. Triali.
897.
900. I. petiginosa.
897'. var. hiulcus.
903.
I. umbonata.
909. I. repanda.
910.
I. praetervisa.
I. fastigiata.
911.
899. I. lacera.
897.
réduct.
0   5°   10°

§ Pied *blanc au sommet*, jaune paille à la base ; chapeau incarnat, jaune paille ou brun clair (o-b) ; lames blanchâtres, puis gris bistre ; odeur de poire ou de violette.............   888. **I. piriodora Pers.**
I. à odeur de poire ; c. C.

§ Pied coloré sur toute sa longueur en brun roux.
① Chapeau *fendillé, crevassé, retroussé*, brun rouge (R_2), *8-10 c.* ; pied incarnat ; lames blanchâtres, puis gris verdâtre ; *odeur de musc*...........   889. **I. destricta Fr.**
I. déchiré ; c. AC.

①·Chapeau *non crevassé*, gris foncé, à écailles brunes, *3-5 c.* ; pied écailleux, brun ; lames rousses à odeur désagréable ; spore ovoïde, pas de cystides..   890. **I. cervicolor Pers.**
I. couleur de cerf ; c. AR.

= Chapeau *de 2 c.*, roux ou jaune (R_2-J_2), blanc au bord, écailleux au sommet ; pied *grêle*, blanc, ou roux ; lames crème, puis gris bistré ; spore *sphérique*, ornée d'aiguillons (s).....   891. **I. calospora Q.**
I. à belle spore ; c. R.

= Chapeau *de 3 à 6 c.* ; pied épais.
— Chapeau *roux*, mamelonné, peluchoux, *3-5 c.* ; pied fibrilleux, ocre clair ; lames rousses ; chair amère.....................   892. **I. cæsariata Fr.**
I. chevelu ; c. R.

— Chapeau *brun* ou *fauve* ; pied brun. → **881. I. carpta.**

⊕ Pied *présentant un anneau.* → **871. I. violascens.**

⊕ Pied *sans anneau*.
(Pied *allongé, non bulbeux*, blanc ou violet pâle ; chapeau blanc ou violet (li), roux au sommet, *mamelonné, 2 c.* : lames lilas pâle ou rousses ; spore *arrondie*. ☉   893. **I. geophila B.**
I. terrestre ; a. C.

(Pied *court, renflé à la base*, blanc : chapeau blanc jaunâtre, se fendillant, mamelonné, *2 c.* ; lames gris rosé, puis roussâtres ; chair amère ; spore *anguleuse*.   894. **I. umbratica Q.**
I. des lieux ombragés ; c-a. R.

★ Chapeau *atteignant 10 c.*, blanc, soyeux, festonné au bord, fendillé ; pied épais, blanc ; lames grises, puis rousses ; chair blanche, se tachant de jaune, amère. (Bois de Conifères.)   895. **I. fibrosa Sow.**
I. fibreux ; c. R.

Chapeau *blanc*, puis *jaunâtre*, fibrilleux, soyeux, *5-8c.* ; pied épais, un peu renflé à la base, blanc ; lames blanc crème, puis rousses ; spores *arrondies*. (Bois de Conifères.)   896. **I. sambucina Fr.**
I. à odeur de sureau ; a. AR.

Chapeau *rosé* (r) ou *brun clair* (b), soyeux, *3-6 c.* ; pied blanc, quelquefois rayé de rose ; lames jaune rosé, puis brunes ; chair blanche ou rosée ; odeur de fraise ou d'œillet..   897. **I. Trinii Weinm.**
I. de Trin ; c-a. C.

Chapeau *blanc avec un mamelon verdâtre*, *5-6 c.* ; pied blanchâtre ; lames brunes à liseré blanc, quelquefois rosées ; chair blanche ou lilas pâle ; odeur spéciale, celle du *Corydalis cava* ; spore ovoïde..............   898. **I. corydalina Q.**
I. à odeur de Corydalis ; c-a. R.

○ Pied écailleux.
ſ Chapeau *convexe*, fibrilleux, puis fendillé, gris roux (b-R_2), *2-3 c.* ; pied blanc grisâtre, semé de petites écailles rousses ; chair blanche, rougissant dans le pied ; lames blanc rosé, puis rousses ; spore *arrondie*....................   899. **I. lacera Fr.**
I. déchiré ; c-a. AC.

ſ Chapeau *conique, mamelonné*, roux, *10-25 m.* ; pied de même couleur ; lames jaunâtres, puis brun olive, serrées ; chair jaunâtre, un peu violacée dans le pied.   900. **I. petiginosa Fr.**
I. dartreux ; a. AR.

⊕ Pied *grêle, plus court, que 2 c.*
☉ Chapeau *de 1 à 2 c.*, roux ; pied roux clair ; lames rousses ; spore sphérique ornée d'aiguillons. (Trouvé en Normandie.)   901. **I. Gaillardii G.**
I. de Gaillard ; a. R.

☉ Chapeau *de 5 à 8 m.*, brun grisâtre, mamelonné ; pied roux, poilu ; lames brunes. (Trouvé aux Eaux-Bonnes, Hautes-Pyrénées.)   902*. **I. rufoalba Pat et Doass.**
I. blanc roux ; c-a. R.

⊕ Pied *plus long que 2 c.*
§ Pied violacé.
= Chapeau *brun*. → **873. I. obscura.**
= Chapeau *violet clair*. → **893. I. geophila**, var. *violacea*.

§ Non.
— Chapeau *très visqueux, gris clair, mamelonné*, *2-3 c.* ; pied blanc ou jaune à la base ; lames jaunâtres, puis brunes....   903. **I. umbonata Q.**
I. mamelonné : a. R.

— Chapeau *non visqueux*. (Voyez la suite de l'analyse, p. 106.)

★ Chapeau *plus grand que 3 c.*......................... } p. 106.)

+ Pied *blanc*; chapeau (fibrilleux, *fendillé*, gris roux; lames jaune crème, puis gris brunâtre; chair blanche. (Bois de Conifères.) — **904. I. descissa Fr.** / *I. fendillé*; a. R.

△ Chapeau à fibrilles *simulant des écailles*. = Chair *blanc grisâtre*; chapeau brun roux, 20 à 25 m.; lames blanchâtres, puis d'un gris bistré; spore anguleuse.......... — **905. I. scabella Fr.** / *I. raboteux*; a. R.

= Chair *rousse*; chapeau un peu écailleux. → **891. I. calospora**.

△ Chapeau *simplement soyeux*, roux fauve. → **893. I. geophila**, var. *fulva*.

ʃ Spore *anguleuse*; chapeau cannelé, puis se fendillant, roux pâle, 5-6 c.; lames grisâtres, puis rousses; chair blanche.............................. — **906. I. grammata Q.** / *I. sillonné*; c. R.

ʃ Spore *arrondie*. → **897. I. Trinii**, var. *hiulcus Kalch*.

§ Pied — Chair blanche à *odeur désagréable*; chapeau brun ou gris (B-b), 3-5 c.; lames grisâtres, puis rousses; spore étoilée, épineuse.............................. — **907. I. asterospora Q.** / *I. à spore étoilée*; c. R.

— Chair blanche, sans *odeur*; spore ellipsoïde. → **908. I. rimosa**, var. *brunnea Q.*

⊙ Chapeau se fendillant ou se crevassant à la fin. : Chapeau *se fendillant radialement*, brun ou roux, 3-6 c.; pied gris ou jaunâtre; lames gris roux; chair blanche; spore pointue à un bout (s) ⊙ .... — **908. I. rimosa B.** / *I. gercé*; a. C.

: Chapeau *se crevassant*. → **889. I. destricta**.

⊕ Chair rose ou rouge. (Chapeau soyeux, bosselé, *rayé d'incarnat* ou *de roux vif*, 3-5 c.; pied blanc ou un peu rosé; lames blanc rosé puis rousses; chair rosée; odeur de fleur de Pêcher. — **909. I. repanda B.** / *I. lobé*; p.-c. AR.

(Chapeau *jaune brun, teinté de rose*. → **897. I. Trinii**, var. *hiulcus Kalch*. Chapeau *orangé pâle*. → **888. I. piriodora**.

⊕ Chair blanche. = Feuillets *gris jaunâtre*; chapeau roux clair, rayé, fibrilleux, se fendillant radialement, 3-6 c.; pied jaunâtre; spore *anguleuse*. (Bois de Conifères.) — **910. I. prætervisa Q.** / *I. méconnu*; o-a. AC.

= Feuillets *jaune olivâtre*; chapeau gris *jaunâtre*, conique ou en cloche, 5-7 c.; pied jaunâtre; spore ovoïde *arrondie* ou *réniforme*. ⊙ .... — **911. I. fastigiata Sch.** / — *I. pointu*; c. AC.

= Feuillets *blanc crème*, puis olive; spore *arrondie*. → **876. I. lucifuga**.

38. HEBELOMA Fr. HEBELOME. — *Planche* 33, *p.* 108. — Champignons charnus, à feuillets présentant une échancrure à leur insertion sur le pied.

○ Chapeau présentant au bord les restes d'une cortine. ⌒ Pied *fusiforme*, terminé par une sorte de *racine*, à petites écailles blanches; chapeau *roux au centre, blanc au bord*, et présentant des écailles blanches.. — **912*. H. birrus Fr.** / *H. roux*; a. R.

⌒ Pied *sensiblement cylindrique*, blanc, bistré en bas, soyeux; chapeau brun ou gris foncé (G-B), visqueux, 2-3 c.; lames blanchâtres, puis bistrées......... — **913. H. versipellis Fr.** (1) / *H. bicolore*; o-a. AC.

○ Pas de cortine. ʃ Feuillets bordés de blanc et crénelés. + Chapeau *velouté au bord*, gris incarnal, 2 c.; pied blanc; feuillets ayant un reflet purpurin. (Pâturages montagneux.) — **914*. H. circinans Q.** / *H. disposé en cercles*; c. R.

+ Chapeau *non velouté au bord*, blanchâtre, roux clair au bord, 2-3 c.; pied blanc, rayé de fauve; odeur forte, de sucre brûlé ou de fleur d'oranger........... — **915. H. sacchariolens Q.** / *H. à odeur de sucre*; a. R.

ʃ Feuillets ayant leur arête chargée de *gouttelettes laiteuses*, puis *bistrées*. → **916. H. crustuliniformis**, var. *minor*.

+ Écailles — Pied *taché de jaune*. → **925. Flammula lenta**.

+ Pied blanc. — Pied *non taché de jaune*; chapeau roux, plus foncé au centre, 8-12 c.; lames brun roux, *chargées de gouttelettes laiteuses*, puis *bistres*; odeur de radis. ⊙ — **916. H. crustuliniformis B.** (2) / *H. échaudé*; c-a. C.

△ Chapeau plus grand

écailleux. } ches.
+Écailles brunes.

★ Pied *brun*, surtout à la base. → **917. H. testaceus**, var. *firmus Fr.*

× Chapeau *de 5 à 6 c.*, visqueux, brun rougeâtre, plus pâle au bord; pied brun à la base, blanchâtre au sommet; lames blanc jaunâtre, puis rousses.............. **917. H. testaceus** Batsch — *H. briqueté*; a. R.

× Chapeau *de 10 à 15 c.*, à bord sinueux, festonné, couleur chair; pied blanc, mou; lames jaunâtres, puis gris bistre; chair blanche, *molle*; odeur de fruits. (Bois de Conifères.) **918. H. sinuosus** Fr. — *H. sinueux*; a. AC.

□ Pied *lisse ou strié*, quelquefois un peu farineux au sommet.

○ Pied *long*.
Pied *strié*, tordu, à stries en spirales. → **916. H. crustuliniformis**, var. *elatus*.
Pied *fibrilleux*, farineux au sommet, blanc ou roux clair; chapeau mamelonné, visqueux, gris jaunâtre, 4-6 c.; lames blanches, puis jaune roussâtre. (Bois de Conifères.) **919. H. longicaudus** Pers. — *H. à long pied*; c. a. AR. ✛

○ Pied assez court.

⊙ *Grosses espèces*; chapeau de 10 à 15 c.
★ Pied blanc à *fibrilles blanches*; pas de cortine. → **916. H. crustuliniformis**, var. *sinapizans Paul.*
★ Pied blanc à *fibrilles brunes*; cortine. → **918. H. sinuosus**.

⊙ *Espèces plus petites*; chapeau ne dépassant pas 2 c.
Uncortine.
Pas de cortine; chapeau d'environ 5 c. → **919. H. longicaudus**, var. *nudipes Fr.*
— Pied *blanc ou très légèrement coloré*, un peu bulbeux; chapeau jaune paille à bord enroulé et un peu poilu, 6-8 c.; lames roussâtres....... **920. H. fastibilis** Fr. — *H. prétentieux*; a. AC.
— Pied *blanc taché de roux*. → **125. T. capniocephalum**.
— Pied *brun* à la base. { Cortine *fugace*; odeur de radis. → **917. H. testaceus**. / Cortine *persistante*; pas d'odeur caractérisée. → **913**. **H. versipellis**, var. *strophosus Fr.*

39. FLAMMULA Fr. FLAMMULA. — *Planches 33 et 34, p. 108 et 110.* — Champignons à pied *charnu* et à feuillets ne présentant pas d'échancrure à leur insertion sur le pied.

⊙ Chapeau visqueux.

★ Espèce poussant dans les *endroits où l'on a fait du charbon*; chapeau jaune, fauve au centre, 2-3 c.; pied jaune, rigide; chair jaunâtre, ferme; lames jaunes, puis brunes; spore lisse.............. **921. F. carbonaria** Fr. (3) — *F. des charbonnières*; c.-a. AR.

+ Chapeau *blanc*, teinté de rosé, velouté ou poilu au bord, 2-4 c.; pied un peu écailleux, courbé à la base; feuillets roux; chair blanchâtre; spores anguleuses (pl. 34)............ **922. F. Tricholoma** Fr. — *F. Tricholome*; a. AC.

○ Pied *lisse*; chapeau sans écailles.
Espèce poussant *à terre*; chapeau très visqueux, jaune roux, plus foncé au centre, 4-5 c.; pied jaune, fauve en bas; chair *jaune citron pâle ou verdâtre*. (Prés, bois.) **923. F. spumosa** Fr. — *F. visqueux*; c. R.
Espèce poussant sur le *Sapin*. → **934. F. flavida**. — sur *d'autres arbres*. → **941. F. conissans** (pl. 33).

○ Pied *floconneux* ou *écailleux*; chapeau à petites écailles.
Chair *blanche*, amère; chapeau roux, avec une étroite bordure jaune, 5-7 c.; pied blanc jaunâtre, renflé à la base, farineux au sommet; spore finement granuleuse. **924. F. lubrica** Pers. — *F. lubréfié*; p. R.
Chair *blanc jaunâtre*, douce; chapeau blanc paille, bosselé, très visqueux, 6-8 c.; pied blanchâtre, renflé à la base.............. **925. F. lenta** Pers. — *F. flexible*; c-a. AC.
Chair *jaune*, douce; chapeau crème ou verdâtre, 3-5 c.; pied jaune pâle; lames jaunâtres ou rousses. **926. F. gummosa** Lasch. — *F. gommeux*; c. AR.

(1) Var. : 1° *mesophæus Fr.*, chapeau *roux*, plus foncé au milieu, odeur de radis, saveur aigre; 2° *strophosus Fr.*, chapeau *roux pâle*, blanc et soyeux au bord. — (2) Var. : 1° *sinapizans Paul.*, chapeau roux pâle, un peu visqueux, pied blanc à *fibrilles blanches*, chair blanche, amère; 2° *elatus Batsch.*, pied *tordu*, blanc puis bistré, chapeau jaune incarnat; chair blanche un peu amère; 3° *diffractus Fr.*, chapeau *fauve pâle* de taille plus petite que les autres variétés, 6-10 c. pied blanc, chair blanche. — (3) Var. *decussata Kalch.*, chapeau brun rougeâtre, rayé au bord.

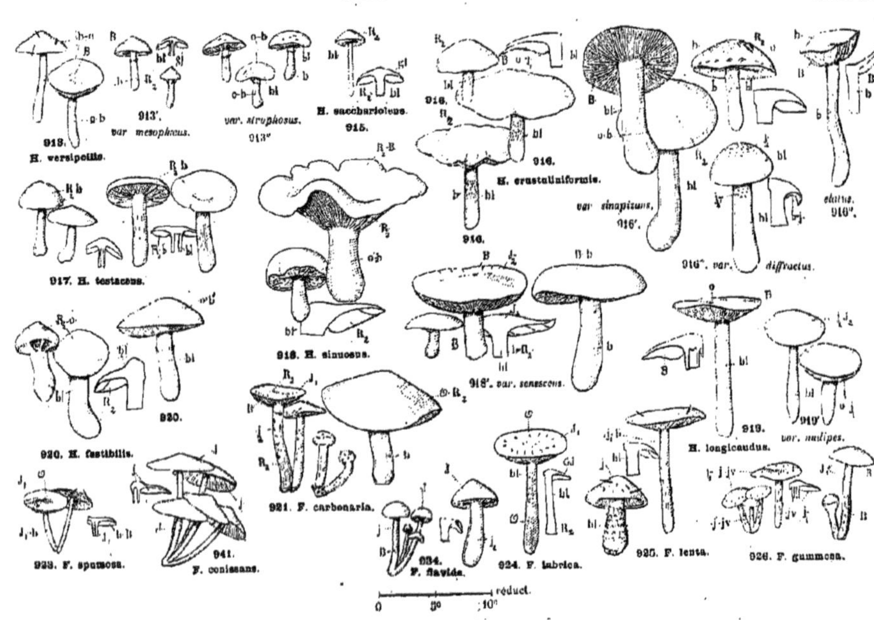
913.
H. versipellis.
913'.
var. mesophæus.
913".
var. strophosus.
915.
H. saccharioleus.
916.
H. crustuliniforme.
916'.
var. sinapizans,
916".
916". var. diffractus.
elatus.
916".
917. H. testaceus.
918. H. sinuosus.
918'. var. senescens.
919.
919'.
var. nudipes.
H. longicaudus.
920.
920. H. fastibilis.
921. F. carbonaria.
923. F. spumosa.
941.
F. conissans.
934.
F. flavida.
924. F. lubrica.
925. F. lenta.
926. F. gummosa.
réduct.
0   5°   10°

⊙ Chapeau non visqueux, seulement humide.

= Chapeau écailleux.

○ Chapeau blanc, parfois teinté de rosé; spore anguleuse. → **922. F. Tricholoma.**

○ Chapeau roux, fauve ou verdâtre.

⊙ Pied écailleux.
: Pied *brun;* chapeau fauve ferrugineux, 2-4 c.; feuillets jaunes, puis cannelle; chair jaune. (Bois de Pins.) — **927. F. limulata Fr.** *F. limé ; c-a.* R.
: Pied *blanchâtre.* → **926. F. gummosa,** var. *ochrochlora Fr.*

⊙ Pied non écailleux.
× Pied *pâle, blanchâtre,* soyeux; chapeau soyeux, jaune, puis fauve au milieu et tacheté de brun, 5-6 c.; lames jaunâtres, puis jaune rouillé. (Souches de Graminées.) — **928. F. muricella Fr.** *F. écailleux ; a.* R.
× Pied *brun.*
— Chapeau *de 4 à 6 c.* → **212. Clitocybe gymnopodia.**
— Chapeau *2 c.,* brun, devenant plus pâle en vieillissant, blanchâtre au centre; pied strié, *tordu.* (Sur les charbonnières.) — **929*. F. decipiens W. Sm.** *F. trompeur ; a.* R.

⊕ Chapeau blanchâtre, grisâtre ou roux clair.
Chapeau *blanc.* → **922. F. Tricholoma,** var. *helomorpha Fr.*
Chapeau *gris jaunâtre* présentant des débris d'une *cortine;* pied blanc, un peu écailleux; lames roux ferrugineux. (Souches de Chênes.) — **930*. F. cortinata Fr.** *F. à cortine ; p-a.* R.

= Chapeau non écailleux.

⊕ Chapeau très coloré, jaune, brun ou roux.

+ Espèces poussant sur des Conifères.

★ Pied *très écailleux.*
+ Chair *noircissant quand on coupe le champignon, amère;* chapeau *jaune safran* au milieu, bordé de blanc: pied blanc jaunâtre . . . . — **931. F. astragalina Fr.** *F. couleur d'astragale; e-a.* R.
+ Chair *ne noircissant pas.* → **939. F. fusus,** var. *inopus Fr.*

★ Pied peu ou pas écailleux.

○ Pied jaunâtre.
○ Pied *blanchâtre;* chapeau couleur de miel, brun au centre; odeur d'acide . . . . (Sur le tronc des Pins.) — **932*. F. austera Fr.** *F. acerbe ; e-a.* R.
○ Pied *brun bistre;* chapeau roux (R₂), 2-3 c.; chair fauve, *acide;* lames jaunes, puis rouillées. (En touffes sur les souches de Pins. — Midi et Sud-Ouest de la France.) — **933. F. picrea Pers.** *F. amer ; c.* AR.
□ Chapeau *jaune citron* (J), 10 c.; lames crème, jaunâtres, puis rousses; chair blanche, puis jaune (pl. 33) . . . . — **934. F. flavida Sch.** *F. jaune ; a.* R.

□ Chapeau jaune roussâtre.
□ Chapeau *brun doré* (C-O), 2-3 c.; lames jaune doré; chair jaune, douce ou un peu amère . . . . — **935. F. liquiritiæ Pers.** *F. Réglisse ; c-a.* R.

⊕ Feuillets non décurrents.
⊙ Feuillets *très décurrents, jaune vif;* pied jaune clair; chapeau jaune puis brun, en entonnoir, 3-5 c. . . . . — **936. F. chrysophylla Fr.** *F. à lames jaune d'or; c.* R.

★ Pied sans anneau.
⌣ Feuillets *non tachetés, jaunes;* chapeau fauve doré, un peu écailleux, 3-8 c.; pied jaune doré; chair *amère.* — **937. F. sapinea Fr.** *F. des Sapins ; c.* AR.
⌣ Feuillets *jaunâtres, tachetés de fauve;* chapeau lisse; pied jaunâtre, un peu strié, soyeux . . . . — **938*. F. penetrans Fr.** *F. pénétrant ; a.* R.

★ Pied présentant un *anneau ressemblant à une cortine.* → **741. Pholiota unicolor.**

+Espèces poussant sur d'autres arbres.

= Pied *aminci vers le bas,* jaune, brun en bas; chapeau jaune roux, strié, ridé. 6-9 c.; lames jaunâtres. Pied gros et court dans la forme type, long et grêle dans la var. *inopus Fr.* — **939. F. fusus Batsch.** *F. fuseau ; a.* AR.

= Pied non aminci à la base.
+ Feuillets *non décurrents;* espèces poussant sur le *Saule* ou l'Aune.
§ Pied *ferme,* jaune ou roux; chapeau à peu près de même couleur, quelquefois un peu pelucheux au bord, 5-8 c.; lames rousses; chair jaunâtre, *amère.* — **940. F. alnicola Fr.** *F. de l'Aune ; e-a.* AC.
§ Pied *tendre,* jaune pâle; chapeau jaune. 5-7 c.; lames jaune roux; chair jaunâtre (pl. 33) . . . . . . — **941. F. conissans Fr.** *F. qui répand de la poussière ; a.* AR.
+ Feuillets *très décurrents;* champignon poussant généralement sur l'*Olivier.* → **363. Pleurotus olearius.**

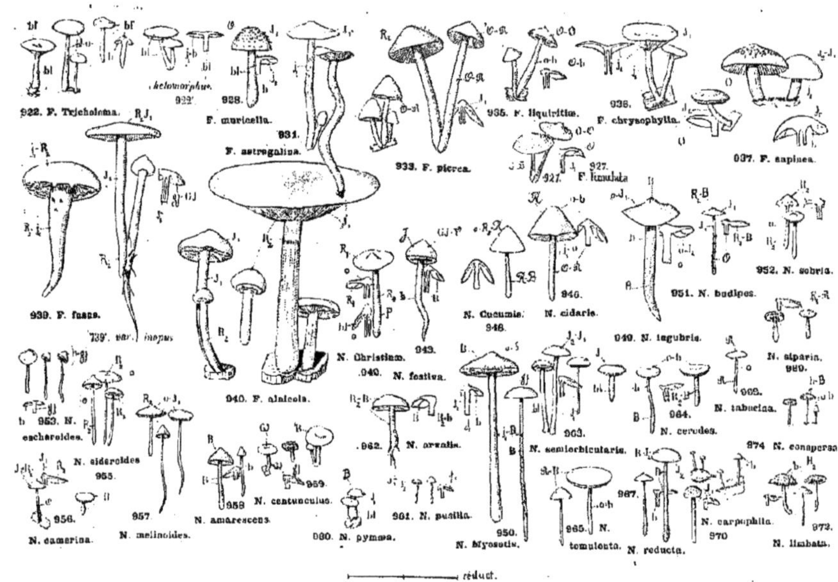
922. F. Tricholoma.
chelomorphus.
922'.
928.
F. muricella.
931.
F. astragalina.
933. F. picrea.
935. F. liquiritiæ.
936.
F. chrysophylla.
927.
927. F. lunulata.
937. F. alnicola.
939. F. fusca.
739'. var. inopus
945.
N. Cucumis.
946.
N. cidaria.
949. N. lugubris.
951. N. badipes.
952. N. sobria.
N. siparia.
939.
942.
N. Christinæ.
940. N. festiva.
940. F. alnicola.
962. N. arvalis.
963.
N. semiorbicularis.
964.
N. cerodes.
N. tabacina.
974. N. conspersa.
953. N.
escharoides.
N. sideroides
955.
959.
958.
N. centunculus.
957.
N. amarescens.
960. N. pygmæa.
961. N. pusilla.
950.
N. Myosotis.
965. N.
temulenta.
987.
970.
N. reducta.
N. carpophila.
972.
956.
N. camerina.
N. melinoides.
N. limbata.
reduct.
0   5c   10c

40. NAUCORIA Fr. NAUCORIA. — *Planche 34, p. 110.* — Champignons à pied de consistance cartilagineuse, à bords du chapeau enroulés dans le jeune âge, à feuillets non décurrents.

Labels des accolades (marge de gauche) :
- ○ Chapeau très élevé, conique, en cloche ou mamelonné.
- — Lames libres, c'est-à-dire n'arrivant pas jusqu'au pied.
- — Lames s'insérant sur le pied.
- □ Chapeau d'une autre couleur.
- ★ Pied non écailleux.
- ⦿ Pied roux ou brun, au moins à la base.
- + Pied grêle ou peu épais.
- ⟁ Pied écailleux ou au moins floconneux.
- ⟁ Pied grêle. lisse.
- ⊕ Chapeau de 1 à 2 c.

□ Chapeau *rouge vif* (R_1), *pointu*, souvent ridé, 2-3 c.; pied long, terminé par une sorte de *racine*, jaune purpurin (P-R_1) ou brun rougeâtre; lames jaunes, puis rousses. (Bois sablonneux. Normandie.) — **942. N. Christinæ Fr.** / *N. de Christine*; a. R.

□ Chapeau *vert olive* (O-GJ-B), puis roux brunâtre, visqueux, 2-4 c.; pied long, plus mince en bas, *poilu* à la loupe. (Forêts de Conifères des pays de montagnes.) — **943. N. festiva Fr.** / *N. de fête*; e. R.

★ Pied *jaune, à écailles d'un rouge brun*; chapeau *jaune, rougeâtre vif*, taché de pourpre foncé, 2-3 c.; lames d'un jaune verdâtre, puis couleur rouille; chair jaune, un peu amère. (Troncs d'Aunes, etc.) — **944*. N. micans Fr.** / *N. brillant*; a. R.

⦿ Pied *jaune vif, creux*, strié; chapeau orangé fauve, 3 c.; lames jaune incarnat, puis rousses; chair jaune. (Bois de Conifères.) — **945*. N. hilaris Fr.** / *N. gai*; e-a. R.

⊕ Champignon sans odeur spéciale.
- △ Chapeau *très conique.*
  - = Chapeau *3 c.*, jaune d'ocre ou cannelle (o-R); pied *fusiforme*, brun (O-R); lames jaune roux; chair blanchâtre. (Bois de Pins.) — **946. N. cidaris Fr.** / *N. tiare*; p-e. R.
  - = Chapeau *6-8 m.* → **976. Galera triscopa.**
- △ Chapeau *presque plan, mais mamelonné*, brun roux, velouté, 1-2 c.; pied brun à la base. (Dans les fossés.) — **947*. N. nimbosa Pers.** / *N. nuageux*; e-a. RR.
- ☉ Champignon ayant une *odeur de concombre puis de poisson*; chapeau roux (o-R_2-R) ou gris jaunâtre, 2-4 c.; pied velouté, brun foncé (R-B); lames *larges*, jaune roussâtre............ — **948. N. Cucumis Pers.** / *N. Concombre*; e-a. AC.

+ Pied *gros, épais*, aminci à la base, blanc jaunâtre, brun à la base; chapeau jaune paille (o-J_1), tacheté de rouge; lames blanc crème, puis rousses... — **949. N. lugubris Fr.** / *N. lugubre*; e. R.

⊕ Chapeau *3-4 c.*, visqueux, *gris verdâtre* (gj-o-b), mamelonné; pied *très long*, velouté, jaunâtre; lames blanc crème, puis brunes, présentant parfois une bordure jaune. (Tourbières, marécages). — **950. N. Myosotis Fr.** / *N. Myosotis*; e. R.

§ Pied *brun bistré, moucheté de flocons blancs*, très long, grêle; chapeau roux (R_2-B), 15-20 m.; lames jaune d'ocre, puis cannelle. (Bruyères.) — **951. N. badipes Fr.** / *N. à pied bai brun*; a. AR.

§ Pied *jaune, brun clair, roux ou gris.*
- — Chapeau *jaune* ou *fauve*, ayant parfois au bord des débris d'une cortine soyeuse, fugace, 1-2 c.; pied flexueux, jaunâtre, roux fauve à la base; lames jaunes, floconneuses sur l'arête............ — **952. N. sobria Fr.** / *N. sobre*; h-p. AR.
- — Chapeau *grisâtre*, (b-gj), très mou, couvert de petits flocons, 2 c.; pied flexueux, crème ou paille (b-gj), bistre à la base; lames jaune crème, puis ocracées, floconneuses sur l'arête; chair blanc jaunâtre........ — **953. N. escharoides Fr.** / *N. semblable à une cicatrice de brûlure*; e-a. AC.

⊕ Chapeau de *5 à 6 m.*, roux ou ocracé; pied grêle roux; feuillets jaune roux............ (Sur les feuilles et les tiges de Graminées.) — **954*. N. graminicola Nees.** / *N. des Graminées*; e-a. AC.

+ Pied *brun roux*, au moins à la base.
- ○ Chapeau *humide, strié*, roux foncé, 20-25 m.; pied jaune paille, brun en bas; lames rougeâtres, puis brunes ou olive............ — **955. N. sideroides. B.** / *N. ferrugineux*; a. AR.
- ○ Chapeau *sec, strié*, brun roux (R_2-B), jaunâtre (o-j) au bord, 1-2 c.; pied soyeux, jaunâtre, brun en bas; lames jaunâtres, puis rousses..... — **956. N. camerina Fr.** / — *N. voûté*; p. R.

+ Pied *jaune ou ocracé rougeâtre.* (Voyez la suite de l'analyse, p. 112.) (Troncs de Conifères.)

★ Pied *épais, fauve*................

hémisphérique ou convexe parfois plan ou même déprimé au centre.

○ Chapeau très élevé.
 ⊙ Chapeau lisse.
  ★ Pied grêle.
   + Pied jaune ou ocracé.
    — Chapeau de 1 à 2 c., jaune fauve (R_2-j_1-o); lames dentelées, jaune crème, puis fauve rouillé. (Pâturages.)
    — Chapeau de 2 à 4 c. → **963. N. semiorbicularis**, var. *pediades Fr.*
  ★ Pied *épais, ferme*, jaunâtre, puis gris foncé (b-B); chapeau en cloche, brun roux (B); lames brunes; chair jaunâtre, puis rousse, *très amère*..........
  □ Chapeau *vert olive.*
   ○ Pied *court*. jaune verdâtre (GJ-B), blanc à la base, *pruineux*; chapeau velouté ou prui-neux (GJ-B), 1 c.; lames brun verdâtre, jaunes et pulvérulentes sur l'arête......
   ○ Pied *très long*, écailleux. → **950. N. myosotis.** (Troncs d'arbres.)
   + Chapeau ne dépassant pas 1 c.
    × Pied *blanc*; chapeau mince, *strié au bord*, gris jaunâtre; lames rousses ou brunes. (En groupes sur les vieux troncs.)
    × Pied *jaunâtre* ou *roux clair*; chapeau *non strié au bord*, jaune (j_1) ou brunâtre (B), brillant; lames jaune pâle, puis cannelle...............
   ⊙ Pied *aminci en une longue racine*, jaune; chapeau jaune (J_3), puis brun olive (B), 1-2 c.; lames jaunes, puis brunes, souvent jaunes au bord; chair jaune, puis brunâtre.

ou floconneux.

⊙ Chapeau d'une autre couleur.
 1re couleur.
 ⓔ Pied *blanc, jaunâtre* ou *roux clair.*
  + Chapeau *plus grand que 1 c.*
   ⊙ Pied *sans longue racine.*
    ★ Lames *non denticulées.*
     ⌣ Chapeau *jaune chamois clair.*
      — Pied *jaune clair*, souvent un peu rouflé à la base; chapeau, 2-4 c.; lames brun rouillé; chair blanche..
       (La var. *verracei Fr.* a le chapeau *jaune au bord*, brun au milieu; la var. *subglobosa A. et S.* le pied strié.)
      — Pied *brun roux* (B-R_2) à la base; chapeau 1-2 c.; lames jaunâtres, puis cannelle...........
     ⌣ Chapeau *brun roux* (R-R_2), convexe, 2-3c.; lames rousses; pied jaunâtre (o-b).
    ★ Lames *denticulées.* → **957. N. melinoides.**
   ⊙ Pied *de couleur claire au sommet.*
    ⊖ Pied *strié de petites fibres blanches*; chapeau brun ou roux, plus clair au bord; lames jaune roux. (Prés.)
    ⊖ Non. = Chapeau *jaune de cire.* → **964. N. cerodes.**
          = Chapeau *brun roux.* → **955. N. sideroides**, var. *scolecina Fr.*
   ① Pied *brun* ou *roux sur presque toute sa longueur.*
     (Pied *blanc à la base*; chapeau strié, brunâtre, 10-15 m.; lames rousses............
     (Pied *bistré à la base, brun au milieu et au sommet*; chapeau très humide, brun, 1-2 c.; lames brunes ou rousses.
  □ Pied *très foncé, au moins à la base.*
   ★ Pied *sensiblement cylindrique.*
    ★ Pied *renflé en bulbe à la base.* → **956. N. camerina**, var. *macrospora Pat. et Doas.*
   + Chapeau *rouge vif* (R_1), humide, *pelucheux*, 1-2 c.; pied brun, plus clair au sommet; lames jaunâtres, puis brunes.
   + Chapeau *vert olive.* → **959. N. centunculus.**
 □ Pied de couleur claire.
  § Chapeau de 4 à 6 m., brun jaunâtre (b-j_1), pâlissant en séchant; pied court, couvert d'une poussière blanche; lames brun roux. (Sur les feuilles mortes et les *fruits du Hêtre.*)
  § Chapeau ayant au moins 1 c.
   — Chapeau *jaune brun foncé*, couvert de poils blancs, 1 c.; pied blanc ocracé.
   — Chapeau *jaune orange.* → **952. N. sobria.** (Sur la terre humide.)
   — Chapeau *jaune grisâtre* (b-R), finement pelucheux, 2 c.; pied blanc jaunâtre, puis ocracé; lames jaunâtres, puis rousses.............

957. **N. melinoides Fr.**
N.couleur de Coing;c-a.AC.
958. **N. amarescens Q.**
N. amer ; p. R.
959. **N. centunculus Fr.**
N. habit d'arlequin ; a. R.
960. **N. pygmæa Fr.**
N. pygmée ; c-a. A
961. **N. pusilla Fr.**
N. petit ; a. R.
962. **N. arvalis Fr.**
N. des champs ; a. AR.
963. **N. semiorbicularis B.**
N. hémisphérique ; p-a. C.
964. **N. cerodes Fr.**
N. à couleur de cire ;c.AR.
965. **N. temulenta Fr.**
N. tremblant ; c. AR.
966'. **N. scorpioides Fr.**
N. scorpion ; a. R.
967. **N. reducta Fr.**
N. réduit ; a. AR.
968. **N. tabacina DC.**
N.couleur de tabac;c-a.AR.
969. **N. siparia Fr.**
N. vêtu ; c. R.
970. **N. carpophila Fr.**
N. des fruits ; p-a. AR.
971'. **N. pannosa Fr.**
N. déguenillé ; c-a. R.
972. **N. limbata B.**
— *N. frangé ; a. AR.*

○ Chapeau écailleux · ⊙ Chapeau écailleux · + Chapeau d'une autre... · ⊕ Pied et chapeau seulement floconneux. · □ Pied de couleur foncée.

★ Pied assez long, droit.

⊕ Pied et chapeau très écailleux.
  ∫ Chapeau à *grosses écailles retroussées.* → **717. Pholiota erinacea.**
  ∫ Chapeau à *écailles plus petites et peu dressées.* → **969. N. siparia.**

★ Pied *court* et *courbé* à la base.
  × Chapeau couvert de *petits grains cristallins brillants,* gris jaunâtre, 5-10 m.; pied *farineux ;* lames brun olivâtre........ **973'. N. effugiens Q.** / *N. difficile à voir ;* c. R.
  × Chapeau couvert de *petits flocons.* → **975. Galera horizontalis.**

○ Espèces venant dans les *forêts marécageuses.*
  — Chapeau *fauve chamois* ou *brun.* → **967. N. reducta.**
  — Chapeau *crème ocracé.* → **953. N. escharoides.**

○ Espèce venant dans les *prés* ou *les bruyères ;* chapeau cannelle, 1-2 c.; pied brun, parsemé de *flocons blancs ;* lames jaunâtres, puis cannelle. **974. N. conspersa Pers.** / — *N. saupoudré ;* c. AR.

○ Espèce venant *sur les Graminées.* — **954. N. graminicola.**

41. GALERA Fr. GALERA. — *Planche* 35, *p.* 114. — Champignons à pied de consistance cartilagineuse, et ne se séparant pas facilement du chapeau, à feuillets s'insérant généralement très haut sur le pied, à bord du chapeau droit et appliqué sur le pied dans le jeune âge.

○ Espèces petites ; chapeau plus petit que 1 c. ; pied plus petit que 2 c. de long.

⊕ Pied droit. ★ Pied blanc, jaunâtre ou incarnat pâle. ⊙ Non.

⊕ Pied *recourbé* naissant d'une base étalée, roux : chapeau creux au centre, couvert de *granules* ou de *petites écailles,* roux (R₂-B), 5 m.; lames espacées, brunes. (En troupe sur les écorces d'arbres.) **975. G. horizontalis B.** / *G. horizontal ;* c-a. AC.

★ Pied *brun,* *roux* ou *brun bistre* foncé.
  + Pied *velouté ;* chapeau brun, 4-8 m.; lames jaunâtres, puis fauve roux...... (A terre ou sur le bois pourri.) **976. G. triscopa Fr.** / *G. à trois faces ;* p-c. R.
  + Pied *non velouté, lisse,* poli : chapeau roussâtre ou brun (R), 4-8 m.; lames gris jaunâtre, puis brunes. **977. G. spartea Fr.** / *G. des Genêts ;* c-a. AR.
  + Pied *lisse, filiforme.* → **981. G. minuta.**

⊙ Pied couvert de *flocons blancs ;* chapeau conique ou en cloche, brun jaunâtre plus pâle à l'état sec, 6-9 m.; lames brunes........ **978. G. spicula Fr.** / *G. en pointe ;* c-a. R.

□ Chapeau *très pointu,* rouge vif (R₁) ou fauve, plus clair au sommet, 4-6 m.; pied jaune d'ambre ; lames jaune crème, puis fauves. (Souches de Sapins.) **979. G. Sahleri Q.** / *G. de Sahler ;* p-c. R.

□ Chapeau non très pointu.
  — Pied *gris jaunâtre ;* chapeau gris jaunâtre ou olivâtre, 2-3 m.; lames brunes, ayant souvent une fine bordure blanche...... **980. G. tenuissima Weinm.** / *G. très grêle ;* p. R.
  — Pied *fauve rougeâtre,* luisant ; chapeau à peu près de la même couleur, 2-3 m.; lames bistrées, finement frangées à la loupe...... **981. G. minuta Q.** / *G. exigu ;* c. R.
  — Pied *crème* ou *ocracé.* → **983. G. vestita,** var. *pusilla Q.*

○ Espèces grandes ; chapeau plus grand que 1 c. ; pied plus long que 2 c.

∫ Espèce poussant dans les marais.
  × Feuillets *décurrents.* (: Pied *brun fauve.* → **989. Tubaria stagnina.** / (: Pied *jaune citron.* → **990. Tubaria paludosa.**
  × Feuillets *non décurrents.* → **986. G. Hypnorum,** var. *Sphagnorum Pers.*

∫ Espèces poussant dans d'autres stations. ○ Pied blanc.
  ⊙ Chapeau *très allongé,* en sorte d'éteignoir, *orangé* ou fauve brique, puis blanchâtre, 1-2 c.; lames jaune crème, puis jaune rougeâtre vif...... **982. G. lateritia Fr.** / *G. briqueté ;* c-a. R.
  ⊕ Non. + Chapeau *frangé au bord* par suite de la rupture d'un anneau fugace, jaunâtre ou brun ; lames jaunâtres, puis jaune rougeâtre. **983. G. vestita Q.** / *G. vêtu ;* a-h. R.
  + Chapeau jaunâtre, *non frangé.* (Voyez la suite de l'analyse, p. 115.)
  ○ Pied *jaune, fauve ou brun*......

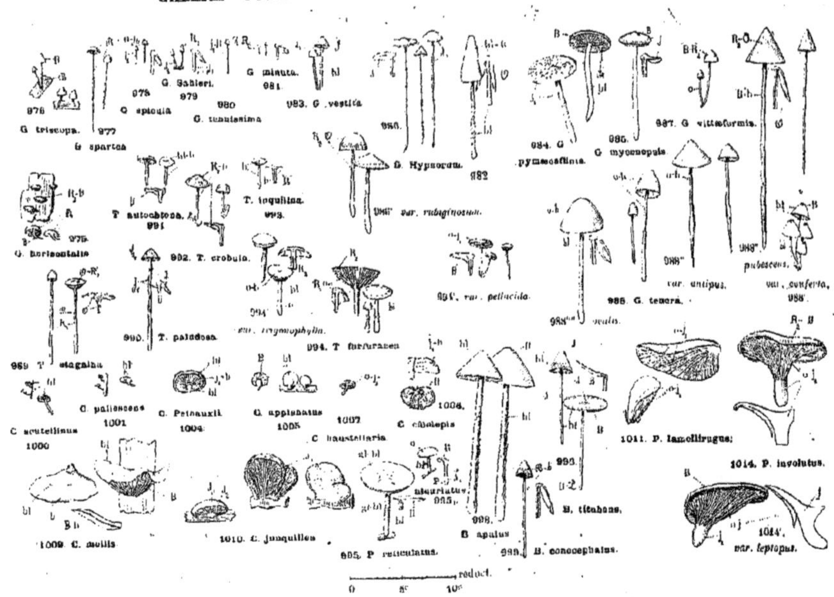
G. triscopa.
976
G. Sahleri.
978
979
G spicula
G. tenuissima
G. minuta.
981
983. G. vestita
977
G spartea
G. Hypnorum.
982
var. rubiginosum.
G. horizontalis
T autochtona.
991
T. inquilina.
993
T. crobula
992
990. T. palodosa
994. T. furfuracea
var. trygmophylla.
var. pellucida.
959 T. stagnina
C acutellinus
1000
C. pallescens
1001
C. Petsauxii
1004
G. applanatus
1005
C haustellaria
1007
C chalepis
1006
984. G pygmaeoffinis.
985.
G mycenopsis
987. G vittaeformis.
var. antipus.
986. G. tenera.
var. conferva.
988
pubescens.
1011. P. lamellirugus.
1009. C. mollis
1010. C. junquilles
pleuriatus.
995.
995. P. reticulatus.
998.
P apalus
999. P. conocephalus.
P. titubans.
1014. P. involutus.
1014.
var. leptopus.
reduct.
0   5   10

○ Pied blanc. { + Chapeau non frangé au bord. { ⊙ Pied terminé en une *longue racine.* → **988. G. tenera**, var. *antipa Lasch.*

⊙ Pied sans longue racine. { ① Chapeau *étalé, ridé*, jaune ocracé, 2-4 c.; pied strié au sommet; lames rousses.................. **984. G. pygmæoaffinis Fr.** *(G. voisin de N.pygmee; e-a.R.)*

◎ Chapeau *en cloche*, blanc jaunâtre. → **988. G. tenera**, var. *conferta Bolt.*

○ Pied brun jaune ou fauve.

★ Espèce poussant parmi les mousses.

(Chapeau *jaune citron*, soyeux, 1-2 c.; pied mou, jaune, *à fibrilles blanches*; lames jaunâtres, puis brun roux............... **985. G. mycenopsis Fr.** *(G. sembl. à un Mycène; e-a. R.)*

(Chapeau *jaunâtre ocracé, fauve rougeâtre* ou *rouillé*, 1-2 c.; pied grêle, jaune roux; lames rousses. La var. *rubiginosa Pers.* a le chapeau couleur rouille; dans la var. *bryorum Pers.* le chapeau est surmonté d'une *papille dure.* **986. G. Hypnorum Batsch.** *(G. des Hypnum; e-a. CC.)*

★ Espèce ne venant pas parmi les mousses.

ſ Chapeau et pied *bruns.* → **958. Naucoria amarescens Fr.**

ſ Chapeau et pied *jaunâtre ou roux.*

□ Espèce poussant sur la *terre brûlée.* { ★ Chapeau *lisse*, fauve roux, strié au bord, 10-15 m.. **987. G. vittæformis Fr.** *(G. à bandelettes; p-c. R.)*

★ Chapeau *pulvérulent.* → **977. G. spartea.**

Non. { — Chapeau *conique*, roux ou jaune pâle; pied grêle, pulvérulent, strié, jaune ocracé ou roux; lames rousses. ⊙ .... **988. G. tenera Sch.** *(G. tendre; e-a. CC.)*

— Chapeau *ovoïde.* → **988. G. tenera**, var. *ovalis Fr.*

□ — Chapeau *étalé*, jaune vif, ridé. → **984. G. pygmæoaffinis.**

42. TUBARIA Fr. TUBARIA. — *Planche* 35, *p.* 114. — Champignons à pied de consistance cartilagineuse, et à feuillets *décurrents.*

□ Chapeau *pointu*; pied *long* et *très mince* à anneau *fugace.*

§ Pied *roux*; chapeau roux (R₂-⊙) ou fauve pâle, présentant au bord de fines écailles blanches, 1-2 c. (Tourbières.) **989. T. stagnina Fr.** *(T. des étangs; c. R.)*

§ Pied *jaune* (j.); chapeau jaune paille ou roux clair pourvu de petites écailles blanches très fugaces, 1-2 c.; lames jaunâtres. (Marais et tourbières.) **990. T. paludosa Fr.** *(T. des marais; c. R.)*

□ Chapeau *convexe, plan* ou *déprimé au centre*; pied *sans* anneau.

○ Chapeau *jaune ocracé, roux.*

○ Chapeau *blanc crème* ou *jaune pâle*, 1 c.; pied blanc, poilu en haut; lames fauves ou rousses avec une bordure blanchâtre............... **991. T. autochtona Berk et Br.** *(T. autochtone; e-a. R.)*

↷ Lames devenant brunes. { = Chapeau couvert au bord de petites écailles blanches, un peu visqueux, 2 c.; pied jaune d'ocre, ayant aussi des écailles blanches... **992. T. crobula Fr.** *(T. écailleux; c. R.)*

= Chapeau *non écailleux, strié*, roux, 1 c.; pied à petites écailles blanches............... **993. T. inquilina Fr.** *(T. locataire; p-h. R.)*

↷ Lames devenant *cannelle*; chapeau jaune roux, finement velouté ou écailleux; pied écailleux, jaune fauve. La var. *trigonophylla Lasch.*, a le *pied blanc*, les feuillets presque *triangulaires*; la var. *pellucida B.*, le chapeau *translucide*, strié..... **994. T. furfuracea Pers.** *(— T. furfuracé; h-p. CC.)*

43. PLUTEOLUS Fr. PLUTEOLUS. — *Planche* 35, *p.* 114. — Champignons à pied de consistance presque cartilagineuse et se séparant facilement du chapeau, à *feuillets libres*, à chapeau droit et appliqué contre le pied dans le jeune âge. Poussant sur le bois.

⋆ Chapeau *ridé* ou présentant une sorte de *réseau violacé*, plus foncé au centre, 2-3 c.; pied grêle, blanc; lames jaune crème, puis jaune plus foncé. (Troncs d'arbres.) — 995₁. **P. reticulatus Pers.** *P. réticulé*; e-a. R.

⋆ Chapeau *non ridé, ocracé* ou *orangé pâle, strié,* 1 à 2 c.; pied blanc, pulvérulent; chair blanche, jaune dans le pied.................. — 995₂. **P. aleuriatus Fr.** *P. farineux*; n-o. R.

44. BOLBITIUS Fr. BOLBITIUS. — *Planche* 35, *p.* 114. — Champignons à *feuillets libres, se fondant rapidement en eau,* à chapeau mince, à pied frêle, facilement séparable du chapeau. Terrestres.

△ Chapeau jaune.

○ Chapeau *jaune au sommet, gris et strié au bord,* ovoïde ou en cloche, 2-3 c.; pied grêle, blanc, farineux; lames rougeâtre pâle, puis brun incarnat. (Sur le fumier et parmi les feuilles.) — 996. **B. titubans Br.** *B. chancelant*; a. AC.

○ Chapeau *jaune dans toute son étendue,* ovoïde, puis en cloche, strié, se fendillant radialement, 3-5 c.; pied blanc, écailleux; lames jaune roux.................. — 997⋆. **B. vitellinus Pers.** *B. jaune d'œuf*; p-a. AR.

(La var. *fragilis Fr.* est parfois de couleur plus pâle et a le pied lisse.)

△ Chapeau brun ou gris, devenant plus pâle à la fin.

+ Pied *écailleux, bulbeux, blanc;* chapeau gris jaunâtre, puis blanchâtre, 1-2 c.; lames blanches, puis brun roux. (Prairies.) — 998. **B. apalus Fr.** *B. tendre*; e. AR.

+ Pied non écailleux.

= Pied *blanc,* long, grêle: chapeau conique ou en cloche, visqueux au sommet, 1-2 c.; lames blanc crème, puis jaune roux.................. — 999. **B. conocephalus B.** *B. à chap. conique*; p-o. AR.

= Pied *jaune ocracé.* → 997. **B. vitellinus,** var. *fragilis Fr.*

45. CREPIDOTUS Fr. CREPIDOTUS. — *Planche* 35, *p.* 114. — Champignons à *pied excentrique ou latéral ou sans pied,* et à feuillets ne se séparant pas facilement du chapeau.

Champignon ayant un pied bien visible. — Chapeau plus petit que 1 c. — Chapeau blanc ou blanchâtre.

⌣ Chapeau *pointu, non velouté,* translucide, un peu strié, 3-5 m.; pied court, grêle, poilu; lames denticulées, blanchâtres, puis gris roussâtre. — 1000. **C. scutellinus Q.** *C. en for. de bouclier*; o. R.

⌣ Chapeau *convexe surbaissé* ou *déprimé au centre, velouté,* 4-6 m.; pied blanc, poilu; lames blanchâtres, puis bistrées. (Brindilles.) — 1001. **C. pallescens Q.** *C. pâlissant*; o. R.

Chapeau *brun ou roux* jaunâtre: (Chapeau *poudré de petits grains brillants.* → 973. **Naucoria effugiens.** — (*Non.* → 975. **Galera horizontalis.**

Chapeau *plus grand que 3 c.* → 368. **Pleurotus palmatus.**

✕ Chapeau de 1 c., ayant la forme d'une *petite coupe,* un peu translucide: lames serrées, roux clair. (Sur la mousse, les brindilles, les tiges d'herbes.) — 1002⋆. **C. epibryus Fr.** *C. des Mousses*; a-h. R.

Champignon à pied très court, ou à pied très court. — Chapeau blanc. — Chapeau en coupe.

✕ Chapeau plus grand que 1 c.; non en coupe. — Chapeau translucide.

— Chapeau *translucide,* blanc, puis rougeâtre, en forme de disque; lames blanc crème, puis lilas pâle ou purpurines. (Tronc d'arbres. — Environs de Montpellier.) — 1003⋆. **C. translucens DC.** *C. translucide*; a. AR. ⋇

— Chapeau non translucide. ⊙ Chapeau *de 2 à 4 c., blanc de neige,* finement velouté: lames blanchâtres, puis roux clair. (Sur les troncs d'arbres et le *Trametes gibbosa.* Lyon.) — 1004. **C. Peteauxii Q.** *C. de Péteaux*; a. R.

⊙ Chapeau plus grand que 4 c. ⋆ Chapeau *blanc, puis roux foncé,* arrondi ou allongé, mou, 5-8 c.; lames blanches, puis brun pâle.................. — 1005. **C. applanatus Pers.** *C. aplani*; o-a. AR.

⋆ Chapeau *blanc, puis jaune ocracé clair.* → 1009. **C. mollis.**

○ Chapeau *velouté*, jaune vif. → **1010. C. junquillea**.

○ Chapeau *couvert de petites écailles brunes*, jaunâtre, 2 c. ; pied, quand il existe, court, latéral,   1006. **C. calolepis Fr.**
bulbeux, blanc ; chair molle, blanc crème. (Imbriqué sur les branches sèches. — Sud-Ouest.)   *C. à belles écailles ; a. AR.*

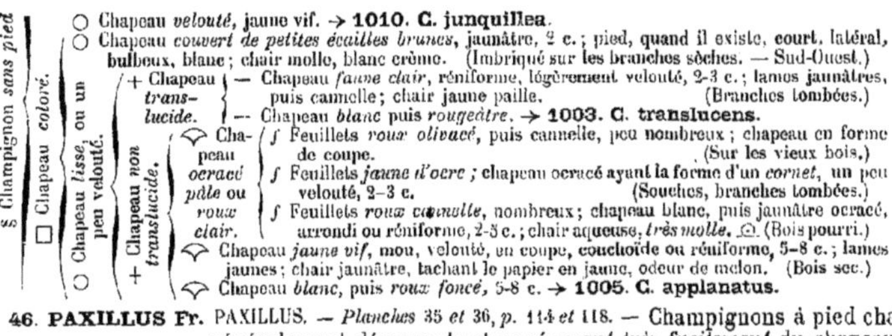

+ Chapeau *trans-lucide.*
— Chapeau *fauve clair*, réniforme, légèrement velouté, 2-3 c. ; lames jaunâtres,   1007. **C. haustellaris Fr.**
   puis cannelle ; chair jaune paille. (Branches tombées.)   *C. en épuisette ; c. R.*
-- Chapeau *blanc* puis *rougeâtre*. → **1003. C. translucens.**

⌄ Chapeau ocracé pâle ou roux clair.
∫ Feuillets *roux olivacé*, puis cannelle, peu nombreux ; chapeau en forme   1008'₁. **C. pezizoides Fr.**
   de coupe. (Sur les vieux bois.)   *C. en for. de Pézize ; a. AR.*
∫ Feuillets *jaune d'ocre* ; chapeau ocracé ayant la forme d'un *cornet*, un peu   1008₃'. **C. proboscideus Fr.**
   velouté, 2-3 c. (Souches, branches tombées.)   *C. en trompe ; a. R.*
∫ Feuillets *roux cannelle*, nombreux ; chapeau blanc, puis jaunâtre ocracé,   1009. **C. mollis Sch.**
   arrondi ou réniforme, 2-3 c. ; chair aqueuse, *très molle*. ☉ (Bois pourri.)   *C. mou ; c-a. C.*

⌄ Chapeau *jaune vif*, mou, velouté, en coupe, conchoïde ou réniforme, 5-8 c. ; lames   1010. **C. junquillea Paul.**
jaunes ; chair jaunâtre, tachant le papier en jaune, odeur de melon. (Bois sec.)   *C. jonquille ; c-a. R.*
⌄ Chapeau *blanc*, puis *roux foncé*, 5-8 c. → **1005. C. applanatus.**

46. PAXILLUS Fr. PAXILLUS. — *Planches 35 et 36, p. 114 et 118.* — Champignons à pied charnu ou sans pied, à feuillets
généralement décurrents et *se séparant très facilement* du chapeau.

⊙ Champignon *sans pied* ; chapeau conchoïde, jaune ou jaunâtre, 2-5 c. ; lames rameuses, jaunes ou fauve   1011. **P. lamellirugus DC.**
roussâtre (La var. *ionipus Q.* a un pied latéral, violacé). (En touffes sur les souches de Pins.)   *P. à lames ridées ; c-a. AR.*

△ Pied *très velouté.*
= Pied *brun foncé* (3), excentrique ; chapeau convexe, puis en entonnoir, roux (B-R₂),   1012. **P. atrotomentosus Batsch.**
   10-15 c. ; lames rameuses, jaune roux (pl. 36). ☉ (Bois de Pins.)   *P. velouté noir ; c-a. AR.* ✄
= Pied *gris*, renflé, excentrique ; chapeau en forme de spatule, roux, 10-15 c. ; lames   1013'. **P. griseotomentosus Seo.**
   rousses. (En touffes au pied des Chênes.)   *P. velouté gris ; c-a. R.*

△ Pied *peu ou pas velouté.*
★ Chapeau *roux* ou *fauve sale*, (R₂-B), *strié* souvent au bord, convexe, puis en   1014. **P. involutus Batsch.**
   coupe, 10-20 c. ; pied jaune ocracé ; chair jaune dans la forme type ; citrine dans   *P. à bord enroulé ; c-a. C.* ✄
   la var. *leptopus Fr.* ; lames anastomosées, rousses. ☉ . . . .
★ Chapeau *violacé*, jaunâtre, très visqueux, 2-3 c. ; pied blanc ou jaunâtre, puis taché   1015'. **P. gracilis.**
   de noir ; feuillets épais, bifurqués, poilus, blanchâtres, puis gris violacé. . . . . . .   — *P. grêle ; c. R.*
   (Sous les Mélèzes.)

QUATRIÈME SECTION. — AGARICINÉES A SPORES BRUN POURPRE OU VIOLET FONCÉ.

47. PSALLIOTA Fr. PSALLIOTE. — *Planche 36, p. 118.* — Champignons ayant un *anneau*, les feuillets *libres*, et le pied
se détachant facilement du chapeau.

□ *Petites es-pèces ; chapeau atteignant au plus 4 à 5 c.*
§ Chapeau *écailleux.*
— Chair *blanche* ; chapeau gris verdâtre 2 c. ; pied gris verdâtre ; lames rouge   1016. **P. echinata Fr.**
   purpurin, puis olivâtre.   *P. hérissé ; c. R.*
— Chair *brune*. → **32. Lepiota hæmatosperma.**
§ Chapeau *non écailleux.*
⌄ Chapeau *blanc crème, rose lilas* dans la var. *amethystina Q.* 3-4 c. ;   1017. **P. comtula Fr.**
   pied blanc crème, soyeux au sommet ; lames rosées, puis brun pourpre...   *P. bien peigné ; a. R.* ✄
⌄ Chapeau d'une *autre couleur*. (*Voyez la suite de l'analyse, p. 119.*)

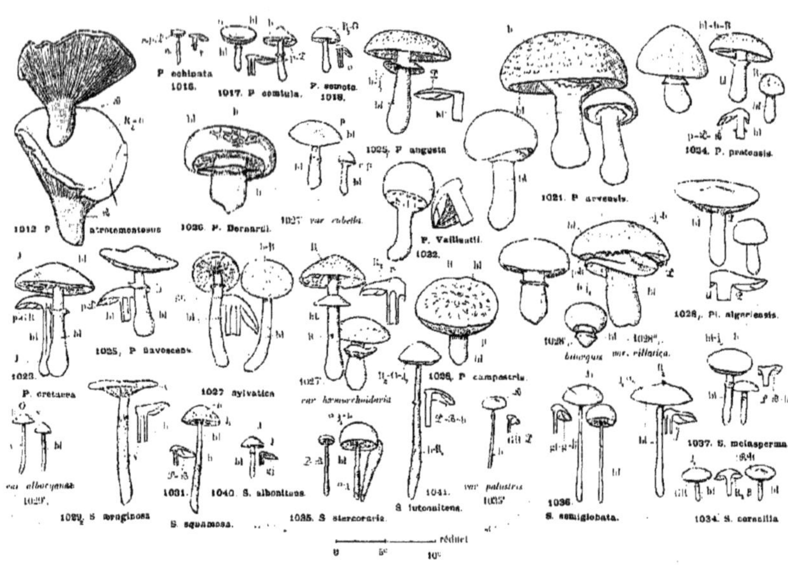
P. echinata
1016.
1017. P. comtula.
P. semota.
1018.
1013. P. atrotomentosus
1036. P. Bernardi.
1027. var. rubella.
1025. P. augusta
1021. P. arvensis.
1024. P. pratensis.
P. Vaillantii.
1032.
1028. Pi. algariensis.
1035. P. flavescens.
1023.
P. cretacea
var. albocyanea
1029.
1022. sylvatica
var. haemorrhoidaria
1026. P. campestris
1028'. bilorquis var. villatica. 1029''.
1037. S. melasperma.
1031. 1040. S. albonitens.
1041. var. palustris
S. luteonitens. 1035'
1036.
1034. S. coronilla
1025. S. stercoraria
1030. S. aeruginosa
S. squamosa.
S. semiglobata.
réduit
0 5° 10°

□ **Chapeau atteignant au plus 4 à 5 c.**

○ *Chair restant blanche quand on coupe le champignon.*

⊙ *Chapeau non crevassé.*

§ Chapeau non écailleux.

★ *Chapeau entièrement blanc, blanc grisâtre ou blanc roussâtre.*

◇ Chapeau *couleur brique* ou *roussâtre* (R₂-O), 3-4 c. ; pied rougeâtre pâle ; lames purpurines, puis pourpre foncé ; odeur agréable. (Sapinières. — Jura.) — **1018. P. semota Fr.** — *P. écarté ; a. R.*

◇ Chapeau *brun jaunâtre*, souvent crevassé, à bords recourbés, 4-8 c. ; pied blanc, court ; lames violacées ; chair ferme, *dure*. (Bois de Pins.) — **1019*. P. duriuscula Roze et Rich.** — *P. dur ; c-a. R.*

⊙ Chapeau *crevassé*, tacheté de jaune ocracé, 10-12 c. ; pied recouvert dans la jeunesse d'écailles qui sont disposées en zones irrégulières et disparaissent plus tard ; odeur d'anis............ (Trouvé poussant dans des fissures de murs.) — **1020*. P. Richonii Roze.** — *P. de Richon ; c-a. R.* ✠

★ *Chapeau blanc, teinté de jaune citron pâle.*

⊙ Anneau simple.

⊙ Anneau épais présentant en dessous un *rebord qui constitue un second anneau* ; chapeau blanc, 10-20 c. ; pied blanc, épaissi à la base ; lames brun pourpre. ⊙ — **1021. P. arvensis Sch.** — *P. des jachères ; p-a. C.* ✠

△ Anneau *présentant des écailles jaunes* ; chapeau blanc, soyeux, 10-15 c. ; pied blanc ; lames rose pâle, puis brun violacé.............. — **1022. P. Vaillantii Roze et Rich.** — *P. de Vaillant ; a. AC.* ✠

△ Anneau *sans écailles jaunes.*

✕ Chapeau *blanc, entièrement lisse*, soyeux, 8-12 c. ; pied blanc ; lames restant longtemps blanches, puis devenant rosées et enfin brun pourpre..... — **1023. P. cretacea Fr.** — *P. blanc de craie ; a. AC.* ✠

✕ Chapeau *blanc grisâtre, blanc ocracé, finement poilu*, puis *pelucheux*, 6-10 c. ; pied blanc ; lames grises, puis brun pourpre. — **1024. P. pratensis Sch.** — *P. des prés ; c-a. C.* ✠

◇ Chapeau couvert de *petites écailles brunes*, 10-20 c. ; pied blanc se tachant de rouge quand on le froisse ; lames gris jaunâtre, puis brun rougeâtre. — **1025₁. P. augusta Fr.** — *P. auguste ; c. AR.* ✠

◇ Chapeau *sans écailles* ; pied présentant plusieurs bourrelets écailleux. → **1028₁. P. campestris**, var. *peronata Roze et Rich.*

★ Chapeau *blanc à petites fibres jaunes* (J). → **1025₂. P. flavescens**, var. *xanthoderma Genev.* — **1025₂. P. flavescens Fr.** — *P. jaunissant ; a. AC.* ▣

★ Chapeau *rose.* → **1027. P. sylvatica**, var. *rubella G.*

○ *Chair devenant jaune vif, dans ou sur le chapeau ou le bulbe du pied.*

ƒ Chair *se tachant fortement en jaune* (J) ; odeur et goût désagréable ; champignon *suspect*............... — **1025₂. P. flavescens.**

ƒ Chair *se tachant de jaune pâle* ; odeur de farine. — **1021. P. arvensis.**

□ *Grandes espèces ; chapeau dépassant 6 c.*

○ *Chair devenant à l'air rose, rouge, brune ou rousse.*

⊕ *Chapeau simplement écailleux ou même lisse.*

⊙ Chapeau *crevassé*, blanc grisâtre, 10-20 c. ; pied très court, renflé et presque terminé en pointe ; lames brun violacé ; odeur *désagréable* qui disparaît à la cuisson. (Environs de La Rochelle.) — **1026. P. Bernardi Q.** — *P. de Bernard ; p-a. R.* ✠

✕ Chair devenant *rouge sang* à l'air (R₁). → **1027. P. sylvatica**, var. *hæmorrhoidaria Fr.*

✕ Chair devenant à l'air *rosée ou légèrement rousse.*

★ Anneau présentant des *écailles jaunes.* → **1022. P. Vaillantii.**

Anneau *sans écailles jaunes.*

= Pied *creux*, blanc ; chapeau pelucheux, blanc ; rose ou roux, 10-20 c. ; lames rosées, puis brun rougeâtre. ⊙ — **1027. P. sylvatica Sch.** — *P. des forêts ; a. AC.* ✠

= Pied *plein*, blanc, lisse ; chapeau blanc, roux ou brun (B-b), généralement à écailles brunes, parfois lisse, 8-15 c. ; lames roses, puis pourpre foncé ; odeur agréable. ⊙ [Champignon de couche.] — **1028₁. P. campestris L. (1)** — *P. des champs ; c-a. C.* ✠

---

(1) Variétés nombreuses : 1° *alba*, champignon entièrement blanc, pied court ; 2° *praticola*, chapeau brun, écailleux ; 3° *vaporaria*, chapeau brun rougeâtre, pied rougeâtre au sommet, brun jaunâtre à la base ; 4° *sylvicola*, chapeau blanc roussâtre, lisse, gercé à la fin ; pied renflé à la base ; 5° *villatica*, chapeau très écailleux, crevassé, roux ; pied très écailleux ; 6° *peronata*, pied entouré de plusieurs bourrelets écailleux : 7° *bitorquis* Q., chapeau blanc puis ocre pâle, pied court, présentant un anneau au sommet, et à la base un second anneau irrégulier.

48. PILOSACE Fr. PILOSACE. — *Planche* 36, *p.* 118. — Champignons charnus, sans anneau, à feuillets libres.

Chapeau *blanc de neige*, ocracé roussâtre étant vieux; pied *plein* blanc, épais; chair blanche; feuillets incarnats, puis brun violacé. (Alpes maritimes.) — **1028₂.P. algeriensis Fr.** / *P. algérien;* h-p. R. [symbol]

49. STROPHARIA Fr. STROPHAIRE. — *Planches* 36 *et* 37, *p.* 118 *et* 122. — Champignons ayant un anneau, les feuillets adhérant au pied, et le pied ne se séparant pas facilement du chapeau.

☐ Chapeau *vert bleuâtre* (V-In), *très visqueux*, 4-6 c.; pied à peu près de même couleur; anneau blanc ou verdâtre; lames pourpre foncé, présentant parfois un liséré blanc; chair blanche, amère.............. — **1029. S. æruginosa Curt. (1)** / *S. vert de gris;* c-a. C.

☐ Chapeau d'une autre couleur.

⊕ Chapeau *très écailleux*.

: Chapeau *de 10 à 25 m.*, couvert, surtout au bord, de *longues mèches blanches*, finement ridé, brun roux; pied blanchâtre, un peu écailleux; lames brun noirâtre, denticulées sur la tranche. (Sur les charbonnières.) — **1030. S. capillacea G.** / *S. chevelu;* a. R.

: Chapeau *de 3 à 6 c.*, couvert de *petites écailles blanches*, visqueux, jaune ocracé (j,-o), fauvâtre (R₂) au sommet; pied écailleux, ocracé pâle; lames brun pourpre; chair gris jaunâtre. — **1031. S. squamosa Pers.** / *S. écailleux;* c-a. AC.

⊙ Chapeau présentant des *sillons* marqués, surtout au bord.

Sillons *rameux* ressemblant aux feuillets d'une *Chanterelle;* chapeau conique ou en cloche, roux, 2-3 c.; pied blanchâtre, roux à la base; lames brunâtres. (Sur les charbonnières.) — **1032. S. sulcata G.** / *S. sillonnée;* a. R.

Sillons *simples*, moins apparents que dans l'espèce précédente; chapeau blanc roussâtre, 3-5 c.; pied blanchâtre, cotonneux à la base; feuillets brun roux. (Souches de Sapins.) — **1033. S. sulcatula G.** / *S. à petits sillons;* c. R.

☐ Chapeau pas ou à peine écailleux.

⊙ Chapeau non sillonné.

+ Pied *court, ne dépassant pas le diamètre du chapeau*, blanc; anneau rayé de violet; chapeau jaune (J) ou fauve, présentant sur le bord une couronne de petites mèches blanches; lames blanc violacé, puis brun violet... — **1034. S. coronilla B.** / *S. petite couronne;* p-c. AC.

+ Pied *long, dépassant le diamètre du chapeau*.

★ Pied *visqueux*.

⊖ Pied *renflé à la base, présentant au centre une moelle facile à isoler*, jaune paille; chapeau gris jaunâtre (gj), 2-4 c.; lames noir olivâtre, mouchetées parfois de brun. (Sur divers excréments.) — **1035. S. stercoraria Fr.** / *S. stercoraire;* c-a. AC

⊖ Pied *non renflé à la base, sans moelle bien distincte*, jaunâtre; chapeau hémisphérique, visqueux, jaune paille, 1-3 c.; lames violet noir. (Sur les bouses.) — **1036. S. semiglobata Batsch. (2)** / *S. hémisphérique;* c-a. AC.

★ Pied *non visqueux*.

○ Chapeau *blanc*, légèrement jaunâtre, *mou.* 3-6 c.; pied blanc, lisse; lames violacées, puis violet noir; chair blanche, amère; spore violet foncé, presque noire.. — **1037. S. melasperma B.** / *S. à spores noires;* c-a AR.

○ Chapeau *gris clair, gris brunâtre ou purpurin livide.* bosselé, *visqueux*, 3-5 c.; pied blanc, mou; lames blanchâtres, puis bistre violet (pl. 37)............... — **1038. S. inunota Fr.** / *S. gluant;* a. R.

○ Chapeau *gris fauve, bistre au sommet, mamelonné.* (Sur le limon des étangs.) → **1035. S. stercoraria**, var. *palustris* Q.

○ Chapeau *roux ou jaune vif*, au moins au sommet.

Espèce poussant *sur les excréments;* chapeau en cloche, visqueux, jaune ou roux, 2-5 c.; pied jaune crème ou blanchâtre (pl. 37.).......... — **1039. S. merdaria Fr.** / *S. des excréments;* c. AR.

Espèces poussant *à terre.* (Clairières des bois.)

Chapeau *jaune au centre* (J), *blanc soyeux au bord*, 2-3 c.; pied blanc, poilu; lames brun violacé...... — **1040. S. albonitens Fr.** / *S. blanc brillant;* a. AR.

Chapeau *jaune orangé* (J₂-O), présentant au bord de petites écailles fugaces, 3-4 c.; pied blanc crème. — **1041. S. luteonitens Fl. dan.** / — *S. jaune brillant;* a. R.

50. HYPHOLOMA Fr. HYPHOLOME. — *Planche* 37, *p.* 122. — Champignons présentant dans le jeune âge une *cortine* qui subsiste sur le bord du chapeau ou autour du pied sous forme d'un anneau fugace.

+ Chapeau *jaune de miel*, plus foncé au centre, 15-25 m. ; pied long, grêle, jaune brun, plus pâle au sommet ; feuillets jaune verdâtre, puis bistre violacé. (Bois de Conifères.) — **1042. H. dispersum** Fr. (3) / *H. dispersé* ; c-a. R.

= Chapeau couvert de *longues fibrilles rayonnantes*, gris bistre, pâlissant par le sec, 2-3 c. ; pied grêle, un peu fibrilleux ; lames grises, puis violet bistré. — **1043. H. fibrillosum** Pers. / *H. fibrilleux* ; p-a. R.

= Chapeau *lisse*, brun roux, humide, 2-5 c. ; pied ondulé, humide ; lames blanchâtres, puis bistre violacé. (En touffes sur les souches.) — **1044. H. hydrophilum** B. / *H. humide* ; p-c. C.

= Chapeau à *deux rangées de mèches*. → **1047**. var. *semi vestita* Berk.

: Chapeau *un peu poilu, conique, gris bistre*, 1 c. ; pied très grêle, *gris rougeâtre* ; lames blanc crème, puis brun fauve................ — **1045. H. infidum** Q. / *H. trompeur* ; e. R.

: Chapeau *strié, en cloche, brun bistre, très frêle*, à flocons caducs au bord, 2 c. ; pied *brun*, plus pâle au sommet.................. — **1046. H. noli tangere** Fr. / *H. n'y touchez pas* ; e. R.

Pied *très écailleux*, blanc ; chapeau gris jaunâtre, couvert de *nombreuses écailles blanches*, 2-3 c. ; lames grises, puis violacé, présentant parfois une bordure blanche. (En touffes.) — **1047. H. gossypinum** B. / *H. cotonneux* ; a. AC.

— Chapeau à *deux rangées de flocons blancs*. → **1046**. var. *laureata* Q.

— Chapeau *rugueux*, jaune fauve. → **1062. H. fatuum**.

— Chapeau *lisse*, soyeux, brillant, brun rougeâtre, bordé de petites écailles blanches et caduques ; pied blanc ou violacé ; lames rosées, puis violet noir. — **1048. H. bipellis** Q. / *H. à double peau* ; o. R.

⊙ Lames brunes, pointillées de noir, *émettant des gouttelettes liquides* ; chapeau jaune orange clair ou roux brunâtre, couvert de longues fibres, puis lisse, 5-10 c. ; pied blanchâtre, puis roux.................. — **1049. H. lacrymabundum** B. / *H. pleureur* ; c-a. AC.

§ Chapeau *jaune orangé, rouge brique au milieu.*

(Champignon poussant *à terre*, chapeau 5-8 c. ; feuillets jaunâtres, réunis par des *veines transversales*...... — **1050* H. transversum** G. / *H. transversal* ; a. R.

(Champignon poussant *sur les souches*, chapeau 6-12 c. ; feuillets olivâtres ; chair blanc jaunâtre, amère. — **1051. H. sublateritium** S. / *H. briqueté* ; p-h. AC. ▨

× Chair *très amère*, jaunâtre ; chapeau jaune, plus foncé au centre, puis roux, 4-6 c. ; pied jaune ; lames jaune soufre, puis verdâtre sale. ⊙ (En touffes sur les vieilles souches.) — **1052. H. fasciculare** Huds. / *H. en touffes* ; p-h. CC. ▨

-- Chapeau couvert d'un *voile soyeux*, blanchâtre, 5-8 c. ; pied jaunâtre ; lames jaunâtres, puis gris violacé ; chair blanc crème.. (Souches.) — **1053. H. epixanthum** Fr. / *H. à chapeau jaune voilé* ; a-h. AR.

— Chapeau sans *voile*. → **1052**. v. *capnoides* Fr.

○ Chapeau et pied à *écailles fauve doré*. → **1049**. var. *pyrrotrichum* Holmsk.

★ Chapeau d'une *autre couleur ou blanc*. (*Voyez la suite de l'analyse*, p. 123.)

---

(1) Var. *albocyaneu* Desm. chapeau *bleu verdâtre pâle*, devenant presque blanc. — (2) Var. *mamillata* Kalch., chapeau *mamelonné*. — (3) Le *Psilocybe uda* (nº 1072) pourrait être confondu avec l'*H. dispersum* ; il s'en distingue par son chapeau toujours dépourvu de traces de cortine.

STROPHARIA. HYPHOLOMA. PSILOCYBE.

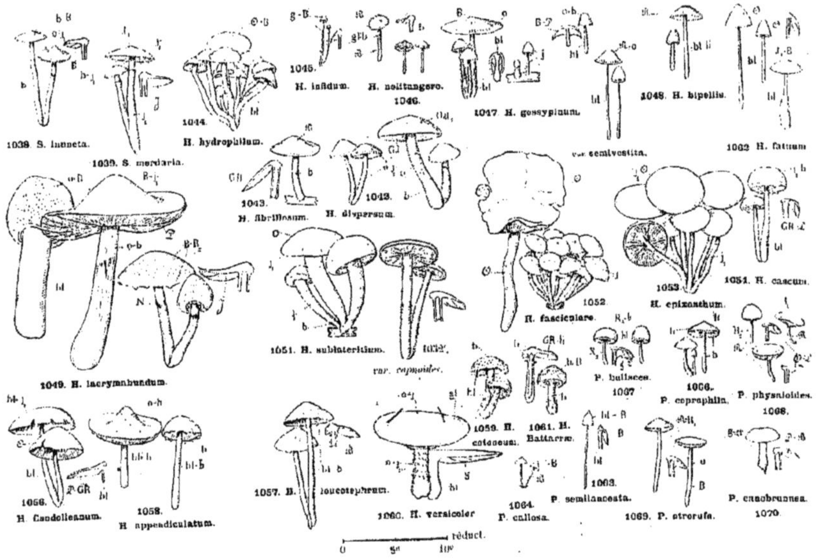
1038. S. inuncta.
1039. S. merdaria.
1044. H. hydrophilum.
1045. H. infidum.
H. nolitangere. 1046.
1047. H. gossypinum.
var. semivestita.
1048. H. bipellis.
1062. H. fatuum.
1043. H. fibrillosum.
1042. H. dispersum.
1049. H. lacrymabundum.
1051. H. sublateritium.
1052. var. capnoides.
1052. H. fasciculare.
1053. H. epixanthum.
1054. H. cascum.
P. bullacea. 1067
1066. P. coprophila.
P. physaloides. 1068.
1059. H. coteneum.
1061. H. Battarræ.
1056. H. Candolleanum.
1058. H. appendiculatum.
1057. H. leucotephrum.
1060. H. versicolor.
1064. P. callosa.
1063. P. semilanceata.
1069. P. atrorufa.
P. cnaobrunnea. 1070.
réduct.
0
5c
10c

* Chapeau d'une autre couleur ou blanc.

□ Pied lisse dans toute sa longueur.

+ Feuillets *larmoyants, pointillés de noir.* → **1049. H. lacrymabundum.**

+ Feuillets ne présentant pas ces caractères.

⊕ Chapeau écailleux.

◯ Chair *amère :* chapeau chamois grisâtre, arrondi, puis étalé, 5-8 c. ; pied blanc ; lames grises, puis bistrées. (Bois de Conifères.) — **1054. H. cascum Fr.** *H. vieux ;* c. R.

◯ Chair non amère. — Chapeau couvert de *larges écailles brunes ou noirâtres,* 5-7 c. ; pied blanchâtre ; feuillets gris rosé, puis brunâtres. (A terre, en petites touffes.) — **1055*. H. sylvestre G.** *H. des forêts ;* c-a. AR.

Chapeau couvert de *petites mèches gris jaunâtre.* → **1058. H. appendiculatum.**

⊕ Chapeau lisse ou velouté.

× Pied strié en haut.

: Pied *court* (5-8 c.) par rapport au diamètre du chapeau (5-7 c.), blanc ; chapeau blanchâtre, jaune d'ocre au sommet ; lames à bord blanc. — **1056*. H. Candolleanum Fr.** *H. de De Candolle ;* c-a. AC. ✠

: Pied *très long* (8-10 c.), par rapport au diamètre du chapeau (3-6 c.), soyeux ; chapeau blanc grisâtre.................. — **1057. H. leucotephrum.** *H. blanc cendré ;* c-a. R.

× Pied lisse au sommet.

(Chapeau *café au lait,* grisâtre, puis *blanc,* portant au bord des débris de cortine, 5-8 c. ; pied blanchâtre ; lames incarnates, puis brun pourpre. (En touffes.) — **1058. H. appendiculatum B.** *H. appendiculé ;* c-a. AC. ✠

(Chapeau *brun roux,* étant humide, plus clair en séchant, → **1044. H. hydrophilum.**

□ Pied cotonneux ou fibrilleux moins à la base.

⊙ Chapeau coloré.

⊙ Chapeau *blanc,* écailleux, 5-8 c. ; pied *blanc* ; lames blanches, puis brun pourpre, avec une bordure blanche. (En touffes, bois de Conifères.) — **1059. H. cotoneum Q.** *H. blanc de coton ;* c-a. R.

§ Chapeau *gris violacé au bord,* jaune, roux clair au milieu, couvert de petites écailles noirâtres, puis lisse, 5-6 c. ; lames violet noir. (En touffes sur les souches.) — **1060. H. versicolor Fr.** *H. de plus. coul.* p-c. AR.

§ Chapeau non violacé au bord.

◯ Feuillets *émettant des gouttelettes d'eau.* → **1049. H. lacrymabundum.**

Non ◯ — Chapeau *brun olive, à petites écailles aplaties au bord, dressées au centre,* 5-8 c. ; pied ayant à la base des écailles gris bistré ou olivâtres. — **1061. H. Battarræ Fr.** *H. de Battarra ;* c. R.

Chapeau *fauve ou jaunâtre, lisse,* 4-8 c. ; pied blanc, cotonneux à la base. — **1062. H. fatuum Fr.** *H. fat ;* p-c. AR.

◯ Chapeau *à flocons blancs,* couleur chair. → **1047. H. gossypinum.**

51. PSILOCYBE Fr. PSILOCYBE. *Planches* 37 *et* 38, *p.* 122 *et* 126. — Champignons à pied généralement *rigide, tenace,* à chapeau ayant le bord recourbé en dessous dans le jeune âge.

+ Chapeau *toujours très élevé, conique ou en cloche ;* feuillets s'insérant très haut sur le pied. (Espèces grêles.)

△ Chapeau *très pointu,* jaunâtre (j.-bl), 2 c. ; pied tenace, lisse, blanc jaunâtre ; lames grises, puis brun pourpre. (Champs, prés.) — **1063. P. semilanceata Fr.** *P. en fer de lance ;* c-a. AR.

△ Chapeau non très pointu.

□ Champignon poussant *sur le bord des chemins, dans l'herbe ;* chapeau gris ou brun jaunâtre (B), 1-2 c. ; pied tenace, roux pâle ; lames violet noirâtre. [Si le chapeau avait, au lieu de 1-2 c., 2-4 c., voir 1076. P. cernua.] — **1064. P. callosa Fr.** *P. calleux ;* c-a. R.

□ Champignon poussant *dans les marais ;* chapeau brun foncé, 2-4 c. ; pied brunâtre ; lames brun foncé.................. — **1065. P. atrobrunnea Fr.** — *P. brun noir ;* a. AR.

+ Chapeau *convexe mais peu élevé, presque plan* à l'état adulte.

§ Feuillets légèrement décurrents.

— Pied *renflé à la base et enfoncé dans le sable.* → **1062. H. fatuum,** var. *ammophilum.* (Bords de la mer ; Midi de la France.)

— Pied ne présentant *pas ces caractères.*

§ Feuillets *non décurrents*.................................

(*Voyez la suite de l'analyse,* p. 124.)

§ Feuillets légèrement décurrents.

⊙ Pied *court* par rapport au diamètre du chapeau.

○ Champignon poussant *sur les excréments* de divers animaux ; chapeau d'abord globuleux, puis surbaissé, strié, roux, 2-3 c. ; pied roux ; lames violet noirâtre...... — **1066. P. coprophila B.** *P. des excréments ;* c-a. AR.

○ Champignon poussant *dans l'herbe.* (Prés, bord des chemins, etc.)

× Chair *brune ou rousse ;* chapeau roux ou brun rougeâtre (Rg-R), 2 c. ; pied brun ou jaune roussâtre ; lames brunes. — **1067. P. bullacea B.** *P. globuleux ;* p-a. AR.

× Chair *blanchâtre ;* chapeau brunâtre ou gris jaunâtre (Rg-gj), 1-3 c. ; pied brun roux, plus clair au sommet ; lames brunes. — **1068. P. physaloides Fr.** *P. arrondi ;* p-a. AR.

⊙ Pied *long* par rapport au diamètre du chapeau, fauve, chapeau roux foncé (R), strié, 1-2 c. ; lames grisâtres, puis brun violacé, ayant parfois une bordure blanche. (Prés.) — **1069. P. atrorufa Sch.** *P. roux noirâtre ;* c. R.

§§ Feuillets non décurrents.

★ Pied *gros, épais.*

= Pied *terminé en une sorte de racine,* gris incarnat (gr-GR) ; chapeau de même couleur ou brun clair, 5-8 c. ; lames brun pourpre................... — **1070. P. canobrunnea Batsch.** *P. brun grisâtre ;* c. R.

= Pied *non terminé en racine,* roux clair ; chapeau épais, charnu, roux grisâtre, 4-10 c. ; lames gris rosé, puis brun violacé................... — **1071. P. sarcocephala Fr.** *P. à chapeau charnu ;* p. R.

★ Pied *grêle.*

① Chapeau brun ou roux jaunâtre.

◇ Chapeau 1-2 c., brun ou roux, souvent mamelonné ; pied brun roussâtre ; lames brun pourpre. (Parmi la Mousse, dans les marais.) — **1072. P. uda Fr.** *P. humide ;* a. AR.

◇ Chapeau 3-4 c., roux foncé ; pied jaune paille ; lames noirâtres, avec un liséré blanc. (Bruyères, Pâturages.) — **1073. P. ericæa Pers.** *P. des Bruyères ;* c-a. R.

⊖ Chapeau *brun rougeâtre* (R), devenant plus pâle (GR) en séchant, 1-3 c. ; pied gris rose (GR), grêle ; lames grisâtres, puis brun pourpre, avec une bordure blanche. (Prés.) — **1074. P. fœnisecii Pers.** *P. de la fenaison ;* c. AR.

① Chapeau *grisâtre et blanchissant en séchant.*

— Lames *blanc rosé puis brun pourpre ;* chapeau gris brunâtre, presque blanc en séchant, 3-6 c. ; pied blanchâtre, *soyeux*................... — **1075. P. spadicea Fr.** *P. bai ;* a. AR.

— Lames *grisâtre puis brunes ;* chapeau gris jaunâtre pâle, 2-4 c. ; pied blanc, *pruineux au sommet.* (Espèce très voisine de la précédente.) — **1076. P. cernua Fl. dan.** *P. penché ;* p-a. R.

52. PSATHYRA Fr. PSATHYRE. — *Planche* 38, *p.* 126. — Champignons à pied *fragile* et à chapeau ayant le bord droit et appliqué contre le pied dans le jeune âge.

□ Chapeau ayant au plus 1 c.

⊖ Chapeau conique ou en cloche.

× Chapeau *blanc,* gris clair, puis roux pâle, strié, farineux, 1 c. ; pied blanc, soyeux, flexueux ; feuillets brun pourpre................... — **1077. P. gyroflexa Fr.** *P. à pied flexueux ;* c. AC.

× Chapeau *gris bistré,* couvert de points brillants. → **1091. Psathyrella prona.**

⊖ Chapeau *convexe* peu élevé, *puis plan,* brillant, roux. — **960. N. pygmæa.**

Chapeau ayant plus 1 c.

○ Chapeau *couvert de points brillants.* → **1098. Psathyrella atomata.**

+ Chapeau *strié et à bords crénelés.* → **1100. Psathyrella crenata.**

Chapeau brun, pâlissant quelquefois

§ Chapeau *conique, très pointu,* 2-3 c. ; pied long, grêle, blanc brillant ; feuillets brun pourpre................... — **1078. P. conopilea Fr.** *P. à chap. conique ;* c-a. R.

§ Chapeau *convexe*

∫ Chapeau *brun, pâlissant en séchant,* strié, 3-5 c. ; pied blanchâtre, brillant, strié au sommet, lames brun pourpre.... — **1079. P. spadiceogrisea Sch.** *P. brun grisâtre ;* c-a. R.

□ Chapeau de
○ Chapeau ne pas ce ca-
+ Chapeau à peine strié, à non cré-
(Chapeau blanc rosé ou jaune crème.

en séchant. | peu élevé. | ƒ Chapeau *toujours brun*. → **1095. Psathyrella trepida.**

: Pied *très grêle, très long*. → **1094. Psathyrella gracilis.**

: Pied non très long.

⌒ Chapeau *blanc grisâtre* ou *gris rosé*, 2 c.; pied blanchâtre; lames grisâtres, puis brun violacé. (Prés.) — **1080. P. torpens Fr.** / *P. languissant* ; c-a. R.

⌒ Chapeau *jaune incarnat, rugueux*, 2 c,; pied roux clair; lames violet noirâtre. (Prés, jardins.) — **1081. P. corrugis Pers.** / *P. froncé* ; c-a. AR.

CINQUIÈME SECTION. — AGARICINÉES A SPORES NOIRES.

53. ANELLARIA Karst. ANELLARIA. — *Planche* 38, *p.* 126. — Champignons à chapeau mince et à pied présentant un *anneau*.

⊙ Chapeau *brun roux, à sillons profonds allant presque jusqu'au sommet*, 1-4 c.; pied rigide, grêle, blanc ou roux très pâle; anneau situé vers le milieu du pied; lames noirâtres... — **1082. A. gracilipes Pat.** / *A. à pied grêle* ; c. R.

⊙ Chapeau *blanchâtre, à peine strié*, visqueux, 3-4 c.; pied blanchâtre ou roussâtre, anneau situé près du sommet du pied; lames grises, mouchetées de noir, puis d'un noir violacé foncé. (Pâturages, bouse.) — **1083. A. separata L.** / *A. séparé* ; a. AC.

54. PANÆOLUS Fr. PANÆOLE. — *Planche* 38, *p.* 126. — Champignons à chapeau mince et dont *le bord dépasse les feuillets*; feuillets gris brunâtre foncé, *pointillés* de noir.

△ Chapeau visqueux.

§ Pied jaune paille, présentant au sommet une *zone annulaire noire;* chapeau gris bistré, conique ou en cloche, 2-3 c.; lames grises pointillées de noir, puis complètement noires. (Sur fumier.) — **1084. P. fimiputris B.** / *P. du fumier* ; c-a. AC.

§ Pied *sans zone annulaire noire.*
= Pied *blanchâtre, zoné;* chapeau blanc brunâtre (bl-b).......................... — **1085. P. leucophanes B et Br** / *P. blanc* ; a. R.
= Pied *brun rougeâtre*, chapeau en cloche, brun jaunâtre. → **1091. P. campanulatus,** var. *phalænarum Fr.*

△ Chapeau non visqueux.

⊙ Pied coloré au moins à la base.

⊙ Pied entièrement blanc ou légèrement jaunâtre.
ƒ Chapeau couvert de *petits granules brillants.* → **1098. Psathyrella atomata.**
ƒ Nom
(Pied terminé par une *racine effilée.* → **1099. Psathyrella caudata.**
(*Pas de racine effilée;* chapeau hémisphérique, gris roux, 2-3 c.; lames grises pointillées de noir. ⊙ (Pâturages.) — **1086. P. papilionaceus Fr.** / *P. tacheté comme des ailes de papillon*; c-a. AC.

⊕ Chapeau *ridé,* présentant une sorte de réticulation. → **1089. P. campanulatus,** var. *retirugis Pr.*

⊙ Pied non ridé ni réticulé.

× Chapeau très pointu.
— Chapeau présentant au bord une *frange blanche.* → **1089. P. campanulatus,** var. *sphinctrinus Fr.*
— Chapeau présentant au bord une *ligne noire;* chapeau roux ou fauve, brun clair, brillant, 1-2 c.; pied blanc en haut, brun et un peu renflé en bas; lames gris foncé, puis noires.............................. — **1087. P. acuminatus Sch.** / *P. pointu* ; c. AR.

× Chapeau arrondi au sommet.
= Pied *blanc au sommet*, jaune paille en bas; chapeau grisâtre, roux au sommet, bistre foncé au bord, 2-3 c.; lames bistre, puis noires, souvent blanches au bord. — **1088. P. fimicola Fr.** / *P. des excréments*; p-c. AC.
= Pied *roux ou brun*; chapeau en cloche, roux foncé, 2-3 c.; lames grises mouchetées de noir, émettant souvent de nombreuses gouttelettes d'eau...... (Pâturages.) — **1089. P. campanulatus. L.** / *P. en cloche*; p-a. AC.

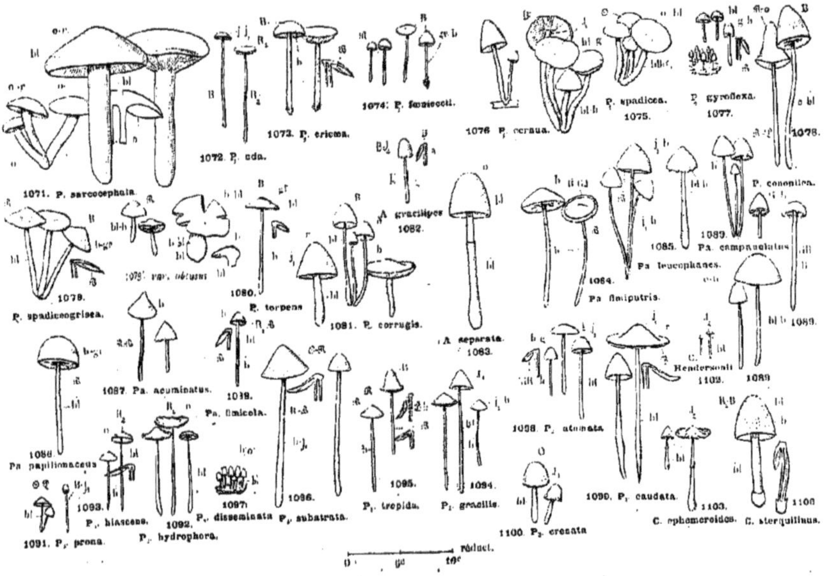

1071. P. sarcocephala.
1072. P. uda.
1073. P. ericæa.
1074. P. fœniseceii.
1075. P. spadicea.
1076. P. ceraua.
1077. P. gyroflexa.
1078.
1078. P. spadiceogrisea.
1079. var. obtusus.
1080. P. torpens.
1081. P. corrugis.
1082. A gracilipes.
1083. A. separata.
1084. Pa fimiputris.
1085. Pa. campanulatus.
Pa leucophanes.
P. conophia.
1087. Pa. acuminatus.
1088. P. atomata.
1089.
1090. P. caudata.
Pa. fimicola.
1086.
1091. P. prona.
1092. P. hydrophora.
1093.
P. hiascens.
P. disseminata P. subatrata.
1094. P. gracilis.
1095. P. tropida.
Pa papilionaceus.
1097.
1099. P. crenata.
1102.
Hendersoni
1103. C. ephemeroides.
C. sterquilinus.
réduct.

55. PSATHYRELLA Fr. PSATHYRELLE. — *Planche* 38, *p.* 126. — Champignons non éphémères, à chapeau dont le bord ne dépasse pas les feuillets, et à lames non mouchetées de noir.

☐ Pied *lisse et glabre, ni floconneux ni pruineux.*

+ Espèce *petite*; chapeau de 5 à 10 m.

△ Chapeau *lisse*, strié fauve pâle; lame à liséré blanc............ **1090*. P. subtilis Fr.** / *P. subtile*; a. R.

△ Chapeau présentant des petits *grains brillants*, gris; pied blanc; lames à bord rosé............ **1091. P. prona Fr.** / *P. penché*; c-a. AR.

+ Espèce *plus grande*; chapeau dépassant 1 c.

◡ Chapeau *mamelonné ou retroussé* au bord. (Aspect des Coprins.)

○ Feuillets *gris clair à l'origine*, puis gris foncé, souvent *couvert de gouttelettes d'eau*; chapeau en cloche, 2-3 c.; pied blanc, couvert de fines gouttelettes............ **1092. P. hydrophora B.** / *P. chargé d'eau*; c-a. AC.

○ Feuillets *jaune crème à l'origine*, puis gris noirâtre, *sans gouttelettes*; chapeau conique ou en cloche, 2-3 c.; pied blanchâtre............ **1093. P. hiascens Fr.** / *P. s'ouvrant*; p-c. AC.

◡ Chapeau *ni mamelonné ni retroussé*. (Pas d'aspect de Coprin.)

= Chapeau *gris pâle, puis rosé*, un peu translucide, en cloche, 1-3 c.; pied blanchâtre, poilu à la base; lames gris noirâtre avec un *liséré rosé*. (Vergers, jardins.)............ **1094. P. gracilis Fr.** / *P. grêle*; c-a. AR.

= Chapeau *brun ou roux*.

× Lames *grisâtres*, puis *gris violacé*; chapeau roux foncé, brun au sommet, 2-3 c.; pied blanchâtre, très grêle............ **1095. P. trepida Fr.** / *P. tremblant*; c-a R.

× Lames *roux foncé, puis noires*; chapeau brun roux, 2-4 c.; pied blanc jaunâtre pâle............ **1096. P. subatrata Batsch.** / *P. sombre*; a. R.

☐ Pied *floconneux ou pruineux.*

○ Champignon *très fragile*, poussant *en touffes de très nombreux individus*, au pied des arbres; chapeau ovoïde ou en cloche, à sillons profonds, gris jaunâtre, 1-2 c.; pied grêle, blanc crème; lames brunes ou foncé............ **1097. P. disseminata Pers.** / *P. disséminé*; p-a. AC.

○ Champignon *moins fragile, ne poussant pas en grosses touffes.*

⊙ Chapeau gris pâle ou jaunâtre, *couvert de petits grains brillants*, 1-2 c.; pied blanc ou jaunâtre; lames grises, puis noires. (Dans l'herbe, au bord des chemins.)............ **1098. P. atomata Fr.** / *P. poudré*; c. AC.

⊙ Chapeau n'ayant pas de petits grains brillants.

⊕ Pied terminé par une *longue racine*, blanchâtre; chapeau brun, devenant gris en séchant; lames gris noirâtre. (Sur le fumier, jardins, champs fumés.)............ **1099. P. caudata Fr.** / *P. à racine*; p-a. AR.

⊝ Pied non terminé par une longue racine.

△ Chapeau à *sillons profonds, et à bord crénelé*, gris jaunâtre, 1-2 c.; pied blanc grisâtre, poilu à la base; lames brun jaunâtre, puis pourpre noirâtre............ **1100. P. crenata. Lasch.** / *P. à bord crénelé*; a. R.

△ Chapeau sillonné *au bord seulement et non crénelé*, brun foncé, 2-3 c.; pied gris jaunâtre; feuillets gris foncé, puis brun noirâtre. (Midi de la France.)............ **1101*. P. sulcata Dun.** / — *P. sillonné*; a. R.

56. COPRINUS Pers. COPRIN. *Planches* 38 et 39, *p.* 126 et 130. — Champignons *éphémères*, à feuillets *déliquescents*, c'est-à-dire se réduisant en eau, le plus souvent noirs, au moins à la fin.

△ Pied présentant un *anneau ou une volve*............ **1er Groupe, p. 128.**

△ Pied *sans anneau ni volve*

— Chapeau *plus petit que 2 c.*............ **2e Groupe, p. 128.**

— Chapeau *plus grand que 2 c.*

(Chapeau *glabre*............ **3e Groupe, p. 129.**

(Chapeau *écailleux, à larges plaques ou poudré de grains brillants*............ **4e Groupe, p. 131.**

1er Groupe.

+ Chapeau *très petit, de 2 à 3 m. seulement,* blanc puis roux clair; pied blanc, anneau blanc............
(Sur le fumier, dans les endroits cultivés.) — **1102. C. Hendersonii Berk.** / *C. de Henderson;* e. R.

Chapeau de plus grande taille.

☐ Anneau situé vers le *milieu du pied* ou *mobile.*

§ Espèce *grêle,* chapeau de 2 à 3 c., allongé, plissé, un peu écailleux, blanc grisâtre; pied blanc; lames blanches, puis noires. (Champs, endroits fumés.) — **1103. C. ephemeroides B.** / — *C. éphéméroïde;* c-a. AC.

§ Espèce *plus grosse,* chapeau ayant *au moins 3 c.*

× Chapeau à *grosses écailles,* allongé, blanc, puis rosé au bord et devenant noir, 5-8 c.; pied blanc, renflé à labase; lames blanc rosé, puis noires. ☉ (Pelouses, bord des routes.) — **1104. C. comatus Fl. dan** (1) / *C. à chevelure;* c-a. C. ✠

× Chapeau à *fines écailles.* → 1106. C. sterquilinus.

☐ Anneau situé à la *base du pied,* ou bien pied présentant une *volve* à sa base.

⌒ Chapeau *rose orangé* (o₂-r), puis gris, poudré de rouge (R-R₂), à bord retroussé à la fin, 1-3 c.; pied orangé, plus rouge à la base; lames grises, puis brun noir. — **1105. C. oblectus Bolt.** / *C. recherché;* e. AR.

⌒ Chapeau *blanc grisâtre,* allongé, orné de côtes rayonnantes et bifurquées, 3-8 c.; pied blanc, renflé à la base, noircissant au toucher; lames blanc rosé, puis noir (pl. 38). — **1106. C. sterquilinus Fr.** / *C. de fumier;* p-a. AR.

⌒ Chapeau *gris bistré,* ayant au sommet de petites écailles brunes, 3-6 c.; pied blanc souvent renflé à la base; feuillets devenant rapidement noirs. ☉ (Prés, jardins.) — **1107. C. atramentarius B.** / *C. noir d'encre;* c-a. C.

2e Groupe.

Chapeau glabre.

Pas de sclérote.

○ Pied terminé par un *sclérote noir;* chapeau blanc grisâtre, pulvérulent, 3-8 m.; lames blanches, puis noir violacé. (Prés.) — **1108. C. tuberosus Q.** / *C. tuberculeux;* e. R.

○ Pas de sclérote.

ƒ Champignon *entièrement blanc;* chapeau strié, 3-6 m.; pied effilé à la base; lames blanches, puis pointillées de noir.............. — **1109. C. albulus Q.** / *C. blanc;* e. R.

ƒ Champignon *non entièrement blanc.*

: Champignon *transparent,* grisâtre, roux au centre, crénelé, 5-10 m.; lames glauques, bordées de noir.............. — **1110. C. diaphanus Q.** / *C. diaphane;* e. R.

: Champignon *non transparent.*

— Chapeau *plus grand que 1 c.* → 1120. C. velaris.

— Chapeau *de 5 à 8 m.,* gris, strié; pied blanc; lames blanches, puis noires. (Pelouses.) — **1111*. C. sceptrum Jungh.** (2) / *C. sceptre;* p-a. AR.

Chapeau écailleux, au moins en partie.

* Chapeau de 1/2 c. environ.

Non.

⊕ Pied terminé par *un sclérote.* → 1108. C. tuberosus.

(Chapeau *étalé,* mince, couvert de *fines mèches, strié radialement,* gris, 3-5 c.; pied blanchâtre, poilu à la base. (Prairies, bois, sur les bouses.) — **1112. C. radiatus Bolt.** / *C. rayé;* p. AR.

(Chapeau *ovoïde,* couvert de *mèches pointues,* strié, puis fendillé en étoile, 1-3 m.; pied poilu; lames grises, puis brunes. (Excréments.) — **1113. C. stellaris Q.** / *C. en étoile;* p-e. R.

+ Espèce poussant sur les *Graminées* ou les *Carex;* chapeau blanc, puis gris, farineux, 1-2 c.; pied très grêle, blanc; lames blanches, puis violet noir.............. — **1114. C. Friesii Q.** / *C. de Fries;* e. AR.

☐ Pied

= Chapeau *gris,* strié, hémisphérique, 10-15 m.; pied grêle, blanc; lames *triangulaires.* (Places à charbon.) — **1115*. C. gonophyllus Q.** / *C. triangulaire;* c-a. R.

= Chapeau *gris argenté* à fibrilles blanches.............. (Hautes-Pyrénées, sur les schistes.) — **1116*. C. pyrenæus Q.** / *C. des Pyrénées;* a. R.

⊙ Chapeau ⎰ * Chapeau de 1 c. ⎰ + Espèce poussant d'autres sta- ⎰ ☐ Pied poilu ou floconneux.

= Chapeau fauve roux
§ Pied *translucide*, blanc ; chapeau ovoïde, puis retroussé, sillonné radialement, gris roux au milieu. (Bord des chemins.) — 1117'. **C. ephemerus B.** — *C. éphémère ; p·a.* AR.
§ Pied *non translucide*. → **1136. C. nycthemerus.**

○ Pied blanc ou *gris.*
+ *Pas de sclérote.*
× Pied *floconneux*, blanc ou gris ; chapeau glauque ou gris clair, 1-2 c. ; lames incarnat-glauque ou lilas pâle, parfois pointillées de noir sur le bord.......................... — 1118. **C. roris Q.** — *C. de la rosée ; c.* AR.
× Pied *un peu poilu ;* chapeau gris fauve ou roux clair. → **1135. C. sociatus,** var. *Roudieri Q.*
+ Pied naissant d'un *sclérote* fauve ; chapeau gris couvert de larges plaques fauve ocracé... — 1119. **C. Queletii Forq.** — *C. de Quélet ; c.* R.
○ Pied *rouge rosé.* → **1105. C. oblectus,** var. *erythrocephalus Lév.*

3ᵉ Groupe.

☐ Chapeau mince, plissé au bord ; pied mince (3).

⊕ Chapeau *globuleux* au début.
ƒ Chapeau *persistant quelque temps* après s'être étalé, gris clair, roux pâle au milieu, 1-2 c. ; pied translucide ; lames *adhérant au sommet dilaté du pied.* (Jardins, bois.) — 1120. **C. velaris Fr.** — *C. voilé ; p-c.* AR.
ƒ Chapeau *se liquéfiant* en s'ouvrant, gris, 2-3 c. ; pied blanc, plus mince au sommet ; lames libres, brunes avec un liseré blanc. (Pâturages, bois.) — 1121'. **C. rapidus Fr.** — *C. rapide ; p-c.* AR.

⊖ Chapeau d'abord en cloche.
★ Chapeau *mamelonné jusqu'à la fin*, toujours glabre, gris glauque au centre, à côtes brun clair, 2-3 c. ; pied crème ou incarnat, un peu plus épais au sommet.............. — 1122. **C. hemerobius Fr.** (4) — *C. d'un jour ; c.* AC.
★ Chapeau *devenant plan*, rayé de plis flexueux, fourchus, 2-3 c. ; pied blanc, grêle ; lames écartées, blanches, puis gris cendré.. — 1123'. **C. impatiens Fr.** — *C. impatient ; c-a.* AR.
★ Chapeau *un peu déprimé au centre à la fin*, présentant des côtes granuleuses. → **1137. C. plicatilis.**

☐ Chapeau *épais, non plissé*, non strié ou strié seulement tard ; pied assez épais.

⊕ Chapeau *de 5 à 8 c.*
— Pied présentant à la base une *légère saillie annulaire.* → **1107. C. atramentarius.**
— Pied ne présentant pas ce *caractère.*
+ Chapeau *jaune ocracé* (J₂), granulé au milieu, 4-6 c. ; pied blanc ; lames jaunâtres, puis gris foncé ou noires... — 1124. **C. deliquescens B.** — *C. se liquéfiant ; c-a.* AC.
+ Chapeau *gris jaunâtre, roux au milieu,* ellipsoïde, 2-3 c. ; pied blanc, poilu à la base ; lames grises, puis brunes, souvent bordées de noir... — 1125. **C. digitalis Batsch.** (5) — *C. en forme de dé ; c.* AR.

⊕ Chapeau *de 2 à 3 c.*
: Chapeau *roux clair* (o-j.), visqueux, ovoïde ou en cloche, 2-3 c. ; pied blanc, lames gris jaunâtre, puis brun noir ; espèce venant en *grosses touffes.* ☉ — 1126. **C. congregatus B.** — *C. groupé ; c-a.* AC.
: Chapeau *gris jaunâtre, roux au milieu.* → **1125. C. digitalis.**

---

(1) Var. : 1º *ovatus Sch.,* chapeau ovoïde ; 2º *clavatus Buth.* chapeau allongé, en massue, anneau pelucheux. — (2) Le *Psathyrella disseminata* (nº 1097) ressemble un peu à des Coprins, mais est moins éphémère, a le chapeau d'abord jaune, puis gris pâle. — (3) A la maturité les lames se fendent en deux ; les deux pièces ainsi produites s'écartent l'une de l'autre et se réduisent à des *lignes noires.* — (4) Le *Psathyrella hiascens* (nº 1096) moins éphémère, diffère du *C. hemerobius* par sa couleur roux jaunâtre. — (5) Le *Psathyrella hydrophora* (nº 1092), moins éphémère, diffère du *C. digitalis* par son pied plus grêle.

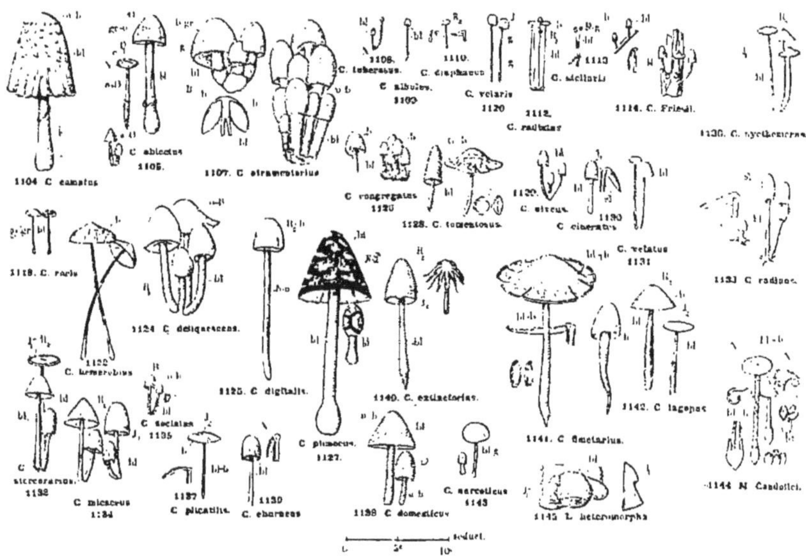

1104. C. comatus
1105. C. atramentarius
1106.
1107. C. stramentarius
1108. C. tuberosus
1109. C. albulus
1110.
1112. C. radiatus
1113.
1114. C. Frieslii
1118. C. roris
1119.
1120. C. velaris
1123.
1124. C. deliquescens
1125. C. digitalis
1126. C. hemerobius
1127.
1128. C. tomentosus
1129. C. vitreus
1130. C. cinereus
1131. C. velatus
1132. C. radians
1133. C. socialis
1134. C. micaceus
1135.
1136. C. nyctemerus
1137.
1138. C. stercorarius
1139. C. ebureus
1140. C. extinctorius
1141. C. fimetarius
1142. C. lagopus
1143. C. narcoticus
1144. M. Candollei
1145. L. heteromorpha
1118. C. plicatilis
1138. C. domesticus
C. plumosus
C. sciliaris
C. volaris

4ᵈ Groupe.

□ Chapeau couvert de larges plaques.

+ Chapeau plus petit que 4 c.

  + Chapeau *de 5 à 8 c.*, noir, à grandes plaques blanches, à bord retroussé à la fin ; pied blanc, bulbeux ; lames blanches, puis rosées, enfin noir violacé ; odeur fétide............................ — 1127. **C. picaceus B.** — *C. blanc et noir ;* e-a. AC.

  ○ Chapeau couvert d'une sorte de *laine* qui se fragmente.
    △ Chapeau *gris*, ovoïde allongé, 3-4 c. ; pied gris velouté ou floconneux ; lames blanches, puis violet noir avec une bordure micacée, blanche.... — 1128. **C. tomentosus B.** — *C. velouté ;* c. AR.
    △ Chapeau *blanc*, puis rosé, à bord retroussé à la fin, 2-3 c. ; pied blanc, puis rosé, lames blanches, roses, puis noir pourpre.................. — 1129. **C. niveus Pers.** — *C. blanc de neige ;* e-a. AR.

  ○ Chapeau couvert d'un *voile gris formé de granules hyalins*, 2-3 c. ; pied blanc, un peu bulbeux ; lames grisâtres, puis noires et bordées de blanc............................. — 1130. **C. cineratus Q.** — *C. cendré ;* c. R.

  ○ Chapeau couvert d'un *voile membraneux, blanc*, 2-3 c. ; pied blanc ; lames blanches, puis rosées et enfin brun noir.. — 1131. **C. velatus Q.** — *C. couvert d'un voile ;* p-R.

□ Chapeau poudré de granules brillants, tombant facilement.

  ⊙ Granules blancs ou incolores.
    § Chapeau *blanc, jaune ocracé au centre*, 2-3 c. ; pied blanc ; lames blanches ou rosées, puis noir violacé............................ — 1132. **C. stercorarius. Fr.** — *C. d'excrément ;* p-c. AC.
    § Chapeau *jaunâtre ou roux clair.*
      ↷ *Mycelium* fauve à la base du pied, *rayonnant* de tous côtés ; chapeau jaune d'ocre pâle, puis fauve doré, 2-3 c. ; pied blanc, bulbeux.... (Bois pourri.) — 1133. **C. radians Desm.** — *C. rayonnant ;* h-p. AR.
      ↷ *Pas de Mycelium apparent ;* chapeau fauve ou roux, 3-5 c. ; pied blanc, poilu à la base ; lames blanches, puis brun pourpre. ⊙ .... — 1134. **C. micaceus B.** — *C. micacé ;* p-a. C.
  ⊙ Granules *rougeâtres.* → **1105. C. oblectus.**

□ Chapeau écailleux, floconneux ou fibrilleux.

  ⊙ Pied glabre.

    ⊕ Chapeau mince, plissé.
      * Pied grêle.
        (Chapeau *de 3 à 6 c.*, gris clair, un peu déprimé au centre à la fin avec le bord retroussé, à côtes fourchues brunes ; pied blanc ; lames réunies en un *anneau* autour du pied. — 1135. **C. sociatus Fr.** — *C. associé ;* c. AR.
        (Chapeau plus petit que 3 c.
          ſ Chapeau *mamelonné*, grisâtre, fauve pâle au milieu, 1-2 c. ; pied blanc, un peu renflé à la base ; lames jaune roux, puis brun noir............ — 1136. **C. nycthemerus Fr.** — *C. d'une nuit et un jour ;* e-a. AC.
          ſ Chapeau *déprimé au centre*, grisâtre, avec les côtes et le centre brun, 2-3 c. ; pied blanc jaunâtre, plus épais au sommet ; lames grises, puis gris noirâtre. — 1137. **C. plicatilis Curt.** — *C. plissé ;* p-a. C.
      * Pied *assez épais*, 5-8 m., blanc ; chapeau roux foncé, à sillons très serrés ; lames blanches, puis incarnates, enfin brun noir. (Jardins, cours.) — 1138. **C. domesticus Pers.** — *C. domestique ;* p-e. AR.

    ⊕ Chapeau assez épais.
      : Chapeau *blanc* ou *blanchâtre.*
        + Chapeau couvert de *grosses écailles.* → **1104. C. comatus.**
        + Non.
          = Pied *dur*, blanc ; chapeau ferme, blanc, strié, à petites écailles, 3-4 c. ; lames blanches puis brun foncé................... — 1139. **C. eburneus. Q.** — *C. blanc d'ivoire ;* c. R.
          = Pied *fragile.* → **1132. C. stercorarius.**
      : Chapeau *gris cendré, jaune ocracé ou roux.*
        — Pied *toujours glabre.* → **1124. C. deliquescens.**
        — Pied *poilu* d'abord puis glabre. → **1140. C. extinctorius et 1141. C. fimetarius.**

  ⊙ Pied *floconneux ou écailleux.* (*Voyez la suite de l'analyse, p. 132.*)

⊙ Pied floconneux ou écailleux. / Pas de racine. + Pied terminé par une racine. ○ Pied blanc.

○ Pied *gris ;* chapeau gris, couvert d'écailles floconneuses. → **1128. C. tomentosus.**

◠ Espèce venant sur le *terreau des forêts ;* chapeau blanc, strié. 2-3 c. ; lames blanches, puis noir pourpre.. **1140. C. extinctorius B.** *C. en éteignoir ;* p-e. AC.

◠ Espèce venant sur le *fumier ;* chapeau en massue, grisâtre, à écailles blanches, puis gris noirâtre, 3-4 c. ; pied blanc renflé à la base, pointu ; lames blanc rosé, puis noir violacé............................... **1141. C. fimetarius L.** *C. du fumier ;* p-a. C.

★ Chapeau *entièrement blanc* ou *légèrement rosé.* → **1129. C. niveus.**

★ Chapeau *blanc, jaune argileux au centre.* | — Pied *pruineux.* → **1132. C. stercorarius.** | — Pied *très laineux.* → **1142. C. lagopus.**

★ Chapeau *entièrement coloré.* ∫ Pied *très laineux,* blanc ; chapeau grisâtre, à petites écailles caduques, 2-3 c. ; lames blanches, puis noires............................... **1142. C. lagopus Fr.** *C. pied de lièvre ;* c. AC.

∫ Pied *un peu écailleux seulement.* § Odeur *ammoniacale ;* chapeau gris glauque, à fines écailles retroussées, 2-3 c. ; pied blanc ; lames blanches, puis noires............................... **1143. C. narcoticus Batsch.** *C. narcotique ;* p-e. R.

§ *Pas d'odeur particulière.* (Chapeau *mince.* → **1138. C. domesticus.** (Chapeau *épais.* → **1107. C. atramentarius.**

57. **MONTAGNITES Fr.** MONTAGNITE. — *Planche* 39, *p.* 130. — Champignons dont le *chapeau se réduit à des feuillets* fixés comme les rayons d'une roue, autour du sommet du pied.

Pied blanc, lisse, entouré d'une volve coriace à la base ; chapeau convexe, gris, 5-6 c. ; lames persistantes.. **1144. M. Candollei Fr.** (Sables du littoral de la Méditerranée.) — *M. du De Candolle ;* p. R.

FAMILLE DES POLYPORÉES

58. LENZITES Fr. LENZITES. — *Planches 39 et 40, p. 130 et 134.* — Champignons sans pied, coriaces comme du liège, à *lames* fermes, indépendantes les unes des autres *ou anastomosées et formant des alvéoles.*

☐ Espèce poussant sur les Conifères, Pins, Sapins, etc.

⊙ Chair *blanche*; chapeau bosselé, puis fendillé, blanc crème, puis grisâtre, 2-4 c.; lames serrées, bifurquées, blanches. (Forêts des pays de montagnes.) — **1145. L. heteromorpha Fr.** / *L. de forme variée*; c. R.

⊙ Chair *fauve rougeâtre*. § Chapeau *zoné*, brunâtre, jaune orange (J₁-O) au bord, *poilu* ou *velouté*, noircissant à la fin, 4-9 c.; lames anastomosées, jaune orange ou roussâtres............ **1146. L. sæpiaria Wulf.** / *L. des Sapins*; c-a. AC.

§ Chapeau *non zoné*, à peine velouté, mou, gris roussâtre; lames irrégulières, interrompues, anastomosées, roussâtres, puis gris clair. (Sur les Sapins.) **1147. L. abietina B.** / *L. des Abies*; c-a. AC.

☐ Espèces poussant sur d'autres arbres.

△ Chapeau entièrement zoné.

↶ Chapeau *blanc, zoné de blanc, puis fauve clair* ou acracé, poilu, en demi cercle, 2-5 c.; lames rameuses, *blanches* puis crème. (Chapeau de couleur plus foncée et lames *blanc bistré* dans la var. *betulina Fr.*) ⊙ **1148. L. flaccida Fr.** / *L. flasque*; c-a. C.

↶ Chapeau entièrement zoné de rouge, de brun, d'olive, de roux.
— Lames *blanches*. → **1148. L. flaccida var. variegata Fr.**
— Lames *paille citrin, roux clair, grises*, très rameuses; chapeau ridé, en demi-cercle, 3-8 c. (Dans la var. *trametra* les lames très anastomosées limitent des pores allongés.) **1149. L. tricolor B.** / *L. tricolore*; a-b. AR.

△ Chapeau non zoné ou à peine zoné au bord.

+ Chapeau non zoné, blanc; lames *blanches*.
(Chapeau *mou*, velouté, blanc de lait; lames bifurquées, anastomosées à la base. (Sur les troncs des Frênes, des Bouleaux.) **1150. L. albida Fr.** / *L. blanchâtre*; a. R.
(Chapeau *dur*. → **1161. Dædalea quercina.**

+ Chapeau *un peu zoné au bord*, roussâtre, un peu velouté, parfois retourné, 2-6 c.; lames roussâtres, présentant parfois des reflets violacés. (Sur les troncs de Chênes.) **1151. L. trabea Pers.** / *L. des poutres*; e. AR.

59. DÆDALEA Pers. — DEDALÉE. — *Planche 40, p. 134.* — Champignons durs, coriaces, jamais en croûte, à *tubes* fructifères *ne formant pas une couche distincte de la substance du chapeau*, à pores *sinueux, anastomosés.*

⊙ Chair *jaune vif*; chapeau jaune d'or, velouté, triangulaire, 3-6 c.; pores irréguliers, jaunes............ (Sur les troncs de Chênes.) **1152*. D. aurea Batt.** / *D. doré*; e. R.

⊙ Chair *brune ou jaune d'ocre*.
ʃ Chapeau *brun roussâtre*, (B-O-R), *gris jaunâtre au bord*, poilu, 8-12 c.; pores sinueux, allongés, gris ou roussâtres............... **1153. D. confragosa Bolt.** / *D. raboteux*; a. AR.
ʃ Chapeau *gris cendré* ou *gris jaunâtre* (G-b). { Chapeau *zoné, poilu*, 4-6 c.; pores allongés, sinueux, blanc grisâtre.... **1154. D. cinerea Fr.** / *D. cendré*; c-a. R.
{ Chapeau *non zoné, glabre*. → **1161. D. quercina.**

⊙ Chair *blanche* ou légèrement rosée.
⊕ Chapeau *zoné, brun gris foncé* (B-b), gris clair au bord, velouté ou poilu, 5-7 c.; pores assez petits, irréguliers, blancs puis gris............. **1155. D. unicolor B.** / *D. d'une seule coul.*; a-p. AR.
⊕ Chapeau *non zoné.* (*Voyez la suite de l'analyse, p. 135.*)

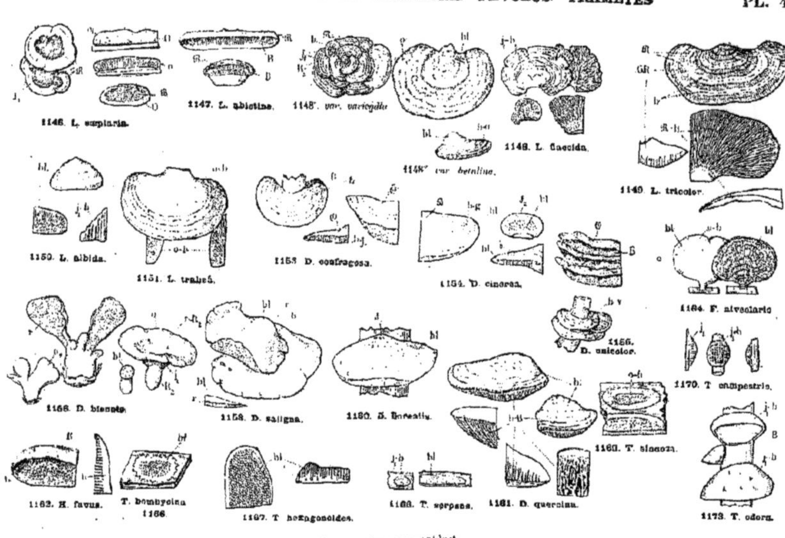
1146. L. sepiaria.
1147. L. abietina.
1148. var. variegata.
1148". var. betulina.
1148. L. flaccida.
1149. L. tricolor.
1150. L. albida.
1151. L. trabea.
1153. D. confragosa.
1154. D. cinerea.
1156. D. unicolor.
1164. F. alveolaris.
1166. D. biennis.
1158. D. saligna.
1160. S. borealis.
1160. T. hispida.
1170. T. campestris.
1162. H. favus.
T. bombycina.
1166.
1167. T. hexagonoides.
1168. T. serpens.
1161. D. quercina.
1173. T. odora.
réduct.
0   5ᶜ   10ᶜ

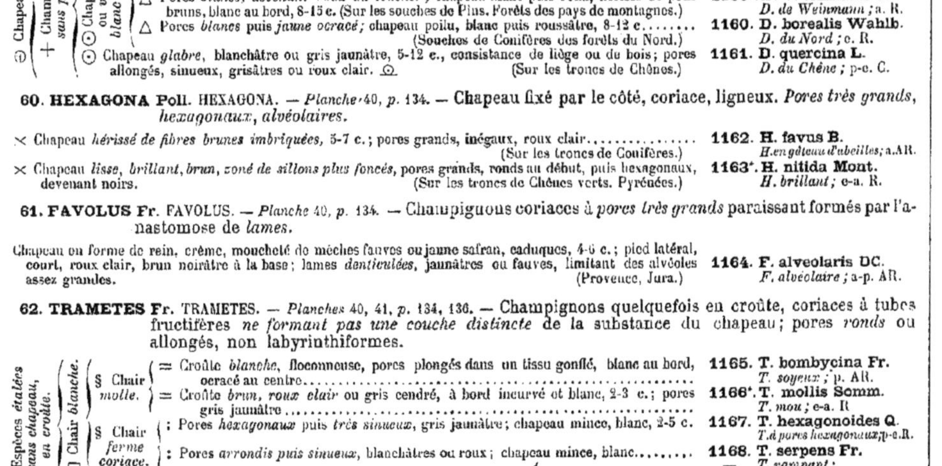

+ Champignon ayant un *pied de forme très irrégulière*, roussâtre; chapeau ocracé, blanc au bord; pores irréguliers, blancs puis rosés; chair blanche…………………………………… **1156. D. biennis B.** / *D. bisannuel; c.* AC.

△ Pores *toujours blanches.* ⌒ Pores à *bord denticulé*; chapeau blanchâtre, 3-7 c…………………… **1157. D. gossypina Moug.** / *D. cotonneux; a.* R.
(Sur les branches sèches.)

⌒ Pores à *bord non denticulé*; chapeau blanchâtre, présentant un bourrelet au bord, 4-8 c…………………………………… **1158. D. saligna Fr.** / *D. du Saule; e-a.* AR.

△ Pores *blanches, devenant roux au toucher*; chapeau blanc puis roux, hérissé de poils bruns, blanc au bord, 8-15 c. (Sur les souches de Pins. Forêts des pays de montagnes.) **1159*. D. Weinmanni Fr.** / *D. de Weinmann; a.* R.

△ Pores *blanches* puis *jaune ocracé*; chapeau poilu, blanc puis roussâtre, 8-12 c………… **1160. D. borealis Wahlb.** / *D. du Nord; c.* R.
(Souches de Conifères des forêts du Nord.)

⊙ Chapeau *glabre*, blanchâtre ou gris jaunàtre, 5-12 c., consistance de liège ou du bois; pores allongés, sinueux, grisâtres ou roux clair. ⊙ **1161. D. quercina L.** / *D. du Chêne; p-c.* C.
(Sur les troncs de Chênes.)

60. HEXAGONA Poll. HEXAGONA. — *Planche 40, p. 134.* — Chapeau fixé par le côté, coriace, ligneux. *Pores très grands, hexagonaux, alvéolaires.*

✕ Chapeau *hérissé de fibres brunes imbriquées*, 5-7 c.; pores grands, inégaux, roux clair…………… **1162. H. favus B.** / *H. en gâteau d'abeilles; a.* AR.
(Sur les troncs de Coniféres.)

✕ Chapeau *lisse, brillant, brun, zoné de sillons plus foncés*, pores grands, ronds au début, puis hexagonaux, devenant noirs. **1163*. H. nitida Mont.** / *H. brillant; e-a.* R.
(Sur les troncs de Chênes verts. Pyrénées.)

61. FAVOLUS Fr. FAVOLUS. — *Planche 40, p. 134.* — Champignons coriaces *à pores très grands* paraissant formés par l'anastomose de *lames.*

Chapeau en forme de rein, crème, moucheté de mèches fauves ou jaune safran, caduques, 4-6 c.; pied latéral, court, roux clair, brun noirâtre à la base; lames *denticulées*, jaunâtres ou fauves, limitant des alvéoles assez grandes. (Provence, Jura.) **1164. F. alveolaris DC.** / *F. alvéolaire; a-p.* AR.

62. TRAMETES Fr. TRAMETES. — *Planches 40, 41, p. 134, 136.* — Champignons quelquefois en croûte, coriaces à tubes fructifères *ne formant pas une couche distincte* de la substance du chapeau; pores *ronds* ou *allongés, non labyrinthiformes.*

§ Chair *molle.* = Croûte *blanche*, floconneuse, pores plongés dans un tissu gonflé, blanc au bord, ocracé au centre…………………………………… **1165. T. bombycina Fr.** / *T. soyeux; p.* AR.

= Croûte *brun, roux clair* ou gris cendré, à bord incurvé et blanc, 2-3 c.; pores gris jaunâtre…………………………………… **1166*. T. mollis Somm.** / *T. mou; e-a.* R

§ Chair *ferme coriace.* : Pores *hexagonaux* puis *très sinueux*, gris jaunâtre; chapeau mince, blanc, 2-5 c. **1167. T. hexagonoides Q.** / *T. à pores hexagonaux; p-c.* R.

: Pores *arrondis puis sinueux*, blanchâtres ou roux; chapeau mince, blanc………… **1168. T. serpens Fr.** / — *T. rampant;*

☐ Chair *colorée.* (*Voir la suite de l'analyse, p. 137.*)

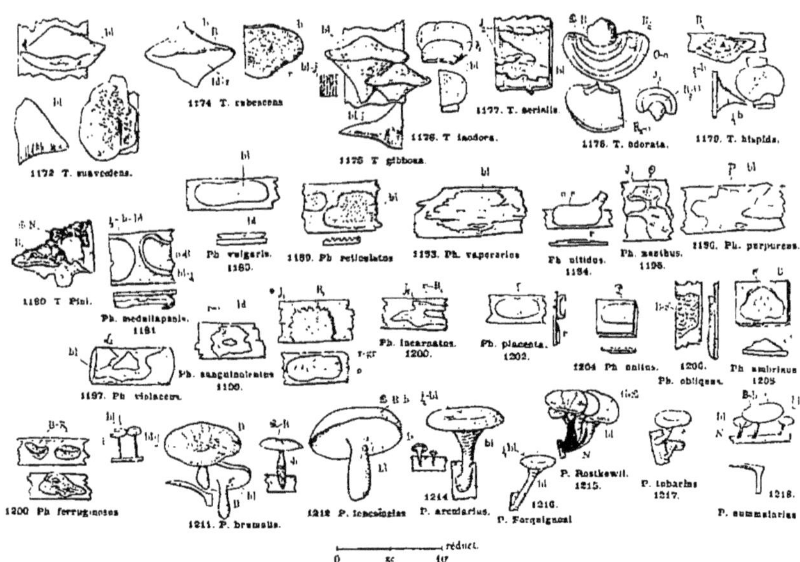

1172 T. suaveolens.
1174 T. rubescens.
1175 T. gibbosa.
1176. T. inodora.
1177. T. serialis.
1178. T. odorata.
1179. T. hispida.
1180 T. Pini.
Ph. vulgaris. 1185.
1189. Ph. reticulatus.
1193. Ph. vaporarius.
Ph. nitidus. 1184.
Ph. nastbus. 1195.
1190. Ph. purpureus.
Ph. medullapanis. 1181
Ph. sanguinolentus 1199.
1197. Ph. violaceus.
Ph. incarnatus. 1200.
Ph. placenta. 1202.
1204 Ph. salins.
Ph. obliquus. 1206.
Ph. umbrinus 1205.
1200 Ph. ferruginosus
1211. P. brumalis.
1212 P. lencsingias
P. arenarius.
1214
P. Forquignoni
P. Rostkowii. 1215.
1216.
P. tabacins 1217.
1218.
P. nummularius
réduit.
0　5c　10

○ **Espèces étalées, sans chapeau.** ☐ **Chair colorée.**

(Pores grands, { : *non dentelés*, ressemblant à ceux des *Dædalea*, croûte blanche puis jaune.. — **1169. T. sinuosa Fr.** / *T. sinueux;* h-p. R.

: *dentelés* au bord, blanc crème ou roux clair; chapeau étalé, jaune paille, 2-3 c.; chair paille ou fauve........................ — **1170. T. campestris Q.** / *T. des champs;* a-p. R.

(Pores *petits*, ronds puis anguleux, café au lait; chapeau étalé présentant une sorte de *bourrelet cotonneux*, roux, 2-4 c.; chair très élastique, jaune roussâtre............ — **1171*. T. isabellina Fr.** / *T. couleur isabelle;* a-h.R.

○ **Espèces à chapeau distinct.** ⊙ **Chair et pores blancs, rosés, jaunâtres ou jaune vif.**

⊕ **Odeur anisée, agréable.**

§ Chapeau *blanc crème*, velouté, 4-6 c.; pores arrondis à bord dentelé, blanchâtres puis jaune grisâtre. ⊙ (Souches de Saules; bord des ruisseaux.) — **1172. T. suaveolens L.** / *T. à odeur agréable;* c-a.AR.

§ Chapeau *blanc, puis jaune vif au bord*, 3-5 c.; pores ronds puis dentés, crème puis jaune vif. (Souches de Saules, de Frênes.) — **1173. T. odora Somm.** / *T. odorant;* p. R.

⊙ **Pas d'odeur.** + Chair et pores *rosés*; chapeau blanc rosé ou roux clair ou brun (B), 8-12 c......... (Souches de Saules.) — **1174. T. rubescens A. et S.** / *T. rougeâtre;* e-a. AR.

+ **Chair et pores blancs.** △ Chapeau *blanc.*

= Pores *allongés*; chapeau plan, *bossu au milieu*, velouté. 10-15 c. — **1175. T. gibbosa Pers.** / *T. bossu;* p. AR.

= Pores *arrondis*; chapeau triangulaire, finement poilu, 3-8 c.... — **1176. T. inodora Fr.** / *T. inodore;* a. AR.

△ Chapeau *roux* ou *couleur brique*, allongé et étroit, ondulé: pores petits, ronds. (Sur les Sapins; forêts montagneuses.) — **1177. T serialis Fr.** / *T. en série;* p. R.

⊙ **Chair et pores roux ou bruns.**

★ **Odeur de** *Fenouil* ou *de Vanille*; chapeau brun (B-R), jaune souci au bord (J₁), bosselé, velouté, 8-15 c.; pores irréguliers, fauves ou bruns. (Troncs de Sapins; forêts montagneuses.) — **1178. T. odorata Wulf.** / *T. à odeur;* a. AR.

★ **Pas d'odeur.**

ſ Chapeau *très poilu*, brun fauve, 5-10 c.; pores assez grands à bords dentelés, roux; chair fauve roussâtre ou brune........................ — **1179. T. hispida Bagl.** / *T. poilu;* p-e. AR.

ſ Chapeau *lisse* ou seulement velouté.

△ Chapeau *brun, jaune d'ocre au bord, dur*, bosselé; pores polygonaux, souvent allongés, fauve ocracé. (Sur les troncs de Pins.) — **1180. T. Pini Brot.** / *T. du Pin;* a. AR.

△ Chapeau *roux clair* ou *gris cendré mou.* → **1147. Lenzites abietina** var. *protracta Fr.* — —

63. PHYSISPORUS Chev. PHYSISPORE. — *Planche 41, p. 136.* — Champignons sans chapeau, formant une croûte, à tubes *distincts de la chair, étalés sur le bois en plaques minces*, à pores ronds ou polygonaux.

(Plusieurs espèces de ce genre sont probablement des états jeunes de diverses Polyporées.)

☐ **Pores blancs ou crème.** ⊖ Pores *changeant de couleur et devenant.*

— *rouges* { : *au toucher.* → **1199. P. sanguinolentus.**

: *sans qu'on les touche*, quand le champignon est âgé. → **1198. P. terrestris.**

— *crème incarnat.* → **1192. P. radula.**

— *jaune ocracé.* { ✕ Pores restant petits et *arrondis*. → **1181. P. medulla panis.**

✕ Pores devenant à la fin allongés et *sinueux*. → **1169. Trametes sinuosa.**

⊖ Pores restant *blancs* ou *crème*........................ }

☐ Pores de *couleur vive* ou *foncée*, jaune orange, rouges, roses, violets, bruns, roux, etc............................... } *(Voyez la suite de l'analyse,* p. 138.)

Pores blancs ou crème, ne changeant pas de couleur.

△ **Pores petits.**

O Croûte dure, très adhérente au bois.

: Croûte *se détachant à la fin du support* quand le champignon est vieux, très blanche; tubes longs, obliques; pores très blancs	**1181. P. medulla panis Pers.** / *P. mie de pain;* a. AC.
: Croûte *ne se détachant pas du support.* = Tubes disposés en *plusieurs couches superposées,* les inférieures blanches, les supérieures ocracées. [Forme du *Polyporus adustus,* n° 1262.]	**1182*. P. obducens Pers.** / *P. couvert;* p. AR.
= Tubes disposés en *une seule couche* blanche; croûte finement poilue	**1183. P. vulgaris Fr.** / *P. commun;* e-a. AC.

△ Croûte molle.

× Plaque à *bord bien net, bien limité.*

(Plaque poussant sur le *Sapin,* à bord étroit, finement poilu	**1184*. P. callosus Fr.** / *P. calleux;* h-p. R.
(Plaque poussant sur le *Hêtre,* à bord frangé	**1185*. P. vitreus Pers.** / *P. hyalin;* e. AR.

× Plaque à *bord mal limité,* mince comme une O toile d'araignée.

⌢ Bordure formée de *filaments soyeux,* rayonnants (Sur les troncs de Conifères.)	**1186*. P. molluscus Pers.** / *P. mou;* a-h. AR.
⌢ Bordure ne présentant *pas ce caractère* (Sur les troncs pourris.)	**1187*. P. mucidus Pers.** / *P. moisi;* a-h. R.

□ **Pores grands; croûte molle ou très ténue.**

△ Pores grands; croûte molle ou très ténue.   ★ Pores régulièrement distribués.

★ Pores *irrégulièrement répartis, distribués par groupes*	**1188*. P. Vaillantii Fr.** / *P. de Vaillant;* a. AR.

§ Bordure formée d'une *frange soyeuse, rayonnante.*

∫ Plaque *très ténue, fugace;* pores espacés, blancs ou crème	**1189. P. reticulatus Pers.** / *P. en réseau;* a. AR.
∫ Plaque plus *ferme,* formant une véritable membrane, facile à séparer du support	**1190*. P. byssinus Schrad.** / *P. à filaments;* a. AR.

§ Bordure ne présentant pas ce caractère.

⊙ Croûte très ténue, d'un *aspect farineux,* soyeuse au bord; pores hexagonaux	**1191*. P. farinellus Fr.** / *P. farineux;* p. R.
⊙ Croûte *non farineuse.* + Plaque *facile à séparer du support;* pores dentés, blancs puis crème incarnat	**1192*. P. radula Pers.** / *P. râpe;* a-p. AR.
+ Plaque *très adhérente au support;* pores anguleux, blancs puis crème. (Troncs de Sapins.)	**1193. P. vaporarius Pers.** / *P. de serre;* h-p. R.

□ **Pores jaune orange.**

— Plaque présentant une *bordure blanche,* soyeuse (Sur les branches sèches.)	**1194. P. nitidus Pers.** / *P. brillant;* h-p. AR.
— Plaque orangée présentant une *bordure jaune;* tubes pourpre orangé ou violet safrané; pores jaune orangé ou jaune safran. (Sur les Pins.)	**1195. P. xanthus Fr.** / *P. jaune;* a. R.

□ **Pores violets ou couleur pourpre.**

⊕ Croûte *rose pourpre* (P), avec une *bordure blanche,* soyeuse, étroite; pores très petits.	**1196. P. purpureus Fr.** / *P. pourpre;* h-p. AR.
⊖ Croûte *violacée* ou *violette, sans bordure blanche,* de consistance un peu gélatineuse; pores assez grands, polygonaux	**1197. P. violaceus A. et S.** / — *P. violacé;* a. R.

□ **Pores roses incarnat ou rouges.**

- **+ Pores blancs à l'origine.**
  - **= Plaque** *étalée à terre*, très ténue et fugace ; pores petits, ronds, *blancs* puis *rouges* .... **1198*. P. terrestris DC.** — *P. terrestre ; c.* AR.
  - **= Plaque venant sur le bois.**
    - △ Pores *blancs*, puis *rouges par le froissement* ; plaque blanchâtre puis incarnat purpurin .... **1199. P. sanguinolentus A. et S.** — *P. sanguinolent ; a-h.* R.
    - △ Pores *blancs* puis *crème incarnat.* → **1192. P. radula.**
- **+ Pores toujours colorés.**
  - ⊙ **Plaque présentant une bordure blanche.**
    - — Plaque *coriace, à consistance du liège*, incarnate ; pores anguleux, incarnats (r-R₁). (Sur les souches de Pins ; Vosges.) **1200. P. incarnatus A. et S.** — *P. incarnat ; p.* AR.
    - — Plaque *tendre, mince*, blanc incarnat ; pores anguleux, incarnats, à bords crénelés .... **1201*. P. micans Ehrb.** — *P. étincelant ; a.* R.
  - ⊙ **Plaque ne présentant pas de bordure blanche.**
    - § Plaque *circulaire* ; tubes parfois disposés en plusieurs couches ; pores rose incarnat à reflets orangés. (Souches et aiguilles de Pins. Montagnes.) **1202. P. placenta Fr.** — *P. placenta ; a.* R.
    - § Plaque *irrégulière.* → **1201. P. micans** var. *rhodella Fr.*

□ **Pores couleur rouille ou cannelle, bruns ou noirâtres.**

- ○ **Espèce à bord filamenteux.**
  - — **Plaque ferme.**
    - (Plaque *gris bistré* avec une *bordure blanche* ; tubes courts, pores petits ... **1203*. P. subspadiceus Fr.** — *P. bai brun ; p.* AR.
    - (Plaque *brune* avec une *bordure brun fauve* ; pores bruns............ (Sur les Sapins ; forêts montagneuses.) **1204. P. unitus Pers.** — *P. uni ; e-a.* AR.
  - — Plaque *très molle, comme floconneuse*, de forme indéterminée ; pores brun fauve ..... (Sur les branches de Pommiers.) **1205*. P. floccosus Fr.** — *P. floconneux ; e.* R.
- ○ **Espèce à bord bien limité, non filamenteux.**
  - ☉ Tubes *obliques*, bruns ; plaque coriace, à bord souvent relevé et plus ou moins découpé. (Il soulève l'écorce du bois sec.) **1206. P. obliquus Pers.** — *P. oblique ; e-a.* AC.
  - ☉ **Tubes perpendiculaires à la plaque.**
    - ★ Plaque mince, molle, *tombant en poussière à la dessiccation*, brun roussâtre. (Sur planches de Sapins en pourriture.) **1207*. P. collabens Fr.** — *P. retombant ; h-p.* AR.
    - ★ **Plaque ne tombant pas en poussière.**
      - × Plaque *ondulée, présentant des sortes de tubercules*, brun roux, fauve au bord ; pores bruns. (Troncs d'Alisiers rouges ; Jura.) **1208. P. umbrinus Fr.** — *P. terre d'ombre ; a.* R.
      - × Plaque étalée, *plane*, non tuberculeuse.
        - ◖ Plaque ayant une *bordure stérile, sans tubes* ; tubes et pores de couleur rouille .... **1209. P. ferruginosus Schrad.** — *P. ferrugineux ; e-a.* AR.
        - ◖ Plaque *entièrement fertile* ; pores ronds, gros, couleur cannelle .... **1210*. P. contiguus Pers.** — *P. homogène ; p-a.* AR.

---

64. POLYPORUS Fr. POLYPORE. — *Planche 41 à 44, p. 136, 140, 144, 149.* — Champignons charnus à chapeau, quelquefois sans pied, mous ou durs, à *tubes ne se séparant pas facilement*, mais formant une couche distincte de la chair du chapeau. Poussant sur le bois, rarement à terre.

△ **Champignons ayant un pied.**
- : Chair *blanche*, rosée ou jaune très pâle.
  - ⌄ Pied *simple.*
    - — Pied *central* ou légèrement excentrique .... **1er Groupe, p. 141.**
    - — Pied *latéral* ou très excentrique .... **2e Groupe, p. 142.**
  - ⌄ Pied *ramifié* .... **3e Groupe, p. 142.**
- : Chair *brune* .... **4e Groupe, p. 143.**

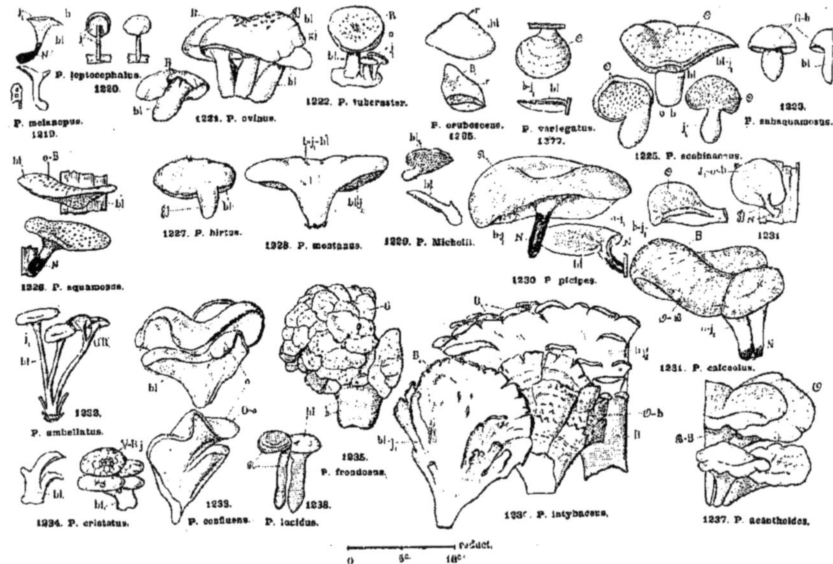

P. leptocephalus.
1220.
P. melanopus.
1219.
1221. P. ovinus.
1222. P. tuberaster.
P. crubescens.
1205.
P. variegatus.
1377.
1223.
P. subsquamosus.
1225. P. scabinaceus.
1226. P. squamosus.
1227. P. hirtus.
1228. P. montanus.
1229. P. Micholii.
1230 P picipes.
1231. P. calceolus.
1231
B
1232.
P. umbellatus.
1234. P. cristatus.
1233.
P. confluens.
1238.
P. lucidus.
1235.
P. frondosus.
1236. P. intybaceus.
1237. P. acantholdes.
reduct.
0   5c.   10c.

△ *Pas de pied;* chapeaux souvent imbriqués. | ƒ Chair *blanche* ou de couleur pâle, blanchâtre, crème au rosée. | (Chair *molle.*.................... **5e Groupe,** p. 143.
(Chair *coriace* comme du liège ou *dure* comme du bois.. **6e Groupe,** p. 145.
ƒ' Chair colorée en *jaune vif,* rouge vif, brun ou *fauve.* | ★ Tubes *disposés en plusieurs couches parallèles*........ **7e Groupe,** p. 147.
★ Tubes ne présentant *pas ce caractère*.............. **8e Groupe,** p. 147.

1er Groupe.

⊙ *Chapeau brun ou gris foncé.*

× Pores *ronds, petits.*

+ Pied *noir,* au moins en partie; chapeau brun roux (R). → **1230. P. picipes.**

+ Pied *non noir.*
⊕ Chapeau *de 3 à 8 c.,* poilu (lisse dans la var. *fuliginosus*), brun foncé (O-B), mince, coriace; pied gris brun (B); pores blancs.................... → **1211** — **1211. P. brumalis Pers.** *P. d'hiver ;* a-p. AC. ✠

⊕ Chapeau *de 10 c.,* gris cendré ou brun noirâtre (g-b-B); pied roux; chair blanche puis rosée, parfois gris noirâtre dans le pied; pores blancs puis gris. (Sapinières.) → **1212. P. leucomelas Pers.** *P. blanc noirâtre ;* e-a. AC. ✠

× Pores *grands, polygonaux ou allongés.*

§ Chapeau *visqueux,* brun rougeâtre (R), 5-9 c.; tubes décurrents, de même couleur que le chapeau; pied de même couleur, grêle et court. (Midi de la France.) → **1213'. P. viscosus Pers.** *P. visqueux ;* a. R.

§ Chapeau *non visqueux.*
○ Chapeau *crème* (bl-j₁), présentant au bord de *petites mèches grisâtres,* 3-6 c.; pied blanc roux ou gris bistré; tubes blancs puis paille........ (Sur les souches, surtout de Hêtres.) → **1214. P. arcularius Batsch.** *P. arqué ;* p. AR.

○ Chapeau *lisse, gris foncé ou noir* (N), en forme de coupe, 3-5 c.; pied noir; pores blancs puis ocracés. (En touffes sur les troncs d'arbres.) → **1215. P. Rostkowii Fr.** *P. de Rostkowius ;* AR.

⊖ Pied *écailleux ou velouté.*

Pied coloré mais non noir.

△ Pores *polygonaux à bord dentelé.*
× Chapeau jaunâtre (bl-j₁), *parsemé d'aiguillons mous, hyalins,* en forme de coupe, blanchâtre puis ocracé, 5-15 c.; pied blanc poilu; pores blancs.................... → **1216. P. Forquignoni Q.** *P. de Forquignon ;* e. R.

× Chapeau jaune (J₂-o), lisse ou seulement velouté, très déprimé au centre; pied de même couleur; pores blanc puis paille... → **1217. P. tubarius Q.** *P. en trompette ;* a. AC.

△ Pores *petits, ronds;* chapeau blanc teinté de jaune (J₁) et de bleu (ln). → **1211.**

○ Pied *noir.* → **1230. P. picipes.** [P. brumalis var. *vernalis* Q.

⊙ *Chapeau blanc, jaune chamois ou jaune ocracé.*

⊕ Pied *glabre.*

□ Pied *noir,* au moins en partie.
: Pied noir seulement à la base.
ƒ Chapeau *mince, de 1 à 3 c.;* blanc puis ocracé (bl-b-j₁); pied dur, grêle, crème en haut; tubes décurrents; pores blancs puis paille........ → **1218. P. nummularius B.** *P. petit écu ;* e-a. C.

ƒ Chapeau *épais, de 5 à 10 c.* → **1231. P. calceolus.**

: Pied *entièrement* noir; chapeau jaune ou brun (j₁-b), déprimé au centre, 3-10 c.; chair blanche; tubes décurrents, courts; pores blancs; spore *anguleuse* s........ → **1219. P. melanopus Swartz.** *P. à pied noir ;* c. AC.

□ Pied non noir.

+ Chapeau *de 2 c.,* mince, jaune (J₁); pied grêle, jaune (j₁); pores petits, blancs ou jaunâtres (j₁). (Sur les troncs d'arbres.) → **1220. P. leptocephalus Jacq.** *P. à chapeau mince ;* e-a. AR.

Chapeau plus grand qu 2 c.

★ Pied *blanc;* chapeau blanc, puis ocracé pâle (o-gj), se gerçant et présentant des aréoles brunes (B), 3-6 c.; pores blancs puis jaunes; odeur agréable. ⊙ (Forêts de Conifères.) → **1221. P. ovinus Sch.** *P. des Brebis ;* e-a. AC. ✠

★ Pied *blanc* puis *brun;* chapeau jaune (J₁-o), à écailles rougeâtres (R)........ (Cultivé en Italie.) [Pierre à champignon.] → **1222. P. tuberaster Fr.** *P. pierre à Truffe ;* e-a. R.

★ Pied *gris brunâtre* (g-b), se gerçant à la fin, 10-15 c.; pied de même couleur, dur, épais. (Sous les Sapins.) → **1223. P. subsquamosus L.** *P. un peu écailleux ;* a. AR.

★ Pied *jaunâtre;* chapeau fauve ocracé à mèches brunes.................... (Alpes.) → **1224'. P. inflexus Schultz.** — *P. infléchi ;* e-a. R.

2ᵉ Groupe.

☐ Chapeau très écailleux.
- ♪ Chapeau *entièrement brun foncé* (☉-ℬ-B), 8-12 c.; pied blanc au sommet, brunâtre ou jaune (b-o-B) à la base; pores blancs, jaunâtres, puis verdâtres au toucher. [Pied de Mouton.] — **1225. P. scobinaceus Cum.** *P. en râpe; c-a. AC.* ✠
- ♪ Chapeau *à fond clair* (bl-o-J₂), *à écailles brunes* (B-ℬ), 2-5 c.; pied blanchâtre en haut, noir en bas, pores blancs puis roux clair. (En groupes, sur les vieux troncs.) — **1226. P. squamosus Huds.** *P. écailleux; c. AC.*

☐ Chapeau poilu ou velouté.
- △ Chapeau *grisâtre* (g-gj), réniforme, poilu, 8-12 c.; pied court, épais, velouté, grisâtre; chair blanche, *amère*; pores blancs. (Sur les Sapins: forêts montagneuses.) — **1227. P. hirtus Q.** *P. poilu; c. AR.*
- △ Chapeau *fauve pâle*, en éventail, 3-5 c.; pied très court, épais, velouté, blanchâtre; chair blanche, *amère*; pores blanc crème. (Sur les Sapins; forêts montagneuses.) — **1228. P. montanus Q.** *P. des montagnes; c. R.*
- △ Chapeau *blanc*, 5-7 c.; pied court, épaissi à la base, blanc, brunâtre à la base; chair blanche, *non amère*; pores blancs, ronds ou allongés. (Sur les Saules.) — **1229. P. Michelii Fr.** *P. de Micheli; c-a. R.*

☐ Chapeau glabre; pied noir, au moins à la base.
- : Pores *grands, polygonaux, allongés.* → **1215. P. Rostkowii.**
- : Pores petits, ronds.
  - ○ Pied *entièrement noir, velouté à l'origine*; chapeau déprimé au centre, jaune orangé ou brun rouge (o-R), 4-8 c.; pores jaune brunâtre (o-b) ☉ .... — **1230. P. picipes Fr.** *P. pied couleur goudron; c. AC.*
  - ○ Pied *noir seulement à la base, toujours glabre*; chapeau brun (B-ℬ), souvent déprimé au centre, 5-10 c.; pores blancs puis ocracé clair................... — **1231. P. calceolus B.** *P. sandale; c. AC.*

3ᵉ Groupe.

☉ Chapeaux ronds, perpendiculaires au pied.
- § Pieds *élancés, minces, très rameux*, blanchâtres (bl-gj); chapeau gris orangé (gj-GJ-j₁), 2-3 c.; chair blanche, odeur de farine; pores décurrents, blancs........................ — **1232. P. umbellatus Sch.** *P. en ombelle; c. AR.* ✠
- § Pieds épais, plutôt soudés entre eux que ramifiés.
  - — Pieds *blancs.* → **1221. P. ovinus.**
  - — Pieds *gris.* → **1223. P. subsquamosus.**
  - — Pieds *blancs, puis roux.* → **1222. P. tuberaster.**

☉ Chapeaux latéraux prolongeant le pied.
- + Chapeau *rose* ou *couleur chair* (o-O-R₂), étalé en éventail, 10-15 c.; pied épais, blanc jaunâtre; chair blanc jaunâtre, un peu amère; pores souvent irréguliers à la fin ☉ .... — **1233. P. confluens A. et S.** *P. groupé; a. AR.* ✠
- + Chapeau *vert* ou *jaune verdâtre* (V-JV-J-B), à bord festonné, 8-12 c.; pied blanc, jaune verdâtre à la base; pores blancs. (Forêts de Conifères; régions montagneuses.) — **1234. P. cristatus Pers.** *P. à crête; c. R.*
- + Chapeau ayant des couleurs autres que les précédentes.
  - ⌣ Pores *toujours blancs*; chapeau gris foncé (G-ℬ), 4-6 c.; pied épais, blanc; chair blanche à odeur de farine. (Sur les vieilles souches.) — **1235. P. frondosus Fl. dan.** *P. feuillé; c. AC.* ✠
  - ⌣ Pores se colorant de bonne heure.
    - ✕ Pores devenant *bruns* (gj-B); chapeaux bruns ou roux (B-R₂), très rameux, 10-20 c. (Au pied des troncs d'arbres.) — **1236. P. intybaceus Fr.** *P. Chicorée; c-a. AC.* ✠
    - ✕ Pores prenant la *couleur rouille et noircissant au toucher* (ℬ-N); chapeau en coupe, velouté, cannelé, zoné au bord; chair noircissant; odeur piquante............................... — **1237. P. acanthoides B.** *P. feuille d'Acanthe; c. AR.*

4ᵉ Groupe.

⊕ Pied *latéral, simple*, brun rougeâtre (R), vernissé ; chapeau de même couleur, brillant, vernissé, 4-10 c. ; pores blanc grisâtre puis fauves ; chair brune ☉ .... **1238.** **P. lucidus Leys.**
P. luisant ; c. AC.

△ Chapeau *velouté, écailleux*, brun orange (R₂-☉), bosselé au milieu, 6-12 c. ; pied court, velouté, brun rouge (B-R) ; pores brun roux, à reflets gris.   (Forêts de Conifères.) **1239.** **P. tomentosus Fr.**
P. tomenteux ; c. AR.

△ Chapeau *brillant, soyeux.*
  ○ Chapeau *zoné*, brun ou rouge foncé (R₂-R-B-N), 3-8 c. ; pied velouté, fauve ; pores grisâtres puis bruns .... **1240.** **P. perennis L.**
P. vivace ; c. AC.
    (Dans la var. *fimbriatus B.* le bord du chapeau est *frangé*, le pied grêle.)
  ○ Chapeau *non zoné*, rouge foncé (R-R₂), 5-8 c. ; pied roux ou fauve ; pores blanc crème puis fauves .... **1241.** **P. Montagnei Fr.**
P. de Montagne ; c. AR.

⊕ Pied *ramifié*, roux au brun ; chapeau brun ou rouge foncé (R), 10-15 c. ; chair brun rouge (R-R₂), pores jaunes (j₁), puis bruns.   (Sur les Sapins.) **1242.** **P. Schweinitzii Fr.**
P. de Schweinitz ; c. AC.

5ᵉ Groupe.

○ Chapeau *lisse, glabre*, 2-3 c. ; pores petits, arrondis puis irréguliers ; chair molle, un peu acide.   (Branches sèches.) **1243.** **P. chioneus Fr.**
P. blanc de neige ; c. AR.

Chapeau poilu ou velouté.
  Pores denticulés.
    — Chapeau *allongé.* → **1250. P. trabeus.**
    — Chapeau *en coin* ou *en pyramide* ; chair tendre, un peu acide ....   (Sur les troncs et les branches d'arbres.) **1244.** **P. lacteus Fr.**
P. blanc de lait ; e-a. AR.
  Pores ronds, non denticulés :
    : *toujours blancs* ; chapeau épais, irrégulier, 8-12 c. ; chair, zonée .... **1245*.** **P. epileucus Fr.**
P. blanc dessus ; e-a. AR.
    : *devenant rose orange.* → **1257. P. amorphus.**

+ Chapeau *blanc bleuâtre* (bl-l), *poilu*, 3-8 c. ; pores petits, denticulés, se tachant de bleu au toucher ; chair molle .... **1246.** **P. cæsius Schr.**
P. bleuâtre ; e-a. AC.

Pores ronds.
  ʃ Chapeau *blanc crème.* → **1254. P. officinalis.**
  ʃ Chapeau *orangé clair* (o), *taché d'orange rougeâtre* (O-R) ; pores couverts de gouttelettes laiteuses âcres ; odeur fétide ; chair âcre.   (Troncs de Conifères.) **1247.** **P. stipticus Pers.**
P. stiptique ; e-a. AR.
  ʃ Chapeau *blanchâtre* (bl), *taché de rose ou de violet* (r-li), épais, bossu, poilu, 8-10 c. ; chair blanche, zonée de roux .... **1248.** **P. spumeus Sow.**
P. écumeux ; a. AR.

Pores allongés, flexueux.
  § Chapeau *taché de rouge orangé* (o-R₂), poilu, 3-6 c. ; chair un peu amère ..   (Souches de Conifères.) **1249.** **P. fragilis Fr.**
P. fragile ; a. AR.
  § Chapeau *taché de jaune ocracé* (gj), allongé, 5-7 c. ; chair zonée, fragile ...   (Souches de Conifères.) **1250.** **P. trabeus Fr.**
P. des souches ; a. AR.
  § Chapeau *taché de brun bistre*, irrégulier, raboteux, 4-7 c. ; chair fragile ; odeur forte .... **1251*.** **P. destructor Schrad.**
P. destructeur ; e-a. AR.

+ Chapeau *gris verdâtre* (GJ), avec une bordure *blanche* ; chair blanche, zonée ....   (Souches de Pins et de Sapins.) **1252.** **P. tephroleucus Fr.**
P. blanc cendré ; a. R.

+ Chapeau *roux incarnat.* → **1258. P. mollis.**

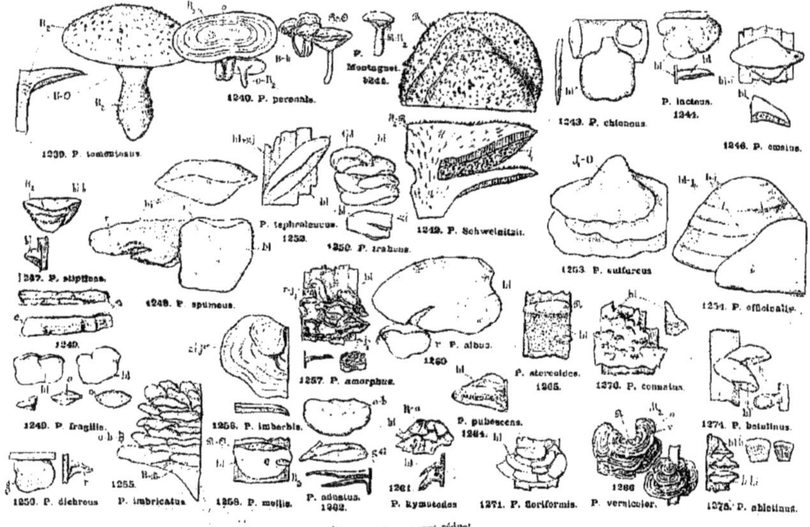
1239. P. tomentosus.
1240. P. perennis.
P. Montagnei. 1244.
1243. P. chioneus.
P. lacteus. 1241.
1246. P. caesius.
1242. P. Schweinitzii.
P. tephroleucus. 1252.
1250. P. trabeus.
1253. P. sulfureus.
1251. P. officinalis.
1247. P. stipticus.
1248. P. spumeus.
1249.
r P. albus.
1260
P. stereoides. 1265.
1270. P. connatus.
1274. P. betulinus.
1249. P. fragilis.
1256. P. imberbis.
P. pubescens. 1264.
1250. P. dichrous.
P. imbricatus.
1258. P. mollis.
P. adustus. 1262.
1261
P. kymatodes
1271. P. floriformis.
1266
P. versicolor.
1275. P. abietinus.

Pores jaunes ou bruns.

= Chapeau *jaune soufre mêlé d'orange*, devenant plus pâle en vieillissant, 8-15 c.; chapeaux souvent nombreux et imbriqués; pores jaune soufre; chair amère ou piquante...................... **1253. P. sulfureus B.** — *P. soufré; c. C.*

= Chapeau blanc crème. : Chapeau *en forme de sabot*, 10-15 c.; pores jaune pâle; chair amère............... **1254. P. officinalis Vill.** — *P. officinal; c. R.*
(Cette espèce n'est peut-être qu'une variété du *P. sulfureus*, poussant sur le Mélèze.).
: Chapeau *festonné, irrégulier*; pores blancs puis orangés. → **1257. P. amorphus.**

= Chapeau *brun ou roux*, à bord festonné, 5-10 c.; chair un peu amère, farineuse; pores brun rougeâtre. (Sur les Chênes.) **1255. P. imbricatus B.** — *P. imbriqué; c. AR,*

= Chapeau *jaune paille verdâtre* (J-gj-jv-JV), 10-20 c.; tubes gris brun; chair zonée; odeur de farine. **1256. P. imberbis B.** — *P. sans barbe; c-a. AC.*

Pores roses, rouges ou violacés.

★ Chapeau *irrégulier, festonné*, blanc, 3-4 c.; pores ronds, d'abord blancs, puis rose orange.. **1257. P. amorphus Fr.** — *P. irrégulier; c-a. AR.*
(Sur les souches de Conifères.)

★ Chapeau de forme assez régulière.

☉ Chapeau velouté.

⌣ Chapeau *roux*, épais, 5-8 c.; pores flexueux, se tachant de rouge au toucher; chair *molle*, devenant dure en séchant.................... **1258. P. mollis Pers.** — *P. mou; a-p. R.*

⌣ Chapeau *blanc grisâtre*, mince; pores incarnat roussâtre; chair assez molle. (Sur les branches sèches.) **1259. P. dichrous Fr.** — *P. bicolore; a-h. R.*

☻ Chapeau *lisse*, blanc puis gris, mince, 3-8 c.; pores ronds, puis irréguliers; chair zonée.................... **1260. P. albus Huds.** — *P. blanc; h-p. AR.*

Pores gris cendré.

× Chapeau *ondulé*, mince, blanc, brun ou roux (bl-R₂-B-B), poilu; pores ronds.................. **1261. P. kymatodes Fr.** — *P. ondulé; a. AR.*
(Sur les troncs de Pins.)

× Chapeau *plan, régulier*, mince, gris ocracé, noircissant au bord, 3-4 c.; chair blanche puis gris bistré; tubes courts; pores petits, ronds.................... **1262. P. adustus, Wild.** — *P. brûlé; a-h. C.*

6ᵉ Groupe.

Chapeau zoné.

+ Chapeau *très poilu, hérissé*, blanchâtre, souvent bordé de brun ou de fauve, très coriace, 3-5 c.; pores blancs ou brunâtres. (Zones *jaunes* dans la var. *lutescens Pers.*) **1263*. P. hirsutus Wulf.** — *P. hérissé; c-a. AR.*

+ Chapeau simplement velouté ou lisse.

○ Tubes *longs*, souvent disposés en plusieurs couches superposées.

Chair blanche.

--- Chapeau *blanc crème*. → **1276. P. incanus.**
— Chapeau *fauve ou brun*. → **1278. P. marginatus.**
— Chapeau *blanc*, puis à *zones jaunes*, velouté, à bord hérissé de petits aiguillons incolores, 4-8 c.; pores blancs puis jaunes...... **1264. P. pubescens Schum.** — *P. pubescent; a. R.*

⊕ Chair *jaunâtre pâle*. → **1279. P. annosus.**

○ Tubes *courts*.

Pores *irréguliers, sinueux*,
: *blancs*; chapeau mince, rigide, un peu poilu, gris brun, 2-4 c...... **1265. P. stereoides Fr.** — — *P. solide; c-a. AR.*
(Souches de Sapins.)
: *violets*. → **1275. P. abietinus.**

Pores *réguliers, petits*...............

☉ Chapeau *non zoné*.................... } (*Voyez la suite de l'analyse*, p. 146.)

☉ Chapeau zoné. — *Pores réguliers, petits.*

△ Chapeau à *zones de couleurs variées, rouges, grises, violettes, verdâtres;* chapeau mince, coriace, poilu à sa face supérieure, 2-4 c.; pores blancs puis jaune paille ☉............ — **1266. P. versicolor L.** *P. de coul. variées;* p-h. CC.

△ Chapeau *gris jaunâtre ou gris verdâtre, zoné de brun ou de noir,* bossu à la base, 3-6 c.; pores blancs puis grisâtres...... .... — **1267'. P. zonatus Fr.** *P. zoné;* e-a. AC.

△ Chapeau *blanc ou gris jaunâtre, légèrement zoné,* velouté, 2-4 c.; pores blancs.......... — **1268'. P. velutinus Fr.** *P. velouté;* e-a. R.

☉ Chapeau non zoné.

⎕ Chapeau blanc ou de couleur pâle, jaune crème, gris clair ou rosé.

⊕ Pores blancs.

+ Chapeau velouté. — *Pores ronds.*

ʃ Chapeau *mince,* gris clair ou roux clair, 1-3 c.; pores blancs puis crème; tubes en *une seule couche..* (Sur les branches sèches.) — **1269'. P. fibula Fr.** *P. épingle;* e. R.

ʃ Chapeau *épais,* blanchâtre, 2-5 c.; pores blancs, *chatoyants;* tubes disposés en *plusieurs couches superposées*.................... — **1270. P. connatus, Fr.** *P. soudé;* a-h. AC.

★ Pores *allongés, sinueux.* (Voyez le genre *Dædalea,* p. 133.)

+ Chapeau non velouté.

○ Chapeau *mince,* cannelé, blanc, 2-4 c.; tubes très courts; chair un peu amère ou acide. (Bois de Conifères.) — **1271. P. floriformis Q.** *P. en forme de fleur;* a. R.

= Chapeau entièrement blanc.

+ Chapeau *poilu, puis glabre,* poussant sur l'*Aune* ou le *Hêtre,* aminci au bord; pores blancs.................. — **1272'. P. Neesii Fr.** *P. de Nees;* e. R.

+ Chapeau *poilu,* poussant sur le *Peuplier;* pores petits, ronds, blancs............ — **1273'. P. populinus Fr.** *P. du Peuplier;* a. R.

= Chapeau *gris,* un peu roux ou ocracé (g-b-gl), lisse, se fendillant, présentant une pellicule facile à enlever, 5-12 c.; chair molle puis ferme; tubes courts; pores petits, ronds, blancs. ☉ (Troncs de Bouleaux.) — **1274. P. betulinus B.** *P. du Bouleau;* e-a. C.

= Chapeau *paille, taché de purpurin* (p-r). → **1276. P. incanus,** var. *quercinus Schrad.*

⊕ Pores *violets;* chapeau mince, grisâtre, parfois verdâtre, 2-3 c.; pores parfois irréguliers et à bords dentés. (Est une forme à pores de l'*Irpex fuscoviolaceus,* n° 1434. (Troncs de Sapins.) — **1275. P. abietinus Pers.** *P. du Sapin;* e-a. AC.

☉ Pores *blanc rosé, incarnats ou couleur saumon;* chapeau gris rosé (GR-o), un peu poilu, 10-15 c. — **1276. P. incanus Q.** *P. grisonnant;* e-a AC.

⊕ Pores *gris cendré, jaunes ou bruns.*
⋙ Chapeau *épais.* → **1254. P. officinalis.**
⋙ Chapeau *mince.* | — Pores *jaunes ou jaunâtres.* → **1269. P. fibula.** | — Pores *gris cendré.* → **1262. P. adustus.**

⎕ Chapeau roux, jaune ocracé ou brun.

: Pores *blancs,* chapeau épais, brun (B), à *bord jaune* (O-J). → **1278. P. marginatus,** var. *pinicola Fr.*

: Pores *jaunes, bruns ou gris noirâtre.*

○ Chapeau *mince.*
★ Pores *jaunes;* chapeau panaché de brun ou d'orangé (O), 4-5 c. (pl. 42). — **1277. P. variegatus Sec.** *P. panaché;* a. R.
★ Pores *gris cendré.* → **1262. P. adustus.**

○ Chapeau *épais.*
§ Chapeau *résineux, brun, à bord rouge et jaune,* 10-20 c.; tubes disposés parfois en plusieurs couches; chair dure, jaune ocracé............ — **1278. P. marginatus Pers.** *P. à rebord;* e. AC.
§ Chapeau *non bordé de jaune et de rouge,* 10-15 c.; tubes longs; pores blancs puis roussâtres, chatoyants.................. — **1279. P. annosus Fr.** *P. annuel;* e. AC.

: Pores *rosés ou couleur saumon.*
— Chair *rosée ou violette;* chapeau brun, 4-6 c.; pores roses (pl. 42)....... — **1280. P. roseus A. et S.** *P. rosé;* e. R.
— Chair *blanche;* pores *rosés* dans la forme type du *P. incanus* (n° 1276), et couleur saumon rougeâtre dans sa var. *ulmarius Fr.*

7ᵉ Groupe.

☐ Chapeau présentant au bord un bourrelet de couleur particulière.

△ Bordure dure blanche.
× Chapeau *brun chocolat* (Θ-ℜ), recouvert d'une sorte de *fine poussière*, 10-20 c.; tubes bruns, à orifice blanc, brunissant au toucher...... **1281. P. applanatus Pers.** *P. aplani ;* c-a. AC.
× Chapeau *noir*, lisse, très dur, se fendant quand il vieillit, 8-15 c.; tubes bruns, parfois recouverts d'une pruine blanche. (Surtout sur les Saules.) **1282. P. nigricans Fr.** *P. noir ;* c-a. C.

△ Bordure *fauve orangé* à reflets jaunes (J₂).
⌣ Chapeau *finement poilu*, brun rougeâtre (ℜ-Θ), 10 c.; pores bruns, rouges à l'orifice, *chatoyants* à reflets jaune vif............... **1283. P. rubriporus Q.** *P. à pores rouges;* h-c. AC.
⌣ Chapeau *glabre;* pores jaune paille. → **1278. P. marginatus,** var. *pinicola Fr.*

☐ Pas de bourrelet de couleur spéciale.

○ Chapeau *étalé, mince.*
= Chapeau *brun noir*, finement poilu, 5-8 c.; tubes courts; pores petits, couleur rouille, chatoyants et pouvant paraître grisâtres............ **1284. P. conchatus Pers.** (1) *P. en forme de conque;* a-p. AC.
= Chapeau *fauve ou roux*, de forme très irrégulière, présentant souvent des sillons, des crêtes concentriques, 3-6 c.; tubes brunâtres, jaunâtres à l'orifice............ **1285*. P. pectinatus Klotzch.** (2) *P. strié fortement ;* e-a. AC.

○ *Non.*

: Pores et chair brun noirâtre.
ʃ Chapeau *très grand*, 10-30 c., très épais, zoné, gris noirâtre (B-GR-N), *spongieux ou de consistance de liège;* tubes longs, brun noirâtre; pores blanchâtres puis bruns. **1286. P. vegetus Fr.** *P. vigoureux ;* c. AR.
ʃ Chapeau *petit*, 2-5 c., très bosselé, couvert d'une *croûte résineuse, vernissée,* brun noir, *de consistance ligneuse;* pores jaunes de cire, puis gris purpurin noirâtre... **1287. P. roburneus Fr.** (3) *P. du Chêne ;* e. AR.

: Pores blanchâtres, jaunes ocracés couleur rouille.

⊕ Chapeau couvert d'une *croûte résineuse*, rose, rouge ou pourpre (r-R₂-P-ℜ), puis brun (B-Θ), 2-4 c.; pores jaunes puis bruns............... **1288*. P. resinosus Schrad.** *P. résineux ;* c. R.

⊕ Pas de croûte résineuse.
§ Chapeau *glabre* ou pruineux, brun ou gris (b-G-B), épais, 3-8 c.; tubes longs; pores petits, blanchâtres puis fauves............... **1289. P. fomentarius L.** *P. amadouvier ;* c. AC.
§ Chapeau *velouté.*
— Consistance *ligneuse;* chapeau gris foncé ou noir, parfois brun rouge ou pourpre foncé (G-b-ℜ-ℜ), 8-15 c. ☹. **1290. P. igniarius L.** (4) *P. allume-feu ;* p-h. AC.
— Consistance *spongieuse;* chapeau hérissé. → **1301. P. rheades.**

8ᵉ Groupe.

⊙ Chair jaune vif, orangée ou rouge.
+ Chapeau jaune (J₁-J₂), *un peu zoné* de rouge et d'orangé (O-R₂-Θ-J₁), laineux, hérissé, 3-5 c.; chair jaune (J₁) puis fauve; pores crèmes puis fauves............... **1291. P. vulpinus Fr.** *P. Renard ;* c. AR.
+ Chapeau *non zoné*, de couleur uniforme. (*Voir la suite de l'analyse*, p. 148.)

---

(1) Var. *salicinus Pers.* venant sur le Saule et y formant une croûte mince, dure, noirâtre. — (2) Plusieurs variétés dépendant de l'arbre sur lequel elles poussent : 1º *Evonymi Kalch.* sur le Fusain ; 2º *Loniceræ Weinm.* sur le Chèvrefeuille ; 3º *Ribis Schum.* sur le Groseillier. — (3) Le *P. nigricans* (nº 1282) peut perdre son bourrelet blanc ; on le distingue du *P. roburneus* parce qu'il n'est pas résineux. — (4) Var. : 1º *pomaceus Pers.* de couleur plus pâle que la forme type, brun ou roux pâle ; 2º *fulvus Fr.* couleur fauve clair ; chair brun foncé ; pores brun rouillé, chatoyants,

⊙ Chair jaune vif, orangée ou rouge.
- **+ Chapeau non zoné.**
  - : Chapeau *rouge vif* (R-R₁), 3-4 c.; chair rouge incarnat; pores petits, rouge vif .... **1292. P. cinnabarinus Jacq.** — *P. couleur cinabre ; c. R.*
  - : Chapeau *jaune vif* (J₁-J₂), 8-12 c.; chair rose orange; pores jaunes ou orangés .... **1293. P. croceus Pers.** — *P. couleur safran ; a. R.*
  - : Chapeau *fauve orangé* ou *incarnat* (o-O-J₂-R₁), tendre, 3-5 c.; chair incarnate; pores orangé pâle ou incarnats, tachés de pourpre clair .... **1294. P. rutilans Pers.** — *P. rutilant ; c-a. AR.*
- Chapeau *blanc teinté de rosé*, 5-8 c.; chair assez molle, roussâtre; tubes blancs puis incarnats (pl. 42, en haut.) (Troncs de Pins.) **1295*. P. erubescens Fr.** — *P. rougissant ; a. AR.*

⊙ Chair jaune d'ocre, rousse ou brune.
- ○ Chapeau lisse.
  - Chapeau très coloré.
    - Chapeau épais
      - — *produisant des gouttelettes* olivâtres à sa surface, jaunâtre puis brun roussâtre .... **1296. P. dryadeus Pers.** — *P. des Dryades ; c-a. AR.*
      - — *sec,* ondulé, ridé, fauve roux, teinté de pourpre .... **1297*. P. fucatus Q.** — *P. fardé ; p. R.*
    - Chapeau *mince.* → **1284. P. conchatus, 1285. P. pectinatus.**
  - ⊕ Chapeau zoné.
    - Chapeau *brun noirâtre,* ayant parfois des *écailles noires.*
      - × Chapeau *de 5 à 7 c.,* brun très foncé (B-R-O) parfois plus clair au bord; pores bruns, présentant une pruine grisâtre, chatoyants. **1298. P. triqueter Pers.** — *P. triangulaire ; c. AC.*
      - × Chapeau *de 10 à 30 c.,* brun foncé ou noir (B-N), d'abord fauve, velouté; pores fauves présentant une pruine grisâtre .... **1299. P. cuticularis B.** — *P. à cuticule ; c. AR.*
    - Chapeau *zoné de jaune et de brun.* → **1291. P. vulpinus.**
- ○ Chapeau velouté, poilu ou éraillleux.
  - ⊕ Chapeau non zoné.
    - □ Pores *allongés,* jaunes (J-J₁); chapeau roux ou brun (B-R₂-R). → **1242. P. Schweinitzii,** var. *spongia* Fr.
    - + Chapeau *hérissé de soies raides,* brun rouge ou orangé (o-O-R-T), 10-20 c.; chair jaune brun; pores fauves .... **1300. P. hispidus B.** — *P. très poilu ; c. AC.*
  - □ Pores ronds.
    - Chapeau glabre ou simplement velouté.
      - ʃ Chapeau jaune roussâtre.
        - △ Pores crème verrucé.
          - ○ Chapeau *de 5 à 8 c.,* arrondi au bord, finement zoné; chair spongieuse puis dure, couleur rouille .... **1301*. P. rheades Pers.** — *P. coul. rhubarbe ; a. AR.*
          - ○ Chapeau *de 3 à 5 c.;* chair incarnate. → **1294. P. rutilans,** var. *nidulans* Fr.
        - △ Pores *fauves, chatoyants,* gris argenté; chapeau rugueux, radié, velouté puis glabre, 3-5 c.; chair zonée, fauve .... **1302. P. radiatus Sow.** — *P. rayé ; c. R.*
    - + ʃ Chapeau *brun noirâtre,* velouté, ridé et plissé par le sec, 10-20 c.; chair jaune brun; pores jaunes puis bruns .... **1303*. P. fuliginosus Scop.** — *P. fuligineux ; c-a. AC.*

65. BOLETUS. BOLET. — *Planches 45 et 46, p. 153 et 155.* — Champignons charnus, pourrissant rapidement, à pied central, à *tubes se séparant aisément du chapeau;* poussant sur la terre.

- + Pied présentant un anneau .... **1er Groupe, p. 150.**
- Pas d'anneau.
  - — Pores *blancs,* gris rosé ou rosés (quelquefois jaunissant faiblement à la fin) .... **2e Groupe, p. 150.**
  - — Pores *rouges* .... **3e Groupe, p. 151.**
  - — Pores *jaune vif, brunâtres ou olivâtres.*
    - ʃ Pied *coloré en rouge,* au moins partiellement .... **4e Groupe, p. 152.**
    - ʃ Pied ne présentant *pas* de couleur rouge;
      - — Chapeau *écailleux ou velouté* .... **5e Groupe, p. 152.**
      - — Chapeau *lisse* .... **6e Groupe, p. 154.**

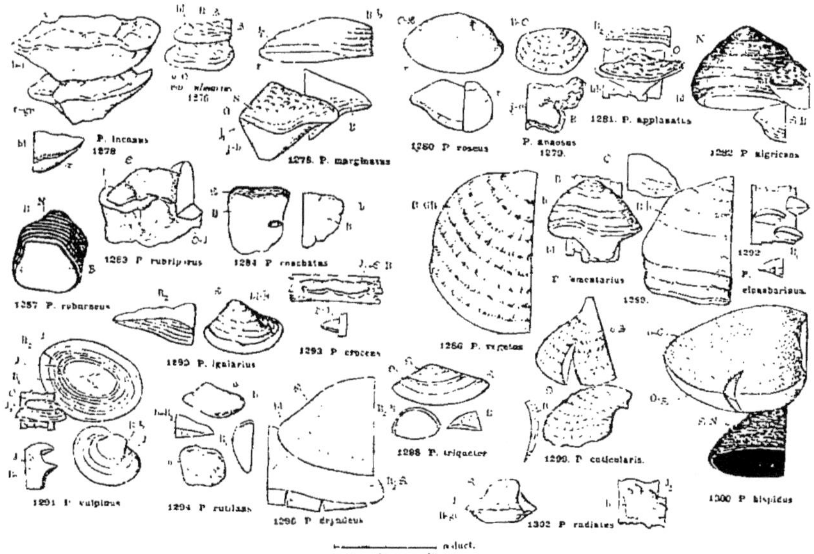
P. incanus
1278
1276 nigricans
1275. P. marginatus
1280 P roseus
P. anosus
1279.
1281. P. applanatus
1282 P nigricans
1283 P rubriporus
1284 P crachatus
1287 P rubarbeus
P. ementarius
1289.
1292
P. elcasbarissus
1290. P. igniarius
1293 P croceus
1286 P vegetus
1288 P. triqueter
1290 P cuticularis
1291 P vulpinus
1294 P rutilans
1296 P dryadeus
1302 P radiatus
1300 P hispidus
reduct.
0 5 10

1er Groupe.

☐ Chapeau écailleux.

- = Chapeau *blanc, puis gris, brun foncé ou noir* (bl-g-ℬ-N), à *très grosses écailles*, 8-15 c.; pied à très grosses écailles formant une sorte de gaine terminée en anneau; chair blanche puis rosée, puis gris noirâtre; pores blancs puis grisâtres, rougissant au toucher. . . . . . . **1304. B. strobilaceus Scop.**
  B. pomme de Pin; c-a. AR.
- = Chapeau *roux fauve ou jaune* (R$_2$-J$_2$), pelucheux, 5-8 c.; pied renflé et creux à la base, pied roux ou fauve, anneau blanc; pores irréguliers, jaunes. (Forêts de Conifères, pays de montagnes.) **1305. B. cavipes Klotzch.**
  B. à pied creux; a. R. ✠

☐ Chapeau non écailleux.

○ Tubes jaunes.

+ Pied *présentant des granulations au sommet.*

- ⊹ Pied *réticulé au-dessus de l'anneau*, jaune (J$_1$), anneau blanc; chapeau jaune (J$_1$); pores assez grands, irréguliers. ☉ (Forêts de Sapins.) **1306. B. flavus With.**
  B. jaune clair; c-a. AR.
- — Chapeau *brun rougeâtre ou ocracé jaunâtre* (R-O-J$_2$), 4-8 c.; pied jaunâtre; anneau brun, parfois violacé (li-GR); pores ronds; chair blanchâtre. ☉ . . . . . . **1307. B. luteus L.**
  B. jaune; c-a. AC. ✠
- — Chapeau *jaune vif ou orangé* (J$_1$-O), ocracé à la fin; anneau blanc crème. → **1306. B. flavus**, var. *elegans Schum.* ☉
- — Chapeau *jaune citron ou gris glauque* (GJ-b-r), 2-3 c.; pied blanc jaunâtre; anneau glauque (JV-V-B). (Forêts de Pins; endroits marécageux.) **1308. B. flavidus Fr.**
  B. jaunissant; o. R.

+ Pied *floconneux au-dessous de l'anneau* qui n'est qu'un amas de ces flocons; chapeau globuleux, jaune ocracé (J$_2$-b) plus foncé au centre, parfois taché de brun, 10-20 c.; chair jaunâtre, bleuâtre sous l'épiderme. (Forêts de Conifères. Alpes-Maritimes.) **1309. B. sphærocephalus Barla.**
  B. à chap. sphérique; a. R.

○ Tubes blancs ou olivâtres.

- Chapeau *blanc ou jaune ocracé*, parfois jaune verdâtre, visqueux. 6-12 c.; pied de même couleur, anneau blanc puis *brun*; chair blanche puis lilas pâle ou vert pâle. **1310. B. viscidus L.**
  B. visqueux; a. AR. ✠
- Chapeau *jaune vif* (J$_1$), orange au milieu (o-O). → **1310. B. viscidus**, var. *Bresadolæ Q.*

2e Groupe.

⊙ Pied orné d'un réseau. (Avoir soin de cueillir des échantillons jeunes.)

- ⊕ Pores *roses* (r); chapeau jaune ou orangé (o-J$_2$), 6-10 c.; pied de même couleur; chair blanche, très amère. ☉ . . . . **1311. B. felleus B.**
  B. amer; c-a. AC.)☒(
- ⊙ Pores *blancs*; parfois légèrement jaunâtres dans les vieux échantillons.
  - ∫ Chapeau *bronzé, presque noir* (ℬ), 5-10 c.; pied gros, jaune ocracé (o-J$_2$); chair ferme, blanche; odeur agréable. ☉ . . . . **1312. B. æreus B.**
    B. bronzé; c-a. AC. ✠
  - ∫ Chapeau *brunâtre* (B-b), 8-15 c.; pied souvent renflé à la base, brun; chair molle, blanche, rougeâtre sous l'épiderme; odeur agréable. ☉ . . . . . . **1313. B. edulis B.**
    B. comestible; p-a. CC. ✠
  - ∫ Chapeau *roux pâle ou jaune ocracé*; chair *dure*. → **1313. B. edulis**, var. *reticulatus Fr.*
  - ∫ Chapeau et pied *blancs*. (Forme sous laquelle se présente parfois le *B. edulis.*)

⊙ Pied couvert d'écailles ou (Chapeau (⋆ Cha-

- (Chapeau *prolongé* au bord *en voile* ou en membrane irrégulière, velouté, brun ou orangé (B-R-O-O). ☉ . . . . **1314. B. versipellis Fr.**
  B. changeant; a. C. ✠
- ⊕ *Chair dure*, se colorant en rouge. . . . . **1315. B. duriusculus Kalch.**
  B. dur; c-a. AR. ✠

de grosses granulations. (Espèces voisines). — non prolongé en voile. — peau brun. — ⊕ Chair molle. — ○○ Chair blanche.

: Pied *noirâtre*, plus mince en haut; chapeau brun noirâtre, 4-8 c.; tubes blancs puis crème................ **1316. B. umbrinus** Pers.
B. terre d'ombre; e. R.

: Pied *blanc* ou *brun clair*; chapeau comme chagriné puis ridé, gercé, jaune, 4-8 c.; pores ronds, blanc grisâtre. ☉ **1317. B. scaber B.**
B. raboteux; c. CC. ✠

○ Chair *bleue*.. **1318. B. nigrescens** Roz. et Rich.
B. noircissant; c-a. AR.

★ Chapeau *jaune orange.* → **1317. B. scaber**, var. *aurantius Sow.*
★ Chapeau *blanc.* → **1317. B. scaber**, var. *niveus Fr.*

⊙ Pied *lisse*, *rayé* ou présentant de fines *granulations.* — ○ Chair *bleuissant à l'air.* — ○ Chair ne *bleuissant pas à l'air.*

⊕ Pores *blancs*, se tachant de bleu; chapeau jaune ou brun clair (b-J$_2$), 5-10 c.; pied souvent renflé à la base, jaune pâle. (Dans la var. *lacteus Lév.* le chapeau est *blanc*.) **1319. B. cyanescens B.**
B. bleuissant; c. AC.

⊕ Pores *gris rosé.* → **1321. B. porphyrosporus.**

— Chapeau *visqueux.* → **1310. B. viscidus.**

— Chapeau non *visqueux.*

§ Pied *brun foncé.*

(Pores *blancs*; chapeau brun rougeâtre (B-R$_2$-☉), pied même couleur. **1320. B. castaneus B.**
B. marron; c-a. AC. ✠

(Pores *gris rosé* (GR), bleu verdâtre au toucher; chapeau brun foncé (R-B), parfois olivâtre, 10-15 c.............................. **1321. B. porphyrosporus** Fr.
B. à spore purpurine; c. R.

§ Pied *blanc* ou *brun clair.* → **1313. B. edulis.**

3ᵉ Groupe.

☐ Tubes *libres* ou arrivant jusqu'au pied, sans se prolonger sur le pied. — ⊕ Pied *sans réseau.*

⊕ Pied présentant un *réseau rouge* à sa partie supérieure.

∫ Chapeau *incarnat pourpre.* → **1324. B. purpureus.**

∫ Chapeau *blanc grisâtre* ou brun clair (b-g), *à peine verdoyant*, 15-25 c.; pied très renflé à la base; chair *blanche*, devenant à l'air *bleue ou verte*, rougissant dans le pied. ☉ .... **1322. B. Satanas** Lenz.
B. Satan; c-a; AR.

∫ Chapeau *roux ou olivâtre*, 8-12 c.; pied jaune ocracé, peu renflé à la base; chair *jaune d'abord*, puis verte ou bleue à l'air. ☉ .... **1323. B. luridus** Sch.
B. blafard; c. AC.

△ Chapeau *incarnat ou pourpre* (r-R$_1$-P), 8-12 c.; pied jaune pâle, peu renflé à la base; chair jaunâtre, bleuissant à l'air; tubes jaune d'ocre puis verdâtres; pores orangé pourpre. **1324. B. purpureus** Fr.
B. pourpre; c. AR.

— *Très grosse espèce*; chapeau *de 15 à 25 c.* → **1322. B. Satanas**, var. *tuberosus B.*

△ Chapeau d'une autre couleur.

— *Espèce moins grosse*; chapeau *de 8 à 12 c.*

§ Pied *tout rouge* (R-R$_1$) ou *jaune en haut* (J$_1$) *et rouge en bas* (R-R$_4$), renflé à la base; chapeau brun ou orangé pâle (o); chair jaunâtre verdissant à l'air.............................. **1325. B. erythropus** Pers.
B. à pied rouge; c. AC.

§ Pied *gris jaunâtre.* → **1323. B. luridus.**

☐ Tubes *décurrents*, c'est-à-dire se prolongeant sur le pied.

+ Chapeau *glabre*, jaune ou rouge (J$_1$-R$_1$-R$_2$), 2-5 c.; pied de même couleur; chair *poivrée.* ☉ (Forêts de Pins.) **1326. B. piperatus B.**
B. poivré; c-a. AC.

+ Chapeau *velouté au bord*, jaune ocracé, plus clair au bord, 3-6 c.; pied jaune ou orangé; chair jaunâtre, rougissant un peu à l'air, un peu amère; pores rouge rosé. **1327. B. amarellus Q.**
B. un peu amer; a-h. R.

4ᵉ Groupe.

[Marge : Pores ne rougissant pas.]

-+- Pores jaunes, *rougissant à la fin*; pied rosé, puis pourpre, jaune vif orné d'un réseau au sommet; chapeau gris olive, taché de pourpre noir............................... — **1327*. B. torosus Fr.** / *B. vigoureux*; c. R.

[Marge : Chapeau rouge vif ou rose incarnat. — Chapeau brun.]

Pied *strié ou pointillé* (1).

§ Pied jaune en haut (j₁), rose purpurin *en bas* (r-P); chapeau brun (B), recouvert d'une pruine, *non velouté*, 5-6 c.; chair jaune crème, rougeâtre sous la cuticule, bleuissant.. — **1328. B. pruinatus Fr.** / *B. pruineux*; c. AR.

§ Pied jaune (J₂-j₁), *pointillé* de rose ou de rouge carmin (r-R₄); chapeau brun foncé (B-O), velouté, parfois gercé, 4-8 c.; chair jaunâtre, *rouge sanguin* (R₁-O) *sous la cuticule*, bleuissant faiblement; pores bleuissant par le froissement. ☉............... — **1329. B. chrysentheron B.** / *B. à chair jaune*; c-a. C.

Pied orné d'un *réseau* blanc ou rouge vif.

○ Pied *rouge carmin* (R₄) *sur une grande surface, jaune sous les tubes*; chapeau velouté, brun olivâtre, 8-15 c.; chair jaunâtre, bleuissant à l'air; pores se tachant de bleu ou de vert. (Bois de Conifères.) — **1330. B. calopus Fr.** / *B. à beau pied*; c-a. ▨

○ Pied *rose purpurin* (r-P) *en bas, jaune en haut* (j₁); chapeau brun jaunâtre (J), parfois brun olive, 6-10 c.; chair blanc jaunâtre, bleuissant à l'air. — **1331*. B. olivaceus Sch.** (2) / *B. olivâtre*; c. R.

★ Chapeau *visqueux*.

== Pores *toujours jaunes*; chapeau *rouge vif* (R-P₁), 4-8 c.; pied *jaune ou rouge* (J₁-R₄); chair blanc jaunâtre, puis rosée; tubes jaunes puis verdâtres..................... — **1332. B. sanguineus With.** / *B. sanguin*; c-a. AC.

== Pores *devenant à la fin vert olive*; chapeau *blanc rosé* (r) *ou brun clair*, 8-12 c.; pied blanc, *pointillé de rose ou de rouge*; chair blanche puis jaunâtre. (Pins, Midi.) — **1333. B. Boudieri Q.** / *B. de Boudier*; a. R.

★ Chapeau non visqueux.

⊙ Pied *cylindrique, peu épais*.
— Chapeau *non velouté*, pourpre (P), pointillé de noir. → **1328. B. pruinatus** var. *Barlæ Fr.*
— Chapeau *velouté*, rouge ou roux; pied jaune, rouge au milieu. → **1329. B. chrysentheron,** var. *versicolor Rost.*

⊙ Pied *bulbeux, épais*; pied jaune en haut, rouge en bas. → **1347. B. appendiculatus,** var. *regius Kr.*

-+- Chapeau *visqueux*. → **1333. Boudieri Q.** (3).

[Marge : Chapeau blanc crème, abricot, jaune.]

+ Chapeau non visqueux.

+ Chapeau présentant un réseau.
(ſ Pied *jaune* (J₁) *et purpurin* (r-P), *renflé à la base*; chapeau blanc grisâtre ou jaune (J₂), 8-15 c.; chair jaune, bleuissant à l'air....... — **1334. B. pachypus Fr. AR.** / *B. à gros pied*; c-a. ▨
(ſ Pied *presque entièrement rouge*. → **1330. B. calopus.**

(Pied *sans réseau*, rose incarnat, jaune à la base; chapeau parfois velouté, jaune abricot, nuancé de rose ou de violacé; chair jaune rosé, bleuissant à l'air....... — **1335. B. armeniacus Q.** / *B. couleur abricot*; c. R.

5ᵉ Groupe.

+ Chapeau *visqueux*, jaune paille ou ocracé (J₂-B) à flocons écailleux, bruns, 5-8 c.; pied jaune paille; chair jaunâtre, bleuissant un peu à l'air; tubes gris jaunâtres ou jaunes puis bruns (GJ-J₂-B). ☉ (Bois de Pins.) — **1336. B. variegatus Swartz.** / *B. panaché*; c-a. AR.

+ Chapeau non visqueux.

⊕ Chair *bleuissant ou verdissant à l'air*.
— Pores *irréguliers, sinueux*. — **1340. B. sistotrema,** var. *Mougeotii Q.*
— Pores *ronds, réguliers*.
  (Chair *amère*; chapeau jaune olivâtre ou gris roux, 6-8 c.; pied jaune ou roux, *aminci à la base*; tubes bleuissant. — **1337*. B. radicans Pers.** / *B. à racine*; a. R.
  (Chair *douce*. (*Voyez la suite de l'analyse,* p. 154.)

⊕ Chair *ne bleuissant pas à l'air*...............

---

(1) Le pied du *B. spadiceus*, nº 1341 et celui du *B. subtomentosus*, nº 1343, présentent parfois de *fines côtes fauves*. — (2) Le *B. pachypus*, nº 1334, est voisin, mais son chapeau est blanc grisâtre, crème ou jaune. — (3) Si la chair est amère, voir *B. piperatus*, nº 1326.

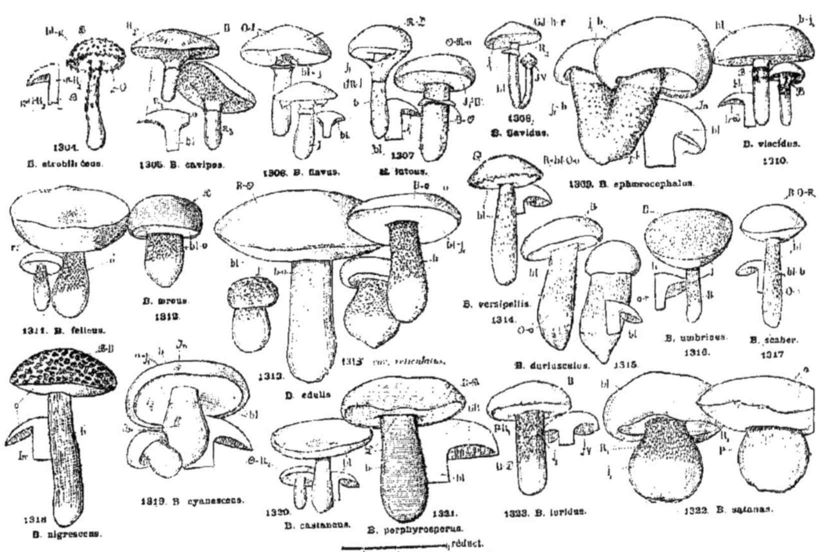

1304. B. strobilaceus.
1305. B. cavipes.
1306. B. flavus.
1307. B. lutous.
1308. B. flavidus.
1309. B. sphærocephalus.
1310. B. viscidus.
1311. B. felleus.
1312. B. æreus.
1313. D. edulis.
1313' var. reticulatus.
1314. B. versipellis.
1315. B. durlusculus.
1316. B. umbrisus.
1317. B. scaber.
1318. B. nigrescens.
1319. B. cyanescens.
1320. B. castaneus.
1321. B. porphyrosperus.
1323. B. luridus.
1322. B. satanas.
réduct.
0   5c   10c

⊕ Chair bleuissant ou verdissant à l'air. (Chair douce.

— Pied *écailleux.* → **1318. B. nigrescens.**
— Pied à *fines côtes fauves.* → **1342. B. subtomentosus.**
— Pied ne présentant *ni écailles, ni fines côtes fauves,* couvert d'une pruine brune; chapeau visqueux, brun ou roux, 3-7 c.; tubes se tachant *de bleu* ou *de vert au toucher.* ⊙   (Bois de Conifères.)   **1338. B. badius Fr.** — *B. bai brun;* c-a. C.

⊙ Espèce *parasite* sur les *Scleroderma;* chapeau jaune ou jaune verdâtre, se fendillant en séchant, 3-6 c.; pied jaune, parfois un peu écailleux au sommet; chair jaune ou jaunâtre..............   **1339. B. parasiticus B.** — *B. parasite;* a. AC.

+ Tubes *irréguliers, sinueux;* chapeau roux ou brun olive (GJ-J), 5-9 c.; pied jaunâtre; chair blanc crème, fauve sous la cuticule, ferme. (Forêts de Conifères; Montagnes.)   **1340. B. Sistotrema Fr.** — *B. Sistotrema;* c. AR.

ʃ Chair *rouge sang* sous la cuticule. → **1329. B. chrysentheron.**

ʃ Chair *rouille* ou *rouge brun* sous la cuticule.
  × Chair *blanche,* jaunâtre dans le pied; chapeau *brun rouge,* 6-8 c.; pied jaune présentant de fines côtes fauves anastomosées; pores jaune soufre, dorés....   **1341. B. spadiceus Sch.** — *B. brun;* a. AC.
  × Chair *crème jaunâtre;* chapeau *brun olive,* un peu velouté; pied jaune présentant de fines côtes fauves anastomosées ou libres; pores jaune soufre, dorés. ⊙ ....   **1342. B. subtomentosus L.** — *B. un peu velouté;* c. AC.

ʃ Chair *blanche, crème* ou *jaune* sous la cuticule.
  : Pied *jaune citron pâle,* taché de brun, très gros, chapeau brun roux, ridé puis gercé, 10-20 c.; tubes jaunâtres, teintés de vert. (Forêts de Conifères.)   **1343. B. impolitus Fr.** — *B. non poli;* c. AR. ✠
  : Pied *brun;* chapeau brun bistre. → **1316. B. umbrinus.**

6ᵉ Groupe.

□ Tubes *décurrents.*

△ Pores *irréguliers, sinueux;* chapeau jaune ocracé ou brun (o-J₂-b-B), 5-8 c.; pied jaune paille, taché de roux ou de vert; tubes jaune vif (J) puis bruns (J₂-B) parfois verdissant (V), chair jaune puis pourpre verdâtre....   **1344. B. lividus B.** — *B. livide;* c-a. AR.

△ Pores *réguliers, polygonaux* ou *ronds.*
  ⊖ Chair *douce;* chapeau roux orangé, jaunâtre ou brun (o-J₂-b), 4-8 c.; pied à peu près de même couleur; pores olivâtres, jaunâtres ou bruns (gj-B). ⊙   **1345. B. bovinus Kr.** — *B. des Bœufs;* a. AC. ✠
  ⊖ Chair *poivrée.* → **1326. B. piperatus.**

□ Tubes *non décurrents.*

○ Chapeau *non visqueux.*
  ⊙ Pied *sans réseau.*
    § Chapeau *jaune crème,* orangé pâle au bord (o), 4-8 c.; pied jaune fauve, plus mince à la base; tubes jaunes puis verdâtres. (Forêts montagneuses; Alpes-Maritimes.)   **1346. B. obsonium Paul.** — *B. provision de bouche;* c-a. AR. ✠
    § Chapeau *brun* (B-⊙). → **1328. B. pruinatus.**
  ⊕ Pied *réticulé.*
    — Chapeau *blanc,* légèrement verdâtre; pied blanc. → **1334. B. pachypus,** var. *albidus* Rog.
    — Chapeau *brun.*
      ⊙ Pied *jaune vif* (J), renflé à la base puis terminé en pointe; chapeau brun (B-⊙), 10-20 c.; chair jaunâtre bleuissant à l'air; tubes verdissant au toucher..   **1347. B. appendiculatus Sch.** — *B. appendiculé;* c. AR. ✠
      ⊙ Pied d'une *autre couleur.* → **1346. B. obsonium,** var. *bureus* Rost.

○ Chapeau *visqueux.*
  ★ Pied présentant *un réseau.*
    ⌒ Chapeau *blanc,* 4-6 c.; pied blanc avec un réseau brun, *fusiforme;* chair blanche ou légèrement jaunâtre, rosée sous l'épiderme; tubes jaunes puis olivâtres. (Forêts de Conifères.)   **1348*. B. fusipes Rab.** — *B. à pied en fuseau;* c. R.
    ⌒ Chapeau *jaune brun* (J₂-B), 5-8 c.; pied blanc ou brunâtre; chair blanche. (Espèce ressemblant beaucoup au *B. luteus.*) ⊙ (Forêts de Pins.)   **1349. B. collinitus Fr.** — *B. à enduit;* c. AR.
  ★ Pied *lisse* ou présentant des *granulations.* (Voyez la suite de l'analyse, p. 157.)

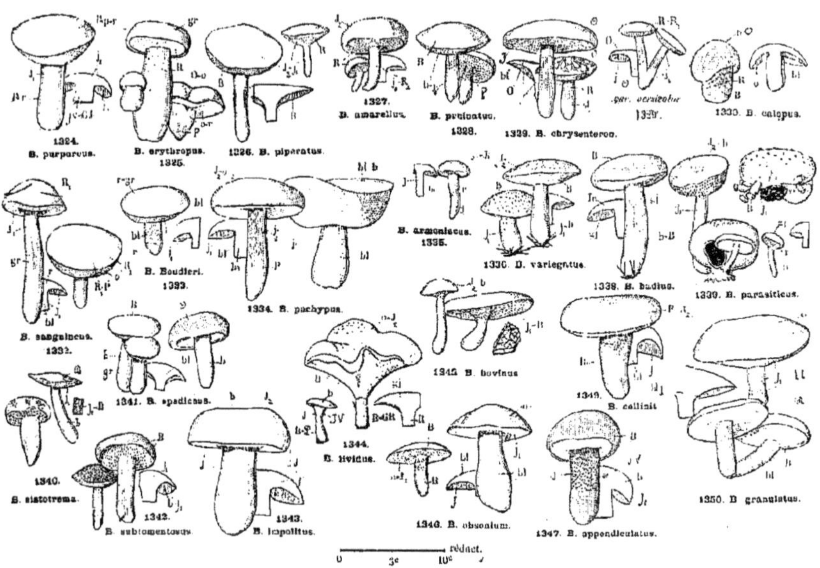

1324.
B. purpureus.
B. erythropus.
1325.
1326. B. piperatus.
1327.
B. amarellus.
B. pruinatus.
1328.
1329. B. chrysenteron.
1330. B. calopus.
B. Boudieri.
1333.
B. armeniacus.
1335.
1336. B. variegatus.
B. sanguineus.
1332.
1334. B. pachypus.
1338. B. badius.
1339. B. parasiticus.
1341. B. spadiceus.
1345. B. bovinus.
1349.
B. callinii
1340.
B. sistotrema.
1344.
B. lividus.
1342.
B. subtomentosus.
1343.
B. impolitus.
1346. B. obsonium.
1347. B. appendiculatus.
1350. B. granulatus.
réduct.
0   5ᵉ   10ᵉ

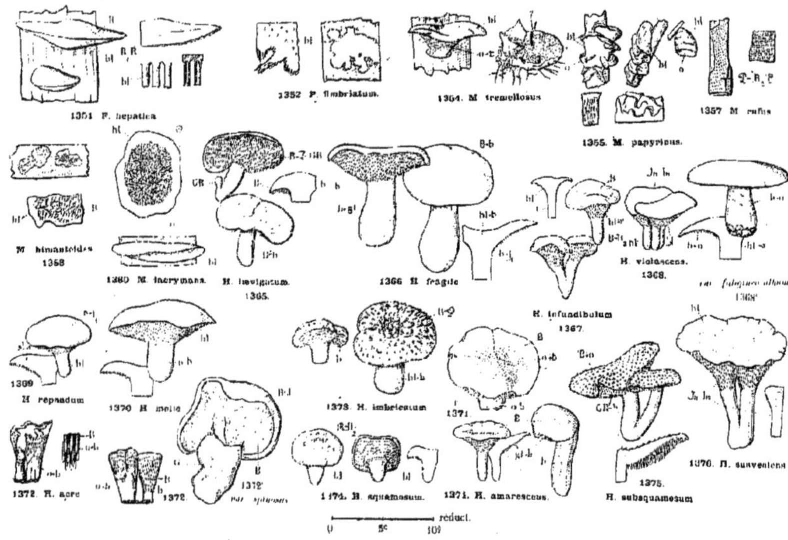
1351 F. hepatica
1352 P. fimbriatum.
1354 M tremellosus
1355 M. papyrinus.
1357 M rufus
M himantoides 1358
1360 M lacrymans
H laevigatum. 1365.
1366 H fragile
H violascens. 1368.
var fuliginco album 1368'
H infundibulum 1367
1369 H repandum
1370 H melle
1373 H imbricatum
1371
1372 H acre
1372'
var squarrosus
1374 H squamosum
1371 H amarescens
H subsquamosum
1375
1376 H suaveolens
reduct.
0 5c 10?

```
                 ⎰ — Chair se colorant en bleu. → 1338. B. badius.
★ Pied lisse    ⎱ ⎰ △ Espèce parasite sur les Scleroderma. → 1339. B. parasiticus.
ou présen-      ⎰ — Chair ne ⎱ ⎰ § Pied granulé, jaunâtre, blanchâtre à la base ; chapeau brun (B-R-O)
tant des        ⎱ se colorant ⎰ △ Espèce   ⎰    ou jaune abricot pâle, 3-6 c. ; pores jaunâtres couvert de goutte-   1350. B. granulatus L.
granulations.     pas en bleu. ⎱ non        ⎱    lettes laiteuses. ⊙ . . . . . . . . . . . . . . . . . . . . . . . . . . . . . . .   B. granulé ; c-a. C. ✠
                             parasite. ⎱ § Pied lisse ; chapeau jaune fauve ou abricot. → 1345. B. bovi-
                                          nus, var. mitis Kr.
```

66. FISTULINA Bull. FISTULINE. — *Planche* 47, *p.* 156. — Champignons charnus, à pied latéral ou nul, à *tubes normalement séparés les uns des autres*; poussant sur les arbres.

Chapeau épais, rouge (R) ou roux foncé, généralement fixé par le côté; chair rougeâtre, aigrelette, succulente; **1351. F. hepatica Huds.**
pores ronds, blanc, crème puis rosés. ⊙   [Langue de bœuf, Foie de bœuf.]   (Troncs d'arbres.)   *F. foie;* c-a. C. ✠

67. POROTHELIUM Fr. POROTHÈLE. — *Planche* 47, *p.* 156. — Champignons étalés en croûte mince, présentant des *papilles indépendantes* les unes des autres, *s'ouvrant au sommet* et *s'allongeant en tubes.*

⊙ Pores ayant la forme d'une *urne;* croûte blanche ou jaune crème, frangée au bord dans la forme type, **1352. P. fimbriatum Pers.**
non frangée dans la var. *Friesii Mont.;* pores groupés par places, blancs, bordés d'un liséré incarnat. . . . . . *P. frangé;* p. R.
(Troncs d'arbres.)

⊙ Pores ayant la forme d'une *coupe;* croûte blanche à bord découpé; pores blancs. . . . . **1353*. P. Vaillantii Fr.**
(A terre ou sur les arbres.) *P. de Vaillant;* c-a. R.

68. MERULIUS Pers. MÉRULE. — *Planche* 47, *p.* 156. — Champignons mous, *sans pied*, à hymenium présentant des *plis sinueux réunis en un réseau peu élevé*; poussant sur le bois.

```
          ⎰ ○ Espèce gélatineuse, à contours irréguliers; hymenium incarnat pâle (o-r). . . . . . . . . . . . .   1354. M. tremellosus Schrad.
□ Un cha- ⎱                                             (Sur les troncs d'arbres.)                                  M. tremblotant : a. AC.
peau        ○ Espèce ⎰ ( Chapeau finement relouté, blanchâtre; hymenium blanc roussâtre ou incarnat (o).       1355. M. papyrinus B.
séparé du           ⎱ non gé-                          (Branches d'arbres.)                                       M. papier ; a. AC.
support.              latineuse. ( ( Chapeau glabre, blanc de neige; hymenium blanc.    (Branches d'arbres.)      1356*. M. niveus Fr.
                                                                                                                 M. blanc de neige ; a. AR.
                  ⎰ ʃ Croûte jaune d'or, à bordure blanche. . . . . . . . . . . . . . . . . . . . . . . . . . . .  1357*. M. aureus Fr.
                  ⎱                                    (Forêts de Conifères.)                                      M. doré ; c. R.
     = Croûte ⎰ ʃ Croûte brune (B), lilas pâle au bord; plis roux fauve puis olivâtres. . . . . . . . . . . . .   1358. M. himantioides Fr.
     frangée  ⎱                                        (Branches et aiguilles de Pins.)                           M. en courroie ; a. R.
     au bord. ⎰ ʃ Croûte blanchâtre; plis incarnats ou orangés. . . . . . . . . . . . . . . . . . . . . . . . .  1359. M. molluscus Fr.
              ⎱                                        (Bois de Conifères.)                                        — M. mou ; a. AR.
                ʃ Croûte d'un blanc hyalin; plis glauque verdâtre. → 1363. M. crispatus.

□    = Croûte non frangée au bord. (Voyez la suite de l'analyse, p. 158.)
```

Pas de chapeau, une croûte.

‖ Croûte non frangée au bord.

× Croûte *brun rouillé* (☉), *blanche au bord* quelquefois détaché du support ; spore brune. ☉ ......   **1360. M. lacrymans Wulf.**
(Caves, sur les poutres.)   *M. pleureur ;* c-a. AC.
× Croûte *rouge incarnat* (R₁), gélatineuse ; spore blanche.   (Sur le bois en décomposition.)   **1361. M. rufus Pers.**
M. roux ; c-a. AR.
× Croûte *jaune crème,* rose rouge au toucher ; spore blanche.   (Branches de Conifères.)   **1362⁺. M. serpens Tode.**
M. rampant ; a-p. AR.
× Croûte d'un *blanc hyalin ;* plis très fins, glauque verdâtre ; spore blanche. (Troncs en pourriture.)   **1363⁺. M. crispatus Fl. dan.**
M. crépu ; a. R.

FAMILLE DES HYDNACÉES

69. HYDNUM L. HYDNE. — *Planches* 47 et 48, *p.* 156 et 162. — Champignons charnus ou coriaces, portant à la face inférieure du chapeau des *aiguillons*.

+ Champignons ayant *un pied* simple.
  (Champignons *charnus*, souvent fragiles ; aiguillons *charnus, tombant facilement*,..... **1er Groupe**, p. 159.
  (Champignons *coriaces* ou *ligneux* ; aiguillons fermes, ne se détachant pas facilement.
    — Pied *central*.................. **2e Groupe**, p. 160.
    — Pied *excentrique ou latéral*...... **3e Groupe**, p. 161.
+ Champignon *sans pied* ou *à pied ramifié*, parfois tuberculeux................................... **4e Groupe**, p. 161.

1er Groupe.

☐ Chapeau *lisse* ; aiguillons *bruns*, au moins quand le champignon est âgé.

★ Pied *grêle, long, gris* ; chapeau gris cendré, 3-5 c. ; chair blanche ; aiguillons blancs puis incarnats et enfin bruns. (Forêts de Conifères. Alpes.) — **1364*. H. gracile Fr.** *H. grêle ; c. R.*

★ Pied *épais*.

✕ Aiguillons *d'abord rose violet* (GR-P) puis bruns (B) ; chapeau gris fauve, enroulé au bord. 2-4 c. ; pied gris lilas, très renflé ; chair blanche............ (Alpes, environs de Nice.) — **1365. H. lævigatum Swartz.** *H. lisse ; a. AR.* ✠

✕ Aiguillons *d'abord blancs*.

§ Chapeau *très fragile, plan*, à bord ondulé, gris brun : pied gris ou brun. (Forêts de Pins.) — **1366. H. fragile Fr.** *H. fragile ; c-a. R.*

§ Chapeau *assez ferme, en entonnoir*, brun (B), 10-15 c. ; pied blanc, puis brun ou roux ; chair blanche. (Bois de Pins.) — **1367. H. infundibulum Swartz.** *H. entonnoir ; c-a. R.*

☐ Chapeau velouté.

△ Aiguillons *toujours pâles* ; chair *non amère*.

⊕ Chapeau *bleu* (In-In) ou *violet*, 5-8 c. ; pied blanc, violet foncé à la base, fusiforme ; chair blanche puis violacée ; odeur amère ; aiguillons blancs.......................... (Forêts de Conifères ; régions montagneuses.) — **1368. H. violascens A. et S.** *H. violet ; c. R.*

⊕ Chapeau *couleur chair ou roux* (o-O-R₂), *bosselé*, 8-12 c. ; pied blanc grisâtre, roux à la base ; aiguillons incarnats ou brun clair ; chair blanche, amère. ☉............ — **1369. H. repandum L.** *H. bosselé ; c. C.* ✠

⊕ Chapeau *gris rosé* (GR), puis brun pâle (b), pointillé de petites papilles rose rouge, caduques. → **1368. H. violascens**, var. *fuligineo-album Schum.*

⊖ Chapeau *blanc ou grisâtre*, 5-10 c. ; pied café au lait (o-b) ; aiguillons blancs puis gris. (Forêts de Conifères.) — **1370. H. molle Fr.** *H. mou ; c. AR.* ✠

△ Aiguillons *bruns à la fin* ; chair *amère*.

⌢ Chair *blanche, puis violacée et olivâtre*, vert noirâtre à la base du pied, dure, *amère* ; chapeau incarnat ou brun (o-b-B), 5-10 c. ; pied même couleur bleu bistre ou olive en bas ; aiguillons *blancs à la pointe*.............................. — **1371. H. amarescens Q.** *H. amer ; a. AC.*

⌢ Chair *jaune*, très *âcre* ; chapeau ocracé ou brun orange (o-b-J₂), parfois olivâtre, 8-12 c. ; pied jaune verdâtre, gris olive à la base ; aiguillons *jaunes à la pointe*.. — **1372. H. acre Q.** — *A. âcre ; c. AC.*

☐ Chapeau *écailleux*. (*Voyez la suite de l'analyse*, p. 160.)

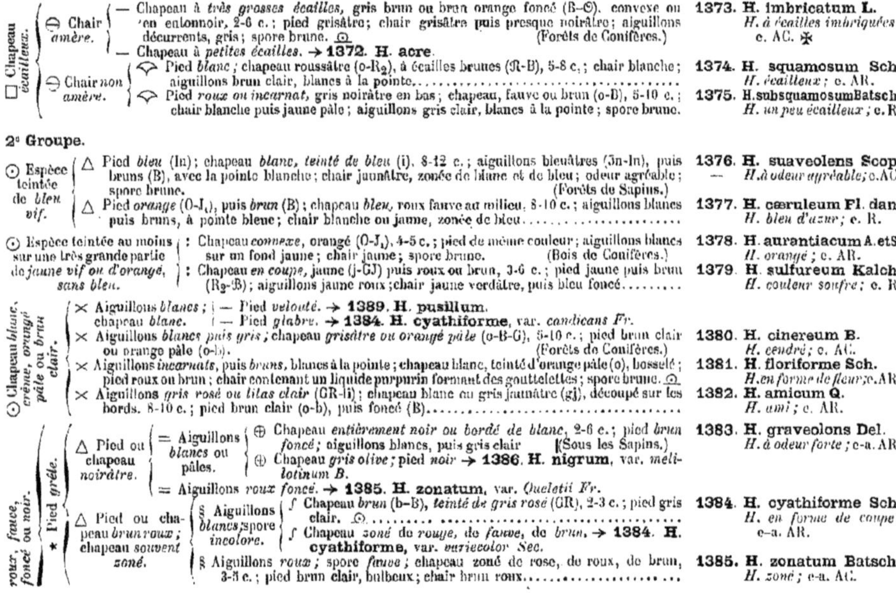

□ Chapeau écailleux.

⊖ Chair amère.
— Chapeau à *très grosses écailles*, gris brun ou brun orange foncé (B–O), convexe ou en entonnoir, 2-6 c.; pied grisâtre; chair grisâtre puis presque noirâtre; aiguillons décurrents, gris; spore brune. ☉ (Forêts de Conifères.) — **1373. H. imbricatum L.** *H. à écailles imbriquées;* c. AC. ✠
— Chapeau à *petites écailles*. → **1372. H. acre.**

⊖ Chair non amère.
Pied *blanc*; chapeau roussâtre (o-R₂), à écailles brunes (R-B), 5-8 c.; chair blanche; aiguillons brun clair, blancs à la pointe.............. **1374. H. squamosum Sch.** *H. écailleux;* c. AR.
Pied *roux ou incarnat*, gris noirâtre en bas; chapeau, fauve ou brun (o-B), 5-10 c.; chair blanche puis jaune pâle; aiguillons gris clair, blancs à la pointe; spore brune. **1375. H. subsquamosum Batsch.** *H. un peu écailleux;* c. R.

2ᵈ Groupe.

☉ Espèce teintée de *bleu vif*.
△ Pied *bleu* (In); chapeau *blanc, teinté de bleu* (i), 8-12 c.; aiguillons bleuâtres (Jn-In), puis bruns (B), avec la pointe blanche; chair jaunâtre, zonée de blanc et de bleu; odeur agréable; spore brune. (Forêts de Sapins.) **1376. H. suaveolens Scop.** — *H. à odeur agréable;* c. AC.
△ Pied *orange* (O-J₁), puis *brun* (B); chapeau *bleu*, roux fauve au milieu, 8-10 c.; aiguillons blancs puis bruns, à pointe bleue; chair blanche ou jaune, zonée de bleu.............. **1377. H. cæruleum Fl. dan.** *H. bleu d'azur;* c. R.

☉ Espèce teintée au moins sur une très grande partie de *jaune vif ou d'orangé*, sans bleu.
: Chapeau *connexe*, orangé (O-J₁), 4-5 c.; pied de même couleur; aiguillons blancs sur un fond jaune; chair jaune; spore brune. (Bois de Conifères.) **1378. H. aurantiacum A. et S.** *H. orangé;* c. AR.
: Chapeau *en coupe*, jaune (j-GJ) puis roux ou brun, 3-6 c.; pied jaune puis brun (R₂-B); aiguillons jaune roux; chair jaune verdâtre, puis bleu foncé......... **1379. H. sulfureum Kalch.** *H. couleur soufre;* c. R.

☉ Chapeau *blanc, crème, orangé pâle ou brun clair*.
× Aiguillons *blancs*; chapeau *blanc*.
— Pied *velouté*. → **1389. H. pusillum.**
— Pied *glabre*. → **1384. H. cyathiforme**, var. *candicans Fr.*
× Aiguillons *blancs puis gris*; chapeau *grisâtre ou orangé pâle* (o-B-G), 5-10 c.; pied brun clair ou orange pâle (o-b). (Forêts de Conifères.) **1380. H. cinereum B.** *H. cendré;* c. AC.
× Aiguillons *incarnats*, puis *bruns*, blancs à la pointe; chapeau blanc, teinté d'orange pâle (o), bosselé; pied roux ou brun; chair contenant un liquide purpurin formant des gouttelettes; spore brune. ☉ **1381. H. floriforme Sch.** *H. en forme de fleur;* c. AR.
× Aiguillons *gris rosé ou lilas clair* (GR-li); chapeau blanc ou gris jaunâtre (gj), découpé sur les bords, 8-10 c.; pied brun clair (o-b), puis foncé (B).............. **1382. H. amicum Q.** *H. ami;* c. AR.

★ Pied grêle; *roux, fauve, foncé ou noir*.
△ Pied ou chapeau *noirâtre*.
= Aiguillons *blancs ou pâles*.
⊕ Chapeau *entièrement noir ou bordé de blanc*, 2-6 c.; pied brun foncé; aiguillons blancs, puis gris clair (Sous les Sapins.) **1383. H. graveolens Del.** *H. à odeur forte;* c-a. AR.
⊕ Chapeau *gris olive*; pied *noir* → **1386. H. nigrum**, var. *melilotinum B.*
= Aiguillons *roux foncé*. → **1385. H. zonatum**, var. *Queletii Fr.*

△ Pied ou chapeau *brun roux*; chapeau souvent *zoné*.
§ Aiguillons *blancs; spore incolore*.
ſ Chapeau *brun* (b-B), *teinté de gris rosé* (GR), 2-3 c.; pied gris clair. ☉.............. **1384. H. cyathiforme Sch.** *H. en forme de coupe;* c-a. AR.
ſ Chapeau *zoné de rouge, de fauve, de brun*. → **1384. H. cyathiforme**, var. *variecolor Sec.*
§ Aiguillons *roux*; spore *fauve*; chapeau zoné de rose, de roux, de brun, 3-5 c.; pied brun clair, bulbeux; chair brun roux.............. **1385. H. zonatum Batsch.** *H. zoné;* c-a. AC.

Chapeau brun — Pied épais.

(Chapeau teinté de jaune (j-J). → **1379. H. sulfureum**, var. *geogenium Fr.*

(Chapeau et pied *noirs* ; chapeau à bords irréguliers, 4-6 c. ; aiguillons blancs ou gris, chair noire. **1386. H. nigrum Fr.** *H. noir ; c. AC.*
(Sous les Sapins.)

(Chapeau et pied bruns ou roux.

+ Chair *spongieuse*, pleine d'un *suc rouge* sortant en *gouttelettes* sur le chapeau. → **1381. H. floriforme**, var. *ferrugineum Fr.*

+ Chair *fibreuse, sèche*, brune ; chapeau velouté, irrégulier, 8-12 c. ; pied velouté, roux ; aiguillons brun pourpre à pointe gris rosé............................ **1387. H. velutinum Fr.** *H. velouté ; c. AC.*

3ᵉ Groupe.

□ Espèce poussant sur les *cônes de Pins* ; chapeau réniforme, brun ou roux (B-B), velouté, 2-4 c. ; pied long, grêle, roux ou brun, poilu ; aiguillons gris jaunâtre ou gris brun. ⊙.................................... **1388. H. auriscalpium L.** *H. cure-oreille ; p-h. AC.*

□ Espèce poussant en *d'autres stations.*

△ Espèce *blanche* ; chapeau en coupe ou aplati, 1-2 c. ; pied velouté ; aiguillons blancs, souvent rose orangé par endroits. **1389. H. pusillum Brot.** *H. petit ; e-a. R.*
(Sur les brindilles, les troncs d'arbres.)

△ Espèce *colorée.*
= Chair *amère.* → **1371. H. amarescens et 1372. H. acre.**
= Chair *non amère* ; chapeau en forme de rein ou de spatule, jaune ; pied court, jaune ; aiguillons jaune pâle............................ **1390*. H. luteolum Fr.** *H. jaunâtre ; a. R.*

4ᵉ Groupe.

○ Pied *ramifié*, épais à la base, blanc ou jaunâtre ; chair blanche : aiguillons blancs puis jaune pâle, longs, pendants. (La var. *caput ursi Fr.* a le trone très gros, comme tuberculeux, et les rameaux très courts.).. **1391. H. coralloides Scop.** *H. coralloïde ; e-a. AR.* ✠

○ Pied *nul* ou champignon ayant la forme d'une sorte de gros tubercule.

⊙ Espèce *petite*, étalée, bosselée, glauque ou lilas pâle, puis jaune, bordée de blanc ; aiguillons pendants, ramifiés ou en faisceaux, hyalins ou opalins,................ **1392. H. opalinum Q.** *H. opalin ; a. R.*

★ Aiguillons *longs* et non disposés en faisceaux.

+ Champignons *charnus.*

Grosse espèce.

× Champignon *tuberculeux.*
= Chair *jaune soufre* (J), piquante ou âcre ; tubercule blanc crème ou jaune, naissant d'un mycelium jaune ; aiguillons blanc jaunâtre ou rosés.......................... **1393. H. luteocarneum Sec.** *H. à chair jaune ; p-a. AR.*
= Chair blanche.
⌣ Aiguillons *pendants*, blancs puis gris jaunâtre ; masse de forme variable de 10 à 15 c. ; chair blanche. ⊙ (Troncs d'arbres.) **1394.**
⌣ Aiguillons *tordus, recourbés.* → **1394. H. erinaceum**, var. *caput medusæ B.*

× Champignon *étalé, non tuberculeux*, blanc ou crème, épais, écailleux 10-12 c. ; chair blanche ; aiguillons longs, blanc crème. (Troncs d'arbres.) **1395. H. erinaceum B.** *H. hérisson ; e-a. R.* ✠

★ Aiguillons *courts* et disposés en faisceaux.

+ Champignons *coriaces.*

: Plusieurs *chapeaux imbriqués*, jaune soufre ou vert olive. → **1379. H. sulfureum**, var. *geogenium Fr.*

: Chapeaux isolés.
— Chapeau *entièrement blanc.* → **1389. H. pusillum**, var. *papyraceum Wulf.*
— Chapeau *coloré au moins en partie.* | (Voyez la suite de l'analyse, p. 163.)

....

1395. H. cirratum Pers. *H. frisé ; c. AR.* ✠

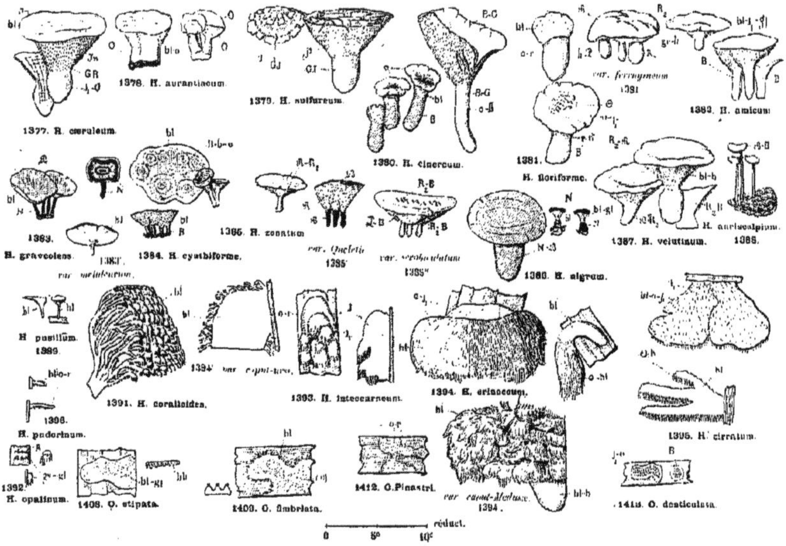

HYDNUM. ODONTIA.

1377. R. cœruleum.

1378. H. aurantiacum.

1379. H. sulfureum.

1380. H. cinereum.

var. ferrugineum 1381

1381. H. floriforme.

1383. H. amicum.

1382.

H. graveolens. 1383

1384. H. cyathiforme.

1385. H. zonatum

var. Queletii 1385'

var. scrobiculatum 1385"

var. melaleucum

1386. H. nigrum.

1387. H. velutinum. 1388.

H. auriscalpium.

H. pusillum. 1389.

1390. H. pudorinum.

1391. H. coralloides.

1393. H. luteocarneum.

1394. H. erinaceum.

1394' var. caput-ursi.

var. caput-Medusæ 1394.

1395. H. cirratum.

1392. H. opalinum.

1408. O. stipata.

1409. O. fimbriata.

1412. O. Pinastri.

1413. O. denticulata.

réduct.

0   5c   10c

★ Aiguillons *longs et non en faisceaux.*
§ Chapeau *blanc, taché d'incarnat* (bl-o), velouté, étalé ou suspendu aux branches d'arbres, 10 à 15 m.; aiguillons blancs, chatoyants, à reflets incarnats ou orangés. — **1396*. H. pudorinum. Fr.** *H. pudique;* a. R.

— Chapeau coloré, au moins en partie.
§ Chapeau *crème, puis jaune d'ocre* 2-4c.; aiguillons blanc crème................ (Brindilles.) — **1397*. H. ochraceum Pers.** *H. ocracé;* c. AR.

§ Chapeau *roux,* velouté ou poilu, parfois étalé; aiguillons courts, roux............ (Sur les souches.) — **1398*. H. hirtum Desm.** *H. hérissée;* c. R.

★ Aiguillons *courts et en faisceaux.*
+ Non.
+ Chair *jaune.* → **1393. H. luteocarneum.**
ʃ Champignon *étalé, bosselé,* glauque ou lilas pâle. → **1392. H. opalinum.**
ʃ Champignon formant une *croûte* sur les branches ou les troncs d'arbres.
○ Aiguillons *toujours blancs;* croûte finement veloutée, blanche, 8-15 c.. — **1399*. H. mucidum Pers.** *H. moisi;* a. R.
○ Aiguillons *blancs, puis rosés;* croûte blanc crème ou incarnate....... — **1400*. H. flexuosum Pers.** *H. flexueux;* a. AR.
○ Aiguillons *jaunes ou bruns;* croûte jaunâtre, poilue et blanche au bord. — **1401*. H. squalinum R.** *H. granuleux;* a. R.

70. ODONTIA Pers. ODONTIA. — *Planches* 48 et 49, *p.* 162 et 166. — Champignons formant une *croûte* à la surface des branches ou des troncs d'arbres, et présentant des *aiguillons.*

⊙ Aiguillons blancs ou *hyalins.*
⊙ Aiguillons d'aspect *vitreux.*
⊕ Aiguillons *pendants* au-dessous d'une petite masse tuberculeuse. → **1392. Hydnum opalinum.**
⊕ Aiguillons *non pendants.*
✕ Croûte *blanche, hyaline.*
(Espèce *transparente,* en plaque mince; aiguillons translucides.... (Sur les branches en décomposition.) — **1402*. O. diaphana Schrad.** *O. diaphane;* a. AR.
(Espèce *non transparente,* en plaque mince, lisse; aiguillons terminés en pointe ou incisés, peu serrés.................. — **1403*. O. subtilis Fr.** *O. mince;* c-a. R.
✕ Croûte *gris glauque,* blanche au bord; aiguillons en forme de papilles terminées par quelques *petites soies blanches.*................. — **1404*. O. hyalina Q.** *O. hyaline;* p. R.

⊙ Aiguillons *opaques, blancs.*
: Croûte restant *blanche.*
= Aiguillons *isolés;* croûte blanche, à bord filamenteux.................. (Troncs d'arbres pourris.) — **1405*. O. nivea Pers.** *O. blanc de neige;* h-p. R.
= Aiguillons disposés en *faisceaux.* → **1399. Hydnum mucidum.**
: Croûte *blanche d'abord,* puis *devenant jaunâtre* ou *jaune ocracé.*
+ Aiguillons *terminés par 2 ou 3 soies;* croûte blanche, d'aspect pulvérulent, farineux. (Branches sèches de Conifères.) — **1406*. O. farinacea Pers.** *O. farineuse;* p. AR.
+ Aiguillons *denticulés* ou présentant de *fines pointes courtes.*
⊙ Aiguillons *à fines pointes* ou denticulés, blancs, puis jaune pâle; croûte poilue au bord. (Bois sec.) — **1407*. O. arguta Fr.** *O. pénétrante;* h-p. R.
⊙ Aiguillons courts, denticulés, comme *granuleux,* blancs, puis jaune pâle (g-j); croûte blanche, puis jaune pâle.................. — **1408*. O. stipata Fr.** — *O. serrée;* a-h. R.
: Croûte *blanc crème puis incarnate;* aiguillons blancs, puis rosés. → **1400. H. flexuosum.**

10

☐ Aiguillons *rosés, incarnats ou purpurins.*

⊖ Aiguillons *terminés par des soies transparentes;* croûte blanc violacé orangé pâle, frangée au bord... 1409. **O. fimbriata Pers.**
O. frangée; a-p. R.

⊖ *Non.* → **1400. Hydnum flexuosum**

§ Aiguillons terminés par une ou plusieurs *soies transparentes.*

△ Croûte *jaune soufre, blanche et frangée au bord*........................ 1410*.**O. aurea Fr.**
(Sur les branches mortes.)   *O. dorée;* a. R.

△ Croûte *jaune crème ou incarnate*, blanche et farineuse au bord............ 1411*.**O. junquillea Q.**
(Sur les branches sèches.)   *O. jonquille;* a-p. R.

△ Croûte *blanche*, soyeuse au bord; aiguillons *blancs d'abord, puis jaunâtres* ou orangé pâle (o). (Sur les troncs de Conifères.) 1412. **O. Pinastri Fr.**
O. du Pin; c. A-R.

§ Aiguillons *denticulés;* croûte jaunâtre (J_1-o) brunissant à la fin, blanche et farineuse au bord........ 1413. **O. denticulata Pers.**
— *O. denticulée;* a. R.

☐ § Aiguillons *ni denticulés ni terminés par des soies*, très fins, jaune pâle; croûte jaune ocracé ou roux clair (J_2-bl-R_2), blanche au bord. (Souches de Conifères.) 1414. **O. alutacea Fr.**
O. coul. de cuir; a-p. A-R.

☐ Aiguillons *verts* (v), terminés par des poils blancs; croûte bleu foncé ou vert foncé; spore violet foncé puis jaune brunâtre... 1415. **O. viridis A et S.**
O. verte; h.-p. R.

Aiguillons *fauves, roux ou bruns.*

Croûte brune ou rousse.

⊙ Croûte *blanche*, farineuse; aiguillons courts, serrés, fauve roux. (Souches de Chênes.) 1416*.**O. variecolor Fr.**
O. de coul. variées; c-a. R.

ſ Aiguillons *terminés par des soies.*

◇ Aiguillons *gris brun ou roux* (R_2-o), à pointe frangée et ornée de soies jaunes (J_2-R_2); croûte jaune crème, puis rousse. (Bois sec.) 1417. **O. Barba Jovis Wilh.**
O. Barbe de Jupiter; a. AR.

◇ Aiguillons *fauves;* croûte jaune, puis couleur rouille (B-O-R_2)............. 1418. **O. membranacea B.**
O. membraneuse; a. C.

ſ *Non.*

✕ Aiguillons *bruns à la base, gris violacé à la pointe;* croûte gris roux ou brune, parfois violacée.. 1419*.**O. fuscoatra Fr.**
O. brun noirâtre; a. AR.

⊙ ✕ Aiguillons *entièrement roux;* croûte fauve ou couleur rouille; spore brune...... 1420. **O. ferruginea Pers.**
(Bois pourri, sous l'écorce.)   *O. ferrugineuse;* h. R.

71. MUCRONELLA Fr. MUCRONELLE. — *Planche* 49, *p.* 166. — Aiguillons naissant directement sur le mycelium; espèces poussant sur le bois.

+ Aiguillons *disposés par groupes*, pendants, blancs, longs. (Troncs pourris de Pins.) 1421. **M. fascicularis A et S.**
M. fasciculée; h-p. R.

+ Aiguillons *non par groupes*, raides, très grêles, blancs, presque transparents, obliques, devenant flexueux en séchant. (Souches creuses de Conifères.) 1422. **M. calva A. et S.**
M. chauve; o. R.

72. KNEIFFIA Fr. KNEIFFIA. — *Planche* 49, *p.* 166. — Champignons en forme de croûtes, ne présentant pas de véritables aiguillons, mais hérissées de *petites soies raides.*

Croûte blanche, couverte de poils serrés, raides, translucides, blancs ou gris roux ou lilas (gt-gr)........... **1423. K. setigera Fr.**
(Sur les souches ou les branches d'arbres.) *K. garni de soies ;* p. R.

73. RADULUM Fr. RADULUM. — *Planche* 49, *p.* 166. — Champignons en forme de croûtes hérissées de *tubercules* ou d'aiguillons de forme très *irrégulière.*

★ Espèce poussant sur l'écorce des arbres.

⊙ Espèce étalée.

⊙ Espèce *suspendue par le milieu*, blanche, puis ocracé pâle ; aiguillons pendants, cylindriques ou en massue, simples ou bifurqués. (Branches sèches.) **1424. R. pendulum Fr.** *R. suspendu ;* c-a. R.

⊕ Espèce étalée.

§ Croûte présentant une sorte de *bordure gonflée et veloutée ;* croûte blanche, puis crème ; aiguillons blancs. (Branches sèches.) **1425*.R. tomentosum Fr.** *R. velouté ;* c-a. R.

§ Bordure ni *gonflée, ni veloutée.*

(Aiguillons *poilus au sommet*, blancs, puis jaune (j.) roux clair ; croûte blanche, puis fauve pâle, à bordure blanche, soyeuse...................... (Branches sèches, surtout de Chêne.) **1426. R. quercinum Fr.** *R. du Chêne ;* h-p. AC.

(Aiguillons *non poilus au sommet*, blancs ou crème ; croûte blanche, puis jaune ocracé pâle (j-b), arrondie (étalée irrégulièrement dans la var. *molare Fr.*). (Branches sèches.) **1427. R. orbiculare Fr.** *R. arrondi ;* a-h. AC.

★ Espèce poussant sous l'écorce des arbres et les décortiquant.

— Croûte *noire* (N), poilue ; aiguillons noirs.......................... (Cette forme n'est peut-être qu'une monstruosité du *Corticium nigrescens* n° 1401). **1428. R. aterrimum Fr.** *R. très noir ;* h. R.

— Croûte *orangé pâle ou couleur chair* (o-j-b)......................... (Peut-être simple monstruosité du *Corticium comedens* n° 1040). **1429. R. lætum Fr.** *R. gai ;* a-h. AR.

— Croûte *blanche, puis jaunâtre.* → **1427. R. orbiculare**, var. *fugineum Pers.*

74. SISTOTREMA Pers. SISTOTREMA. — *Planche* 49, *p.* 166. — Champignons charnus ou coriaces, pourvus ou non d'un pied, ayant un *chapeau* qui présente à sa face inférieure des *dents* disposées irrégulièrement et *aplaties.*

⊙ *Un pied* blanc, court, excentrique ; chapeau blanc, puis jaunâtre, un peu poilu, rond, 2-3 c. ; lames blanches, odeur désagréable................................. **1430. S. confluens Pers.** *S. groupé ;* c-a. AR.

Pas de pied.

+ Chapeau *blanchâtre.*

◠ Chapeau *glabre*, blanc ; aiguillons quelquefois aplatis ; blanc crème.............. (Fontainebleau.) **1431. S. pachyodon Pers.** *S. à dents épaisses ;* a.AR.

◠ Chapeau *velouté*, blanchâtre ; lames incarnat orangé....................... (Chapeaux imbriqués sur les troncs d'arbres. — Midi de la France.) **1432*.S. occarium Sec.** *S. de herse ;* a. R.

⊙ + Chapeau *roux clair*, à bord crénelé ; lames roux incarnal............................ **1433*.S. carneum Bon.** *S. couleur chair ;* a. R.

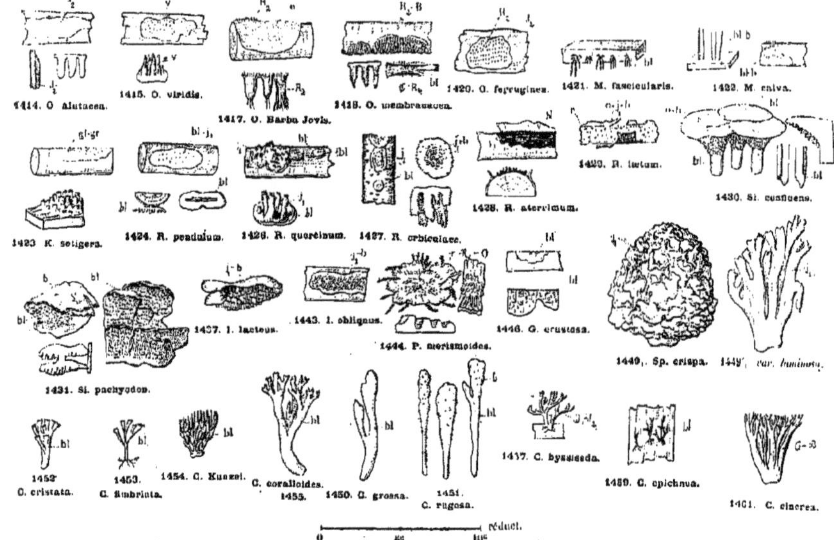

1414. O. alutacea.

1415. O. viridis.

1417. O. Barba Jovis.

1419. O. membranacea.

1420. O. ferruginea.

1421. M. fascicularis.

1422. M. calva.

1423. K. setigera.

1424. R. pendulum.

1426. R. quercinum.

1427. R. orbiculare.

1428. R. aterrimum.

1429. R. lactum.

1430. Si. confluens.

1431. Si. pachyodon.

1437. I. lacteus.

1443. I. obliquus.

1444. P. merismoides.

1446. G. crustosa.

1449. Sp. crispa.

1449'. var. laminosa.

1452. C. cristata.

1453. C. fimbriata.

1454. C. Kunzei.

1455. C. coralloides.

1450. C. grossa.

1451. C. rugosa.

1457. C. byssiseda.

1459. C. epichnoa.

1461. C. cinerea.

réduit.

0   5°   10°

75. IRPEX Fr. IRPEX. — *Planche* 49, *p.* 166. — Champignons durs, coriaces, à *dents aplaties* adhérentes au chapeau, souvent *terminées en pointe* et disposées en lignes ou en réseau.

⊙ Dents *violet pourpre* ou gris violet (li-GR).. 1434'.I. **fuscoviolaceus** Fr.
(Cet *Irpex* n'est qu'un état âgé du *Polyporus abietinus*, n° 1275.) (Troncs de Sapins.) *I. brun violet* ; e-a. AC.

✕ Chapeau *brun roux*, entièrement lisse ; dents blanc crème, serrées....................... 1435*.I. **glaberrimus** Pers.
(Peut-être cette espèce est-elle une forme de *Polyporus.*) (Troncs de Noyers.) *I. très glabre* ; a. K.

✕ Chapeau *blanc* ou *blanchâtre.*

§ Chapeau zone.
— Dents *planes*, blanches ; chapeau grisâtre, 2-3 c................. 1436*.I. **canescens** Fr.
(Troncs de Saules, Prunelliers.) *I. grisonnant* ; a-h. AR.
— Dents *presque pointues*, blanches, puis jaune d'ocre clair ; chapeau velouté, blanc, festonné. (Troncs de Hêtres, Bouleaux.) 1437. I. **lacteus** Fr. *I. blanc de lait* ; a-h. R.

§ Chapeau non zone.
: Chapeau *lisse* ; dents à base sinueuse.......................... 1438*.I. **sinuosus** Fr.
(Troncs de Chênes, Aunes, Bouleaux.) *I. sinueux* ; a. R.
: Chapeau velouté.
★ Dents *dilatées au sommet*, crème ocracé............. 1439*.I. **paleaceus** Fr.
(Dans l'Ouest, troncs de Pins.) *I. jaune paille* ; a-h. R.
★ Dents *plates, canaliculées ou pointues*. → **1437. I. lacteus**

= Hymenium *blanc.*
(Dents *disposées en séries*, blanches ; croûte mince, filamenteuse au bord.......... 1440*.I. **candidus** Ehrb.
(Bois de Pins.) *I. blanc* ; h-p. R.
(Dents *divergentes, découpées*, foliacées blanches ; croûte blanche, parfois jaune pâle. 1441*.I. **paradoxus** Schrad. *I. paradoxal* ; a-p. R.
(Dents *aiguës, découpées*, formant à leur base des sortes d'alvéoles, blanc crème ; croûte mince, un peu poilue au bord....... 1442*.I. **deformis** Fr. *I. déformé* ; a. R.

= Hymenium *jaune brunâtre* (J,-b), blanchâtre au début, dents *obliques*, découpées, aplaties, naissant de sortes d'alvéoles apparentes à l'état jeune. (Sur les branches sèches.) 1443. I. **obliquus** Schrad. *I. oblique* ; a-p. AC.

76. PHLEBIA. PHLEBIA. — *Planche* 49, *p.* 166. — Plante formant une croûte charnue, de la *consistance de la cire*, parfois gélatineuse, présentant non des aiguillons, mais des *crêtes* ; poussant sur le bois.

□ Croûte *poilue ou veloutée*, couleur chair ou rougeâtre (r-O-R₂), à bord découpé et orangé............. 1444. P. **merismoides** Fr.
(Troncs d'arbres à mousse). *P. découpé* ; a-h. R.

□ Croûte *glabre*, incarnate ou rosée, arrondie, à bord découpé, crêtes plissées........................ 1445*.P. **radiata** Fr.
(Dans la var. *contorta Fr.*, il y a des plis flexueux très ramifiés.) (Branches sèches.) — P. *rayé* ; a. R.

77. GRANDINIA Fr. GRANDINIA. — *Planche* 49, *p.* 166. — Plante formant une croûte molle, présentant des *granules* arrondis ou creux au sommet; poussant sur le bois. (Les espèces de ce genre ne sont peut-être que des états jeunes d'*Odontia* (genre 70) ou de *Corticium* (genre 89).)

+ Croûte blanche.
  ○ Plante *très adhérente* au support, à contour irrégulier, d'aspect farineux............... **1446.** G. crustosa Fr. *G. incrustante ;* c-a. R.
  ○ Plante *facile à détacher* de son support, jaunâtre en dessous....................... **1447*.**G. papillosa Fr. *G. à papilles ;* n. R.

+ Croûte *jaunâtre*, à contour bien limité, glabre... ..... **1448*.**G. granulosa Fr. — *G. à granules ;* a-h. AR.

FAMILLE DES CLAVARIÉES

78. SPARASSIS Fr. SPARASSIS. — *Planche* 49, *p.* 166. — Champignon charnu, *rameux*, à rameaux aplatis, *foliacés.*

Pied épais, terminé par une sorte de racine ; rameaux aplatis, très nombreux, entrelacés, *blanc crème,*   **1449₁. S. crispa Wulf.**
jaunes à l'extrémité. ☐   (Forêts de Sapins des pays de montagnes.)   *S. crépu ; c.* AR.
(Dans la var. *laminosa* Fr. les rameaux sont *dressés, serrés, jaune paille*).

79. CLAVARIA L. CLAVAIRE. — *Planches* 49, 50, *p.* 166 et 172. — Champignons charnus, toujours d'assez grande taille,
cylindriques arrondis, en massue ou *très ramifiés* ; hymenium sur toute la surface de la plante.

☐ Espèce *rameuse.* — Espèce *blanche ;* spore incolore	1er Groupe, p. 169.	
— Espèce *rosée, violacée, grise* ou *noirâtre*	2e Groupe, p. 170.	
— Espèce *jaune, orangée, ocracée, fauve* ou *brune*	3e Groupe, p. 170.	
☐ Espèce *simple.* Souvent plusieurs individus sont soudés entre eux par la base. ⋆ Espèce *blanche*	4e Groupe, p. 171.	
⋆ Espèce *rose, rouge, grise* ou *noire*	5e Groupe, p. 173.	
⋆ Espèce *jaune* ou *ocracée*	6e Groupe, p. 173.	

1er Groupe.

⊙ Plante poussant *à terre.*

× Espèce *peu ramifiée.*

△ Plante *grêle*, blanc crème puis paille ; rameaux très fins, fourchus .... **1449₂*. C. subtilis Pers.** *C. mince ; c.* R.

△ Plante *massive.* (Plante *lisse*, rameaux comprimés, de forme très irrégulière *fragile* .... **1450. C. grossa Pers.** *C. grosse ; c-a.* AC.

(Plante *rugueuse*, parfois irrégulièrement striée. blanche puis devenant grise ..... **1451. C. rugosa B.** *C. rugueuse ; c-a.* C. ✳

× Espèce *très ramifiée.*

: Dernières ramifications *aplaties,* découpées au bord, en forme de petites crêtes. ⊝ Spore *sphérique ;* baside à 2 stérigmates et 2 spores incolores .... **1452. C. cristata Holmsk.** *C. à crêtes ; c-a.* AC.

⊖ Spore *allongée.* .... **1453. C. fimbriata Pers.** *C. frangée ; a.* AR.
(En touffes dans les bois de Sapins ; pays montagneux.)

: Dernières ramifications *arrondies.* = Tronc général et rameaux *grêles ;* rameaux translucides, un peu aplatis aux bifurcations ; basides à 2 stérigmates et 2 spores incolores .... **1454. C. Kunzei Fr.** *C. de Kunze ; a.* AR. ✳

= Tronc et rameaux *épais ;* tronc court ; derniers rameaux très nombreux, presque pointus ; basides à 2 stérigmates et 2 spores incolores .... **1455. C. coralloides L.** — *C. en forme de Corail ; c-a* AR. ✳

⊙ Plante poussant sur le bois.

§ Rameaux *dilatés en coupe au sommet*, fauve clair; derniers ramuscules presque en verticilles...... (Sur le bois pourri.) — **1456*. C. pyxidata Pers.** — *C. en coupe;* e-a. R.

(i) Espèce *peu ramifiée*, blanche, puis ocracé clair (J_2), ayant généralement à sa base un abondant mycelium blanc, rampant sur les écorces; spore ocre........ — **1457. C. byssiseda Pers.** — *C. à mycel. visible;* e-a.AR.

§ Rameaux cylindriques. — (i) Espèce très ramifiée. — ∫ Espèce *poilue*, à rameaux *bien séparés*, grêles. (Bois pourri.) — **1458*. C. delicata Fr.** — *C. délicate;* e-a. R.

∫ Espèce *sans poils* à rameaux *soudés les uns aux autres*; poussant sur un tapis mycélien. (Troncs pourris de Sapins.) — **1459. C. epichnoa Fr.** — *C. sur duvet;* a. R.

2e Groupe.

+ Espèce poussant à terre.

= Espèce *gris cendré*. — ⊙ Tronc *grisâtre*; rameaux *gris cendré*, à la fin poudrés de roux, grêles; spores brunes........ — **1460*. C. grisea Pers.** — *C. grise;* e-a. AR.

⊙ Tronc *blanchâtre*; rameaux *gris clair ou foncé* (G-B); baside à 2 stérigmates et 2 spores incolores........ — **1461. C. cinerea B.** — — *C. cendrée;* e-a. AC. ✠

= Espèce *blanc ou violacée*. — (Espèce de *couleur franche, vive, bleue, violette* (Li) ou *purpurine*; rameaux cylindriques, un peu rugueux; spore incolore........ — **1462. C. amethystina Batt.** — *C. améthyste;* e. AC.

(Espèce *gris violacé*. → **1461. C. cinerea** (var. *lilascens* si les rameaux sont blancs à l'extrémité; var. *rufociolacea Barla* s'ils sont roux à l'extrémité).

(Espèce dont le *tronc seul est violacé*, les *rameaux étant jaunes*. → **1468. C. aurea,** var. *fennica Karst.*

= Espèce à *tronc blanc*, à *rameaux terminaux rose purpurin* (r-P); spore incolore. ⊙.......... — **1463. C. acroporphyrea Sch.** — *C. à pointes pourpres;* e-a. AC. ✠

+ Espèce poussant sur le bois. — ∫ Plante *grise* (g-o), peu rameuse; rameaux cylindriques............ — **1464. C. corticalis Batsch.** — *C. des écorces;* p. R.

∫ Plante *blanche, puis noirâtre*; tronc allongé, très ramifié; rameaux longs, aigus, présentant des sillons longitudinaux. (Bois de Pins; troncs pourris.) — **1465*. C. virgata Fr.** — *C. vergeté;* a. R.

3e Groupe.

à terre. épais. — ⊙ Spore *jaune clair*.

○ Extrémité des rameaux de *même couleur que leur base* (J_1), cylindriques; tronc blanc ⊙............ — **1466. C. flava Sch.** — *C. jaune;* e-a. AC. ✠

○ Extrémité des rameaux *jaune citron* (J), le reste *orangé ou rouge* (O); tronc rose incarnat. ⊙............ — **1467. C. formosa Pers.** — *C. belle;* e. AC. ✠

□ Espèce poussant

○ Tronc ⊙ Spore jaune d'ocre foncé.

— Rameaux *entièrement jaune d'œuf* (J₁-O), raides, très divisés ; tronc fauve ou jaune ocracé . . . . **1468. C. aurea Sch.** *C. dorée ; c-a. AC.*

— Rameaux *entièrement jaune bistré*, très effilés. → **1468. C. aurea,** var. *spinulosa* Pers.

— Rameaux à extrémités de couleur spéciale.
§ Extrémités des rameaux *jaune citron* ; pied jaune d'ocre pâle, blanc à la base, poilu. (Bois de Conifères.) **1469. C. condensata Fr.** *C. serrée ; c-a. R.*
§ Extrémités des rameaux *roux purpurin* ; pied non poilu. → **1468. C. aurea,** var. *rufescens Sch.*

○ Tronc grêle.

⊕ Spore incolore ou jaune clair.
⊖ *Derniers rameaux en croissant*, jaune vif ; tronc jaune . . . . **1470. C. corniculata Sch.** *C. en croissant ; c-a. AC.*
(Bois et prés, dans l'herbe.)
⊖ *Derniers rameaux non en croissant*, jaune crème ou incarnats ; tronc jaune d'ocre. ☉ **1471. C. fastigiata L.** *C. pointue ; c. AR.*
(En touffes dans les prés.)

⊕ Spore jaune d'ocre foncé.
ʃ Chair *amère*, blanche ; tronc jaune crème ; rameaux jaune (J₂-J₁), parfois jaune verdâtre (gj). **1472. C. abietina Pers.** *C. du Sapin ; c. AC.* ✠
(Sous les Sapins.)
ʃ Chair *non amère.*
⌒ Rameaux *aplatis* aux bifurcations ; tronc jaune d'ocre pâle ; rameaux plus foncés ; odeur d'anis ou d'amande . . . . **1473ʻ. C. palmata Pers.** *C. palmée ; a. R.*
(En touffes ; bois de Conifères.)
⌒ Rameaux *non aplatis* aux bifurcations ; tronc blanc crème, grêle ; rameaux jaunes. (Bois de Conifères ; troncs et brindilles.) **1474ʻ. C. gracilis Pers.** *C. grêle ; c-a. R.*

□ Espèce poussant sur les arbres.

△ Tronc *épais*, jaune, brunissant (J₂-b) au toucher ; rameaux raides, très serrés les uns contre les autres ; spore ocre foncé. ☉ . . . . **1475. C. stricta Pers.** *C. raide ; a. AR.*

△ Tronc grêle.
+ Spore *incolore.* → **1457. C. byssiseda.**
+ Spore jaune d'ocre.
(Rameaux *flexueux*, écartés les uns des autres, partagés en faisceaux, roussâtres ou ocracés (J₂-J₁) . . . . **1476. C. crispula Fr.** *C. crépue ; c. R.*
(Rameaux droits, *raides, dressés.* → **1474. C. gracilis.**

4ᵉ Groupe.

★ Plusieurs individus soudés à la base.
✕ Plante *terminée en pointe*, souvent flexueuse . . . . **1477. C. vermicularis Scop.** *C. en forme de ver ; c-a. AR.* ✠
(En touffes dans les prés, les vergers.)
✕ Plante *arrondie à l'extrémité*, creuse, très fragile . . . . **1478. C. fragilis Holmsk.** *C. fragile ; c-a. R.* ✠
(En touffes dans les prés, les bruyères.)

★ Individus isolés ou groupés, mais non soudés à la base.
: Espèce très grêle, filiforme.
⊕ Plante naissant d'un *petit tubercule jaune* (J), pointue à l'extrémité, de 2 à 3 c. de longueur, blanche . . . . **1479. C. minor Lév.** *C. plus petite ; a. R.*
⊕ Plante ne naissant pas d'un tubercule.
○ Espèce *pointue* à l'extrémité, poilue à la base . . . . **1480ʻ. C. candida Weinm.** *C. blanche ; a. R.*
○ Espèce *cylindrique* de 1 à 2 c. de hauteur . . . . **1481ʻ. C. exilis Pers.** *C. mince ; c. R.*
: Espèce moins grêle, *non filiforme.* (*Voyez la suite de l'analyse*, p. 173.)

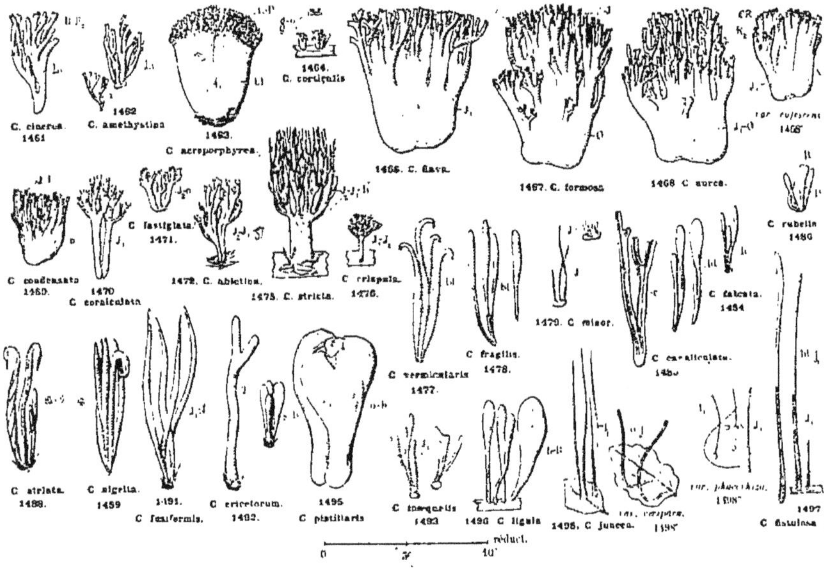
C. cinerea.
1461
C. amethystina
1462
1463.
C. acroporphyrea.
1464.
C. coralinalis
1466. C. flava.
1467. C. formosa
1468 C. aurea.
var. rufescens
1465
C. condensata
1469.
1470
C. coralloides
C. fastigiata.
1471.
1472. C. abietina.
1475. C. stricta.
C. crispula.
1476.
C. rubella
1486
C. striata.
1488.
C. nigella.
1459
1491.
C. fusiformis.
C. ericetorum.
1492.
1495
C. pistillaris
C. inaequalis
1493
1496 C. ligula
1496. C. juncea.
1494.
C. vermicularis
1477.
C. fragilis.
C. minor.
1479.
C. falcata.
1484
C. canaliculata.
1485.
var. phaerrhiza.
1498.
1497
C. fistulosa.
réduct.
0
5
10

.. Espèce non filiforme.

ſ Espèce de forme *irrégulière*, *rugueuse*. → **1451. C. rugosa.**

ſ Espèce de forme *régulière, lisse.*

△ Espèce *très aiguë*, translucide à la base.................................... 1482*. **C. acuta Sow.**
C. aiguë ; a. R.

△ Espèce *non très aiguë.*

⊙ Espèce *toujours simple.*
(Plante *comprimée*, creuse, *canaliculée*, de 10 à 20 c. de longueur, blanche (bl-r)......................... 1483. **C. canaliculata Fr.**
C. canaliculée ; a. AR.
(Plante *épaissie au sommet, très grêle à la base*, le plus souvent arquée... 1484. **C. falcata Pers.**
C. en faux ; c. AR.

⊙ Espèce *parfois un peu ramifiée.* → **1450. C. grossa.**

5ᵉ Groupe.

○ Espèce rose ou rouge.

§ Plusieurs individus soudés à la base.
⌣ Espèce *toujours pourpre*, flexueuse, creuse, fusiforme, 8-12 c. de longueur... 1485*. **C. purpurea Pers.**
(Forêts de Sapins.)
C. pourpre ; a. R.
⌣ Espèce *pourpre clair* (P-R), *puis jaune ocracé*, creuse, fusiforme, 2-3 c...... 1486. **C. rubella Pers**
(Prés.)
C. rougeâtre ; a AR.

§ Individus *toujours isolés* ; plante cylindrique, pleine, *rose incarnat*.................. 1487*. **C. incarnata Weinm.**
C. incarnate ; c. R.

○ Espèce *bistre* ou *noire.*

= Espèce *striée* par endroits, flexueuse, longue, creuse, bistre roux (B-C)............. 1488. **C. striata Pers.**
C. striée ; c. R.

= Espèce *lisse.*
+ Plante *pointue à l'extrémité*, roux foncé, puis noire (B-N), souvent creuse ; odeur de farine................................ 1489. **C. nigrita Pers.**
C. noire ; c-a. R.
+ Plante *arrondie à l'extrémité*, bistre violacé, quelquefois un peu ramifiée. 1490*. **C. tenacella Pers.**
C. un peu tenace ; c-a. R.

6ᵉ Groupe.

★ Plusieurs individus soudés par la base.

⊖ Plante *amincie à ses deux extrémités*, souvent creuse, jaune soufre (J₁-J)..................... 1491. **C. fusiformis Sow.**
C. en fuseau ; a. AC.

⊜ Plante *amincie à une extrémité seulement ou cylindrique.*

— Espèce *jaune d'ocre pâle.* → **1492. C. ericetorum**, var. *argillacea Pers..*

— Espèce *jaune citron* (J), cylindrique et pleine d'abord, puis comprimée, 3-8 c. de hauteur. 1492. **C. ericetorum Pers.**
(Bruyères, bois sablonneux.)
C. des Bruyères ; c-a. AC.

— Espèce *jaune d'or* ; pied *toujours plein.*
✕ Spore *lisse* ; plante terminée en pointe, 2-6 c. de hauteur.... 1493. **C. inæqualis Fl. dan.**
C. inégale ; c. AC.
✕ Spore *hérissée de pointes*............................... 1494*. **C. similis Boud. et Pat.**
(Cette espèce a le même port que la précédente.)
C. semblable ; c. AC.

★ Individus isolés ou groupés, mais *non soudés par la base.* (*Voyez la suite de l'analyse*, p. 174.)

*** Individus non soudés à la base.**

☐ Espèce très renflée au sommet.

ƒ Espèce *très grosse* ; massue terminale ayant environ 3 c. d'épaisseur ; pied *assez épais* ; plante jaune d'ocre (o-b) plus ou moins foncé ou jaune vif, 6-10 c. de hauteur. ☉ — **1495. C. pistillaris L.** — *C. en forme de pilon* ; c-a. C.

ƒ Espèce *moins grosse* ; massue parfois amincie au sommet ; pied grêle ; plante brun ocracé (b-B), 3-6 c. de hauteur. ☉ .... — **1496. C. ligula Sch.** — *C. en spatule* ; c. R.

☐ Espèce presque cylindrique.

(Plante *très haute*, de 10 à 20 c., légèrement renflée au sommet, creuse, jaunâtre ou roussâtre ; pied velouté, blanc à la base. (Sur les brindilles.) — **1497. C. fistulosa Fl. dan.** — *C. creuse* ; a. AR.

(Plante de 5 à 10 c., *très mince, filiforme*, pointue à l'extrémité, blanche à la base, jaune tirant sur l'olive dans le reste de sa longueur. [La *var. phacorhiza Lév.* naît d'un sclérote.] — **1498. C juncea A. et S.** (1) — *C. des Joncs* ; a. AC.

(Plante *très courte*, de 1 à 3 c.

: Plante *rugueuse*, légèrement aplatie, *jaune d'or* vif, devenant orangée en séchant. (Endroits marécageux : Ardennes.) — **1499*. C. paludicola Lib.** — *C. des marais* ; c-a. R.

: Plante *lisse, jaune d'ocre*, puis *brunâtre*, souvent courbe à l'extrémité .... — **1500*. C. luticola Lasch.** — *C. de la boue* ; a. R.

80. TYPHULA Fr. TYPHULE. — *Planche* 51, *p.* 176. — Plantes très petites, terminées en massue, présentant un *pied bien distinct* ; hymenium ne s'étendant pas sur le pied.

*** Fructification naissant d'un sclérote.**

△ Pied blanc.

+ Pied né directement sur le sclérote.

+ Pied né sur un *long cordon brun* issu d'un *sclérote noir* ; pied poilu ; massue fusiforme, 2-3 m. (Sur les feuilles en décomposition.) — **1501. T. stolonifera Q.** — *T. à stolon* ; a. AR.

= Pied poilu.

⌒ Sclérote *brun roux* (R) ; massue blanche, puis jaune paille, 3-6 m. ; fructification 1 à 2 c. ; baside à 4 spores .... — **1502. T. gyrans Batsch.** — *T. contourné* ; a. AC.

⌒ Sclérote *noir* ; massue blanche, légèrement poilue .... (Sur les branches de *Lilas* et de *Framboisier*.) — **1503*. T. ramealis Lib.** — *T. des brindilles* ; a. R.

= Pied non poilu.

✕ Massue *blanche*, 4-6 m. ; sclérote *brun* .... (Sur les feuilles de *Menthe sylvestre* en décomposition.) — **1504*. T. corallina Q.** — *T. coralline* ; a. R.

✕ Massue *grise ou bistre*, 1-2 m. ; pied blanchâtre ; sclérote noir .... — **1505*. T. semen Q.** — *T. graine* ; a. R.

△ Pied coloré.

§ Pied poilu.

○ Pied *noir* ; sclérote noir ; massue blanchâtre, effilée au sommet .... (Sur les tiges de la *Mulgédie des Alpes*.) — **1506*. T. sclerotioides Fr.** — *T. à sclérote* ; c. R.

○ Pied *rouge fauve* (R-R₂) ; sclérote brun ; massue blanche, cylindrique, 3-6 m. ; fructification 1-4 c. ; baside à 4 spores. (Sur les brindilles et les feuilles tombées.) — **1507. T. erythropus Bolt.** — *T. à pied rouge* ; a. AC.

○ Pied *jaune grisâtre* (bl-j,-g), parfois ramifié ; sclérote blanc jaunâtre ; massue jaune grisâtre ; fructification 1 à 2 c. ; baside à 4 spores. (A terre.) — **1508. T. variabilis Riess.** — *T. variable* ; a. AR.

§ Pied non poilu.

— Pied *noir violacé*. → **1507. T. erythropus**, var. *neglecta* Pat.

— Pied *noir* (voir 1306).

— Pied *jaune brun* ; tête *lisse* .... — **1509. T. phacorhiza Fr.** — *T. à racine renflée* ; a. R.

— Pied *rougeâtre* (R₂) ; sclérote brun ; tête *poilue*, jaune crème ou jaune vif, 4-6 m. (Sur les brindilles et les feuilles tombées.) — **1510. T. villosa Schum.** — *T. poilue* ; a. R.

⊙ Fructification ne naissant pas d'un sclérote.

⊙ Pied coloré. × Tête non poilue.

× Tête *poilue*; pied *très grêle*, couché, souvent ramifié, brun ou jaune paille (bl-j₁-R₂); massue cylindrique ou amincie au sommet, blanche.   (Sur les feuilles mortes.)   **1511. T. filiformis B.**
T. filiforme; a. AC.

ʃ Pied *non poilu*, gris brun foncé; massue jaune, 6-8 m...............   (Sur les petites branches.)   **1512*. T. fuscipes Pers.**
T. à pied brun; c. R.

ʃ Pied poilu. — Tête *blanche*; pied légèrement jaunâtre. → **1515. T. Grevillei.**

— Tête *bistre*, 1-2 m.; pied *bistre*.   (Sur les petites branches.)   **1513*. T. tenuis Sow.**
T. mince; a. R.

⊕ Pied blanc. : Pied poilu.

= Espèce poussant *sur les cônes de Pins*; tête blanchâtre, 3-6 m.; pied se développant sur un mycelium très apparent, colonneux......................   **1514*. T. peronata Pers.**
T. chaussée; a. R.

= Espèce poussant *sur les petites branches et les feuilles*; tête blanche, 2-4 m.; pied blanc ....   **1515. T. Grevillei Fr. (2)**
T. de Greville; a. AR.

: Pied *non* poilu.

△ Tête *jaune*, 2-4 m.; pied blanc.   (Sur les tiges de Fougères.)   **1516*. T. Todei Fr. (3)**
T. de Tode; a. R.

△ Tête *blanche*......................   **1517. T. Mucor Pat. (3)**
T. Mucor; a. AR.

81. PISTILLARIA Fr. PISTILLAIRE. — *Planche 51, p. 176.* — Espèces très petites, atteignant au plus 1 c. de hauteur, ayant la forme d'une *massue* s'atténuant progressivement vers le bas; pied *non nettement distinct.*

⋆ Espèce colorée en rose, rouge, fauve ou brun. Pas de sclérote.

⋆ Fructification *naissant d'un sclérote* bistre, chagriné; tête pourpre clair ou brunâtre, 2-3 m.......   (Sur les tiges de *Gentiane jaune*.)   **1518*. P. sclerotioides DC.**
P. à sclérote; a. AR.

Pied jaune. ⊖ Tête *fauve ou orangée* (R₂), 1-3 m.   (Sur les feuilles de *Pivoine* en décomposition.)   **1519. P. fulgida Fr.**
P. brillant; a. AR.

⊖ Tête *rouge*, très grêle.   (Sur les feuilles de *Lilas* en décomposition.)   **1520*. P. Syringæ Funk.**
P. du Lilas; a. R.

Pied blanc, rosé ou violacé.

(Tête *pointue* à l'extrémité; rose incarnat (r), 1-3 m., translucide à la base....   **1521. P. rosella Fr.**
P. rosée; a. AR.
[Si le pied est très ramifié et la pointe stérile, voir *P. Helenæ*, n° 1540.]

(Tête *arrondie* à l'extrémité, rose violacée à la base, 2-3 m.; baside à 2 spores.   (Sur diverses feuilles et brindilles.)   **1522. P. micans Pers. (4)**
P. brillante; a. AC.

⋆ Espèce *blanche* ou ocracé très pâle. (*Voyez la suite de l'analyse,* p. 177.)

---

(1) La var. *vivipara* Fr. porte d'autres Clavules filiformes, c'est-à-dire quelques ramifications très grêles. — (2) Le *Pistillaria cardiospora* (n° 1530) se distingue du *T. Grevillei* par sa tête rose. — (3) Le *Pistillaria micans* (n° 1522) se distingue de ces deux espèces par sa tête rose. — (4) *P. micans* type, tête ovoïde; var. *granulata* Pat., tête cylindrique, *granuleuse*, blanche, puis incarnate : var. *incarnata* Desm., tête allongée, incarnate, puis couleur brique.

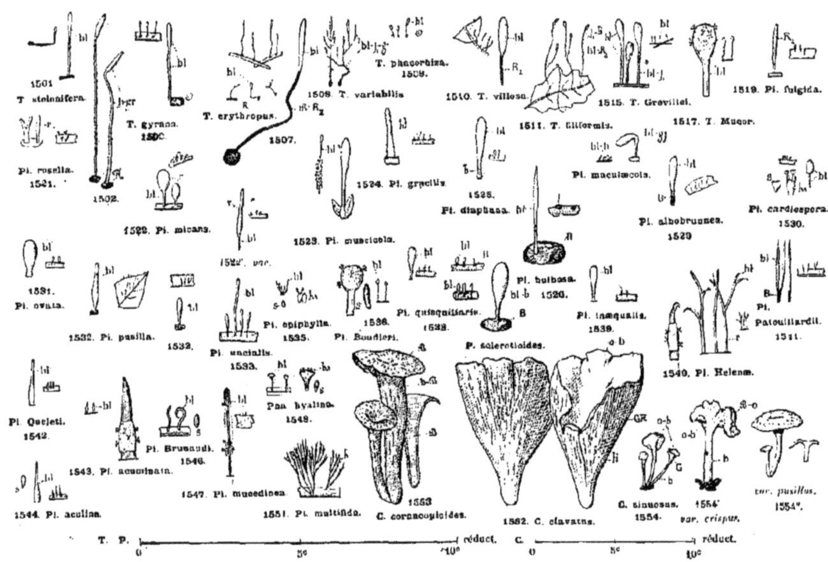
1501
T. stolonifera.
T. gyrans.
1500.
Pl. rosella.
1521.
1502.
1522. Pi. micans.
T. erythropus.
1507.
1508. T. variabilis
1509.
T. phacorhiza.
1522'. var.
1523. Pi. muscicola.
1524. Pi. gracilis.
1525.
Pl. diaphana.
1510. T. villosa.
1511. T. filiformis.
1515. T. Grevillei.
1517. T. Mucor.
Pl. maculaecola.
Pl. albobrunnea.
1529
1519. Pi. fulgida.
Pl. cardiospora.
1530.
1531.
Pi. ovata.
1532. Pi. pusilla.
1532.
Pl. uncialis.
1533.
Pl. epiphylla.
1535.
1536.
Pl. Boudieri.
Pl. quisquiliaris.
1538.
P. sclerotioides.
Pl. bulbosa.
1526.
Pl. inaequalis.
1539.
Pl.
Patouillardii.
1541.
1540. Pl. Helenae.
Pl. Queleti.
1542.
1543. Pl. acuminata.
Pl. Brunaudi.
1546.
1547. Pl. mucedinea
Paa hyalina.
1548.
1544. Pl. aculina.
1551. Pl. multifida.
1553
C. cornucopioides.
1552. C. clavatus.
C. sinuosus.
1554.
1554. var. crispus.
var. pusillus.
1554''.

T. P.   réduct.   C.   réduct.
0   5°   10°   0   5°   10°

+ Espèce blanche ou ocracé très pâle (Le pied est quelquefois brunâtre).

⊙ Tête non pointue à l'extrémité.

- **○ Pied renflé à la base ou naissant sur un sclérote.**
  - (Espèce de 2 à 3 m.
    - (*Espèce dépassant* 6 m.; tête blanche .... **1523.** P. muscicola Pers. — *P. des Mousses; c. R.*
    - ⌣ Espèce *non en massue* .... **1524.** P. gracilis Berk. — *P. grêle; a. R.*
    - ⌣ Espèce *en massue* :
      - — Pied *renflé à la base, jaune*; massue blanche, diaphane; *pas de sclérote* .... **1525.** P. diaphana Schum. — *P. diaphane; a. R.*
      - — Pied *blanc, né d'un sclérote brun, bosselé*; tête blanche. (Sur les tiges de l'*Eupatoire*.) **1526.** P. bulbosa Pat. — *P. bulbeuse; c. AR.*
- **○ Pied non renflé à la base, et pas de sclérote.**
  - ☐ Espèce *lisse et glabre*.
    - ✳ Espèce *inférieure à 1 c.*
      - : Tête *jaune* ou *paille* :
        - ʃ Tête *amincie à l'extrémité*, mais non pointue, jaunâtre, blanche dans la partie rétrécie, 4-8 m. (Feuilles mortes de Tremble.) **1527*.** P. maculæcola Fuck. — *P. formant tache; a. R.*
        - ʃ Tête *ovoïde*, jaune paille, 2-5 m. (Sur les brindilles de Sapin.) **1528*.** P. abietina Fuck. — *P. du Sapin; a. R.*
      - : Tête *blanche*, pied *brun*; tête très grêle, parfois bifurquée, 1-2 m. (Sur des feuilles en décomposition.) **1529.** P. albobrunnea Q. — *P. blanche et brune; a. R.*
      - : Tête *blanche*, pied *blanc*. [voir 1537]
        - = Spore *en forme de cœur* (s, spore: ba, baside, fig. 1530). (Sur les feuilles sèches de Graminées.) **1530.** P. cardiospora Q. — *P. à sp. en cœur; h-p. AR.*
        - = Spore *oblongue*.
          - § Tête *ovoïde ou presque sphérique*, creuse, parfois translucide; baside à 4 spores. (Feuilles mortes.) **1531.** P. ovata Pers. — *P. ovoïde; a. AR.*
          - § Tête *cylindrique*, très petite, 1-2 m.; baside à 4 spores. (Feuilles mortes, brindilles.) **1532.** P. pusilla Pers. — *P. petite; a. AR.*
    - ✳ Espèce *d'environ 1 c.*; tête blanche, très grêle. (Sur des plantes herbacées en décomposition; Alpes.) **1533.** P. uncialis Grev. — *P. longue d'un pouce; a. R.*
  - ☐ Espèce *poilue ou au moins pruineuse*.
    - + Espèce de 1 c. environ.
      - ⊝ Tête *blanche, puis devenant jaunâtre au sommet*. (Souches de Sapins.) **1534*.** P. mucida Pers. — *P. moisie; c. R.*
      - ⊝ Tête *toujours blanche*, très grêle, translucide. (En touffes sur les feuilles d'Aune en décomposition.) **1535.** P. epiphylla Q. — *P. des feuilles; a. R.*
    - + Espèce ne dépassant pas 5 m.
      - ⊕ Pied *grêle*, assez distinct de la tête; baside à 4 spores .... **1536.** P. Boudieri Pat. — *P. de Boudier; a. AR.*
      - ⊕ Pied *plus épais*, s'épaississant graduellement pour former la tête.
        - (Tête *presque transparente*, blanche, ovoïde, 1-2 m.; baside à 4 spores. (Tiges sèches de Graminées.) **1537*.** P. culmigena Berk. — *P. des chaumes; a. AR.*
        - (Tête *non transparente*.
          - : Tête *en forme de poire*, parfois bifurquée, blanche, 2 m. (Tiges de la *Fougère Aigle*.) **1538.** P. quisquiliaris Fr. — *P. des brindilles; c-a. AR.*
          - : Tête *en forme de spatule*, blanche, 1-2m. (Trouvée sur des Graminées, du papier gris.) **1539.** P. inæqualis Lasch. — *P. inégale; p. AR.*

⊙ Tête *terminée en pointe* (Voyez la suite de l'analyse, p. 178).

— Espèce *rameuse*, blanche ou incarnate (r), flexueuse, 4-6 m. ; baside à 2 spores . . . .   **1540. P. Helenæ Pat.**
(En touffes sur les brindilles et les feuilles.)   *P. d'Hélène ;* a-h. AR.

△ Pied *fauve*, naissant quelquefois d'un sclérote arrondi et fauve ; tête fusiforme, blanche,   **1541. P. Patouillardii Q.**
2-3 m. ; baside à 2 spores.   (Sur les tiges de *Cirsium.*)   *P. de Patouillard ;* a.AR.

= Espèce glabre. ∫ Espèce *cylindrique* à la base, puis présentant brusquement une pointe longue et effilée, blanche, 1-3 m.   (Sur les tiges d'*Armoise.*)   **1542. P. Queletii Pat.**   *P. de Quelet ;* a-h. A-R.

∫ Espèce *effilée progressivement* de bas en haut, blanche, 4-8 m. . . . . . .   **1543. P. acuminata Fuck.**   *P. pointue ;* h. AR.
(Sur les feuilles mortes.)

= Espèce *poilue*, flexueuse, blanche, 1-3 m.   (Sur les *Joncs* en pourriture.)   **1544. P. aculina Q.**   *P. aiguillon ;* p. AR

: Espèce présentant *un sclérote.* → **1526. P. bulbosa.**

□ Espèce *blanche, puis jaune ocracé, parfois rosée ou verdâtre,* fixée par de fins filaments blancs, rayonnants, 3-6 m. . . . .   **1545*.P. Bresadolæ Q.**   *P. de Bresadola ;* c. R.

□ Espèce *toujours blanc de neige,* flexueuse, 1-2 m. . . . .   **1546. P. Brunaudi Q.**   *P. de Brunaud ;* c. R.
(Sur les Graminées. — Ouest de la France.)

⊖ Filaments *très grêles,* n'ayant que *deux cellules d'épaisseur* . . . .   **1547. P. mucedinea Pat.**   *P. Mucédinée ;* AR.

⊖ Filaments *plus épais.* → **1532. P. pusilla,** var. *sagittæformis Pat.*

82. PISTILLINA Q. PISTILLINE. — *Planche* 51, *p.* 176. — Espèces très petites, de 2 à 5 m., présentant un pied très grêle, et une *tête arrondie.*

✕ Tête *hémisphérique,* souvent humide, blanche, diaphane, 2-3 m. ; pied un peu renflé à la base. . . . .   **1548. P. hyalina Q.**   *P. hyaline ;* c. AR.
(Sur les feuilles sèches de Graminées.)

✕ Tête *sphérique,* déprimée à son insertion sur le pied, blanche, 5-6 m. ; pied un peu poilu, translucide. . . .   **1549*.P. Patouillardii, Q.**   *P. de Patouillard ;* p. AR.
(Sur les tiges et les feuilles sèches de *Ronce.*)

83. PTERULA Fr. PTÉRULE. — *Planche* 51, *p.* 176. — Fructification ramifiée dès la base, rameaux *très grêles, filiformes.*

∿ Rameaux peu nombreux, serrés, *gris, glabres et jaunâtres à l'extrémité.* . . . .   **1550*.P. subulata Fr.**   *P. en alène ;* a. R.

∿ Rameaux nombreux, *blanc argenté ou gris perle, parfois lilas clair ou brun chocolat ;* dernières ramifications un peu poilues, disposées *en balai,* frisées à l'extrémité. . . . .   **1551. P. multifida Fr.**   — *P. très rameux ;* c. R.
(Sur les troncs et les branches de Conifères en décomposition. — Jardin à Paris.)

FAMILLE DES THÉLÉPHORÉES

84. CRATERELLUS Fr. CRATERELLE. — *Planche* 51, *p.* 176. — Champignons minces ou épais et charnus, ayant *un pied* et une forme assez irrégulière de coupe ou de corne d'abondance, poussant à terre.

△ Chapeau *épais*, *charnu*, en *toupie* jaunâtre, 3-6 c.; pied *plein*, épais, court, blanc lilas, puis jaunâtre; 4 spores jaune clair; hyménium rose lilas ou pourpre (GR-li), à rides ramifiées. (Bois de Sapins.) — **1552. C. clavatus Pers.** *C. en massue*; c. AR. ✠

△ Chapeau *mince*, en entonnoir; pied creux.
- — Pied *jaune*. → **430. Cantharellus lutescens.**
- — Pied *gris ou noir*; chapeau dont le creux se prolonge dans le pied, gris cendré, écailleux, à bord festonné; 2 spores blanches. ☊ [Corne d'abondance, Trompette des morts.] — **1553. C. cornucopioides L.** *C. corne d'abondance*; c-a. AC. ✠

△ Chapeau *mince*; pied *plein*.
- : Chapeau *gris ou jaunâtre* (b-o-j), en coupe à bord sinueux, un peu écailleux, 2-3 c.; pied gris, jaunâtre en haut; spor. blanches. (Dans la var. *crispus Sow.* le bord du chapeau est très frisé.) — **1554. C. sinuosus Fr.** *C. sinueux*; c-a. AR. ✠
- : Chapeau *jaune soufre ou jaune doré*, flexueux; pied grêle, court, un peu plus épais à la base. (Bois de Châtaigniers. — Pyrénées.) — **1555*. C. auratus Q.** — *C. doré*; a. R.

85. THELEPHORA Ehr. THÉLÉPHORE. — *Planche* 52, *p.* 180. — Champignons fermes, fibreux, de forme irrégulière, en forme de coupe irrégulière, en lame souvent dentelée ou en croûte, poussant à terre; spore généralement brune, épineuse.

⊙ *Plante dressée, très rameuse.*
- § Plante présentant une *partie basilaire incrustante, blanchâtre*, et des *rameaux libres dressés*.
  - = Hyménium *blanc crème ou gris jaunâtre*; spore blanche, à verrues. — **1556. T. cristata Pers.** *T. à crêtes*; c. AC.
  - = Hyménium *rougeâtre*; rameaux aplatis, blanchâtres............ — **1557*. T. fastidiosa Pers.** *T. dégoûtant*; a. R.
  - = Hyménium *brunâtre ou gris lilas*; rameaux aplatis, blanchâtres. (Forêts de Conifères.) — **1558*. T. spiculosa Fr.** *T. à petites pointes*; c. R.
- § Plante *entièrement dressée, fortement colorée*. (Aspect de Clavaire.)
  - ⌔ Rameaux *aplatis* et divisés à l'extrémité.
    - (Rameaux *gris violet ou roux fauve*, avec l'*extrémité blanche*; odeur très désagréable; spore brune épineuse. — **1559. T. palmata Scop.** *T. palmé*; c-a. AR.
    - (Rameaux *gris brun ou brun noir*, *de même couleur à l'extrémité*, très coriaces; pas d'odeur............ — **1560. T. coralloides Fr.** *T. en forme de Corail*; a. AC.
  - ⌔ Rameaux *arrondis*, pointus. → **1566. T. anthocephala**, var. *clavularis Fr.*

⊙ Plante *étalée en croûte*.
- + Croûte *émettant des rameaux libres*. → **1556. T. cristata, 1557. T. fastidiosa, 1558. T. spiculosa.**
- + Croûte *entière* ou simplement *frangée au bord*.
  - ○ Hyménium *gris noir, à reflets bleus*, finement velouté; spore verruqueuse, brune........................ — **1561. T. cæsia Pers.** *T. bleu*; c. AR.
  - ○ Hyménium *gris jaunâtre, puis brun*, (o-b-ß) glabre; poilu en dessous.. — **1562. T. biennis Fr.** *T. bisannuel*; c-a. AR.

⊙ Plante *dressée* en entonnoir, ou *rabattue* en lame un peu découpée (*Voyez la suite de l'analyse*, p. 181).

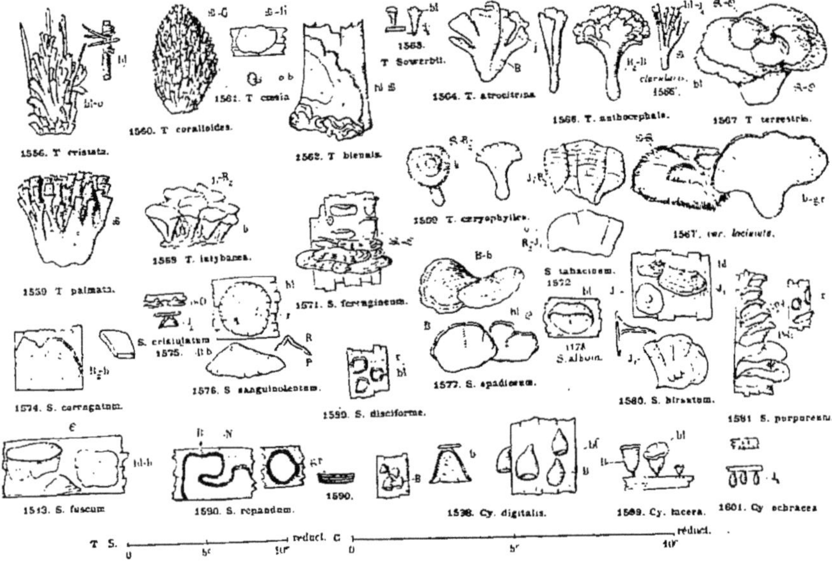
1556. T. cristata.
1560. T. coralloides.
1561. T. caesia.
1562. T. biennis.
1563. T. Sowerbii.
1564. T. atrocitrina.
1566. T. anthocephala.
1565. clavularis.
1567. T. terrestris.
1558. T. palmata.
1559. T. latybasea.
1569. T. caryophyllea.
1567. var. incisata.
1571. S. ferrugineum.
S. tabacinum. 1572.
1567. var. incisata.
1575. S. cristulatum.
1574. S. corrugatum.
1576. S. sanguinolentum.
1577. S. spadiceum.
1179. S. album.
1580. S. hirsutum.
1579. S. disciforme.
1581. S. purpureum.
1573. S. fuscum.
1579. S. repandum.
1590.
1578. Cy. digitalis.
1589. Cy. lacera.
1601. Cy. ochracea.
T S. reduct. C reduct.

⊙ Plante dressée, peu rameuse.

△ Chapeau lisse ou très peu poilu.

: Chapeau *blanc*, à *lignes jaunes* (j₁), petit... 1563. T. **Sowerbii** B. et Br.
T. de Sowerby ; e-a. R.

: Chapeau *gris noirâtre ou brun*, à *bord jaune* (j₁), à ramifications larges, molles, ondulées.. 1564. T. **atrocitrina** Q.
T. noir jaunâtre : e. AR.

: Chapeau ne présentant *pas* les *caractères précédents*.

⊖ Chapeau en forme de *coupe*, *rayé*, un peu rameux à l'extrémité, brun noir. (Forêts de Conifères.) 1565*.T. **radiata** Holmsk.
T. rayé ; e. AR.

⊖ Chapeau en forme de *lame* découpée à l'extrémité en rameaux aplatis, brun (R₂–B), blanchâtre au bord ; spore anguleuse, brune. ☊....... 1566. T. **anthocephala** B.
T. en forme de fleur ; e. AC.

△ Chapeau très poilu.

∫ Hyménium *brun chocolat* puis noircissant; chapeau *à bord rabattu* brun, bordé de blanc quand il est jeune, puis entièrement brun ; spore brune. épineuse......... 1567. T. **terrestris** Ehr.
T. terrestre ; e-a. AC.

∫ Hyménium *couleur paille, puis roux* ; chapeau ayant la forme d'un *cornet*, roux, *blanc* et découpé au bord; spore brune, épineuse.................. 1568. T. **intybacea** Pers.
T. Chicorée ; a. AC.

∫ Hyménium *brun violacé* ; chapeau en entonnoir, brun pourpre, blanc et découpé au bord; spore brune, épineuse.................. 1569. T. **caryophyllea** Sch.
T. Muscade ; e. AR.

86. STEREUM Fr. STEREUM. — *Planche* 52, p. 180. — Champignons lignicoles, coriaces, à chapeau nettement distinct ou étalés en croûte, à hyménium lisse, séparé du mycelium par un tissu spécial bien développé.

★ Champignon à chapeau distinct.

□ Hyménium velouté.

— Hyménium *rouge ou brun pourpre* ; chapeau brun, brillant et soyeux au bord................ (Écorce des Conifères, régions montagneuses.) 1570*.S. **Mougeotii** Fr.
S. de Mougeot ; e-a. R.

— Hyménium *jaune*. → 1572. **S. tabacinum**, var. *crocatum* Fr.

— Hyménium *brun ou roux*.

○ Chapeau *zoné*.

⌐ Chapeau *dur*, brun rouillé (R-E); hyménium châtain semé de poils brun roux clair. (Chapeaux imbriqués sur le Chêne.) 1571. S. **ferrugineum** B.
S. ferrugineux ; e-a. AC.

⌐ Chapeau *mou, flasque*, brun clair, zoné de fauve doré; spore incolore, lisse, cylindrique.................. 1572. S. **tabacinum** Sow.
S. coul. de tabac ; e-a.AR.

○ Chapeau *non zoné*.

§ Chapeau *strié*, brun, plus clair au bord ; hyménium gris brun...... (Sur les branches sèches de Conifères.) 1573*.S. **striatum** Fr.
S. strié ; h-p. R.

§ Chapeau *plissé, ridé puis crevassé*, brun, rouillé au toucher....... (Branches sèches.) 1574. S. **corrugatum** Fr.
S. ridé ; h-p. R.

□ Hyménium glabre.

⊕ Hyménium rougissant au toucher.

× Hyménium *jaune clair* ; chapeau mince, fauve ou roux, à bord irrégulièrement découpé et blanc.................. 1575. S. **cristulatum** Q.
S. à petites crêtes ; a. R.

× Hyménium *gris ou brun*.

= Chapeau *blanchâtre ou gris jaunâtre*, à bord blanc *soyeux* ; hyménium gris bistré ; spore incolore, lisse, cylindrique. (Sur les Conifères.) 1576. S. **sanguinolentum** A et S.
S. sanguinolent ; a-p. AC.

= Chapeau *gris brun*, à bord blanc et *ondulé* ; hyménium brun...... (Sur Chêne.) 1577. S. **spadiceum** Pers.
— *S. brun* ; a. AC.

□ ① Hyménium *ne rougissant pas* au toucher.

★ Champignon *étalé en croûte* sur le bois........... (*Voyez la suite de l'analyse*, p. 182.)

★ Champignon à chapeau distinct.
☐ Hymenium glabre, ne rougissant pas au toucher.

+ Hymenium blanc ou couleur paille claire.
(Chapeau *blanc*, 2-3 c. ; hymenium ridé ou plissé, blanc crème, plus pâle au bord. (Sur les branches sèches des Sorbiers.)
(Chapeau *blanc crème, puis fauve clair*, zoné, arrondi, 3-5 c. ; hymenium soyeux au bord, blanc crème avec des zones blanches. (Branches sèches.)

+ Hymenium jaune.
: Chapeau *jaune vif* au bord, zoné, à *poils* blancs ; hymenium jaune vif (J-J₁), puis plus pâle ; spore cylindrique, incolore, lisse. (Sur le bois coupé.)
: Chapeau *blanc crème, puis fauve clair.* → **1579. S. ochroleucum.**

+ Hymenium *pourpre* ou *violet*.
○ Hymenium *restant toujours pourpre* ; spore cylindrique, incolore, lisse ; chapeau blanchâtre ou crème, poilu...............
○ Hymenium *devenant fauve à la fin.* → **1583. S. fuscum.**

+ Hymenium *brun, fauve ou roux*.
⌢ Chapeau *hérissé de fibres,* brun ; hymenium rugueux, radié, brun foncé.... (Ouest et Midi de la France.)
⌢ Chapeau *simplement sillonné,* fauve ou roux ; hymenium non rugueux, crème incarnat d'abord, puis fauve roussâtre. [Hymenium brun rouillé, v. no 1571.]

★ Champignon étalé en croûte sur le bois.
○ Bord de la croûte *adhérent* au support.

⊕ Hymenium *velouté.*
× Croûte *gris foncé* ou *noirâtre*, à poils courts et serrés............ (Bois pourri.)
× Croûte *blanchâtre, puis jaune d'ocre* rigide ; odeur forte........ (Bois de Pin en décomposition.)

⊕ Hymenium *lisse, blanc* ; croûte molle : odeur agréable............ (Souches de Saules.)

○ Bord de la croûte *détaché* du support.

⊖ Hymenium *velouté.*
§ Hymenium *se tachant de rouge vineux* au toucher ; bord relevé de la croûte, jaune ocracé, dur ; hymenium gris jaunâtre............
§ Hymenium *ne se tachant pas au toucher.*
⊙ Hymenium *fauve ou roux clair*............ (Sur les branches d'Ifs.)
⊙ Hymenium *blanc* ; croûte dure, roussâtre, blanche au bord. (Chênes, Charmes.)

⊕ Hymenium *lisse ou couvert d'une sorte de pruine.*
= Section transversale du champignon présentant *plusieurs couches parallèles superposées.*
ƒ Bord de la croûte présentant des *stries concentriques,* brun foncé ou noir (B-N) ; hymenium brun (B)............... (Souches d'Aunes ou de Saules.)
ƒ Bord de la croûte *non strié,* enroulé en dehors ; hymenium jaune crème ou gris brun..................

= Section transversale du champignon *ne présentant pas de couches parallèles.*
☐ Bord de la croûte *brun.*
⊖ Hymenium crème ou incarnat, *devenant au toucher pourpre foncé ou gris foncé* ; spore cylindrique, incolore, lisse...
⊖ Hymenium gris incarnat, *ne devenant pas* au toucher pourpre ou gris foncé. (Écorce des Sapins.)
☐ Bord de la croûte *jaunâtre,* ondulé et découpé ; hymenium gris pourpre ; spore cylindrique, incolore, lisse. (Écorce des Pins.)
☐ Bord de la croûte *brun rougeâtre* ; hymenium gris cendré, rugueux, comme tuberculeux. (Branches sèches des Tilleuls.)

1578*. **S. album Q.**
S. *blanc* ; e-a. R.
1579*. **S. ochroleucum Fr.**
S. *blanc jaune* ; a. AR.
1580. **S. hirsutum Willd.**
S. *poilu* ; a-p. CC.
1581. **S. purpureum Fr.**
S. *pourpre* ; a. AC.
1582*. **S. gausapatum Fr.**
S. *velu* ; a. R.
1583*. **S. fuscum Schrad.**
S. *gris brun* ; a. R.
1584*. **S. fuliginosum Pers.**
S. *fuligineux* ; e-a. R.
1585*. **S. odoratum Fr.**
S. *odorant* ; e-a. R.
1586*. **S. suaveolens Fr.**
S. *à odeur agréable* ; a. R.
1587*. **S. avellanum Fr.**
S. *du Noisetier* ; h-p. R.
1588*. **S. Chailletii Pers.**
S. *de Chaillet* ; a. R.
1589. **S. disciforme DC.**
C. *en forme de disque* ; a-h. R.
1590. **S. repandum Fr.**
S. *à bord ondulé* ; a. AR.
1591*. **S. frustulosum Pers.**
S. *stratifié* ; a-h. R.
1592*. **S. rugosum Pers.**
S. *rugueux* ; h-p. AR.
1593*. **S. abietinum Pers.**
S. *du Sapin* ; h-p. AR.
1594*. **S. Pini Fr.**
S. *du Pin* ; a-h. R.
1595*. **S. rufomarginatum Pers.**
— S. *à bord brun rougeâtre* ; a. R.

87. CYPHELLA Fr. CYPHELLE. — *Planches* 52 et 53, *p*. 180 et 184. — Fructifications en forme de coupes éparses, rarement groupées, mais *non étalées sur un tapis filamenteux*.

△ Cupule colorée extérieurement.

★ Cupule sans pied.
- — Cupule *rouge sanguin* à l'extérieur, à zones blanches; hymenium rouge ou orangé... **1596*. C. rutilans Pers.** — *C. ardente*; e-a. R.
- — Cupule *jaune fauve* (J_2) à l'extérieur, suspendue aux pétioles de la *Fougère Aigle* (*Pteris aquilina.*) **1597'. C. Friesii Q.** — *C. de Fries*; a. AR.
- — Cupule *brune* (B) à l'extérieur, 1 c.; hymenium blanc crème ou glauque........... **1598. C. digitalis A. et S.** — *C. en forme de dé*; e-a. R.
(Branches sèches de Sapins.)

★ Cupule pédicellée.
- Cupule *noirâtre*, rayée de petites fibres noires, à bord ondulé, 2-3 m.; pédicelle très court; hymenium gris ou noirâtre. (Sur les branches pourries.) **1599. C. lacera Fr.** — *C. déchirée*; e. R.
- Cupule *gris cendré*, blanche et poilue au bord, 2-3 m................. (Sur les tiges de diverses plantes herbacées, surtout des *Cirsium*.) **1600*. C. Cirsii Crn.** — *C. du Cirsium*; e-h. R.
- Cupule *jaune fauve*, presque fusiforme, un peu poilue au bord, 5-10 m................. **1601. C. ochracea Hoffm.** — *C. ocracée*; h-p. AR.
- Cupule *jaune de soufre* (J_1). → **1602. C. capula**, var. *sulfurea Batsch.*
- Cupule *gris jaunâtre* (b-gj). → **1602. C. capula**, var. *læta Fr.*

△ Cupule blanche extérieurement.

⊙ Hymenium blanc.

Espèces vivant sur les branches d'arbres.

Cupule poilue à l'extérieur.
- + Cupule *lisse* à l'extérieur, à bord ondulé, ocracée très pâle puis blanche, noircissant à la fin, 5-10 m................. **1602. C. capula Holmsk.** — *C. capuchon*; p. AC.
- = Cupule en forme de poire, rétrécie en un pied à la base.
  - ○ Espèce *tendre*, blanche, 2-5 c................. (Sur les tiges sèches des plantes herbacées.) **1603 C. Goldbachii Weinm.** — *C. de Goldbach*; p. R.
  - ○ Espèce coriace.
    - (Cupule *allongée, en massue*, soyeuse extérieurement, 2-6 m. (Sur le bois en décomposition.) **1604. C. fasciculata Pers.** — *C. groupée*; a. AR.
    - (Cupule *plus arrondie, presque ovoïde*, 1-3 m........... (Sur les branches mortes.) **1605. C. erucæformis Fr.** — *C. Chenille*; a. R.
- = Cupule *cylindrique*, 2-3 m. (Sur le bois en décomposition.) **1606. C. candida Pers.** — *C. blanche*; a-h. R.

= Cupule globuleuse, sans pied.
- ∫ Espèce poussant sur les *feuilles mortes de Hêtre*............ **1607*. C. faginea Lib.** — *C. du Hêtre*; p. R.
- ∫ Espèce poussant sur les *troncs d'If*, 2-4 m...................... **1608. C. Taxi Lev.** — *C. de l'If*; a-p. R.
- ∫ Espèce poussant sur d'*autres plantes*, surtout herbacées, 5-10 m........ **1609. C. villosa Pers.** — *C. poilue*; e. AR.

□ Espèce vivant sur les *Mousses*.
- — Spores *jaune ocracé*................. **1610. C. chromospora Pat.** — *C. à spores jaunes*; a. R.
- — Spores *blanches*. → **438. Arrhenia muscigena** et **439. A. muscicola.**

⊙ Hymenium coloré. (*Voyez la suite de l'analyse*, p. 185.)

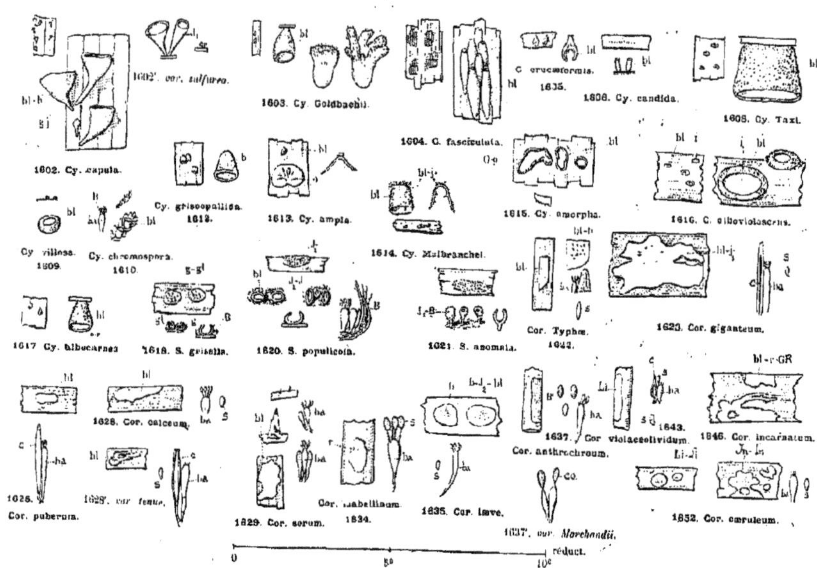
1602'. var. sulfurea.
1602. Cy. capula.
bl-h
sj
1603. Cy. Goldbachii.
bl
C cruciformis.
1635.
1608. Cy. candida.
1608. Cy. Taxi.
bl
Cy. villosa.
1609.
Cy. chromospora.
1610.
Cy. griseopallida.
1612.
1613. Cy. ampla.
1604. C. fasciculata.
1615. Cy. amorpha.
1616. C. alboviolascens.
bl-j.
1614. Cy. Malbranchei.
bl
1617 Cy. albucarnea
1618. S. grisella.
1620. S. populicola.
1621. S. anomala.
Cor. Typhæ.
1642.
1623. Cor. giganteum.
Cor. puberum.
1625.
1626. var. tenue.
1628. Cor. calceum.
1629. Cor. serum.
Cor. flabellinum.
1634.
1635. Cor. læve.
1637. var. Marchandii.
Cor. anthrochroum.
1637. Cor violaceolividum.
1643.
1846. Cor. incarnatum.
Li-li
1852. Cor. cæruleum.
bl-r-GR
0   50   10c
réduct.

+ Espèces vivant sur les *Mousses.* → **439. Arrhenia muscicola** et **440. A. galeata.**

+ Espèces poussant sur les *Sphériacées* (1) ; cupule poilue, 1-3 m. ; hymenium *gris* .... **1611'. C. episphæria Q.**
C. des Sphériacées ; p. R.

△ Hymenium *gris ocracé* ou *gris jaunâtre.*

: Cupules *éparses.*
⊝ Cupule *globuleuse ;* hymenium gris paille, 2-4 m. .... **1612. C. griseopallida Weinm.**
C. gris pâle ; a. AR.
⊝ Cupule *très évasée ;* hymenium ocracé orangé (o) .... **1613. C. ampla Lév.**
C. large ; a. R.

: Cupules souvent *réunies par un mycelium blanchâtre ;* hymenium blanc jaunâtre (bl-j₁) .... **1614. C. Malbranchei Pat.**
C. de Malbranche ; a. R.

△ Hymenium *roux* (R₂-O-o) ; cupules étalées, de forme irrégulière, souvent arrivant à se toucher ; 3-6 m. (Branches sèches de Sapins.) **1615. C. amorpha Pers.**
C. irrégulière ; h-p. R.

△ Hymenium *violacé* (i) ; cupules globuleuses puis étalées, 1-3 m. .... **1616. C. alboviolascens A et S.**
C. blanc violacé ; h-p. R.

△ Hymenium *incarnat rosé ;* cupules globuleuses puis évasées, 1-3 m. .... **1617. C. albocarnea Q.**
(Branches sèches de Trembles.) *C. blanc carné ;* c. R.

88. SOLENIA Hoff. SOLENIA. — *Planche 53, p. 184.* — Fructifications en cylindres creux ou en forme de coupes *rapprochées les unes des autres* et reposant sur un *tapis filamenteux* souvent conidifère.

○ Cupule *gris perle* (g-gl), poilue, 4-6 m.'; hymenium brun ou bistre .... **1618. S. grisella Q.**
(Branches sèches de Sapins.) *S. grise ;* a-h. R.

○ Cupule *brune* ou *jaune* d'ocre.
§ Fructification *hémisphérique,* jaune ocracé ou brun rouillé, 2-5 m. ; spore *sphérique.* .... **1619'. S. ferruginea Crn.**
S. ferrugineuse ; a-h. R.
§ Fructification *en forme de coupe,* brun roux, 5-6 m. ; hymenium jaune roussâtre ; spore *allongée.* **1620. S. populicola Pat.**
(Sur le Peuplier.) *S. du Peuplier ;* a-h. R.
§ Fructification *en forme de poire,* rousse ou fauve, 5-8 m. ; hymenium jaune roux ; spore *allongée.* **1621. S. anomala Pers.**
(Bois sec.) — *S. anomale ;* a-p. R.

○ Cupule *blanc crème.* → **1614. Cyphella Malbranchei.**

---

(1) Les *Sphériacées* sont de petits Champignons (Ascomycètes) noirs, en forme de bouteille, poussant en général sur des végétaux supérieurs.

89. CORTICIUM Fr. CORTICIUM. — *Planches* 53 et 54, *p.* 184 et 190. — Champignons formant une *croûte sur le bois; hymenium directement appliqué sur le mycelium;* spores *incolores;* cystides ordinairement saillantes.

— Croûte *blanche* ou très légèrement crème... **1er Groupe**, p. 186.
— Croûte *jaune vif, jaune ocracé, chamois ou ocre très pâle*........................ **2e Groupe**, p. 186.
— Croûte *rouge, rose, blanc rosé, bleue ou violette*............................... **3e Groupe**, p. 187.
— Croûte *brune, chocolat, olive ou cendrée*..................................... **4e Groupe**, p. 188.

1er Groupe.

Espèce poussant sur les *Typha* ou les *Carex ;* croûte blanc crème (bl-b), blanche au bord, couverte de pointes (p, fig. 1622) stériles; spores fusiformes (s, fig. 1622, pl. 53)....................... **1622. C. Typhæ Pers.** — *C. du Typha ;* a. AR.

Espèce poussant sur les *Pins*, en croûte très étendue, blanche, *coriace*, se détachant assez facilement du support, surtout au bord qui est frangé, soyeux fibrilleux; spores ovoïdes, 4 à 5 µ sur 3 µ............... **1623. C. giganteum Fr.** — *C. géant ;* a. AR.

Espèce ayant une *odeur alliacée*, sensible surtout au frottement; croûte blanche, farineuse au bord. **1624*. C. alliaceum Q.** — *C. alliacé ;* a. R.

* Hymenium *hérissé de soies* (cystides pointues); croûte farineuse au bord, légèrement ocracée à la fin; spores ovoïdes. [var. *tenue* Pat. à cystides cylindriques et à spores arquées.] (Bois en décomposition.) **1625. C. puberum Fr.** — *C. poilu ;* a. AR.

+ Croûte *bordée de fibrilles*, blanche; hymenium blanc ou blanc crème, fendillé à la fin.. (Branches et feuilles tombées.) **1626. C. lacteum Fr.** — *C. blanc de lait ;* a-h. AR.

⊕ Hymenium *hyalin, translucide*, blanc par le sec; croûte farineuse au bord...... (Branches mortes.) **1627*. C. confluens Fr.** — *C. groupé ;* p-h. R.

§ Hymenium d'aspect *glacé*, lisse, blanc ou légèrement ocracé, crevassé à la fin. **1628. C. calceum Pers.** — *C. blanc de chaux ;* a-h.AR.

§§ Hymenium *non glacé*, mais *pruineux*.

× Espèce poussant sur le *bois sec ;* hymenium blanc. [var. *Sambuci* à tissu serré sous l'hymenium, à cellules stériles de l'hymenium incrustées de calcaire.] **1629. C. serum Pers.** — *C. petit lait ;* a-h. AR.

× Espèce poussant *à terre ;* hymenium blanc crème........ **1630*. C. sebaceum Pers.** — *C. gras ;* e-a. AR.

2e Groupe.

◯ Hymenium *jaune vif.*

Croûte présentant une *bordure fibrilleuse.*

ſ Hymenium *velouté ;* croûte jaune, soyeuse et jaune citron au bord. **1631*. C. sulfureum Fr.** — *C. couleur soufre ;* a-p. R.

ſ Hymenium *non velouté*, d'aspect micacé *doré*, brillant; frange du bord fugace. (Sur le bois en décomposition.) **1632*. C. ochraceum Fr.** — *C. ocracé ;* a-p. R.

Croûte *sans bordure distincte*, lisse................................... **1633*. C. citrinum Pers.** — *C. jaune citron ;* e-a. R.

○ Hymenium jaune ocracé ou chamois.

(Croûte présentant une bordure nette.

: Bordure blanche ou pâle.
§ Croûte *veloutée*, floconneuse, jaune ocracé avec une teinte rosée, blanchâtre au bord; spore incolore, ovoïde (12-8 μ), granuleuse.........   1634. **C. isabellinum Fr.**
C. coul. isabelle; a-h.AR.
§ Croûte *non veloutée*, incarnat, très pâle puis couleur chamois pâle (b-j₁-J₂), facile à séparer du support: spore lisse (8-6 μ)..............   1635. **C. læve Pers.**
C. lisse; a. AC.
: Bordure *jaune ou jaunâtre*. → **1632. C. ochraceum.**

(Croûte sans bordure distincte.
+ Croûte se développant *sous les écorces*, couverte de tubercules irréguliers. → **1640. C. comedens**, var. *botrytes Fr.*   (Forme voisine des *Radulum*.)
+ Croûte superficielle.
— Croûte *blanche puis ocracée*. — **1628. C. calceum.**
— Croûte *ocracée puis noire*. — **1661. C. nigrescens.**

3ᵉ Groupe.

⊙ Croûte appliquée partout sur le support.

⊖ Champignons à filaments serrés formant une véritable croûte.

✶ Croûte ayant le bord nu ou légèrement floconneux.

⊕ Champignon floconneux, filaments peu serrés; mycelium très ténu, très grêle.
× Hymenium *rouge de sang* très foncé.   (Souches pourries de Sapins.)   1636*. **C. puniceum A et S.**
C. rouge ponceau; p-a. R.
× Hymenium *rose incarnat* puis brun (B); croûte blanche au bord; spore ocracée. [Spore incolore ou rosée, voir nᵒ 1634.]   1637. **C. anthochroum Pers.**
C. coloré; h. R.
× Hymenium *bleu ou lilas*, plus clair au bord; croûte généralement arrondie.........   1638*. **C. violeum Q.**
C. violet; h. R.
× Hymenium *bleu d'acier* puis *gris olive*, blanc au bord.   (Troncs pourris.)   1639*. **C. chalybeum Pers.**
C. bleu d'acier; h. R.

○ Espèces non ténues.
∫ Champignon se développant *sous les écorces*; croûte incarnate ou couleur ténue......................   1640*. **C. comedens Nees.**
C. rongeur; a-h. AR.
∫ Champignon se développant *sur les écorces* ou *sur les branches décortiquées*; croûte rose lilas, un peu visqueuse........   1641*. **C. uvidum Fr.**
C. humide; a-h. R.

+ Bordure n'ayant pas l'aspect farineux, floconneux.
⌄ Hymenium *hyalin*, teinté de glauque ou de lilas pâle; croûte de consistance *un peu gélatineuse, molle*.....................   1642*. **C. lividum Pors.**
C. livide; a-h. R.
⌄ Hymenium *non hyalin*.
① Croûte *gris violacé*; hymenium un peu pruineux; cystides en forme de bouteille....................   1643. **C. violaceolividum Somm.**
C. violet livide; a. AR.
② Croûte *lie de vin* puis *couleur brique*, présentant souvent une sorte de pruine blanche, fendillé à la fin..   1644*. **C. seriale Fr.**
C. en série; a-p. R.
(Écorce des Conifères.)

+ Bordure farineuse.
(Croûte *arrondie en petites plaques*, rose incarnat très pâle presque blanc ou couleur brique très pâle, à reflet un peu glauque. (Branches sèches de Peupliers.)   1645*. **C. polygonium Pers.**
C. anguleux; a-p. AC.
(Croûte étalée irrégulièrement.
⊜ Spore *allongée en bâtonnet*; hymenium rose incarnat (r-gr) ou orangé, croûte blanche au bord à tranche fugace........   1646. **C. incarnatum Pers.**
C. incarnat; a-h. AR.
⊜ Spore *globuleuse*; hymenium incarnat pâle, presque blanc; croûte blanche au bord.....................   1647*. **C. nudum Fr.**
— *C. nu*; h-p. R.

✶ Croûte ayant le bord *frangé ou soyeux*. (*Voyez la suite de l'analyse*, pl. 188.)

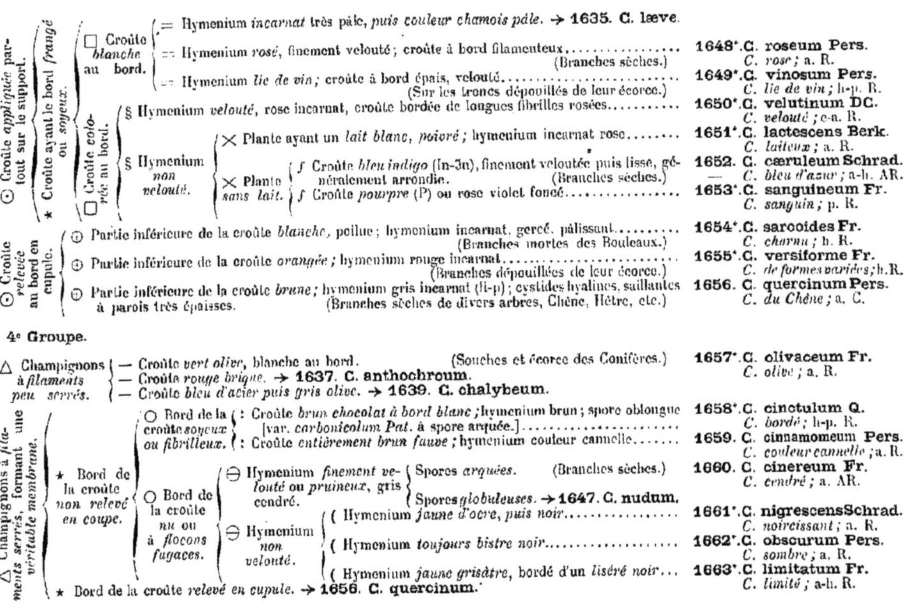

⊙ Croûte appliquée par-tout sur le support.

* Croûte ayant le bord frangé ou soyeux.

□ Croûte blanche au bord.

= Hymenium *incarnat* très pâle, *puis couleur chamois pâle.* → **1635. C. læve.**

== Hymenium *rosé,* finement velouté; croûte à bord filamenteux, ... **1648*.C. roseum Pers.** *C. rose* ; a. R.
(Branches sèches.)

== Hymenium *lie de vin;* croûte à bord épais, velouté. .... **1649*.C. vinosum Pers.** *C. lie de vin;* h-p. R.
(Sur les troncs dépouillés de leur écorce.)

§ Hymenium *velouté,* rose incarnat, croûte bordée de longues fibrilles rosées. .... **1650*.C. velutinum DC.** *C. velouté* ; c-a. R.

□ Croûte colo-rée au bord.

§ Hymenium non *velouté.*

× Plante ayant un *lait blanc, poivré;* hymenium incarnat rose. .... **1651*.C. lactescens Berk.** *C. laiteux* ; a. R.

× Plante sans *lait.*

ʃ Croûte *bleu indigo* (In-3n), finement veloutée puis lisse, généralement arrondie. (Branches sèches.) .... **1652. C. cæruleum Schrad.** — *C. bleu d'azur* ; a-h. AR.

ʃ Croûte *pourpre* (P) ou rose violet foncé. .... **1653*.C. sanguineum Fr.** *C. sanguin* ; p. R.

⊙ Croûte relevée au bord en cupule.

⊕ Partie inférieure de la croûte *blanche,* poilue; hymenium incarnat, gercé, pâlissant. .... **1654*.C. sarcoides Fr.** *C. charnu* ; h. R.
(Branches mortes des Bouleaux.)

⊕ Partie inférieure de la croûte *orangée;* hymenium rouge incarnat. .... **1655*.C. versiforme Fr.** *C. de formes variées;* h. R.
(Branches dépouillées de leur écorce.)

⊕ Partie inférieure de la croûte *brune;* hymenium gris incarnat (Ii-p); cystides hyalines, saillantes à parois très épaisses. (Branches sèches de divers arbres, Chêne, Hêtre, etc.) .... **1656. C. quercinum Pers.** *C. du Chêne* ; a. C.

4⁰ Groupe.

△ Champignons à *filaments* peu *serrés.*

— Croûte *vert olive,* blanche au bord. (Souches et écorce des Conifères.) .... **1657*.C. olivaceum Fr.** *C. olive* ; a. R.

— Croûte *rouge brique.* → **1637. C. anthochroum.**

— Croûte *bleu d'acier puis gris olive.* → **1639. C. chalybeum.**

△ Champignons à filaments serrés, formant une véritable membrane.

★ Bord de la croûte non *relevé* en coupe.

○ Bord de la croûte *soyeux* ou *fibrilleux.*

: Croûte *brun chocolat à bord blanc;* hymenium brun; spore oblongue [var. *carbonicolum Pat.* à spore arquée.] .... **1658*.C. cinctulum Q.** *C. bordé* ; h-p. R.

: Croûte *entièrement brun fauve;* hymenium couleur cannelle. .... **1659. C. cinnamomeum Pers.** *C. couleur cannelle* ; a. R.

○ Bord de la croûte nu ou à *flocons* *fugaces.*

⊖ Hymenium *finement velouté ou pruineux, gris* cendré.

Spores *arquées.* (Branches sèches.) .... **1660. C. cinereum Fr.** *C. cendré* ; a. AR.

Spores *globuleuses.* → **1647. C. nudum.**

⊖ Hymenium non *velouté.*

(Hymenium *jaune d'ocre, puis noir.* .... **1661*.C. nigrescens Schrad.** *C. noircissant* ; a. R.

(Hymenium *toujours bistre noir.* .... **1662*.C. obscurum Pers.** *C. sombre* ; a. R.

(Hymenium *jaune grisâtre,* bordé d'un *liséré noir.* ... **1663*.C. limitatum Fr.** *C. limité* ; a-h. R.

★ Bord de la croûte *relevé en cupule.* → **1656. C. quercinum.**

90. CONIOPHORA Pers. CONIOPHORA. — *Planche* 54, *p.* 190. — Champignons étalés sur le bois, se couvrant d'une poussière foncée formée par les spores qui sont *couleur rouille* et *lisses*.

+ Hyménium *jaune vif.*
§ Croûte *blanche* au bord. (Sur les branches de Pin à demi enfouies en terre et pourries.) — **1664*. C. byssoidea Pers.** / *C. filamenteux ; h-p.R.*
§ Croûte *jaune* et soyeuse au bord. (Troncs, branches et feuilles pourries.) — **1665*. C. sulfurea Pers.** / *C. couleur soufre ; a-p.R.*

+ Hyménium *jaune d'ocre, olivâtre* ou *couleur rouille.*
△ Croûte jaunâtre, *blanche* au bord ; hymenium jaunâtre puis olive (gj-B) .... (Sur les troncs, dans les endroits obscurs.) — **1666. C. puteana Schum.** / *C. des puits ; a. AR.*
△ Croûte *entièrement blanche,* puis olivâtre ou roussâtre au centre ; hymenium brun roux .... — **1667*. C. laxa Fr.** / *C. lâche ; p. R.*

91. TOMENTELLA Pers. TOMENTELLA. — *Planche* 54, *p.* 190. — Champignons étalés, ténus, floconneux, à spores *couleur rouille*, *anguleuses* ou *hérissées de pointes*.

○ Hyménium *sans bordure.*
☐ Hymenium *velouté, cendré bleuâtre.* { Spores *verruqueuses*. →**1561. Thelephora cæsia.** / Spores *anguleuses* .... (Trous de taupes ; Nantes, Montmorency). — **1668. T. Mesneri Pat.** / *T. de Mesnier ; a. R.*
☐ Hymenium *velouté, brun, puis bistre ;* croûte mince, sèche, très adhérente au support.... (Dans les cavités des souches creuses des Sapins.) — **1669*. T. umbrina A et S.** / *T. terre d'ombre ; c-a. R.*
☐ Hymenium *pulvérulent, fauve rouille* (☉-o). (Bois en décomposition.) — **1670. T. ferruginea Pers.** / *T. couleur rouille ; h-p.R.*

○ Marge *floconneuse noire,* stérile ; hymenium brun roux. (Sur la terre.) — **1671. T. crustacea Schum.** / *T. en croûte ; c-a. AR.*

FAMILLE DES EXOBASIDIÉES

92. EXOBASIDIUM Wor. EXOBASIDIUM. — *Planche* 54, *p.* 190. — Champignons *parasites*, formés de *simples filaments* produisant des basides entre les cellules épidermiques de la plante attaquée.

= Espèce venant sur les feuilles du *Rhododendron ferrugineum*. (Montagnes.) — **1672*. E. Rhododendri Fuck.** / *E. du Rhodod. ; c-a. AR.*
= Espèce venant sur les feuilles du *Vaccinium* (*Myrtille*) (fig. 1673, f, section transversale d'une feuille ; dessin en dessous, épiderme grossi avec les basides entre les cellules épidermiques).................. — **1673. E. Vaccinii Fuck.** / *E. du Vaccinium ; c-a. AR.*
= Espèce venant sur la tige et les feuilles de l'*Andromède*.......................... — **1674*. E. Andromedæ Karst.** / *E. de l'Andromède ; c-a. R.*

CORTICIUM. CONIOPHORA. TOMENTELLA EXOBASIDIUM PHALLUS. CLATHRUS
COLUS. NIDULARIA. CYATHUS. POLYANGIUM.
SPHÆROBOLUS. THELEBOLUS. DACRYOBOLUS GYROPHRAGMIUM. SECOTIUM   PL. 54

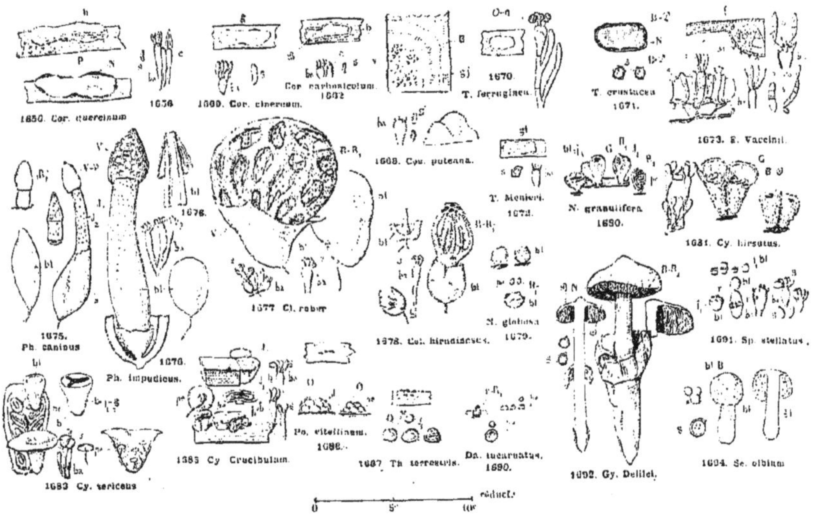

FAMILLE DES PHALLOÏDÉES

93. PHALLUS L. PHALLUS. — *Planche* 54, *p.* 190. — Champignon présentant une *volve* et un *pied* surmonté d'une tête conique, *alvéolée*, perforée au sommet, recouverte d'un hymenium *gluant*, visqueux.

☐ Volve *oblongue*, blanche ou jaune d'ocre pâle; pied de 5 à 8 m. d'épaisseur, *ocracé rougeâtre* (J_2-R_4); tête d'abord *rouge sanguin* (R_1); hymenium verdâtre; odeur fétide; 8-15 c. (Pierrefonds, Fontainebleau.) — **1675. P. caninus Huds**. *P. de chien*; c-a. AR.

☐ Volve *ovoïde*, blanche ou ocracée; pied *de 1 à 3 c.* d'épaisseur, *blanc*; tête d'abord *blanche*; hymenium verdâtre; odeur fétide; 10-30 c. ☺ . . . . — **1676. P. impudicus L**. *P. impudique*; c-a. AC.

94. CLATHRUS Mich. CLATHRUS. — *Planche* 54, *p.* 190. — Champignons présentant une *volve* d'où sort un réceptacle fructifère disposé en un *grillage ou réseau sphérique*.

Volve *blanche*; réseau *rouge* (R-R_1); hymenium verdâtre diffluant rapidement; odeur désagréable . . . . — **1677. C. ruber Mich**. (Midi et Sud-Ouest de la France.) — *C. rouge*; a. R.

95. COLUS Cav. et Séch. COLUS. — *Planche* 54, *p.* 190. — Champignons présentant une *volve* d'où sort un réceptacle fructifère formé de *bandes* réunies en un *petit réseau, seulement au sommet*.

Volve *blanche*; côtes *rougeâtres* (R-R_1); réseau *rouge orangé*; hymenium vert olive. (Environs de Toulon.) — **1678. C. hirudinosus Cav. et Séch**. *C. sangsue*; a. RR.

FAMILLE DES NIDULARIÉES

96. NIDULARIA Fr. NIDULAIRE. — *Planche* 54, *p.* 190. — Fructification ou *Peridium* à enveloppe *ferme, épaisse*, se déchirant *irrégulièrement* à la maturité, contenant *plusieurs* péridioles *non pédicellés*.

△ Fruit *sphérique, blanc*, se déchirant très irrégulièrement, 4-8 m.; péridioles *jaune rougeâtre* (R), puis bruns; pas de filaments mêlés aux spores dans les péridioles . . . . — **1679. N. globosa Ehrb**. *N. globuleux*; a. R.

△ Fruit *ovoïde, rétréci à la base*, en coupe à la fin, à bord régulier mais lacéré, blanc grisâtre ou blanc jaunâtre, 6-12 m.; péridioles *rouges de sang puis bruns*; spores entremêlées de filaments dans les péridioles. — **1680. N. granulifera Holms**. *N. à granules*; c-a. R.

97. CYATHUS Hall. CYATHUS. — *Planche* 54, *p.* 190. — Fruit à enveloppe *ferme, épaisse,* contenant *plusieurs* péridioles *pédicellés,* et s'ouvrant par un couvercle ou *opercule caduc.*

⊙ Fruit *strié,* poilu et brun ferrugineux (B-⊙) à l'extérieur, gris de plomb brillant et strié à l'intérieur; opercule plan, blanc, 8-15 m. ; péridioles blancs. ⊙ (Sur le bois.) **1681. C. hirsutus Sch.** *C. poilu ;* c-a. AC.

+ Espèce poussant sur le *fumier de Vache,* roux fauve ; péridioles de même couleur................. **1682*. C. fimetarius DC.** *C. du fumier ;* a. R.

Fruit *gris cendré* et *brillant* (b-g) à l'intérieur, blanc ocracé (b-j,) à l'extérieur, 10-15 m. ; péridioles grisâtres ; opercule plan, blanc. ⊙ .... **1683. C. sericeus Sch.** *C. soyeux ;* c-a. AC.

= Fruit *globuleux ou hémisphérique,* blanc à l'intérieur, roux à l'extérieur ; péridioles blancs puis grisâtres ; opercule couleur rouille. [Dans la var. *scutellaria Roth.* le bord du fruit est un peu crénelé, les péridioles deviennent noirâtres.].......... **1684*. C. complanatus DC.** *C. aplani ;* a. R.

= Fruit *cylindrique,* jaune (J₁-j₁) à l'intérieur et à l'extérieur, 5-12 m. ; opercule jaune ou orangé. ⊙ .... **1685. C. crucibulum Hoffm.** *C. creuset ;* c-a. AR.

98. POLYANGIUM Link. POLYANGIUM. — *Planche* 54, *p.* 190. — Fruit à enveloppe *mince, hyaline,* transparente, à péridioles membraneux.

Fruit 1-3 m., contenant des péridioles jaune orangé (O) ; spore orangée. (Sur le bois.) **1686. P. vitellinum Dittm.** *P. jaune d'œuf ;* a. R.

99₁. THELEBOLUS Tod. THÉLÉBOLE. — *Planche* 54, *p.* 190. — Fruit de *consistance de la cire,* contenant *un seul* péridiole qui est *projeté* à la maturité, et présentant une fossette située au sommet du fruit. Plantes terrestres.

§ Fruit et péridioles *jaunes* (j,-O), de 2 à 3 m.. **1687. T. terrestris A et S. (1)** *T. terrestre ;* a. R.

§ Fruit *roux clair ;* péridiole *fauve........... ....* **1688*. T. delicatus Fr. (1)** *T. délicat ;* a. R.

99₂. DACRYOBOLUS Fr. DACRYOBOLE. — *Planche* 54, *p.* 190. — Fruit présentant un orifice situé dans un petit enfoncement et comme *coiffé* par le péridiole *unique.* Plantes poussant sur le bois.

(Fruit mou, *roux clair ;* péridiole *blanchâtre...................* .... **1689*. D. sudans Fr.** *D. suant ;* a. R.

(Fruit *blanc ;* péridiole *rose incarnat* (r-R,)...................................... **1690. D. incarnatus Q.** — *D. incarnat ;* a. R.

____

(1) D'après **M.** Zukal, le Champignon appelé *T. stercoreus Tod.* serait un Ascomycète et non un Basidiomycète.

100. SPHÆROBOLUS Tod. SPHÉROBOLE. — *Planche* 54, *p.* 190. — Fruit à *enveloppe double, s'ouvrant en étoile* et projetant le péridiole en retournant l'enveloppe interne.

Fruit *sphérique*, s'ouvrant en étoile, jaune pâle (bl-j$_t$), orangé au bord ; péridiole brun ou roux............ **1691. S. stellatus Tod.**
[Fruit ovoïde *très allongé*. **Sp. tubulosus** Fr. sur Clematis Vitalba. Rouen]. (Sur le bois.) — *S. étoilé ;* a-h. AR.

FAMILLE DES LYCOPERDINÉES

101. GYROPHRAGMIUM Mont. GYROPHRAGMIUM. — *Planche* 55, *p.* 194. — Fructification portée par un long pied qui se prolonge dans le chapeau et qui est entouré d'une *large volve* à sa base.

Fructification en forme de toupie, brun roux (B-R$_2$), se déchirant circulairement ; la partie supérieure constitue le chapeau dans lequel se prolonge le pied ; la partie inférieure une volve haute et large autour du pied. **1692. G. Delilei Mont.**
Le tissu interne est formé de lames sinueuses ramifiées, non anastomosées, noires...................... *G. de Délile ;* a R.
(Sables maritimes ; Midi de la France.)

102. SECOTIUM Kunz. SECOTIUM. — *Planche* 54, *p.* 190. — Fructification ayant l'aspect général de Bolet, close d'abord puis s'ouvrant à la partie inférieure du chapeau ; *pas de volve ; cloisons anastomosées.*

▽ Fructification *jaune d'ocre ou fauve ;* hymenium verdâtre................................. **1693'. S. acuminatum Mont.**
S. pointu ; a. R.
▽ Fructification *blanche,* puis devenant brune, arrondie ; hymenium blanc, puis gris verdâtre............ **1694. S. olbium Tul.**
(Sur les feuilles tombées de Chêne liège à Ollioules. — Var.) *S. d'Ollioules ;* a. R.

103. QUELETIA Fr. QUELETIA. — *Planche* 55, *p.* 194. — Pied se séparant très facilement de la tête fructifère qui se *déchire irrégulièrement à la maturité.*

Fruit blanc, puis rouille ou fuligineux, globuleux, lisse ou velouté, en grande partie souterrain ; tissu intérieur blanc, puis jaune rougeâtre ; pied se déchirant et à écailles s'enroulant en lanières brunâtre (b-B)....... **1695. Q. mirabilis Fr.**
(Jura, Vosges.) *Q. admirable ;* e. RR.

104. TULOSTOMA Pers. TULOSTOME. — *Planche* 55, *p.* 194. — Fruit ayant un pied et une tête arrondie qui s'ouvre par *un orifice à sa partie supérieure ;* spore sphérique, hérissée de pointes, *naissant sur les côtés* de la baside (*ba*, fig. 1696). A cause de ce mode d'insertion des spores on fait quelquefois une famille spéciale des *Tulostoma.*

= Orifice *arrondi,* | Fruit *blanc grisâtre ou blanc jaunâtre ;* pied grêle blanchâtre, un peu écailleux. ☉. **1696. T. mammosum Fr.**
régulier. | Fruit *blanc rosé, incarnat.* | (*Voyez la suite de l'analyse,* p. 195.) *T. mamelonné ;* a-h. AC.
= Orifice *déchiré sur les bords, irrégulier.....* |

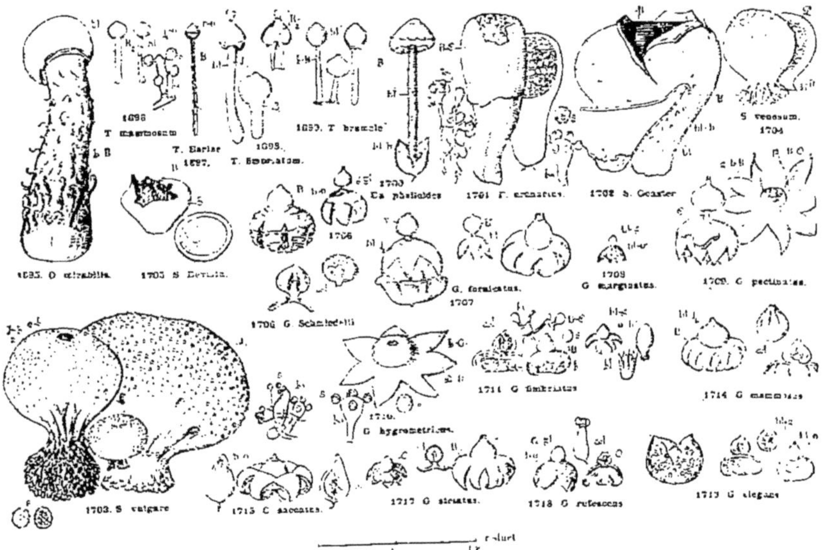
1696
T. mammosum
T. Earlei
1695.
1697.   T. squamosum.
1699. T. brumale
S. verrucosum.
1704
1695. O. mirabilis.
1703 S. Cervina.
1700
1701 F. arenarius.
1702 b. Geaster
1706
G. phalloides
1709
G. marginatus.
1705. G. pectinatus.
G. fornicatus.
1707
1706 G. Schmidelii
1710.
G. hygrometricus.
1711 G. fimbriatus
1714 G. mammosus
1702. S. vulgare
1715 G. saccatus.
1717 G. striatus.
1718 G. rufescens
1713 G. elegans

= Orifice *arrondi, régulier* ; fruit blanc rosé, incarnat (bl-o) à écailles brun jaunâtre ; pied fauve brunâtre, écailleux. (Midi de la France, sous les Pins et les Chênes verts.) **1697. T. Barlæ Q.** *T. de Barla* ; a. R.

= Orifice *déchiré sur les bords* ou granuleux et *irrégulier.*

 : Orifice *irrégulièrement denté,* blanc ; fruit blanc grisâtre (bl-b), pied brun, écailleux........... **1698. T. fimbriatum Fr.** *T. frangé* ; a. AR.

 : Orifice *granuleux,* blanchâtre : fruit blanc, poilu ou écailleux ; pied fauve, un peu écailleux. (Var. *Giovanellæ Bres.,* fruit jaune ocracé.)............... **1699. T. brumale Pers.** *T. d'hiver* ; h. AR.

105. BATTARREA Pers. BATTAREA. — *Planche* 55, *p.* 194. — Pied ne se prolongeant pas dans la tête fructifère, entouré d'une volve à la base.

Volve ovoïde, blanc roussâtre ; fruit coriace, brun, pied charnu, écailleux, blanc...................... **1700. B. phalloides Pers.**
       (Italie ; à chercher dans le Midi.) *B. phalloïde* ; a.

106. PISOLITHUS A. et S. PISOLITHE. — *Planche* 55. *p.* 194. — Fruit *divisé en loges restant intactes* jusqu'à la maturité ; enveloppe se déchirant irrégulièrement.

Fructification ovoïde, gris cendré puis couleur rouille, stérile à la base ; spore attachée directement sur la baside (s. fig. 1701). (Alpes Maritimes. environs de Nantes.) **1701. P. arenarius A et S.** *P. des sables* ; c-a. R.

107. SCLERODERMA Pers. SCLÉRODERME. — *Planche* 55, *p.* 194. — Fruit coriace, à peau épaisse, *divisé dans le jeune âge en loges qui disparaissent plus tard ;* baside à *stérigmates* très courts ou *nuls.*

☐ Fruit s'ouvrant en *étoile,* blanc jaunâtre à l'extérieur (bl-b), blanc intérieurement ; hymenium brun pourpre sale ; spore 7 à 12 μ. (Midi de la France.) **1702 S. Geaster Fr.** *S. Geaster* ; a. R.

☐ Fruit ne s'ouvrant pas en *étoile.*

§ Enveloppe du fruit *épaisse.*

* Fruit à *écailles* ou à *verrues.*

— Fruit *ocracé brun clair* (J₂-o-b), puis roussâtre, s'ouvrant au sommet, 3-6 c. ; hymenium noir violacé à veines blanches ; spore brun pourpré. ☾ **1702₁ S. verrucosum B.** *S. verruqueux* ; c-a. CC.

— Fruit *jaune* (J₁), puis brun *doré,* couvert de verrues, 5 à 15 c. ; spores roux fuligineux. ☉ .... **1703. S. vulgare Fr.** *S. vulgaire* ; c-a. AC.

★ Fruit *lisse,* recouvert de *veines anastomosées,* se fendillant au sommet, jaune bistre ou olivâtre ; hymenium pourpre noirâtre, veiné de blanc. (Forêt de Blois.) **1704. S. venosum Boud.** *S. veiné* ; a. RR.

§ Enveloppe du fruit *mince,* brun jaunâtre, aréolée, se déchirant rapidement ; hymenium olivâtre, veiné de jaune...................... **1705. S. Bovista Fr.** — *S. Bovista* ; c-a. R.

108. GEASTER Mich. GEASTER. — *Planche* 55, *p.* 194. — Fruit présentant *deux enveloppes* dont *l'externe* s'ouvre et s'étale en *étoile* et l'interne se perce d'un *orifice* au sommet.

○ Fruit interne *pédicellé.*

+ *Un anneau* à la base du pédicelle.

+ *Pas d'anneau* (*Voyez la suite* p. 196.)

↷ Orifice du fruit *circulaire.* → **1706. G. Schmideli,** var. *Bryantii Berk.*

↷ Orifice *irrégulier.* plissé → **1703. G. pectinatus,** var. *calyculatus Kunze.*

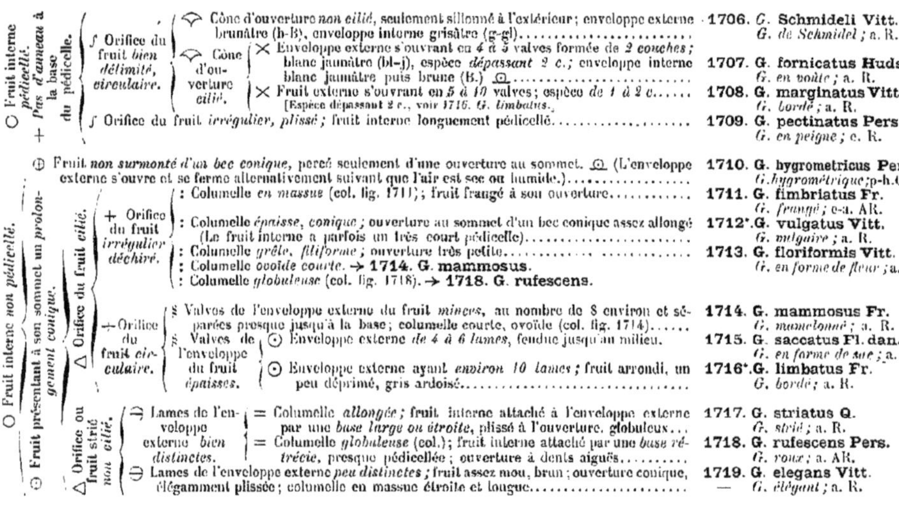

○ **Fruit interne** *pédicellé.* + *Pas d'anneau à la base du pédicelle.*

∫ Orifice du fruit *bien délimité, circulaire.*

   ⌢ Cône d'ouverture *non cilié,* seulement sillonné à l'extérieur; enveloppe externe brunâtre (b-B), enveloppe interne grisâtre (g-gl)............ **1706. G. Schmideli Vitt.** *G. de Schmidel;* a. R.

   ⌢ Cône d'ouverture *cilié.*

     ✕ Enveloppe externe s'ouvrant en *4 à 5 valves* formée de *2 couches;* blanc jaunâtre (bl-j), espèce *dépassant 2 c.;* enveloppe interne blanc jaunâtre puis brune (B.) ☺............ **1707. G. fornicatus Huds.** *G. en voûte;* a. R.

     ✕ Fruit externe s'ouvrant en *5 à 10* valves; espèce *de 1 à 2 c.*...... **1708. G. marginatus Vitt.** *G. bordé;* a. R.   [Espèce dépassant 2 c., voir 1716. *G. limbatus.*]

∫ Orifice du fruit *irrégulier, plissé;* fruit interne longuement pédicellé.................. **1709. G. pectinatus Pers.** *G. en peigne;* c. R.

⊕ Fruit *non surmonté d'un bec conique,* percé seulement d'une ouverture au sommet. ☺ (L'enveloppe externe s'ouvre et se ferme alternativement suivant que l'air est sec ou humide.).............. **1710. G. hygrometricus Pers.** *G. hygrométrique;* p-h. CC.

⊙ **Fruit interne** *non pédicellé.* + *Fruit présentant à son sommet un prolongement conique.*

△ Orifice du fruit *cilié.* + Orifice du fruit *irrégulier déchiré.*

   : Columelle *en massue* (col. fig. 1711); fruit frangé à son ouverture............ **1711. G. fimbriatus Fr.** *G. frangé;* c-a. AR.

   : Columelle *épaisse, conique;* ouverture au sommet d'un bec conique assez allongé (Le fruit interne a parfois un très court pédicelle)...................... **1712*. G. vulgatus Vitt.** *G. vulgaire;* a. R.

   : Columelle *grêle, filiforme;* ouverture très petite.................... **1713. G. floriformis Vitt.** *G. en forme de fleur;* a. R.

   : Columelle *ovoïde courte.* → **1714. G. mammosus.**

   : Columelle *globuleuse* (col. fig. 1718). → **1718. G. rufescens.**

+ Orifice du fruit *circulaire.*

   § Valves de l'enveloppe externe du fruit *minces,* au nombre de 8 environ et séparées presque jusqu'à la base; columelle courte, ovoïde (col. fig. 1714)...... **1714. G. mammosus Fr.** *G. mamelonné;* a. R.

   § Valves de l'enveloppe du fruit *épaisses.*

     ⊙ Enveloppe externe *de 4 à 6 lames,* fendue jusqu'au milieu. **1715. G. saccatus Fl. dan.** *G. en forme de sac;* a. R.

     ⊙ Enveloppe externe ayant *environ 10 lames;* fruit arrondi, un peu déprimé, gris ardoisé................ **1716*. G. limbatus Fr.** *G. bordé;* a. R.

△ Orifice ou fruit strié *non cilié.*

   ⊖ Lames de l'enveloppe externe *bien distinctes.*

     = Columelle *allongée;* fruit interne attaché à l'enveloppe externe par une *base large ou étroite,* plissé à l'ouverture, globuleux... **1717. G. striatus Q.** *G. strié;* a. R.

     = Columelle *globuleuse* (col.); fruit interne attaché par une *base rétrécie,* presque pédicellée; ouverture à dents aiguës.......... **1718. G. rufescens Pers.** *G. roux;* a. AR.

   ⊖ Lames de l'enveloppe externe *peu distinctes;* fruit assez mou, brun; ouverture conique, élégamment plissée; columelle en massue étroite et longue.................... **1719. G. elegans Vitt.** — *G. élégant;* a. R.

109. LYCOPERDON Tourn. LYCOPERDON ou VESSE DE LOUP. — *Planche 56, p. 199.* — Fruit ayant à la base une partie **stérile, caverneuse,** s'ouvrant à la partie supérieure par un pore ou par une destruction générale de l'enveloppe; baside à *longs stérigmates* qui tombent avec la spore.

☐ Fruit couvert ★ Très grosse espèce, ayant environ *12 à 15 c.* de diamètre. → **1736. B. gigantea Batsch.**

de plaques, d'écailles aplaties, de flocons ou d'un voile très fin.

★ Espèces du moins de 10 c. de diamètre.

△ Fruit à *petits flocons farineux* ; fruit blanc puis fauve ou brun, arrondi ou ovoïde, 2-5 c.; spore *fauve, lisse ou à peine épineuse*.................. — **1720.** **L. furfuraceum Sch.** / *L. farineux* ; a. AR.

△ Fruit à *larges plaques* tombant facilement.
⌒ Écailles *étoilées* ; fruit ocracé pâle (b-o) ou couleur chair ; spore violacée, hérissée de verrues.......... — **1721.** **L. mammæformis Pers.** / *L. en forme de mamelle* ; a. R.
⌒ Écailles *non étoilées* ; fruit châtain puis violacé ; spore brun pourpre, hérissée de pointes.................. — **1722*.L. fragile Vitt.** / *L. fragile* ; a. R.

Fruit couvert d'écailles pointues à l'origine. ⊙ Spores lisses.

⸴ Pied bien net, assez long.

+ Pied *très haut, très épais* ; fruit gris jaunâtre (bl-b-j₁), à enveloppe mince, pouvant atteindre jusqu'à 20 c. de hauteur ; spores lisses ou à très faibles verrues, olivâtres.... — **1723.** **L. excipuliforme Scop.** / *L. en forme de matras* ; a-h. AC.

+ Non.
ſ Aiguillons *très serrés* les uns contre les autres au sommet du fruit, tombant à la fin ; fruit gris jaunâtre ou roux, 8-12 c. .... — **1724.** **L. hiemale B.** / *L. d'hiver* ; h. AC.
ſ Aiguillons *peu serrés* au sommet du fruit, les uns petits, rangés, assez régulièrement autour d'autres plus gros ; fruit d'abord blanc gris ou brun clair, 3-7 c. — **1725.** **L. gemmatum Fl. dan.** / *L. hérissé de pierreries* ; e-a. AC.

⸴ Fruit en toupie à pied peu accusé.

○ *Grande espèce, de 10 à 15 c.*, gris jaunâtre (b-j₁), ayant à sa base, en terre, un grand nombre de filaments ; hérissée d'écailles pyramidales.................. — **1726.** **L. cælatum B.** / *L. ciselé* ; e-a. AR.

○ Espèce ne dépassant pas 8 c.

= Aiguillons *très serrés* au sommet.
: Aiguillons *longs* ; fruit globuleux, ayant l'aspect d'un fruit de Châtaignier, aminci à la base, gris ou roux (B) brun, 3-6 c............. — **1727.** **L. echinatum Pers.** / *L. épineux* ; a. AR.
: Aiguillons *courts* ; fruit assez flasque, brun roux (B), 2-3 c.; spore à verrues, pourpre foncé. [Spores lisses *car. cruciatum.*] — **1728.** **L. marginatum Vitt.** / *L. bordé* ; a. R.

= Aiguillons espacés.
— Spore *roussâtre* (10 μ); fruit ovoïle, roux (R₂)..................... — **1729.** **L. hirtum Mart.** / *L. hérissé* ; a. R.
— Spore *olivacée* (3-4 μ); fruit en forme de poire, à enveloppe coriace, roux clair (b-j₁-o)..... .... — **1730.** **L. piriforme Sch.** / *L. en forme de poire* ; a-h. C.

☐ Spores épineuses.

× Spores *violacées* ou *purpurines*.
⊙ Aiguillons *serrés* au sommet du fruit ; fruit à enveloppe coriace, rayée de brun, 2-5 c. [Voir nº 1728. *L. marginatum.*] — **1731*.L. constellatum Fr.** / *L. brodé* ; a. R.
⊙ Aiguillons *espacés*, mous ; fruit plissé à la base, roux sale ou rougeâtre foncé. — **1732*.L. atropurpureum Vitt.** / *L. pourpre noirâtre* ; a. R.

× Spores *fauves* ou *jaune ocracé*.
⌒ Fruit *presque cylindrique*, ocre, roux clair puis brun roux, large de 5 à 8 c., et haut de 6 à 12 c.................. — **1733.** **L. utriforme B.** / *L. en forme d'outre* ; a. R.
⌒ Fruit *en toupie*, brun, jaunâtre au sommet, à ouverture frangée, 2-4 c... (Vosges.) — **1734*.L. montanum Q.** / *L. des montagnes* ; a. R.

110. CALVATIA Fr. CALVATIA. — Fruit présentant un *pied* dont le *contenu est fertile.*

Fruits *groupés*, globuleux, veloutés d'abord puis lisses, *fauve noirâtre*, 3-6 c.; pied de même couleur, atténué en bas. (Endroits marécageux, parmi les *Sphagnum* ; Maleshcrbes.) — **1735*.C. paludosa Lév.** / *C. des marais* ; e-a. RR.

111. BOVISTA Dill. BOVISTA. — *Planche* 56, *p.* 199. — Fruit *globuleux, sans pied* et ne présentant *pas de partie stérile;* spore conservant après sa chute un long pédicelle formé par le stérigmate de la baside.

Fruit recouvert d'une sorte de voile mince.
+ *Très grosse espèce*, d'au moins 12 c.. 1736. **B. gigantea Batsch.**
B. gigantesque ; a. AR.

+ Espèce plus petite.
○ Voile *blanc ;* fruit à enveloppe d'un gris lilas (gl-i). puis gris brun.............. 1737. **B. tomentosa Vitt.**
B. velouté ; a. R.
○ Voile *blanc puis brunâtre ;* fruit à enveloppe blanchâtre puis brune, 2-4 c........ 1738*. **B. defossa Vitt.**
B. déterré ; a-h. R.
○ Voile *blanc jaunâtre* (bl-j₁); fruit à enveloppe brun olivâtre (B-GJ), plissé à la base. 1739. **B. dermoxantha Vitt.**
B. à enveloppe jaune ; a. R.

Voile du fruit épais.
★ Voile *blanc.*
: Enveloppe du fruit *gris de plomb*, gris bleuâtre ou verdâtre, 2-5 c. ; voile blanc....... 1740. **B. plumbea Pers.**
B. gris de plomb ; a. AR.
: Enveloppe du fruit *brun noirâtre ;* fruit solitaire ou venant en groupes, 3-6 c. ; voile blanc................. 1741. **B. nigrescens Pers.**
B. noirâtre ; a-h. AC.

★ Voile *blanc jaune* au toucher. — **1740. B. plumbea**, var. *ammophila Lév.*

FAMILLE DES HYMÉNOGASTRÉES

112. GAUTIERIA Vitt. GAUTIERIA. — *Planche* 56, *p.* 199. — Fruit présentant des *alvéoles* à sa surface et des loges à l'intérieur ; enveloppe du fruit non distincte du tissu intérieur.

= Fruit *brun rouge ou fauve*, présentant à sa base des filaments très rameux, 2-4 c. ; chambres fructifères grandes ; souvent odeur forte de *Dictamnus albus.* (Bois de Chênes.) 1742*. **G. morchellæformis Vitt.**
G. en forme de Morille ; a-h. R.

= Fruit *blanc jaunâtre*, parfois un peu glauque, puis gris brun, 2-3 c. ; filaments de la base, peu rameux ; chambres fructifères, petites, de 1/2 à 2 millimètres ; odeur forte d'oignons pourris. (Bois d'Epiceas.) 1743. **G. graveolens Vitt.**
G. à odeur forte ; a. R.

113. MELANOGASTER Corda. MELANOGASTER. — *Planches* 56 et 57, *p.* 199 et 202. — Fruit *entouré de filaments* rameux et anastomosés, à cavités fructifères remplies de filaments fertiles, se *liquéfiant* à la fin ; basides éparses, non réunies en hyménium ; *spore noirâtre.*

△ Fruit *brun rougeâtre cuivré* (R₂), globuleux ou irrégulier ; hyménium noir ; parois des loges jaunâtres.. 1744. **M. tuberiformis Corda.**
M. en forme de Truffe ; a-h. R.

△ Fruit d'une *autre couleur* ou *blanchâtre.* (*Voyez la suite de l'analyse,* p. 200.)

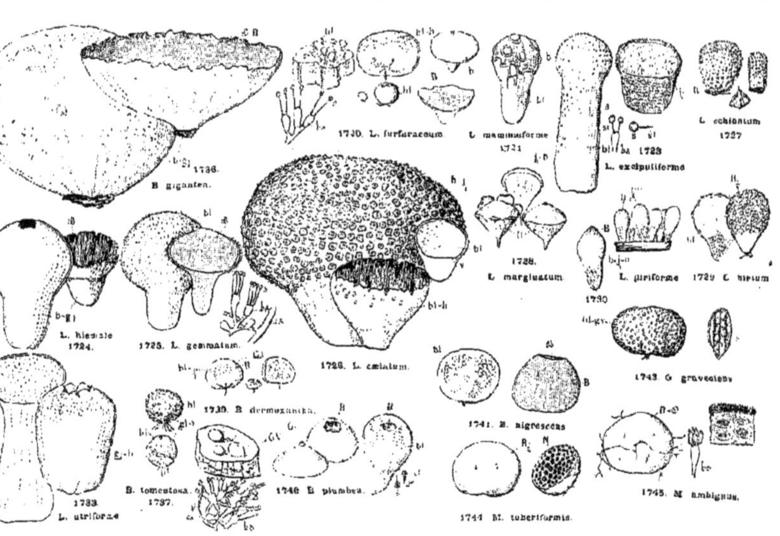
1736.
B. giganteu.
1720. L. furfuraceum.
L. mammaeforme
1721
L. echinatum
1727
L. excipuliforme
1723
L. hiemale
1724.
1725. L. gemmatum.
1728. L. caelatum.
1726.
L. marginatum
L. piriforme 1729 L. hirtum
1730
L. utriforme
1733
1730. B. dermoxantha.
B. tomentosa.
1737.
1740 B. plumbea.
1741. B. nigrescens
1744 M. tuberiformis.
1743 G. graveolens
1745. M. ambiguus.

△ Fruit *jaune d'ocre* olivâtre ou *brun assez clair.*
§ Cloisons des cavités fructifères *demeurant blanches ;* fruit globuleux, soyeux, olivâtre ou brunâtre, 2-4 c. ; (spore de 13 à 16 µ sur 8). (Romainville.) — **1745. M. ambiguus Vitt.** — *M. ambigu ;* p-c-a. AC.
§ Cloisons des cavités fructifères devenant *jaunes puis orangées ;* fruit arrondi, soyeux, olivâtre ou roux clair, 2-8 c. (spore 6 à 7 µ sur 4)................... (Bois de Boulogne, Maisons-Laffitte, etc.) — **1746. M. variegatus Vitt.** — *M. panaché ;* c-a. AC.

△ Fruit *jaune d'or ou un peu rougeâtre.*
(Chair *rouge brunâtre à la fin ;* fruit pourvu à sa base de nombreux filaments, 2-4 c. ; odeur agréable .... — **1747*. M. odoratissimus Vitt.** — *M. très odorant ;* c-a. R.
(Chair *noire à la fin.* → **1746. M. variegatus.**

△ Fruit *noir ou brun très foncé.*
— Chair *noire.* → **1747. M. odoratissimus,** var. *sarcomelas Vitt.*
— Chair *jaune ou rougeâtre ;* cloisons blanches ; fruit ovoïde allongé, 1-4 c............... — **1748. M. rubescens Vitt.** — *M. rougeâtre ;* c-a. R.

△ Fruit *blanchâtre ;* hymenium jaune d'or. → **1747. M. odoratissimus,** var. *aureus Vitt.*

114. RHIZOPOGON Fr. RHIZOPOGON. — *Planche* 57. *p.* 202. — Fruit enveloppé de *nombreux filaments anastomosés,* creusé de *petites* chambres, d'abord vides puis pleines par gélification ; basides groupées en hymenium ; spores *blanches,* lisses.

⊙ Fruit *blanc,* ocracé, olivâtre ou rougeâtre.
× Fruit *blanc* dans le sol, *se tachant rapidement de rougeâtre.* puis olivâtre (C-R), globuleux ou ovoïde, 1-4 c. (Bois de Boulogne ; l'ins.) — **1749*. R. rubescens Tul.** — *R. rougissant ;* c-a. AR.
× Fruit *jaune olivâtre, ne se tachant pas de rouge,* ovoïde, 1-4 c.................... — **1750. R. luteolus Tul.** — *R. jaunâtre ;* c-a. C.

⊙ Fruit *jaune vif.*
⌢ Fruit *globuleux, tacheté de brun,* 2-3 c., gleba roux olivâtre. (Trouvé en Champagne.) — **1751*. R. Briardi Boud.** — *R. de Briard ;* c-a. R.
⌢ Fruit *oblong,* velouté, brunissant légèrement à l'air, 1-4 c. ; chair blanchâtre puis olivâtre... — **1752*. R. suavis Q.** — *R. doux ;* c-a. R.

115. HYMENOGASTER Vitt. HYMENOGASTER. — *Planche* 57. *p.* 202. — Fruit à *enveloppe difficilement séparable,* creusée de chambres tapissées par l'hymenium ; basides à *spores* (souvent 2) *brunes, fusiformes.*

○ Fruit *jaune vif* (j₁), *puis fauve,* de forme irrégulière, brillant, 2-4 c. ; chair jaune puis brune............ (Charenton.) — **1753. H. citrinus Vitt.** — *H. couleur citron ;* a. AR.

châtre ○ Chair *jaune soufre* (j₁)
ƒ Chair *toujours jaune ;* fruit arrondi, 1-3 c. ; spore lisse. (Vincennes.) — **1754. H. luteus Vitt.** — *H. jaune ;* h. AR.
ƒ Chair *blanche au début ;* fruit mou, globuleux mais un peu aplati, 1/2 à 2 c., spore granuleuse. — **1755*. H. pallidus Berk et Br.** — *H. pâle ;* a. R.

+ Chair pur- ⊕ Fruit *tacheté de jaune*, arrondi.. 1756. **H. decorus** Tul.
purin   *H. beau ; e-a. AC.*
brunâtre.   ⊖ Fruit *non tacheté de jaune*, arrondi ou irrégulier, brillant, 1-3 c................... 1757. **H. lilacinus** Tul.
              (Bouleaux, Graminées. — Vincennes, Terrasse de Charenton.)   *H. lilas ; h. AR.*

+ Chair *jaune d'ocre* ou   = Chair *gris brun* ; fruit brillant, soyeux ; odeur désagréable rappelant des   1758. **H. niveus** Vitt.
olivâtre ;   *Géranium.*   (Chênes. — Bois de Boulogne.)   *H. bl. de neige ; p-e-a.AR.*
fruit roux au toucher.   = Chair *olivâtre* ; fruit anguleux, 1 c................................. 1759*.**H. olivaceus** Vitt.
                                                                                         H. olivacé ; e-a. AR.

○ Fruit *incarnat roussâtre*, globuleux, 1-3 c.. 1760*.**H. rufus** Vitt.
                                                                                         H. roux ; e-a. R.

— Hymenium *brun violacé* ; fruit arrondi, bosselé, brun sale, 2-3 c. ; spore rougeâtre. 1761. **H. calosporus** Tul.
(Vincennes.)   *H. à belle spore ; a-h.AR.*

— Hymenium *couleur rouille* ; fruit globuleux ou allongé, parfois réniforme, brun   1762. **H. Bulliardi** Vitt.
roux, 2-5 c.   (Vincennes, Nogent-sur-Marne, etc.)   *H. de Bulliard ; p-e. AC.*

○ Fruit d'une autre couleur.

— Hymenium gris brun.   : Odeur *d'Ail* ; fruit brun ou roux, difforme, 2-6 c................. 1763*.**H. lycoperdineus** Vitt.
                                                                                         H.sembl.à un Lycoperdon.a̶R̶.

                         : Odeur de *Muguet* ; fruit brun, irrégulier, 1-15 m. ; chair grise puis   1764. **H. griseus** Vitt.
                         noire... *H. gris ; p-e-a-h. C.*
(Vincennes, Meudon, Saint-Germain, Tours, Ollioures, etc.)

116. HYDNANGIUM Wall. HYDNANGIUM. — *Planche* 57, *p.* 202. — Caractères des Hymenogaster, mais basides à
2-4 spores incolores ou de couleur pâle, *sphériques, ovoïdes,* hérissées de pointes.

Fruit *blanc*, à la fin   § Chair *blanche, se tachant à l'air de jaune verdâtre* (s) : fruit allongé, 2-3 c. ;   1765. **H. virescens** Q.
jaune d'ocre sale   odeur de Truffe ou de Mélilot.   (Jura.)   *H. verdoyant ; e. R.*
ou taché de jaune.   § Chair *jaune incarnat* (R) ; fruit globuleux, 1-3 c. ; pas d'odeur................ 1766. **H. candidum** Tul.
                          (Sous les Charmes.)   *H. blanc ; u. R.*

Fruit *blanchâtre puis pourpre incarnat,* bosselé ; chair incarnate....................... 1767*. **H. carneum** Wall.
                                                                                         H. couleur chair ; a. R.
Fruit *rouge carotte* (R₁), 2-4 c. ; chair rouge orangé................................... 1768. **H. carottæcolor** Berk.
                                                                                         H. couleur carotte ; u. R.

117. OCTAVIANIA Vitt. OCTAVIANIA. — *Planche* 57, *p.* 202. — Fruit à enveloppe *facilement séparable,* présentant une
partie stérile à sa base ; basides à *4 spores épineuses, fauves ou jaunes.*

☐ Fruit *blanc puis fauve ou roux clair,* allongé, irrégulier. 2-3 c............................ 1769. **O. Stephensii** Berk.
☐ Fruit *blanc puis verdâtre ou bleuâtre* (*Voir la suite de l'analyse,* p. 203;................... *O. de Stephens ; e. R.*

MELANOGASTER. RHIZOPOGON. HYMENOGASTER. HYDNANGIUM.
OCTAVIANIA. HYSTERANGIUM. TULASNELLA. CALOCERA. DACRYOMITRA. PL. 57

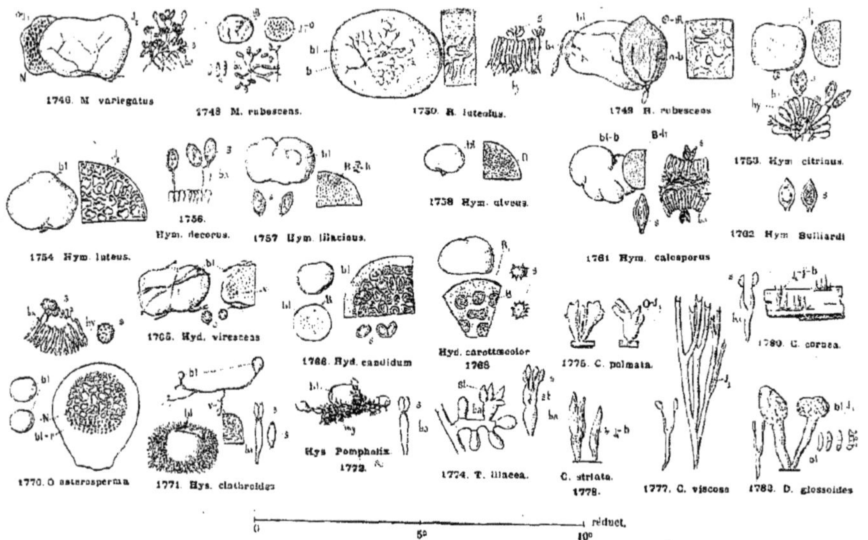

☐ Fruit *blanc d'abord*, puis *verdâtre ou bleuâtre*, et noir à la fin, arrondi ou réniforme, 1-2 c.; odeur agréable; spore hérissée d'épines. (Var, sur Chêne-liège.) **1770.** 0. asterosperma. Vitt. *O. à spore étoilée;* p. R.

118. HYSTERANGIUM Vitt. HYSTERANGIUM. — *Planche* 57, *p.* 202. — Fruit couvert de filaments, à enveloppe *facilement séparable;* basides à *spores lisses, incolores, fusiformes,* parfois au nombre de 8.

① Fruit blanc.

(Chair *verte ou olive;* fruit blanc puis tacheté de brun ou de jaune verdâtre (v-♃', arrondi, 1-3 c. (Var. Nérac. Chêne-liège.) **1771.** **H.** clathroides Vitt. *H. en forme de Clathrus;* p. R.

(Chair *blanche puis jaune rosé;* fruit globuleux, 1-2 c. (Clamart, Meudon, etc. Châtaignier, Chêne-liège.) **1772.** **H.** Pompholix Tul. *H. à flocons neigeux;* p. AC.

② Fruit *jaunâtre*, puis brun roux en séchant, arrondi, 1/3 c. (Chênes.) **1773*.** **H.** fragile Vitt. — *H. fragile;* h. R.

FAMILLE DES TULASNELLÉES

119. TULASNELLA Schr. TULASNELLA. — *Planche* 57, *p.* 202. — Champignons formant sur le bois une *croûte molle*, presque gélatineuse, paraissant à la loupe formé de petits tubercules placés sur un tapis de filaments. Basides à *4 stérigmates renflés*.

Espèce d'un rose violacé.   (Sur le bois et sur chemins du Saule et du Peuplier.)   **1774. T. lilacea Schr.**
T. couleur lilas ; a-b-p. R.

FAMILLE DES CALOCÉRÉES

(Cette famille représente parmi les Champignons gélatineux la famille des Clavariées.)

120. CALOCERA Fr. CALOCÈRE. — *Planche* 57, *p.* 202. — Champignons ayant la forme d'une *petite colonne* cylindrique ou pointue, ou d'un *petit arbre* plus ou moins ramifié ; basides à *2 spores*.

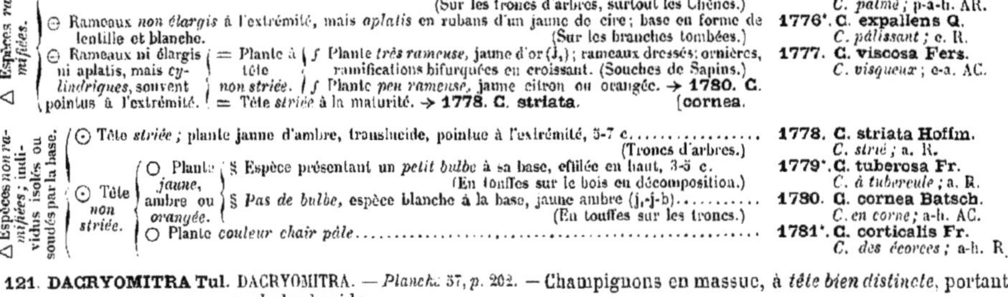

△ Espèces ramifiées.
- ⊖ Rameaux *élargis à leur extrémité*, jaunes ou orangés (J$_t$-O).................... **1775. C. palmata Schum.**
  (Sur les troncs d'arbres, surtout les Chênes.)   *C. palmé ;* p-a-h. AR.
- ⊖ Rameaux *non élargis* à l'extrémité, mais *aplatis* en rubans d'un jaune de cire ; base en forme de lentille et blanche. **1776'. C. expallens Q.**
  (Sur les branches tombées.)   *C. pâlissant ;* e. R.
- ⊖ Rameaux ni élargis ni aplatis, mais *cylindriques*, souvent pointus à l'extrémité. **1777. C. viscosa Fers.**   *C. visqueux ;* e-a. AC.
  - = Plante à tête non striée.
    - ∫ Plante *très rameuse*, jaune d'or (J$_1$) ; rameaux dressés; ornières, ramifications bifurquées en croissant. (Souches de Sapins.)
    - ∫ Plante *peu rameuse*, jaune citron ou orangée. → **1780. C.**
  - = Tête *striée* à la maturité. → **1778. C. striata.**   [cornea.

△ Espèces non ramifiées ; individus isolés ou soudés par la base.
- ⊙ Tête *striée* ; plante jaune d'ambre, translucide, pointue à l'extrémité, 5-7 c. .... **1778. C. striata Hoffm.**
  (Troncs d'arbres.)   *C. strié ;* a. R.
- ⊙ Tête *non striée.*
  - ◯ Plante *jaune, ambre ou orangée.*
    - § Espèce présentant un *petit bulbe* à sa base, effilée en haut, 3-5 c. **1779'. C. tuberosa Fr.**
      (En touffes sur le bois en décomposition.)   *C. à tubercule ;* a. R.
    - § Pas *de bulbe*, espèce blanche à la base, jaune ambre (j,-j-b).......... **1780. C. cornea Batsch.**
      (En touffes sur les troncs.)   *C. en corne ;* a-h. AC.
  - ◯ Plante *couleur chair pâle*... **1781'. C. corticalis Fr.**
    C. des écorces ; a-h. R.

121. DACRYOMITRA Tul. DACRYOMITRA. — *Planche* 57, *p.* 202. — Champignons en massue, à *tête bien distincte*, portant *seule* des basides.

Pied cylindrique, blanc à la base, fructification de 6-10 m., jaune paille (bl-j.)........................... **1782. D. glossoides Pers.**
(Sur le bois en décomposition.)   — *D. en forme de langue ;* a. R.

FAMILLE DES DACRYMYCÉTÉES

(Cette famille est intermédiaire entre les Calocerées et les Tremellées.)

122. DACRYMYCES Nees. DACRYMYCES. — *Planche* 58, *p.* 200. — Champignon *gélatineux*, ayant la forme d'une petite masse arrondie ou irrégulièrement bosselée ; baside *non cloisonnée* mais à *2 stérigmates*.

☐ Espèce *jaune.* ✕ Espèce *étalée à l'état adulte* et ayant des contours irréguliers, jaune orangé (j₁-O). (Spore ayant de *1 à 3 cloisons,* 14 μ sur 5 ; baside, 22 μ de longueur)........................ | **1783.** **D. deliquescens B.** *D. se liquéfiant ;* o-a-b.AC.

(Sur les souches des Pins.)

✕ Espèce ne *s'étalant pas.* ⌣ Masse arrondie, *un peu déprimée* au centre, de 3 à 6 m., *orangée* (j₁-O). (Spore prenant *5 cloisons* avant la germination, 10 μ sur 17.)........... | **1784.** **D. stillatus Nees.** *D. à gouttelettes ;* h. AC.

(Sur les Pins.)

⌣ Masse globuleuse puis *déprimée en coupe,* de 3 à 5 m., *jaune d'or* (j₁). (Spore prenant jusqu'à *20 cloisons* avant la germination, 35 μ sur 15 ; baside très grosse, 60 μ sur 4 à 5.)........................ | **1785.** **D. chrysocomus B.** *D. à tête dorée ;* a-h. AC.

☐ Espèce *rouge orangé.* : Espèce *de 1 à 2 c.,* plissée, arrondie ; spore à 3 cloisons........................ | **1786'.** **D. fragiformis Pers.** *D. en forme de Fraise;* h-p.AR.

(Sur les branches sèches.)

: Espèce de *3 à 4 c.,* rétrécie à la base en un petit pied........................ | **1787'.** **D. Syringæ Schum.** *D. du Lilas ;* a. R.

(Sur les branches sèches de Lilas.)

☐ Espèce *violacée,* translucide, 1 c........................ | **1788'.** **D. violacea Tul.** *D. violacé ;* a. R.

(Sur les branches sèches.)

☐ Espèce *rosée,* arrondie puis déprimée au milieu........................ | **1789'.** **D. rosea Fr.** *D. rosé ;* a-h. R.

(Vosges, sur le *Jungermannia byssacea,* plante voisine des Mousses.)

123. GUEPINIA Fr. GUEPINIA. — *Planche* 58, *p.* 206. — Champignons ayant la forme d'une *coupe* ; baside fourchue, *non cloisonnée,* à *2 spores*.

+ Spores présentant *3 cloisons au plus.* ⊖ Plante ayant un *pied très net,* jaune d'ambre (bl-j₁-b) ou brun pâle, diaphane, 1-3 c. ; hymenium de même couleur........................ | **1790.** **G. merulina Pers.** *G. meruline ;* a. R.

(Branches de divers arbres.)

⊖ Plante *sans pied* ou à pied très court, jaune pâle........................ | **1791'.** **G. Peziza Tul.** *G. Pezize ;* a. R.

+ Spores ayant *environ 8 cloisons* ; champignons d'abord globuleux puis en coupe, blanc, brunissant à la fin, 1 c. ; pied conique formant une sorte de racine........................ | **1792.** **G. radicata A et S.** *G. à racine ;* c. R.

(Branches sèches de Sapins.)

DACRYOMYCES GUEPINIA SEBACINA TREMELLODON
GYROCEPHALUS DITANGIUM ULOCOLLA
EXIDIA TREMELLA HELICOBASIDIUM AURICULARIA PLATYGLÆA ECCHYNA

PL. 58

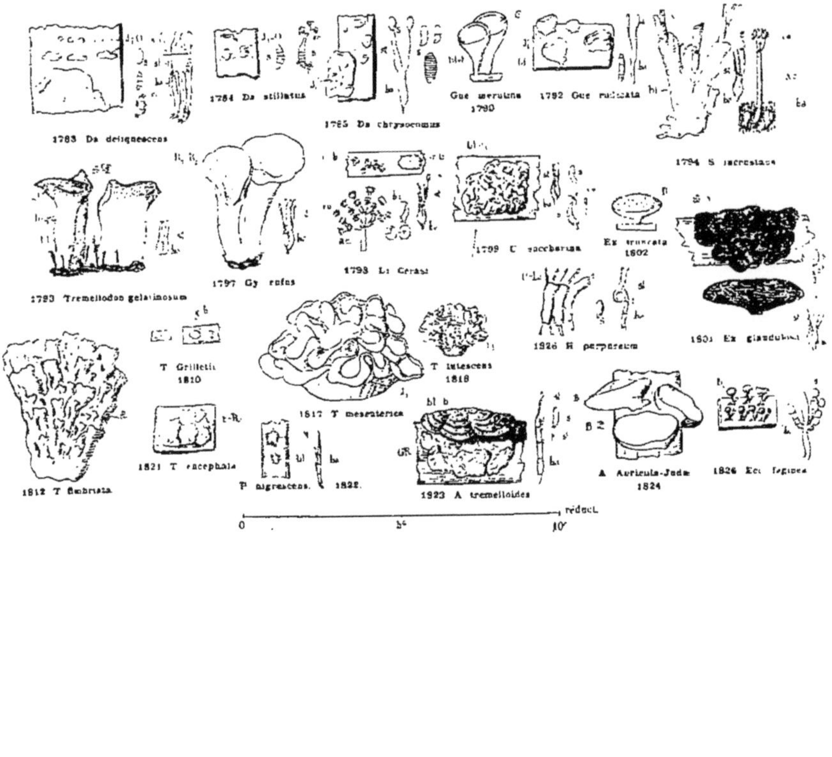

FAMILLE DES TRÉMELLODONÉES

(Cette famille, formée d'un seul genre, représente, parmi les Champignons à basides cloisonnées, la famille des Hyduées.)

124. TREMELLODON Pers. TREMELLODON. — *Planche* 58, *p.* 206. — Champignon *gélatineux*, pourvu d'*aiguillons* à sa face inférieure, à baside *cloisonnée longitudinalement en 4 cellules*.

Chapeau blanc glauque, couleur rouille ou brun, de 3 à 5 c., atténué en un pied court, blanc grisâtre; aiguil- **1793**. **T**. **gelatinosum Scop.**
lons mous translucides.. *T. gélatineux*; a. AC.

FAMILLE DES SÉBACINÉES

(Cette famille, formée du seul genre *Sebacina*. représente, parmi les Champignons à basides cloisonnées, la famille des Théléphorées.)

125. SEBACINA Tul. SEBACINA. — *Planche* 58, *p.* 206. — Champignon *non gélatineux*, mais fibreux, coriace, en forme de *croûte irrégulière* se modelant sur le support, à *baside cloisonnée en long*, en 2 ou 4 cellules.

△ Champignon *blanc*, atteignant parfois jusqu'à 10 c.; présentant parfois des appareils conidiens issus de l'hymenium (fig. 1794, ac, appareil conidien; co, conidie; ba, baside); spore 18 sur 8 µ; conidies **1794**. **S**. **incrustans Pers.**
12 sur 6 µ.. *S. incrustant;* c-a. AC.
△ Champignon *gris bleuâtre*, de 5 c. environ.. .... **1795'**. **S**. **cæsia Pers.**
S. bleu; a. R.
△ Champignon *jaune d'ocre clair*, translucide, de 1 à 2 c. seulement.......... **1796'**. **S**. **Letendrea Pat.**
S. de Letendre; a. R.

FAMILLE DES TRÉMELLÉES

126. GYROCEPHALUS Pers. GYROCÉPHALE. — *Planche* 58, *p.* 206. — Champignon *gélatineux*, en forme de *spatule*, à spores *arquées;* baside *cloisonnée longitudinalement*.

Champignon rouge ou roux (R_1-R_2) à hymenium uni d'abord puis un peu veiné, plissé et couvert d'une pruine **1797**. **G**. **rufus Jacq.**
blanche; spore 14 sur 8 µ. (Sous les Sapins; Montagnes.) *G. roux;* c-a. R.

127. DITANGIUM Karst. DITANGIUM. — *Planche* 58, *p.* 206. — Champignon *gélatineux*, en forme de *coupe*, puis étalé en masse irrégulière; spores *arquées;* appareil conidien *arbusculaire* (fig. 1798, ac), se produisant dans la coupe, à conidies *arquées;* baside *cloisonnée longitudinalement*.

Coupe petite, 1 c. au plus, s'étalant à la fin, atteignant 2 c.; champignon incarnat, purpurin ou lilas **1798**. **D**. **Cerasi Tul**.
bleuâtre (fig. 1798, ac, appareil conidien; co, conidie); spore 14 sur 6 µ; conidies 16 sur 3 µ............ — *D. du Cerisier;* c-a. AR.

128. ULOCOLLA Bref. ULOCOLLE. — *Planche* 58, *p.* 206. — Champignons *gélatineux*, globuleux, parfois irrégulièrement lobé; spores arquées; *conidies* naissant directement de la spore ou sur le mycelium en forme de *bâtonnets droits* (fig. 1799, co).

⊙ Espèce *peu profondément lobée*, présentant çà et là quelques rares papilles, *jaune d'ambre;* spores 12 sur 6 μ; conidies 12 sur 4 μ.   (Sur les Conifères.) ... **1799. U. saccharina Fr.** — *U. saccharin;* a-h. AR.

⊙ Espèce *très profondément lobée*, sans papilles. *jaune pâle ou jaune brun*........................ (Troncs de Conifères.) ... **1800*.U. foliacea Pers.** — *U. foliacé;* a. AR.

129. EXIDIA Fr. EXIDIE. — *Planche* 58, *p.* 206. — Champignons *gélatineux*, ayant généralement la forme d'un bouton de guêtre et une *couleur foncée*, et présentant l'hymenium à leur *face supérieure;* spores *arquées* (fig. 1801 s); conidies *arquées*.

Champignon brun, olive ou noirâtre.

× Champignon présentant des *papilles très nettes.*

= Espèce de *3 à 6 c.*, à hymenium *non nettement délimité*, bistre noirâtre (spore de 12 à 16 μ sur 4 à 5).   (Branches mortes.) ... **1801. E. glandulosa B.** — *E. glanduleuse;* a-h. AC.

= Espèce de *1 à 2 c.*, à hymenium *nettement délimité*, brun bistre, à papilles hyalines; spores identiques à celles de *E. glandulosa*.   (Branches mortes.) ... **1802. E. truncata Fr.** — *E. tronquée;* h. AR.

= Espèce de *4 à 10 m.*, olive clair, hymenium noir, papilles très fines........ (Branches mortes des Pins.) ... **1803*.E. pitya Fr.** — *E. du Pin;* h. AR.

× Champignon *sans papilles*, *lisse* ou seulement un peu rugueux.

§ Masse *globuleuse* ou *ambre fuligineux*, 1-2 c. (spore 20 μ sur 7).   (Branches sèches.) ... **1804*.E. recisa Dittm.** — *E. rognée;* a-h. AR.

§ Masse *un peu aplatie ou même étalée*, bistre ou brun roux, 2-3 c.   (Branches sèches.) ... **1805*.E. impressa Pers.** — *E. imprimée;* a-h. R.

☐ Champignon *jaune paille, en coupe*, aminci à la base en un pied court, cannelé, 2-3 c.............. (Branches sèches. — Sud de la France.) ... **1806*.E. straminea Berk.** — *E. jaune paille;* a-h.R.

☐ Champignon *blanchâtre, translucide*, très petit, 3-8 m............... (Sur les troncs d'arbres ou à terre parmi les Mousses.) ... **1807*.E. Thuretiana Lév.** — *E. de Thuret;* h. R.

130. TREMELLA Dill. TREMELLE. — *Planche* 58, *p.* 206. — Champignons *gélatineux*, généralement très irrégulièrement plissés, parfois ayant la forme d'un *petit bouton;* hymenium recouvrant toute la surface; spores *ovoïdes*, et pouvant parfois à la germination bourgeonner comme la levure de bière; conidies disposés parfois en bouquets dans la masse gélatineuse, de forme *arrondie*.

(Il est souvent très difficile de déterminer les espèces de Trémelles sans une étude microscopique.)

★ Espèces blanches, hyalines.

Espèce étalée. { — Champignon *toujours blanc*, ondulé.   (Sur le vieux bois.) ... **1808*.T. viscosa Schum.** — *T. visqueuse;* a-h. AC.

{ — Champignon *grisâtre, puis brun*. → **1816. T. indecorata.**

Espèce *arrondie*, petite. → **1810. T. Grilletii**, var. *neglecta Tul.*

★ Espèces violettes ou vertes.

§ Champignon violet ou gris violacé.

(Masse *très plissée, violette,* 3-5 m.; spore jaunâtre...................... **1809*. T. violacea Rehl.** *T. violacée;* a. AR.
(Bois en décomposition.)

(Masse *arrondie ou en lentille, gris lilas,* 2-3 m.; spore 9 sur 4 µ......... **1810. T. Grilletii Boud.** *T. de Grillet;* c. R.
(Sur les branches d'Aunes, Montmorency.)

§ Champignon *vert* ou verdâtre, arrondi ou aplati, rugueux, chagrin; spore 18 sur 11 µ....... **1811*. T. virescens Fr.** *T. verdoyante;* a-h. R.
(Bois pourri.)

★ Espèces brunes, noires ou olivâtres.

⊙ Espèce à larges découpures.

§ Lobes *dressés,* plissés, vert olive puis presque noirs; plante de 5 à 8 c., tachant en noir l'eau si on la mouille, les doigts si on la touche. (Branches mortes.) **1812. T. fimbriata Pers.** *T. frangé;* a-h. R.

§ Lobes *imbriqués,* flexueux, brun foncé ou noirâtres; espèce de 2 à 4 c.............. (Vieux troncs de Peupliers, de Sorbiers.) **1813*. T. nigrescens Fr.** *T. noirâtre;* a-h. R.

⊙ Espèces globuleuses.

(Espèce présentant, à *l'intérieur* une partie *dure, blanche,* et étant à l'extérieur brun foncé; spore gris jaunâtre 15 sur 18 µ. (Vieux troncs d'Aunes.) **1814*. T. Globulus Cord.** *T. arrondie;* h. R.

(Espèce ne possédant pas de noyau dur et blanc.
— Espèce *très petite.* → **1813. T. nigrescens,** var. *moriformis Eng.*
— Espèce *plus grosse,* 3-5 c. → **1816. T. indecorata.**

⊙ Espèces étalées.

△ Champignon *toujours brun ou noirâtre, finement pointillé de gris,* légèrement bossé, 5-8 c.; spore 12 sur 4 µ. (Vieilles souches.) **1815*. T. intumescens Eng.** *T. gonflée;* a-h. R.

△ Champignon *blanchâtre puis gris brun, non pointillé de gris,* plissé. 3-5 c.; spore globuleuse 7 à 9 µ. (Branches sèches.) **1816*. T. indecorata Somm.** *T. non décorée;* a-h. R.

★ Espèces rosées, incarnates, couleur paille ou jaunes.

▢ Espèces assez grandes, très plissées.

✕ Champignon *jaune incarnat* à lobes très grands. 3-5 c. → **1800. U. foliacea.** (En touffes sur les troncs de Conifères.)

✕ Champignon *jaune d'or* (J.), irrégulièrement plissé. 2-5 c.; spore ellipsoïde 14 sur 10 µ; conidie 2 µ. ☉ (Sur les branches tombées.) **1817*. T. mesenterica Retz.** *T. mésentérique;* a-h. AC.

✕ Champignon *jaune citron* (J) à petits plis. 2-4 c.; spore globuleuse 12 à 15 µ...... (En touffes sur les branches mortes.) **1818*. T. lutescens Pers.** *T. jaunâtre;* a-h. AR.

▢ Espèces petites arrondies.

○ Espèce *jaune,* comme formée de petits tubercules juxtaposés.................. (Branches mortes.) **1819*. T. rubiformis Fr.** *T. en forme mûre;* a.R.

○ Espèce *jaune paille ou incarnate,* comme chagrinée, présentant au centre, une masse allongée et blanche. (Branches sèches.) **1820*. T. gemmata Lév.** *T. à pierreries;* a. R.

○ Espèce *incarnate,* très plissée, couverte à la maturité d'une pruine blanche, présentant une partie centrale plus dure et blanchâtre; spore globuleuse piriforme 15 sur 18 µ..................................... **1821. T. encephala Willd.** — *T. encéphale;* a-h. R.

FAMILLE DES AURICULARIÉES

131. PLATYGLŒA Schrœ. PLATYGLŒA. — *Planche 58, p. 206.* — Champignon formant de petites masses *gélatineuses*, plus ou moins étalées et *perçant l'écorce* des arbres ; basides allongées et *cloisonnées transversalement*.

Champignon formant une petite *masse blanc sale, puis noirâtre* par la sécheresse, 2-3 m.............. .. **1822. P. nigricans Schr.**
(Sous l'écorce du Tilleul.) *P. noircissant ;* h. R.

132. AURICULARIA Bull. AURICULAIRE. — *Planche 58, p. 206.* — Champignons *gélatineux*, parfois coriaces, se gonflant à l'humidité, ayant un *chapeau* avec ou sans pied et présentant l'hymenium à sa *face inférieure ;* basides allongées et *cloisonnées transversalement ;* spores donnant en germant un *mycelium peu développé*, puis des *conidies arquées.*

§ Chapeau *sans pied*, poilu en dessus, présentant des stries concentriques, à hymenium gris violet *étalé en croûte*, lisse puis réticulé quand il sèche, spore 14 sur 5 μ...................................... **1823. A. tremelloides B.**
A. en forme de Tremelle ; a-h. AC.
§ Chapeau *ayant un pied*, et présentant la forme d'une *coupe* ou d'une *oreille*, sans stries concentriques, à poils très courts ; hymenium gris violet, devenant gris plus sombre en séchant. ☉...................... **1824. A. auricula Judæ L.**
A. oreille de Judas ; h-p. AC.
(Sur divers troncs d'arbres : Sureau, Acacia, Noyer.)

FAMILLE DES HÉLICOBASIDIÉES

133. HELICOBASIDIUM Pat. HELICOBASIDIUM. — *Planche 58, p. 206.* — Champignon *fibreux*, formant une croûte sur diverses plantes ; *basides d'abord droites puis enroulées en crosse, divisées transversalement*, à 2 ou 4 stérigmates.

Croûte pourpre clair ou violacée.. **1825. H. purpureum Pat.**
(Sur l'*Asarum* et diverses autres plantes herbacées.) *H. pourpre ;* p. R.

FAMILLE DES ECCHYNÉES

(Cette famille de Champignons à basides allongées et cloisonnées transversalement correspond aux Lycoperdinées parmi les Champignons à basides normales.)

134. ECCHYNA Fr. ECCHYNA. — *Planche 58, p. 206* — Champignon présentant un pied et une tête arrondie à *l'intérieur* de laquelle se forment les spores ; basides *cloisonnées transversalement* en 4 cellules ; spores *sessiles*, sans stérigmates.

Champignon présentant un pied d'environ 3 à 10 m. de hauteur sur 1 à 2 m. de largeur et une tête arrondie **1826. E. faginea Er.**
de 5 m. de diamètre. (Villers-Cotterets.) — *E. du Hêtre ;* a. AR.

APPENDICE

Cet appendice ne renferme que les formes les plus communes d'Ascomycètes

ASCOMYCÈTES

CLÉ DES GENRES MENTIONNÉS DANS L'APPENDICE

□ Champignons non souterrain ; hymenium extérieur, situé à la surface du champignon.

△ Champignon en forme de *coupe*, de *disque* ou de *bouton* de guêtre.
- ⊖ Champignon *non gélatineux*, généralement en forme de coupe......... **Peziza**, p. 213.
- ⊖ Champignon *gélatineux*, globuleux d'abord puis étalé, ou en forme de bouton. **Bulgaria**, p. 213.

△ Champignon ayant une *tête bien distincte du pied*, et non en massue.
- § Tête creusée de *sillons* ou d'*alvéoles* profondes.
  - ⌄ Tête présentant des *alvéoles*...................... **Morchella**, p. 214.
  - ⌄ Tête creusée de *sillons* .... **Gyromitra**, p. 214.
- § Tête lisse.
  - = Chapeau *découpé en lames*.................................... **Helvella**, p. 214.
  - = Chapeau non *découpé*.
    - — Chapeau en *doigt de gant*, recouvrant le haut du pied... **Verpa**, p. 214.
    - — Chapeau *ne recouvrant pas* le haut du pied............... **Leotia**, p. 214.

△ Champignon en massue ou ayant la forme d'un *petit arbre* peu ramifié.
- ✕ Espèce poussant *à terre*.
  - ⊙ Pied bien *distinct de la tête*.
    - ∫ Chapeau *descendant sur le pied* ; spore allongée, filiforme, incolore................. **Spathularia**, p. 214.
    - ∫ Chapeau *ne descendant pas* sur le pied ; spore sphérique ou ovoïde, non cloisonnée, incolore......... **Mitrula**, p. 215.
  - ⊙ Pied se *renflant insensiblement en massue* ; spore cloisonnée, colorée. **Geoglossum**, p. 215.
- ✕ Espèce poussant *sur le bois*.. **Xylaria**, p. 215.

□ Champignon souterrain ; hymenium intérieur.

- ⊙ Spores formant à la maturité une *masse pulvérulente* à l'intérieur de la fructification........ **Elaphomyces**, p. 215.
- ⊙ Pas de masse pulvérulente à la maturité.
  - (Chair *marbrée de noir*, brun *rougeâtre* ou *gris foncé*............. **Tuber**, p. 215.
  - (Chair *blanchâtre* ou de couleur peu foncée, généralement roux clair.
    - : Asques *allongés*............ **Chœromyces**, p. 216.
    - : Asques *ovoïdes*.................................... **Terfezia**, p. 216.

13

PEZIZA. BULGARIA. MORCHELLA. HELVELLA. VERPA. LEOTIA. PL. 59
SPATHULARIA. MITRULA. GEOGLOSSUM. XYLARIA. TUBER. ELAPHOMYCES. TERFEZIA.

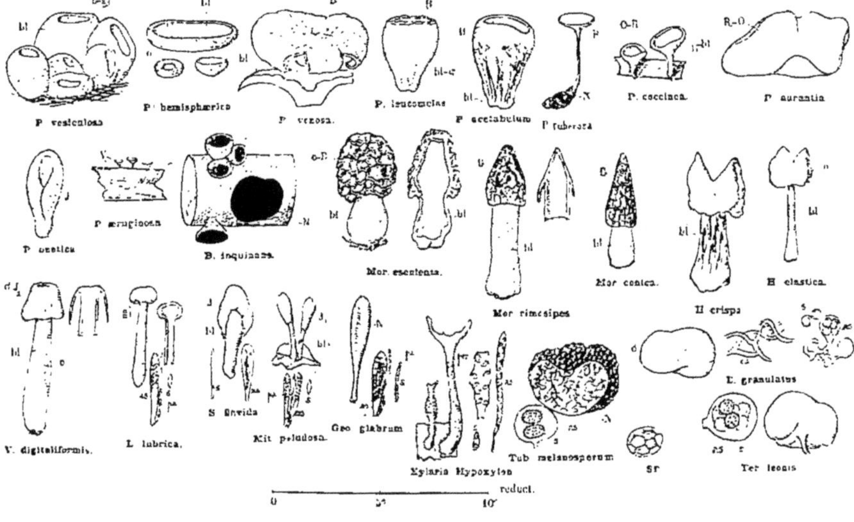

CLÉ DES ESPÈCES MENTIONNÉES DANS L'APPENDICE

PEZIZA Fr. PÉZIZE. — *Planche* 50, *p.* 212. — Fruit ayant généralement la forme d'une *coupe* à la surface intérieure de laquelle se trouve l'hymenium.

[★ Espèce non verte.]

[⊙ Espèce ayant la forme d'une coupe entière, complète, non fendue sur le côté.]

[× Espèce de couleur variée, généralement brune, rousse ou grise, mais ni rouge, ni orangée.]

§ Espèce sessile, sans pied.

+ Espèce *lisse au bord* de la coupe, brun roussâtre ou gris jaunâtre; coupe à ouverture très étroite au début, puis s'évasant, ou parfois à bord renversé en dehors, 3-6 c. (Sur les fumiers ou les endroits très fumés, jardins.) .... **P. vesiculosa B.** / *P. vésiculeuse;* p-a. C. ✳

+ Espèce *ciliée au bord*, brun orangé pâle (o) à l'extérieur, blanchâtre à l'intérieur, presque globuleuse, puis hémisphérique, 1-2 c. (A terre, dans les bois.) .... **P. hemisphærica Hoff.** / *P. hémisphérique;* c-a. AC.

§ Espèce ayant un pied court et épais.

⊙ Pied *lisse.*

ſ Plante *ridée à l'intérieur*, toujours étalée à la maturité, brune à l'intérieur, 3-6 c. .... **P. venosa Pers.** / *P. veinée;* p. C. ✳

ſ Plante *lisse à l'intérieur*, restant en coupe, noire à l'intérieur, blanchâtre à l'extérieur, 2-4 c. .... **P. leucomelas Pers.** / *P. blanc noir;* p. C. ✳

⊙ Pied *sillonné longitudinalement*, blanchâtre; coupe brune à l'intérieur (B), blanc grisâtre à l'extérieur (bl-g), 3-6 c. ⊙ .... **P. acetabulum L.** / *P. en coupe;* p. C. ✳

§ Espèce présentant un pied *grêle*, parfois *très allongé.*

□ Espèce venant sur les *fruits de Châtaignier;* coupe peu profonde, brun roux à l'intérieur, gris jaunâtre à l'extérieur, 1/2 c. à 2 c.; pied de 1 c. environ. .... **P*. echinophila B.** / *P. des Châtaignes;* a, AR.

□ Espèce venant sur les *rhizomes de l'Anemone nemorosa;* pied allongé, brun, naissant d'un *sclérote noir;* coupe rousse puis brune, 1-2 c. .... **P. tuberosa Hedw.** / *P. tubéreuse;* p. C.

[× Espèce rouge ou orangée.]

⌣ Espèce ayant *un pied*, poussant sur le *bois*, surtout le Noisetier; coupe rouge vif à l'intérieur (O-R), gris jaunâtre à l'extérieur, 2-3 c. .... **P. coccinea Jacq.** / *P. cochenille;* p-a. AC.

⌣ Espèce *sans pied.*

— Espèce *entièrement lisse*, de 3 à 6 c., de forme parfois irrégulière, rouge orangé à l'intérieur, jaune à l'extérieur. ⊙ (A terre.) .... **P. aurantia Fl. dan.** / *P. orangée;* p-c. C.

— Espèce *hérissée au bord de poils noirs*, de 1 à 2 c., rouge vif à l'intérieur, rougeâtre à l'extérieur. (A terre, sur le crottin, le bois pourri.) .... **P*. scutellata L.** / *P. en bouclier;* p-c. AC.

[⊙ Espèce fendue sur le côté.]

= Espèce *brun pâle* ou *couleur rouille*, de 2-3 c., présentant un pied très court. ⊙ (Bois de Pins.) .... **P*. leporina Batsch.** / *P. oreille de lièvre;* c-a. AC.

= Espèce *jaune vif* (J_1-J), de 3 à 6 c., présentant la forme d'un cornet très échancré d'un côté ou d'une oreille. .... **P. onotica Pers.** / *P. oreille d'âne;* c-a. AC. ✳

★ Espèce *verte*, naissant sur le bois que le mycelium colore en vert; coupe de 1/2 c. de diamètre environ, munie d'un pied court. .... **P. æruginosa Fr.** / *P. vert de gris;* p. AC.

BULGARIA Fr. BULGARIA. — *Planche* 59, *p.* 212. — Fructification *gélatineuse*, globuleuse ou étalée, parfois un peu concave.

Fructification *brun roux* (C) ou *noire* à l'extérieur, légèrement concave, globuleuse ou étalée, 1-3 c., molle, gélatineuse; hymenium noir. ⊙ (Sur les vieux troncs d'arbres.) .... **B. inquinans Fr.** / *B. salissante;* p-a. CC.

MORCHELLA Dill. MORILLE. — *Planche* 59, *p.* 212. — Champignons ayant un *pied* et un chapeau creusé d'*alvéoles* profondes.

☐ Chapeau *arrondi* à côtes limitant des alvéoles de forme peu régulière, jaunâtre, roux, brun ou gris, 3-6 c.; pied blanchâtre. ☉ .... **M. esculenta B.** / *M. comestible* ; p. C. ✠

☐ Chapeau conique. { + Chapeau *détaché du pied* à sa partie inférieure, brun jaunâtre; pied *ridé*, surtout au sommet, blanchâtre.. **M. rimosipes DC.** / *M. à pied ridé* ; p. C. ✠

{ + Chapeau *adhérant au pied jusqu'à sa base*, gris ou brun jaunâtre, à côtes presque droites, descendant du sommet du cône à la base ; pied creux, blanchâtre.. ☉ .... **M. conica Pers.** / *M. conique ;* p. C. ✠

GYROMITRA Fr. GYROMITRE. — *Planche* 59, *p.* 212. — Champignons ayant une tête arrondie et creusée de *nombreux sillons*.

Chapeau globuleux, irrégulier, présentant de nombreux plis flexueux comme un cerveau, brunâtre, 6-8 c. ; pied creux, blanchâtre ; odeur et saveur très agréables. ☉ .... **G·.esculenta Sch.** / *G. comestible ;* p. C. ✠

HELVELLA L. HELVELLE. — *Planche* 59, *p.* 212. — Champignons dont la tête est formée de plusieurs *lames minces, lisses.*

△ Pied présentant des *côtes* et des *sillons* profonds, blanc jaunâtre; chapeau à lames ondulées, blanchâtre, dessous, 2-4 c. ; fauve ou roux, 5-8 c. ☉   [Si le chapeau est *noir* on a *H. lacunosa.* ☉] — **H. crispa Fr.** / *H. crispue* ; p. AC. ✠

△ Pied *lisse*, blanc grisâtre, grêle; chapeau élastique, brunâtre, presque transparent...................... **H. elastica B.** / *H. élastique ;* c. AC. ✠

VERPA Swartz. VERPA. — *Planche* 50, *p.* 212. — Champignons dont le chapeau a la forme d'un *dé* surmontant le pied et *le recouvrant* à sa partie supérieure.

Chapeau en forme de dé, parfois un peu déprimé au centre, orangé pâle, jaunissant en dessus, gris blanchâtre ; pied blanc jaunâtre, écailleux.. **V. digitaliformis Pers.** / *V. en forme de dé;* p. AC. ✠

LEOTIA Hill. LEOTIA. — *Planche* 59, *p.* 212. — Champignons présentant une tête bien distincte du pied, mais *ne* recouvrant pas son sommet.

Chapeau *gélatineux, visqueux*, irrégulièrement globuleux, brun jaunâtre, parfois tirant sur le vert, 1-2 c. ; pied jaune verdâtre, creux, gélatineux à l'intérieur. ☉ .... **L. lubrica Pers.** / *L. visqueuse ;* c-a. AC.

SPATHULARIA Pers. SPATHULAIRE. — *Planche* 50, *p.* 212. — Champignons dont la tête en *massue se prolonge sur le pied;* spore très allongée, filiforme, incolore.

Tête *jaune* à bord ondulé, large de 1 à 3 c., un peu plus longue que large ; pied épais, blanc jaunâtre........ **S. flavida Pers.** / (Sous les Pins.) *S. jaune;* a. R.

MITRULA F. MITRULE. — *Planche* 59, *p.* 212. — Champignons ayant une *tête en massue, ne recouvrant pas* le pied, mais cependant bien distincte de ce dernier ; spore sphérique, incolore, non cloisonnée.

Tête lisse, en massue plus ou moins renflée, creuse, jaune, de 2 à 3 c. de longueur ; pied blanchâtre........ **M. paludosa Fr.**
(Sur les feuilles mortes, dans les endroits marécageux.) *M. des marais ;* p-c. AC.

GEOGLOSSUM Pers. GÉOGLOSSE. — *Planche* 59, *p.* 212. — Champignons dont la *tête en massue s'atténue progressivement* pour former le pied ; spore fortement *colorée* et *cloisonnée.*

Massue allongée, arrondie ou pointue au sommet, *noire,* lisse ; pied gris foncé, taille totale de la plante 4-6 c. **Geoglossum glabrum Pers.**
G. glabre ; c-a. AR.

XYLARIA Hill. XYLAIRE. — *Planche* 59, *p.* 212. — Champignons ayant la forme d'une *tige simple* ou d'un *petit arbre* peu ramifié ; espèces poussant sur le *bois.*

Tige simple ou ramifiée, noire, poilue à la base, de 2 à 5 c. de hauteur (*der.*, section du haut du pied montrant **X. hypoxylon L.**
les cavités qui contiennent les asques ; *as*, asque ; *s*, spore). (Troncs d'arbres.) *X. du bois ;* p-h. C.

ELAPHOMYCES Nees. ELAPHOMYCE. — *Planche* 59. *p.* 212. — Champignons souterrains dont les spores forment à la maturité une *masse pulvérulente* à l'intérieur de la fructification.

Fruit globuleux ou ovoïde, jaune roux, orangé pâle ou gris brun, parfois rougeâtre, présentant souvent de **E. granulatus Fr.**
petites verrues peu nombreuses, 1-2 c. de diamètre............................ *E. granuleux ;* p-a. AR.

TUBER Mich. TRUFFE. — *Planche* 59, *p.* 212. — Champignons souterrains, à *chair marbrée* de *gris foncé, brun* ou *noir.*

⊙ Spores épineuses (s).

Chair *brun rougeâtre* ou *brun violacé,* à veines blanchâtres, très ramifiées ; fruit irrégulier ou arrondi, 2-8 c............................. **T melanosporum Vitt.**
T. à spores noires ; a-h. AC.

Chair *gris foncé* à veines blanchâtres, très ramifiées ; fruit noir, globuleux, plus ou moins régulier, 2-8 c............................ **T. brumale Vitt.**
T. d'hiver; a-h. AC.

⊙ Spores présentant une sorte de *réseau* (sr).

Chair gris brun, à *veines très ondulées;* fruit irrégulièrement arrondi, couvert de verrues, 2-8 c............................ **T. mesentericum Vitt.**
T. à veines plissées ; a-h. AC.

Chair brun noirâtre, à *veines presque droites* ; fruit plus ou moins globuleux, irrégulier, 1-3 c. ⊙............................ **T. æstivum Vitt.**
T. d'été ; c-h. AC.

CHŒROMYCES Vitt. CHŒROMYCE. — *Planche* 50, *p.* 212. — Champignons souterrains à *chair blanchâtre ou roux clair*, à asques *allongés*.

Fruit globuleux, brun roux, 6-10 c. ; chair blanchâtre ou roux clair, à veines très nombreuses, très sinueuses, **C. meandriformis Vitt.** d'un jaune d'ocre. ☉ .... *C. à méandres ;* a-h. AR.

TERFEZIA Tul. TERFEZIA. — *Planche* 49, *p.* 212. — Champignons souterrains, à chair *blanchâtre puis brune*, à asques *ovoïdes*.

Fruit arrondi ou en forme de poire, brun 2-8 c. ; chair blanche puis brune............................... **T. Leonis Tul.** *T. du Lion ;* a-h.

CONSEILS

SUR LA

RÉCOLTE ET LA CONSERVATION DES CHAMPIGNONS
ET SUR LES CAS D'EMPOISONNEMENT

Récolte. — Il suffit de se promener à l'automne ou au printemps dans les bois pour ramasser en quelques heures un nombre considérable de gros Champignons très communs. La récolte de toutes les espèces ne se fait pas si aisément; il faut savoir les trouver sur les arbres abattus, les découvrir sous les feuilles, en un mot les rechercher dans leurs habitats variés. L'exploration des régions marécageuses fournit une ample moisson de petites espèces ; certaines formes ne se rencontrent que sous les Pins, les Sapins; d'autres types ne s'observent que dans les clairières, les prairies.

Ces remarques nous apprennent qu'il est indispensable, en ramassant un Champignon, de noter la *station* dans laquelle on l'a trouvé, d'indiquer par exemple si c'est à terre ou sur un tronc d'arbre, dans une forêt de Chênes ou de Pins, dans une prairie ou dans un bois. Ces renseignements d'une grande utilité doivent être pris *sur le terrain* et il est certains caractères que l'on n'observe bien qu'à ce moment de la récolte. C'est en ramassant une espèce que l'on voit si elle possède une volve, un sclérote, une racine, etc. ; il est donc indispensable de la *déterrer avec les plus grandes précautions* pour la recueillir *entière*. Certaines particularités ne sont visibles que sur des individus jeunes, aussi faut-il rassembler des échantillons de *tous les âges*. La viscosité est également un caractère qu'il est bon de noter de suite; elle peut n'être plus très apparente si le Champignon est âgé et desséché; dans ce cas, la présence de particules de terre, de débris de feuilles à la surface de la fructification et l'adhérence au doigt mouillé permettent d'établir que l'individu est visqueux.

Une fois les Champignons cueillis, il faut les transporter à la maison pour les étudier plus à l'aise. Il est bon de les mettre séparément dans un sac de papier, ce qui présente l'avantage d'isoler les espèces et de permettre au retour, le lendemain au plus tard, de voir la couleur des spores, ces spores s'étant déposées à l'intérieur du sac en grande abondance. Ces sacs de papier peuvent être transportés dans une boîte de botanique, un panier d'osier, un filet, etc.

On comprend que les espèces petites et délicates doivent être particulièrement isolées et traitées avec précautions; on les place dans de petites boîtes (boîtes d'allumettes, etc.), avec de la mousse fraîche.

Au retour, si l'on n'a pu le faire séance tenante, on procède à la *détermination* du nom des espèces trouvées.

La couleur des spores est un caractère très important à connaître. Pour la déterminer, si l'on n'a pas employé les sacs de papier, il faut placer le Champignon sur une feuille de papier, l'hymenium tourné en dessous. Au bout de quelques heures une poussière blanche ou colorée est visible à l'œil nu. Si l'on possède un microscope (1), il est très utile, dans *quelques cas* où il y a doute, d'examiner les spores pour voir si elles sont anguleuses, arrondies, etc.

La *consistance* du pied ou du chapeau est un caractère qui doit attirer l'attention. Il en est de même de l'*odeur* du Champignon ou de sa *saveur*. Pour apprécier cette dernière on goûte un petit fragment; *cela n'a aucun inconvénient, même si l'espèce est vénéneuse,* car on rejette le fragment dès que l'impression est produite sur la langue. Quelquefois cette impression ne se manifeste qu'au bout de quelques instants.

En un mot, les caractères les plus divers doivent être observés avec le plus grand soin pour arriver à une détermination exacte.

Conservation. — Il est utile de conserver un représentant de l'espèce ramassée pour faire une collection. Malheureusement, à l'exception des types ligneux (Polypores, etc.) ou non putrescents (Marasmes, Panus, etc.), les Champignons pourrissent rapidement. Pour les premières formes, il suffit de les dessécher à l'air et de les empoisonner par le sublimé corrosif dissous dans l'alcool à la proportion de 1 de sublimé p. 1000 d'alcool (cette liqueur est très *dangereuse*). Pour les espèces qui pourrissent, on ne peut conserver qu'une tranche que l'on soumet à une pression modérée dans du papier gélatinisé; on

---

(1) Il n'est pas nécessaire d'avoir un instrument très coûteux pour ces études élémentaires. La maison Deyrolle (rue du Bac, 46) livre à très bon compte un microscope pourvu de deux objectifs qui permet de faire toutes les observations nécessaires.

a d'avance étendu sur de fort papier blanc à l'aide d'un pinceau une solution encore chaude de 100 grammes de gélatine dans 500 grammes d'eau. Au moment de s'en servir on place ce papier sur l'eau pour ramollir la gélatine, on sèche imparfaitement avec du papier buvard et l'on place dessus la tranche de l'échantillon que l'on veut conserver.

Les échantillons complets peuvent encore être conservés dans l'alcool, l'acide borique à 2 p. 100, le sublimé corrosif à 1 p. 1000.

On fixe les spores sur le papier où elles se sont déposées à l'aide d'un liquide formé de 4 parties d'essence de térébenthine et 1 partie de Baume de Canada ; ce liquide est étalé au dos de la feuille de papier, de manière à ne pas disperser les spores.

Les spores d'échantillons conservés doivent être observées dans l'acide lactique en solution concentrée.

Empoisonnements. — Les divers symptômes d'un empoisonnement par les Champignons peuvent être des nausées, de la somnolence, des convulsions, des vomissements.

Pour se débarrasser des substances dangereuses il faut employer des *vomitifs* si les Champignons ont été mangés depuis quelques heures seulement. On peut se servir d'*émétique* (10 à 15 centigrammes dans un verre d'eau), d'*ipécacuanha* (50 centigrammes à un gramme dans de l'eau). Dans le cas où l'on n'a pas ces médicaments à sa portée, il faut provoquer les vomissements par tous les moyens possibles, au moyen de l'eau tiède, de chatouillements du fond de la gorge, etc.

S'il s'est écoulé un temps plus considérable depuis le repas, les substances vénéneuses ont pu pénétrer dans l'intestin. On doit alors employer des *purgatifs, huile de ricin, sulfate de magnésie*, etc., ou des *lavements*. La somnolence doit être combattue par des *boissons stimulantes* telles que le *café*. Si les douleurs intestinales sont très vives, il faut éviter l'usage des purgatifs ou des vomitifs contenant de l'émétique et faire usage de boissons ou de lavements émollients.

Un médecin doit être prévenu le plus tôt possible ; lui seul peut apprécier quel traitement doit être suivi quand les premiers remèdes ne produisent pas d'effet satisfaisant.

VOCABULAIRE

DES MOTS EMPLOYÉS POUR LA DESCRIPTION DES CHAMPIGNONS

A

Aiguille. — De Pin. Feuilles de Pin.

Aiguillon. — Partie terminée en pointe pouvant se trouver à la face inférieure d'un chapeau, à la surface d'une croûte (p. xv, fig. 3), ou à la surface d'une spore.

Alutacé. — Couleur de cuir.

Alvéoles. — Compartiments plus ou moins réguliers rappelant les gâteaux d'abeille (p. vii, fig. L).

Anastomosé. — Se dit des feuillets quand des plis secondaires les réunissent.

Anneau. — Petite membrane entourant le pied de divers champignons (p. xvi, fig. 10, dessin de gauche e, p. xvii, fig. 15) ; on donne aussi parfois le nom d'anneau à une sorte de bourrelet formé autour du pied par un ensemble d'écailles serrées les unes contre les autres (p. xviii, fig. 20) ; l'anneau est quelquefois filamenteux (Voir *Cortine* et p. xviii, fig. 21).

Appareil conidien. — Filament ramifié en petit arbre portant de nombreuses conidies (p. vi, fig. II).

Ascomycètes. — Ordre de champignons produisant des *asques* comme appareil reproducteur (Voir *Asque* et p. ix).

Asque. — Cellule généralement allongée en massue à l'*intérieur* de laquelle se forment les semences appelées *spores* (p. vii, fig. L, à droite).

B

Bai. — Couleur brun roux clair.

Baside. — Cellule ordinairement en massue qui produit en général 4 *spores* à l'extérieur; les pédicelles qui portent ces dernières s'appellent *stérigmates* (p. vi, fig. C et D, *ba*). Les basides sont le plus souvent sans cloison à l'intérieur; elles sont quelquefois cloisonnées *en long* (p. xxxv, fig. 88) ou *en travers* (p. xxxv, fig. 89).

Basidiomycètes. — Champignons qui se reproduisent à l'aide de spores nées de basides (Voir p. ix).

Bistré, Bistre. — Suie détrempée donnant du brun foncé rouillé.

Bifurqué. — Divisé en deux. Exemple : feuillets bifurqués de certaines Agaricinées (Russules).

Bulbe. — Partie renflée de la base du pied de certains Champignons ; ce bulbe présente quelquefois un *rebord* à sa partie supérieure, il est alors dit *marginé* (pl. 27, page 86, fig. 747 et 757).

Bulbeux. — Qui présente un bulbe.

C

Cannelé. — Qui présente une succession de saillies et de sillons assez larges.

Cannelle. — Jaune blond plus ou moins brunâtre.

Capillitium. — Filaments qui s'observent entre les spores dans le fruit d'un Lycoperdon.

Cartilagineux. — Qui présente la consistance ferme et résistante du tissu des animaux que l'on appelle cartilage ; ce terme s'applique surtout au pied des Champignons.

Cellule. — Partie élémentaire des tissus des végétaux. Petit compartiment de quelques millièmes de millimètre entouré d'une membrane plus ou moins épaisse contenant la substance vivante.

Chair. — Tissu interne d'un Champignon.

Chambre. — Partie creuse du fruit de certains Champignons sur les parois de laquelle naissent les semences.

Chapeau. — Partie élargie et renflée de la fructification de beaucoup de Champignons (p. VI, fig. A). Le chapeau est *sessile* quand il n'est pas porté par un pied (p. XXVII, fig 51).

Charnu. — Se dit d'une partie d'un Champignon dont la chair est tendre, imprégnée d'eau.

Châtain. — Couleur châtaigne.

Chatoyant. — Se dit surtout des pores de certaines Polyporées dont la teinte change quand on déplace l'œil.

Chlamydospore. — Spore se formant au milieu d'un filament mycélien quelquefois près de son extrémité (p. VI, fig. I).

Cil. — Petits poils qui s'observent surtout sur les bords de différents organes.

Cilié. — Qui possède des cils.

Collarium. — Sorte de petit tube formé par la soudure de la base des feuillets du côté du pied (pl. 20, page 64, fig. 541).

Columelle. — Tissu stérile faisant saillie au milieu d'un tissu fertile (pl. 54, page 190, fig. 1694 et pl. 55, page 194, fig. 1715 *col*).

Cône de Pin. — Fructification des Pins.

Conidie. — Semences accessoires des Champignons qui peuvent naître en même temps que les spores ou même seules sur des appareils de formes très variées (p. vi, fig. H) ; elles sont quelquefois produites par la spore en germant (pl. 58, page 206, fig. 1784 *s-co*, 1799, *s-co*).

Conifères. — Famille de végétaux qui comprend les Pins, Sapins, Mélèzes, Épiceas, etc.

Cortine. — Membrane très délicate formée, non d'un tissu continu, mais d'un ensemble de filaments grêles qui, dans certains Champignons jeunes, réunit le haut du pied au bord supérieur du chapeau. Cette membrane subsiste plus tard à l'état d'anneau filamenteux ou de filaments suspendus au bord du chapeau; elle disparait complètement sur les individus trop vieux (p. xxv, fig. 43).

Cotonneux. — Se dit d'organes couverts de poils fins et courts qui simulent l'aspect du coton.

Couleur des spores. — Pour la déterminer on laisse séjourner le Champignon sur une feuille de papier pendant 12 à 24 heures. Le lendemain une poussière blanche ou colorée se voit à l'œil nu sur le papier. Il est bon de prendre du papier coloré si les spores sont blanches.

Crénelé. — Bordé de dents plus ou moins arrondies.

Croûte. — Partie mince étalée sur la terre, les troncs ou les branches d'arbres.

Cupule. — Petite coupe.

Cuticule. — Peau du chapeau d'un Champignon.

Cystide. — Cellule stérile de l'hymenium, en général plus grosse que la baside (p. vi, fig. D, *cy*).

D

Décurrent. — Se dit des feuillets des Champignons quand ils se prolongent sur le pied (p. xvi, fig. 11).

Deliquescent. — Se dit des feuillets qui à la maturité se transforment en liquide.

Dent. — Partie saillante, résistante, généralement aplatie.

Denté. — Présentant des dents (Voyez le mot précédent).

Denticulé. — Présentant de petites dents.

E

Écaille. — Partie généralement aplatie, plus ou moins dressée et provenant de déchirures de certains tissus superficiels.

Écailleux. — Qui a des écailles.

Échancré. — Se dit des feuillets de certains Champignons qui présentent une échancrure près du pied (p. xvi, fig. 13).

Émarginé. — Même sens que le mot précédent.

Éphémère. — Qui a une courte durée. Se dit de certains Champignons qui, à peine étalés, se fondent plus ou moins complètement en eau.

Épiderme. — Couche extérieure du fruit de certains Champignons ; bien distincte surtout sur le chapeau qui est plus ou moins facile à peler.

Épine. — Partie terminée en pointe ; les spores peuvent en présenter dans quelques cas.

Épineux. — Qui présente des épines.

Excentrique. — Se dit du pied lorsqu'il ne s'insère pas exactement au centre du chapeau.

F

Fauve. — Roussâtre terne comme la peau de chevreuil.

Ferrugineux. — Couleur rouille.

Feuillet. — On appelle feuillets ou lames ces organes minces aplatis qu'on rencontre sous le chapeau d'un grand nombre de Champignons du groupe des Agaricinées : ex. : Champignon de couche (p. v, A, *l*).

Fibre, Fibrille. — Petites parties grêles et allongées qui se détachent en partie du chapeau ou du pied des Champignons.

Fibrilleux. — Qui présente des fibrilles.

Flocon. — Partie aplatie ou plus ou moins arrondie, de consistance très molle.

Foliacé. — Se dit des parties ayant l'aspect de feuilles.

Fructification et Fruit. — L'ensemble de l'organe produisant les spores. Il se compose dans les Agaricinées du pied et du chapeau ; d'une manière générale, dans tous les Basidiomycètes c'est tout le Champignon visible.

Fugace. — Qui disparaît de bonne heure, qui ne dure pas longtemps.

Fusiforme. — Terminé en pointe aux deux bouts, rappelant un fuseau.

G

Gélatineux. — De consistance molle, analogue à celle de la gélatine.

Glabre. — Sans poils.

Granulation. — Petites masses réparties plus ou moins serrées sur un organe, ou bien petits points tranchant par leur couleur ou leur éclat sur le tissu qui les porte.

Granulé. — Couvert de granulations (Voir le mot précédent).

Granules. — Petites saillies arrondies et fructifères de certains Champignons de la famille des Hydnées

Gris. — Mélange de blanc et de noir.

H

Hymenium. — Assise de cellules fertiles chez les Champignons ; elle est formée par les extrémités de filaments disposées les unes parallèlement aux autres comme des palissades, et présentant des basides entremêlées de cystides ou des asques entremêlés de paraphyses (p. VI, fig. B et C).

I

Imbriqué. — Se dit des chapeaux superposés les uns au-dessus des autres comme les tuiles d'un toit, ou des écailles présentant la même disposition.

J

Jonquille. — Jaune d'or pâle.

L

Labyrinthiforme. — Se dit des pores sinueux, à contour irrégulier rappelant un labyrinthe.

Lait. — Suc blanc ou coloré qui sort de certains Champignons quand on les casse.

Lame. — On appelle lames ou feuillets ces organes minces, aplatis qu'on rencontre sous le chapeau d'un grand nombre de Champignons.

Latéral. — Se dit du pied quand il s'insère de côté sur le chapeau.

Libre. — Les feuillets libres sont ceux qui n'arrivent pas jusqu'au pied dans les Champignons qui ont des feuillets (p. XVI, fig. 12).

Ligneux. — Qui présente la consistance du bois.

Lignicole. — Qui vit et se développe sur le bois.

Lilacin. — Lilas pâle.

Liquéfier (se). — Se dit des feuillets qui se transforment en eau.

Lobe. — Partie assez petite d'un organe située sur le bord de cet organe et faisant saillie.

M

μ. — Lettre grecque qui se prononce *mu* et qui signifie 1 millième de millimètre ; on appelle aussi cette unité un micron.

Mamelonné. — Se dit d'un chapeau quand il présente une petite saillie conique en son centre à la partie supérieure.

Mèche. — Écaille généralement retroussée que l'on peut rencontrer sur divers organes.

Membraneux. — Qui a la structure ou la consistance d'une membrane.

Micacé. — Se dit des chapeaux couverts de petits points brillants comme des paillettes de mica.

Mycelium. — Partie d'un Champignon qui lui sert à se nourrir ; c'est la partie stérile et végétative sur laquelle naissent les fructifications. Le mycelium est le plus souvent formé de filaments grêles, souterrains, quelquefois apparents.

Mycologie. — Science des Champignons.

O

Ocre. Ocracé. — Terre argileuse, jaune brunâtre peu foncé.

Ombiliqué. — Se dit du chapeau quand il a une petite dépression en son milieu.

Orbiculaire. — De forme circulaire.

P

Paraphyse. — Cellules très allongées et généralement grêles entremêlées aux asques dans l'hyménium (p. vii, fig. L).

Parasite. — Poussant sur une plante vivante.

Pédicellé. — Ayant un pied.

Péridiole. — Petit corps contenu à l'intérieur d'une fructification plus grosse appelée parfois Peridium; c'est à l'intérieur des péridioles que se forment des spores.

Peridium. — Nom que l'on donne parfois à la fructification des grands Champignons, surtout chez les Gastéromycètes, et aussi à l'enveloppe de ce fruit.

Persistant. — Se dit de certaines fructifications de Champignons qui, au lieu de pourrir, se dessèchent et peuvent se conserver très longtemps, même après l'émission des spores.

Pied. — Partie de certains Champignons qui porte le chapeau.

Pointillé. — Couvert de petits points tranchant par leur couleur ou leur éclat sur le fond.

Pore. — On appelle ainsi l'ouverture des tubes de certains Champignons (Voir le mot *Tube*).

Pore germinatif. — Petite région d'une spore où la membrane est plus mince qu'ailleurs et par où se fait la germination de la spore.

Pruine. — Poussière extrêmement fine et délicate, disparaissant rien qu'au toucher.

Pruineux. — Couvert d'une pruine (Voir le mot précédent).

Pulvérulent. — Couvert de poussière ou bien constitué par une masse poussiéreuse.

Purpurin. — Voisin de rouge pourpre.

Putrescent. — Susceptible de pourrir.

R

Racine. — Partie généralement allongée et grêle de divers Champignons, et enfoncée dans le sol.

Rebord. — Partie faisant fortement saillie sur un organe (Voir *Bulbe*).

Réniforme. — En forme de rein ou de haricot.

Réticulé. — Qui présente des ornements en réseau.

Roux. — Entre le jaune et le rouge.

Roussâtre. — Tirant sur le roux.

S

Safrané. — Jaune de safran.

Sclérote. — Tubercule sur lequel naît un Champignon, organe généralement dur, diversement coloré, très apte à résister au froid ou à des conditions de végétation défavorables.

Sessile. — Se dit d'un organe qui n'a pas de pied ; une spore est sessile quand elle n'est pas portée par un stérigmate.

Sillon. — Sorte de rainure, de partie creuse et étroite d'un organe.

Sillonné. — Qui présente des sillons (Voir ce mot).

Spore. — Semence des Champignons; organes extrêmement petits, formés par l'hymenium, sur les basides ou dans les asques (Voir ces mots). Leur forme est variable, elles sont anguleuses (pl. 25, fig. 687, 693), sphériques, fusiformes, etc.; leur couleur est égale-ment variable (Voir au mot *Couleur de spores* comment on la détermine, p. 222).

Soyeux. — Ayant l'aspect de la soie.

Stérigmate. — Petit prolongement grêle né de la baside et portant la spore à son extrémité (p. vi, fig. C, *st*).

Strie. — Petite ligne plus ou moins longue, apparaissant sur le bord du chapeau ou sur le pied.

Strié. — Qui présente des stries (Voir ce mot).

T

Tomenteux. — Comme velouté par suite de l'existence de poils courts et serrés.

Tranche. — Partie libre de la lame ou feuillet d'un Champignon.

Tube. — Partie creuse qui s'observe à la face inférieure du chapeau des Polyporées et qui est tapissée par l'hymenium.

V

Valve. — Nom donné aux diverses parties en lesquelles une fructification de Champignon s'ouvre pour mettre les spores en liberté. Ex. : Geaster, les valves s'étalent en étoile. (Pl. 55.)

Velouté. — Présentant l'aspect du velours, aspect dû souvent à des poils fins, courts et serrés.

Verrue. — Petite partie renflée et irrégulière qui se trouve sur divers organes des Champignons, le chapeau, le pied, les spores, etc.

Verruqueux. — Qui présente des verrues (Voir ce mot).

Visqueux. — Se dit des organes qui sont couverts d'un liquide très épais et collant aux doigts quand on les touche.

Voile. — Tissu fugace, mince qui enveloppe tout le Champignon, moins bien caractérisé que la volve. On donne parfois à ce tissu le nom de *voile général*, et l'on appelle *voile partiel* l'anneau de beaucoup d'Agarics (Voir le mot *Anneau*).

Volve. — Membrane qui entoure complètement certains Champignons quand ils sont jeunes. Plus tard cette membrane se brise et disparaît en partie. Elle persiste à l'état d'étui qui entoure le pied, d'écailles sur le chapeau ou à la base du pied, ou d'un simple rebord à la partie supérieure du bulbe du pied. Elle peut parfois disparaître entièrement (p. XVI, fig. 9 et pl. 1).

Z

Zones. — Régions généralement disposées en cercles sur le chapeau d'un Champignon, et de couleur différente de celle du fond.

Zoné. — Qui présente des zones (Voir ce mot).

TABLEAUX DES SIGNES, SYMBOLES

ET

ABRÉVIATIONS

contenus dans les tableaux synoptiques et les planches

I. TABLEAUX SYNOPTIQUES

Saisons. — Après les noms français des espèces on remarque les signes suivants :

p signifie printemps,
e » été,
a » automne,
h » hiver,

indiquant que c'est à ces époques de l'année que se rencontre l'espèce.

Fréquence plus ou moins grande. — Après les symboles des saisons, on trouve les symboles de fréquence :

CC signifie très commun,
C » commun,
AC » assez commun,
AR » assez rare,
R » rare,
RR » très rare.

Propriétés comestibles et vénéneuses.

✠ signifie comestible,
▨ » vénéneux.

Espèces non figurées. — Pour caractériser les espèces en petit nombre qui ne sont pas représentées par un dessin sur la planche correspondante, on trouve une astérisque ✶ au dessus du numéro de l'espèce.
Ex : 1527*

Dimensions :

c. signifie centimètres,
m. signifie millimètres.

Recherche d'un dessin sur une planche. — 1er *Cas.* — Dans la colonne des numéros des espèces on trouve des petits traits :

---

ils signifient que toutes les espèces qui se trouvent au-dessus du trait sont figurées sur une planche placée *avant* la page examinée et toutes les espèces situées au-dessous du trait sont figurées sur une planche placée *après*.

Ex : p. 179, les espèces de 1552 à 1554 sont figurées à la page 176; les espèces 1556 à 1562 sont figurées à la page 180.

2e *Cas.* — Quand le trait est *en bas de la page*, toutes les espèces sont figurées sur une planche placée *avant*.

3e *Cas.* — Quand il n'y a *pas de trait*, toutes les espèces sont figurées sur une planche placée *après*.

Atlas des Champignons de M. Dufour. — A la fin de la description d'une espèce, on trouve souvent le signe.

⊙

Il indique que cette espèce est figurée dans l'Atlas des Champignons de M. Dufour.

Signes des clés. — Quant aux signes.

□ △ + × ▽ ☉ ⊙ ⊖ ∫ (: etc.

Ils indiquent seulement que les questions qui présentent le même signe se correspondent, ex. :

□ Espèce *glabre.*
□ Espèce *poilue.*

Symboles de couleurs. — On trouve dans la description des espèces des signes tels que ceux-ci (J.-O) entre parenthèse ; ce sont les symboles des couleurs du Champignon. Voir à la planche des couleurs à la fin du volume ce que signifient ces symboles.

II. PLANCHES

Échelle. — A la base de chaque planche se trouve une échelle telle que celle-ci :

————|————| réduct.

0   5c   10c

Cette échelle indique que la distance entre 0 et 5c représente la réduction de 5 centimètres. Tous les Champignons de la planche ont été réduits dans la même proportion. La petite échelle peut donc servir à les mesurer.

Sur quelques planches, il y a *deux échelles* : ex. planche 20. A gauche de la 1ʳᵉ échelle se trouve une lettre **R** ; cette lettre indique que l'échelle voisine n'est applicable qu'aux dessins des *Russula*. A gauche de la 2ᵉ échelle se trouve la lettre **M** ; cette lettre indique que l'échelle voisine n'est applicable qu'aux *Marasmius*.

Signification des dessins. — En général à côté de chaque figure représentant un dessin se trouve une coupe en long montrant la chair, les lames, tubes, etc. Assez fréquemment, surtout pour les *espèces très petites*, à côté du dessin représentant le Champignon grandeur naturelle (par rapport à l'échelle s'entend) se trouve un dessin relativement grossi qui indique seulement les détails de structure. Les dimensions données dans le texte dissiperont les doutes à cet égard.

Symboles des couleurs. — Près de chaque dessin se trouvent des lettres qui correspondent aux symboles des couleurs. La liste de ces symboles et leur signification se trouvent sur la planche des couleurs employées dans l'ouvrage placée à *la fin du volume*.

Autres signes employés sur les planches. — Sur un certain nombre de planches se trouvent figurés des éléments anatomiques de l'espèce correspondante. Partout ces signes ont la même signification.

ba	signifie	baside.
s	»	spore.
co	»	conidie.
st	»	stérigmate.
c	»	cystide.
col	»	columelle.
pc	»	péridiole.
hy	»	hymenium.
ac	»	appareil conidien.
a	»	asque.

Noms des espèces. — En haut de chaque planche, se trouve la liste des genres représentés.

Au-dessous de chaque dessin on lit par exemple à la Planche 20 :

531. R. graminicolor.

531 est le numéro de cette espèce dans le texte. R signifie *Russula* (nom de genre qui est en haut de la planche).

S'il y a plusieurs genres figurés mais commençant par des lettres différentes, il n'y a pas de difficultés, ex. : Planche 20.

552. M. epiphyllus.

M. signifie *Marasmius*. S'il y a plusieurs genres commençant par la même lettre, ex. : Pl. 58.

1783 Da. deliquescens.
1798 Di. Cerasi.

On voit tout de suite que Da signifie *Dacrymyces* et Di, *Dilangium*. Les numéros permettront d'ailleurs de se reporter au texte et de dissiper les doutes s'il y en avait.

ABRÉVIATIONS DES NOMS D'AUTEURS

A. et S.	Albertini et Schweinitz.	L.	Linné.
Arrh.	Arrhenius.	Lam.	Lamark.
B. ou Bull.	Bulliard.	Lasch.	Lasch.
Bagl.	Baglietto.	Lenz.	Lenz.
Bat. ou Batsch.	Batsch.	Lév.	Léveillé.
Batt.	Battara.	Leys.	Leysser.
Berk.	Berkeley.	Lib.	Libert.
Berk. et Br.	Berkeley et Broome.	Mart.	Martius.
Bolt.	Bolton.	Mich.	Micheli.
Bon.	Bonorden.	Mont.	Montagne.
Boud.	Boudier.	Moug.	Mougeot.
Boud. et Pat.	Boudier et Patouillard.	Müll.	Müller.
Bref.	Brefeld.	Nees.	Nees.
Bres.	Bresadola.	Osb.	Osbeck.
Brig.	Briganti.	Pat.	Patouillard.
Brond.	Brondeau.	Paul.	Paulet.
Brot.	Brotero.	Pers.	Persoon.
Cav. et Séch.	Cavalier et Séchier.	Pol. ou Poll.	Pollini.
Chev.	Chevalier.	Q.	Quélet.
Cooke.	Cooke.	Rab.	Rabenhorst.
Cord.	Corda.	Relh.	Relhan.
Cru.	Crouan.	Retz.	Retzius.
Cum.	Cumino.	Riess.	Riess.
Curt.	Curtis.	Roz.	Roze.
D. et L.	Durieu et Léveillé.	Roz. et Rich.	Roze et Richon.
DC.	De Candolle.	Sch.	Schæffer.
De Guern.	De Guernisac.	Schr. ou Schrad.	Schrader.
Desm.	Desmazières.	Schrœt.	Schröter.
Dittm.	Dittmar.	Schulz.	Schulz.
Dun.	Dumal.	Schum.	Schumacher.
Ehrb.	Ehrenberg.	Scop.	Scopoli.
Eng.	English Botany.	Séc.	Sécrétan.
Fayod.	Fayod.	Somm.	Sommerfelt.
Fl. d.	Flora danica.	Sow.	Sowerby.
Forq.	Forquignon.	Swartz.	Swartz.
Fr.	Fries.	T. ou Tul.	Tulasne.
Fuck.	Fuckel.	Tod.	Tode.
G.	Gillet.	Tour.	Tournefort.
G. et R.	Gillet et Roumreguère.	Trat.	Trattinik.
Grév.	Gréville.	Vent.	Venturi.
Hazs.	Hazslinsky.	Vill.	Villars.
Hedw.	Hedwig.	Vitt.	Vittadini.
Hoffm.	Hoffmann.	Wahl.	Wahlenberg.
Holms.	Holmskiold.	Wall.	Wallroth.
Huds.	Hudson.	Weinm.	Weinmann.
Jacq.	Jacquin.	Willd.	Willdenow.
Jungh.	Junghuhn.	With.	Withering.
Kalch.	Kalchbrenner.	W. Sm. ou Worth. Sm.	Worthington Smith.
Karst.	Karsten.	Wulf.	Wulfen.
Klotzsch.	Klotzsch.		
K.	Krombholz.		

TABLE ALPHABÉTIQUE

DES NOMS BOTANIQUES DES FAMILLES, GENRES, ESPÈCES
ET VARIÉTÉS

OBSERVATIONS

Les noms de familles sont en « CAPITALES ».
Les noms de genres sont en « **caractères compactes** ».
Les noms d'espèces sont en « caractères ordinaires ».
Les synonymes sont en « *italiques* ».
Les chiffres sans parenthèses correspondent au *numéro d'ordre* de l'espèce.
Les chiffres entre parenthèses indiquent la page où se trouve l'espèce ou la variété. Les
variétés qui se trouvent *dans le texte* sont indiquées par (v), celles *en note* par (n).

C

TABLE DES NOMS VULGAIRES

DES CHAMPIGNONS

Les *numéros non entourés de parenthèses* correspondent au numéro d'ordre des espèces.

Les *numéros entourés de parenthèses* correspondent au numéro de la page où se trouve l'espèce correspondante.

BOTANIQUE
Émile DEYROLLE, naturaliste

PARIS — 46, rue du Bac — PARIS

Fournisseur de tous les Lycées et Collèges, de toutes
les Écoles normales et des Écoles primaires supérieures, adjudicataire des
fournitures pour les Écoles de la Ville de Paris.

Extrait du Catalogue général :

BOITES A BOTANIQUE. — En fer-blanc avec courroie en forte
tresse, modèle fort sans compartiment (fig. 1).

De 22 cent. de longueur....	3	»	De 45 cent. de longueur....	5	»
30 — —	3	50	50 — —	5	50
35 — —	4	»	55 — —	6	75
40 — —	4	50	60 — —	8	»

Les modèles moyens de 40 à 50 cent. sont généralement adoptés.

Ces mêmes boîtes avec compartiment à l'extrémité, pour boîtes à crypto-
games, insectes ou autres, en plus (fig. 2).......................... 1 »

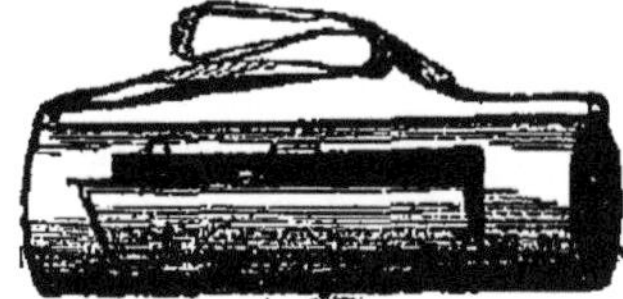

Fig. 1.
Boîte à botanique ordinaire.

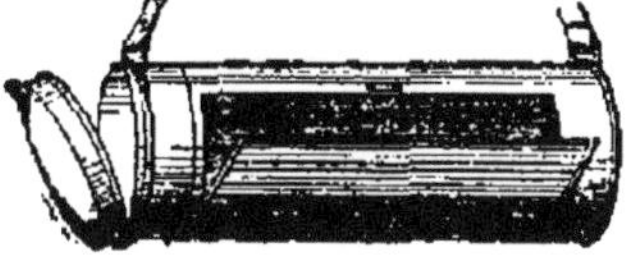

Fig. 2.
Boîte à botanique à compartiment.

PRESSES POUR LA PRÉPARATION DES PLANTES. — Modèle en
bois composé de 2 plateaux en sapin avec traverses en chêne et
courroies en cuir.. 6 »
La même, avec vis et écrous en bois pour le serrage.............. 12 »
Modèle en toile métallique tendue sur cadre en fer avec courroies en
toile.. 7 »
La même, avec courroies en cuir................................. 9 »
Modèle cartable en toile.. 7 »
— en cuir.. 9 »
HOULETTTES ou DÉPLANTOIRS. — Modèle ordinaire......... 2 50
Modèle piochon fixe (fig. 3)..................................... 4 50
Modèle piochon articulé Deyrolle (fig. 4).............. 9 »

Fig. 3.   Piochons ordinaires et articulés.   Fig. 4.

*Cet instrument est très pratique, la lame pouvant être repliée sur le
manche, tenue ouverte à angle droit, ou étendue entièrement.*

Librairie classique et administrative PAUL DUPONT, 4, rue du Bouloi, Paris,
et chez JACQUES LECHEVALIER, 23, rue Racine, Paris.

CATALOGUE

DES

PLANTES DE FRANCE

DE SUISSE ET DE BELGIQUE

PAR

E.-G. CAMUS

PHARMACIEN DE PREMIÈRE CLASSE
LAURÉAT DE L'INSTITUT (ACADÉMIE DES SCIENCES)
MEMBRE DE LA SOCIÉTÉ BOTANIQUE DE FRANCE

Un vol. in-8° de 350 pages. Prix *(franco)* : broché **4 fr. 25**,
cartonné **4 fr. 75**

Ce nouveau CATALOGUE, inventaire complet des plantes vasculaires de
la Flore française, de la Flore suisse et de la Flore belge, est destiné à
rendre les plus grands services à tous ceux qui s'occupent des plantes :

1° Comme *Catalogue d'herbier*. Chaque page est divisée en deux
colonnes. Dans la colonne de gauche se trouve la liste des espèces
types, dont les noms sont imprimés en caractères spéciaux. A chaque
espèce type sont rattachées les sous-espèces, espèces douteuses, variétés,
etc. A la suite du nom des plantes se trouve l'indication de la manière
dont elles sont distribuées, d'une façon générale, dans l'étendue de
la flore. La colonne de droite, laissée en blanc, permet au botaniste
d'écrire ses observations particulières, le papier étant collé. Les espèces
sont numérotées d'un bout à l'autre du Catalogue.

2° Comme *Liste d'échange*. Grâce à la disposition qui vient d'être
indiquée, celui qui possède une collection de plantes peut facilement,
en se procurant plusieurs exemplaires de ce catalogue, dresser des
listes d'offres et de demandes qu'il veut expédier aux botanistes avec
lesquels il est en relation d'échanges.

3° Comme *Catalogue de Flore locale*. Cet ouvrage rendra très facile
l'indication des localités nouvelles dans une région déterminée, ce qui
permettra à un grand nombre d'observateurs d'étendre nos connaissances sur la géographie botanique.

Dans cet ouvrage sont comprises toutes les espèces nouvellement
décrites, ainsi que celles de la Savoie et de l'ancien comté de Nice.

Les plantes de la Flore suisse sont marquées par un signe spécial,
de même que celles de Belgique.

ÉLÉMENTS

DE

BOTANIQUE

Les diverses parties de la plante
Les principales familles de végétaux

PAR

Gaston BONNIER

Ouvrage contenant 403 figures inédites

6e *édition.* — Prix, cartonné...... **2 fr. 50**

Les *Éléments de Botanique* de M. Bonnier, aujourd'hui en usage dans la plupart des lycées et des écoles normales, contiennent la description de tous les organes de la plante, l'étude des principaux groupes du règne végétal et de toutes les familles importantes. C'est le complément nécessaire de la *Nouvelle Flore*.

DU MÊME AUTEUR :

—

VÉGÉTAUX

ÉTUDE ÉLÉMENTAIRE DE VINGT-CINQ PLANTES VULGAIRES
AVEC 170 FIGURES SUR BOIS

7e *édition.* — Prix, cartonné.................... **2 fr. 25**

Ouvrage recommandé par le Ministère de l'Instruction publique

Ce petit ouvrage contient la description détaillée de 25 plantes vulgaires qu'il est très facile de se procurer partout. Ce volume est destiné à ceux qui commencent l'étude de la Botanique.